普通高等教育"十三五"规划教材

机械基础设计实践
（第2版）

Course Project in Mechanical Design
(2nd Edition)

孔凌嘉　王文中　荣　辉 ◎ 主编
毛谦德 ◎ 主审

U0233971

北京理工大学出版社
BEIJING INSTITUTE OF TECHNOLOGY PRESS

内 容 简 介

本书是配合机械基础系列课程的课程设计——设计实践环节而编写的。

全书共分三篇：第一篇为设计方法与内容，包括绪论、机械运动与机构选型、机构系统及其运动方案的设计、机械结构设计、传动装置设计、计算机在机械设计中的应用、编写设计说明书和准备答辩、设计题目等八章；第二篇为机械设计常用标准和规范，包括常用数据资料和一般标准规范，工程材料，极限与配合、几何公差和表面结构，齿轮及蜗杆传动精度，螺纹和紧固件，键连接及销连接，滚动轴承，联轴器，润滑与密封，电动机等十章；第三篇为参考图例。

本书适用于高等工科学校机械类和近机械类专业，还可作为毕业设计和有关工程技术人员的参考用书。

图书在版编目（CIP）数据

机械基础设计实践／孔凌嘉，王文中，荣辉主编．—2 版．—北京：北京理工大学出版社，2017.4（2019.1重印）

ISBN 978 - 7 - 5682 - 3892 - 2

Ⅰ．①机…　　Ⅱ．①孔…②王…③荣…　　Ⅲ．①机械设计 - 高等学校 - 教材 Ⅳ．①TH122

中国版本图书馆 CIP 数据核字（2017）第 072499 号

出版发行／北京理工大学出版社有限责任公司

社　　　址／北京市海淀区中关村南大街 5 号

邮　　　编／100081

电　　　话／（010）68914775（总编室）

　　　　　　（010）82562903（教材售后服务热线）

　　　　　　（010）68948351（其他图书服务热线）

网　　　址／http://www.bitpress.com.cn

经　　　销／全国各地新华书店

印　　　刷／三河市华骏印务包装有限公司

开　　　本／787 毫米×1092 毫米　1/16

印　　　张／24.5　　　　　　　　　　　　　责任编辑／莫　莉

字　　　数／569 千字　　　　　　　　　　　文案编辑／多海鹏

版　　　次／2017 年 4 月第 2 版　2019 年 1 月第 2 次印刷　　　责任校对／周瑞红

定　　　价／56.00 元　　　　　　　　　　　责任印制／王美丽

本版是在第 1 版的基础上结合教材的使用情况全面修订而成的。

此次修订仍然保持了教材的原有体系。在第一篇中增加了计算机在机械设计中的应用一章；更新了第二篇所引用的各项标准；更正了原书文字、插图及计算中的疏漏。

参加本次修订的人员有王文中（第一章、第二章、第三章、第六章、第十六章、第十八章）、孔凌嘉（第四章、第五章、第九章、第十一章、第十二章、第十五章、第十九章 ）、荣辉（第七章、第八章、第十章、第十三章、第十四章、第十七章）。张海波在第六章的 CAD 绘图及程序编制方面做了工作。全书由孔凌嘉负责统稿，由孔凌嘉、王文中、荣辉担任主编。由于编者水平有限，书中疏漏之处在所难免，敬请读者批评指正。

编　者

在高等学校工科教育中，一些具有设计性的课程在理论教学完成后，需要开设实践性、训练性的课程设计，加强与巩固课堂所学理论知识，培养和提高学生的实际设计能力。

随着科学技术的飞速发展和教学改革的不断深入，以及21世纪的知识经济对科技人员的需求，原来单独进行的课程设计已不再适合现代机械学科人才的培养目标。因此，我们把课程设计的改革纳入机械设计系列课程建设与改革的整体规划中，重新定位课程设计的内容。经过多年的教学改革与探索，我们把机械原理课程的课程设计和机械设计课程的课程设计合并起来，结合机械制图、几何精度设计与检测、制造工艺基础等课程的基本知识，进行了机械基础系列课程的综合课程设计，经过连续多年的探索，不断总结经验，最后决定将机械基础系列课程的课程设计命名为"机械基础设计实践"。

机械基础设计实践的目的：不但能巩固学生所学机械基础系列课程的基本理论、基本知识和基本技能，提高设计能力，而且通过对简单机械系统的设计，培养学生综合运用机械基础系列课程中机械制图、机械制造基础、机械原理、几何精度设计与检测、机械设计、机械创新设计等课程的基本理论和基本知识的能力；通过进行机械系统运动方案设计的基本训练，加强创新设计能力的培养；学会把机构系统设计成机械实体装置，完成从方案拟订到机械结构设计的全过程训练；通过查阅和使用各种设计资料，运用CAD技术或其他工程设计软件完成机构设计与分析、机械零部件设计，绘制装配图、零件图及编制设计说明书等基本技能的训练；从而达到培养学生分析和解决工程实际问题的能力及其创新思维能力、创新设计能力的目的。通过完整的机械系统设计过程，使学生的设计能力，特别是创新能力得到提高。

机械基础设计实践的主要设计内容如下：

（1）根据设计要求确定待设计产品的机械系统运动方案并进行优选。

（2）对该方案中的主体机构进行尺度综合。

（3）对主体机构进行运动分析和受力分析。

（4）绘制机构系统的运动简图。

（5）进行机构系统的运动协调设计。

（6）机械系统传动方案设计。

（7）机械系统传动装置的设计与装配图绘制。

（8）典型零件的设计与绘图。

为保证设计实践的顺利进行，本书包括机械设计过程中的机构选型设计、机械系统运动方案的设计、机构设计与分析、机械系统的结构设计、工程材料、机械零件强度的设计、机械设计实例分析、公差与配合的基本知识、机械设计常用标准与规范以及一些设计参考图例，为设计实践提供了基本理论知识、设计常识、设计经验和设计参考资料，为设计实践奠定了理论基础和技术基础。

本书的主要特色如下：

（1）从机构选型设计、机构设计、机构分析、机构演化与变异，到机构组合设计、机构运动系统的方案设计，完成了完整的机构系统设计和机械创新设计的基本训练。

（2）通过运动副和构件的结构设计，实现了从机构到机械结构设计的训练，使学生完成了机构简图到机械装配图设计的基本训练。

（3）通过典型装置的设计，使学生在常用机械零件的强度设计、润滑与密封设计、总体设计等方面受到训练。

（4）设计内容和设计过程使用 CAD 技术，使学生在掌握工程设计软件方面得到基本训练。

（5）通过查阅本书提供的设计标准、规范、图表，使学生受到查阅文献资料的基本训练。

（6）本书提供了一些典型设计题目，为学生选题提供了帮助。

参加本书编写的有张春林（第一章、第二章、第三章、第十五章、第十七章）、孔凌嘉（第四章、第五章、第八章、第十章、第十一章、第十四章、第十六章）、荣辉（第六章、第七章、第九章、第十二章、第十三章、第十八章）。孔凌嘉负责统稿，毛谦德担任主审。

由于作者水平有限，本书还会存在一些误漏之处，恳请广大读者批评指正。

编　者

目 录
CONTENTS

第二篇　机械设计常用标准和规范

第一篇
设计方法与内容

第一章

绪　论

第一节　机械基础设计实践概述

一、机械基础设计实践

提高学生综合设计能力，特别是创新设计能力，是21世纪机械基础课群建设的改革主线。如何在课程设计的过程中突出培养学生的设计能力，特别是创新设计能力是机械基础课群建设中的难点。在改革中，我们把原"机械原理"和"机械设计"的课程设计进行合并、综合，并称为机械基础设计实践。在进行了多年的实践与探索后，通过不断总结与改进，逐步完善了机械基础设计实践的内容与体系，使之成为机械基础课群实践教学中的重要组成部分，在培养学生的设计能力，特别是培养创新设计能力的全局中发挥了重要作用。

二、机械基础设计实践的目的

在进行教学改革之前，单独进行一周的机械原理课程设计和3～4周的机械设计课程设计。两门课程设计没有选题与内容的衔接，各自单独进行，因此它们的目的与要求也有很大的区别。

随着科学技术的飞速发展和教学改革的不断深入以及21世纪知识经济对科技人员的需求，原课程设计的目的已再不适合现代机械学科人才的培养目标。因此，我们把课程设计的改革纳入机械设计基础课群建设的整体规划中，把单独的"机械原理"和"机械设计"的课程设计合并为机械基础设计实践。

机械基础设计实践的目的是巩固学生所学机械基础课群课程的基本理论和基础知识，培养学生分析和解决工程实际问题的能力及其创新思维能力、创新设计能力。通过完整的机械系统设计过程，使学生的设计能力，特别是创新能力得到提高。

本课程的任务：通过对机械系统的设计，使学生综合运用机械基础课群中机械制图、机械制造基础、机械原理、几何精度设计与检测基础、机械设计、机械创新设计等课程的基本理论和基本知识；进行机械系统运动方案设计的基本训练，加强创新设计能力的培养；学会把机构系统设计成机械实体装置，完成从方案拟订到机械结构设计的过程训练；通过查阅和使用各种设计资料，运用CAD技术等完成机构分析、机械零部件设计及装配图与零件图的绘制和编制设计说明书等基本技能的训练。

第二节　机械设计方法综述

机械基础设计实践的主要内容是针对某一题目进行机械设计，对机械设计方法的了解是必要的。工程中经常提及的设计方法有常规机械设计方法、现代设计方法和创新设计方法。

一、常规设计方法

常规设计方法也称传统的设计方法。常规机械设计方法：依据力学与数学建立的理论公式和经验公式，运用图表和手册等技术资料，以实践经验为基础，进行设计计算、绘图和编写设计说明书。

一个完整的常规机械设计主要由下面的各个阶段所组成。

1. 市场需求分析

本阶段的一个标志就是市场调研报告的完成。

2. 明确机械产品的功能目标

本阶段的标志就是明确设计任务。

3. 方案设计

通过方案评价，最后决策确定出一个相对最优的机械系统运动方案。

4. 技术设计阶段

该阶段包含：机构设计，机构系统设计（协调设计），结构设计，总装设计，制造样机。

5. 生产阶段

在常规机械设计过程中，也包含了设计人员的大量创造性成果，例如在方案设计和结构设计阶段中都含有创新的过程。

在机械原理和机械设计教学中学习的综合与设计方法主要是常规设计方法的内容。

二、现代设计方法

现代设计方法则强调以计算机为工具，以工程软件为基础，运用现代设计理念，进行机械产品的设计。其特点是产品开发的高效性和高可靠性。大量的工程软件使复杂的设计过程变得既容易又简单。MATLAB、ADAMS、ANSYS、UGTOOL、PRO-E 都是工程中的常用软件。

现代设计方法内容广泛、学科繁多，主要有计算机辅助设计、优化设计、可靠性设计、反求设计、创新设计、并行设计和虚拟设计等方法。

三、创新设计方法

创新设计是指设计人员在设计中采用新的技术手段和技术原理，发挥创造性，提出新方案，探索新的设计思路，提供具有社会价值、新颖且成果独特的设计，其特点是运用创造性思维，强调产品的创新性和新颖性。

机械创新设计的实质是指充分发挥设计者的创造力，利用人类已有的相关科学技术成果，进行创新构思，设计出具有新颖性、创造性及实用性的机构或机械产品的一种实践活动。它包含两个部分：从无到有和从有到新的设计。

机械创新设计是相对常规设计而言的，它特别强调人在设计过程中，尤其是在总体方案、结构设计中的主导性及创造性作用。

四、三种设计方法的异同点分析

常规设计方法主要强调运用公式、图表、经验等常规方法进行产品设计。

现代设计方法强调以计算机为工具，以工程软件为基础，运用现代设计理念进行产品设计。

创新设计则强调设计人员在设计过程中运用创造性思维，提出新方案，探索新的设计思路，强调产品的创新性和新颖性，提供具有社会价值、新颖且成果独特的设计方案。

实际上，创新设计更加注重产品方案的设计。方案确定后，在技术设计阶段仍然采用常规设计方法或现代设计方法进行具体的设计。

以薯条加工机的设计实例说明各方法之间的异同点。

1. 传统设计方法

用传统设计方法，薯条加工的过程包含：清洗、使用去皮机削皮、切片或条、油锅炸成食品。缺点是生产率低、原料浪费大，导致成本提高。

2. 现代设计方法

利用计算机辅助设计或优化设计只能做到力求减少削皮厚度或提高加工速度，难以从本质上改变机器类型。

3. 创新设计方法

利用新思维，完全改变原设计方案：清洗、粉碎成浆状、过滤去皮、去水压制成型、炸制成食品。减少了原料消耗，提高了生产率。

很明显，创新设计的产品要优于其他方法设计的产品。因此，培养学生的创新意识和创新设计能力是高等学校的重要任务。

第三节 机械基础设计实践的地位和作用

随着科学技术的不断发展，世界经济正在向知识经济转变，经济结构的调整必然会影响到教育领域中教学体系与教学内容的相应变革。加强基础、拓宽专业，按学科门类进行教学资源的重新整合，就是转变教育思想的重要举措。加强创新能力、工程实践能力、创业能力的培养是当前教学改革的重要指导思想。在机械工程和机电工程领域，机械原理和机械设计课程是重要的技术基础课程，承担着培养学生基本设计理论与基本设计方法的重要任务，特别承担着培养学生创造性能力的重要任务。

众所周知，机械设计最重要的组成部分就是机械运动方案的设计，它关系到机械产品的性能、成本、实用性、新颖性和竞争能力等一系列重要指标，而机械原理课程的内容在机械运动方案的设计中则扮演了重要角色。机械系统运动方案的表达形式是机构系统的运动简图，把机构运动简图转换为机械实体装配图、把构件转换为机械零件则是机械设计的重要任务。因此学完机械原理和机械设计课程后，再结合前面学过的机械制图、机械制造基础、几何精度设计等课程，学生已基本具备了机械产品的设计能力。加上后续的专业课内容，学生将掌握专业设备的设计能力。可见，机械原理与机械设计课程在机械类和机电类专业的人才培养中占有极其重要的地位。

课程的理论知识必须有实践环节来配合，才能更加完善。机械基础设计实践就是在学习机械原理课程和机械设计课程之后，综合运用机械制图、机械制造基础、机械原理、几何精度设计、机械设计等多门课程知识进行的简单机械系统的设计训练。通过这一环节的训练，学生不但能更加深入地了解课程的基本理论、基本知识，而且能够学会使用这些基本理论、基本知识去解决工程中的具体问题。通过设计实践的基本训练，使学生掌握机械运动方案的设计方法，运用所学的基本知识与理论去进行创造性的设计，在人才培养过程中起到了重要作用。

传统的教学过程中，学完机械原理课程后，进行机械原理课程设计，完成机构简图的设计与分析等内容；学完机械设计课程后，进行机械设计课程设计，完成机械装配图和典型零件图的设计。二者的设计题目脱节，导致学生缺少把机构运动简图转换为机械实体装配图的能力训练。将它们合并，进行设计实践可很好地解决该问题。因此，机械基础设计实践不但是学生的第一次机械设计训练，也是一次很好的实践机会。它不但是机械原理与机械设计课程教学的补充和完善，也是机械原理和机械设计课程教学的发展。与课堂教学相辅相成，理论与实践相结合，构成了培养学生设计能力，特别是创新设计能力的重要知识支撑点。机械基础设计实践在教学中占有重要的地位，在培养学生知识和能力的全局中有着举足轻重的作用。

第四节　机械基础设计实践的内容与要求

一、机械基础设计实践的内容

机械基础设计实践的内容如下：

（1）根据设计要求确定待设计产品的机械系统运动方案并进行优选。

（2）对该方案中的主体机构进行尺度综合。

（3）对主体机构进行运动分析和受力分析。

（4）绘制机构系统的运动简图。

（5）进行机构系统的运动协调设计。

（6）传动方案设计。

（7）有关零部件的计算。

（8）机械装配草图的设计。

（9）装配图的绘制。

（10）零件图的绘制。

（11）编写设计说明书。

（12）答辩。

上述内容通过一个产品的设计全过程来实现。在进行设计实践时，学生可穿插进行各部分内容的设计工作。

二、机械基础设计实践的要求

通过上述设计内容，使学生受到机械设计的全面训练，达到培养学生设计能力、创新能力和工程实践能力的目的。在进行设计的过程中应满足以下工作要求：

（1）针对设计题目开展调查研究，了解与待设计题目相类似产品的情况，增加设计的感性知识。

（2）在设计过程中，由于学生是第一次从事机械设计，缺乏实践经验，应认真参加与之相关的机械设计实验。

（3）设计完成后，应参加答辩，答辩成绩作为评分的重要依据。

第二章
机械运动与机构选型

第一节 概 述

机械的最重要特征就是能通过执行机械运动实现力或能量的传递与变换，因此实现各类机械运动是设计的根本问题。

机械运动的形态很多，但最基本的机械运动有三种：移动、转动和平面运动，其中平面运动可以看作转动和移动的合成，所以最基本的运动是移动和转动。大多数机械的运动形态也是移动和转动。

移动不能无休止地朝某一方向运动下去，所以往复移动的运动形态在机械中应用较多，特别是往复直线移动应用最普遍。曲线移动可以看作运动物体绕其曲线曲率中心的转动，本书不讨论曲线移动。在直线移动运动过程中，有时还需要步进式移动和暂时停顿的移动。

转动是最常见的机械运动。连续单方向转动、往复转动、往复摆动（指转动角度小于360°）、步进式转动等都是机械中普遍使用的运动形态，而且运转速度可以是等速转动或不等速转动，增加了转动在机械中的应用。

任何复杂的机械离不开上述运动形态。如图 2-1 所示牛头刨床中，安装刀具的刨头做往复直线移动；安装工件的工作台不仅做横向进给直线移动，还可实现直线垂直升降移动；安装刀具的小刀架可相对刨头滑枕做直线移动；刨床的原动机是三相交流异步电动机，其输出运动是高速转动，通过 V 带减速和齿轮变速传动，都是转动到转动的运动变换，但其转动的速度可发生变化或调整。由动力源提供给工作台横向进给运动是连续转动到步进转动的运动变换。可见，机械运动的巧妙组合就形成了形形色色的机械。

图 2-1 牛头刨床的机械运动

工程中原动机的输出运动基本上都是定轴转动，输出功率为 $P = M\omega$（其中 M 为原动机轴上的输出转矩，ω 为原动机轴的角速度），为减少相同输出功率的原动机体积与质量，其输出角速度都较大，而工作机构的运转速度一般较低，所以转动到转动的运动变换是必要的，而且要求有转动速度的大小与方向的变换。也就是说，在机械传动机构中，转动的运动变换及其速度的大小与方向的变换是最常见的机械运动变换。

机器中工作执行机构所要求的运动变换最为复杂，是机械设计中的难点。工作执行机构与机器类型有密切关系，执行机构类型虽多，但其运动变换形式是有限的。一般情况下，转动到同向转动、转动到反向转动、转动到往复摆动、转动到间歇转动、转动到往复移动、转动到平面运动等运动变换是最常见的运动变换。其次，移动到转动、移动到摆动、移动到移动的运动变换也是常见的机械运动方式。

图2-1所示牛头刨床的机构运动简图如图2-2所示。其中机构系统 ABCDEF 为工作执行机构，其运动变换为转动到往复移动的变换方式，即曲柄 AB 的定轴转动变换为滑枕的往复直线移动。齿轮传动机构和带传动机构为从电动机到摆动导杆机构曲柄 AB 之间的减速机构。

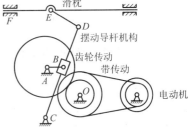

图2-2　牛头刨床的机构
运动简图

可见，工作执行机构的运动变换方式要比传动机构的运动变换复杂，需要对各种基本机构的运动形态有全面的了解才能构思执行机构的运动变换。

第二节　基本机构及其运动形态

本书把各种最简单的机构称为基本机构。各种四杆机构、齿轮机构、凸轮机构、间歇运动机构和螺旋机构等都是基本机构。

一、基本机构与其运动变换

（一）连杆机构的基本型

1. 曲柄摇杆机构及其运动变换

一般情况下，曲柄做等速转动，摇杆做往复摆动。摇杆往复摆动的速度可以相等，也可以不相等。往复摆动的速度变化情况可按行程速度变化系数的大小来确定。曲柄摇杆机构可实现等速转动到等速往复摆动或等速转动到变速往复摆动的运动变换。

图2-3所示为曲柄摇杆机构的基本型示意图。

2. 双曲柄机构及其运动变换

两个连架杆都能做整周转动的铰链四杆机构为双曲柄机构。其中主动曲柄做等速转动，另一个曲柄则做变速转动，以实现等速转动到变速转动的运动变换。图2-4所示为双曲柄机构的基本型。

3. 双摇杆机构及其运动变换

两个连架杆都不能做整周转动的铰链四杆机构为双摇杆机构。在双摇杆机构中，还可分为有整转副的双摇杆机构和没有整转副的双摇杆机构，它们均能实现等速摆动到不等速摆动的运动变换，其基本型如图2-5所示。

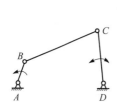
图 2-3 曲柄摇杆机构的基本型

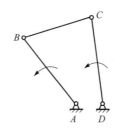
图 2-4 双曲柄机构的基本型

图 2-5 双摇杆机构的基本型

4. 曲柄滑块机构及其运动变换

一般情况下，曲柄做等速转动，滑块做往复移动，其往复移动速度可以相等，也可以不相等，这取决于行程速度变化系数的大小。曲柄滑块机构可实现等速转动到等速往复移动或变速往复移动的运动变换。其机构基本型如图 2-6 所示。

5. 正弦机构及其运动变换

正弦机构也是一种把曲柄的等速转动转化为往复移动的连杆机构，但其移动的位移与曲柄转角呈现正弦函数的关系。图 2-7 所示为正弦机构基本型的示意图。

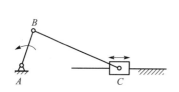
图 2-6 曲柄滑块机构的基本型

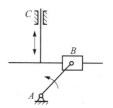
图 2-7 正弦机构基本型

6. 正切机构及其运动变换

正切机构是一种把摆杆的等速摆动转化为往复移动的连杆机构，但其移动的位移与摆杆转角呈正切函数的关系。图 2-8 所示为正切机构基本型的示意图。

7. 转动导杆机构及其运动变换

转动导杆机构也是把曲柄的等速转动转化为导杆的连续转动的连杆机构，导杆的连续转动不等速。图 2-9 所示为转动导杆机构的基本型。

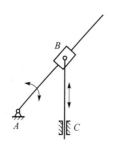
图 2-8 正切机构的基本型

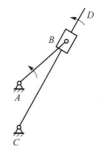
图 2-9 转动导杆机构的基本型

8. 曲柄摇块机构及其运动变换

曲柄摇块机构是把曲柄的等速转动转化为摇块的不等速往复摆动，其运动转换原理与曲柄摇杆机构相同，只不过是把摇杆的摆动演化为摇块的摆动。图 2 - 10 所示为曲柄摇块机构的基本型。

图 2 - 10 曲柄摇块
机构的基本型

9. 摆动导杆机构及其运动变换

摆动导杆机构是把曲柄的等速转动转化为摆杆的不等速往复摆动，其运动转换原理与曲柄摇杆机构相同。图 2 - 11 所示为摆动导杆机构的基本型。

10. 移动导杆机构及其运动变换

移动导杆机构是把曲柄的等速转动转化为导杆的不等速往复移动，其运动转换原理与曲柄滑块机构相同。一般情况下曲柄不需要做整周转动。图 2 - 12 所示为移动导杆机构的基本型。

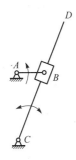

图 2 - 11 摆动导杆机构的基本型

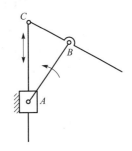

图 2 - 12 移动导杆机构的基本型

11. 双转块机构及其运动变换

双转块机构是把一个主动构件（转块）的转动转化为另一个构件（转块）的转动的连杆机构，其特点是两个转块的转动轴线不共线，广泛应用在不同轴线的联轴器的设计领域。图 2 - 13 所示为双转块机构的基本型。

12. 双滑块机构及其运动变换

双滑块机构是把一个滑块的移动转化为另一个滑块的移动的连杆机构。图 2 - 14 所示为双滑块机构的基本型。

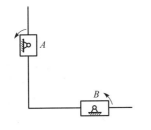

图 2 - 13 双转块机构的基本型

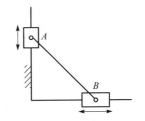

图 2 - 14 双滑块机构的基本型

（二）齿轮类机构的基本型

1. 单级圆柱齿轮机构及其运动变换

圆柱齿轮机构用于平行轴之间的等速转动到等速转动的运动变换，实现机构的减速或增速传动，常做成减速器或增速器。外啮合圆柱齿轮机构用于反向传动，内啮合圆柱齿轮机构用于同向传动。图 2 – 15 所示为外啮合圆柱齿轮机构示意图。

2. 单级锥齿轮机构及其运动变换

锥齿轮机构用于两相交轴（一般轴交角为 90°）之间的等速转动到等速转动的运动变换，实现机构的减速或增速传动。图 2 – 16 所示为外啮合锥齿轮机构示意图。

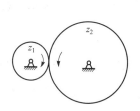

图 2 – 15　外啮合圆柱齿轮机构

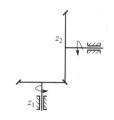

图 2 – 16　外啮合锥齿轮机构

3. 单级蜗杆机构及其运动变换

蜗杆传动机构用于垂直不相交轴之间的等速转动到等速转动的运动变换，实现机构的大速比减速传动。一般情况下蜗杆传动机构具有自锁性。图 2 – 17 所示为蜗杆传动机构示意图。

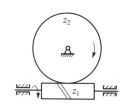

图 2 – 17　蜗杆传动机构

（三）凸轮类机构的基本型

1. 直动从动件盘形凸轮机构及其运动变换

直动从动件盘形凸轮机构是把凸轮的等速转动转化为从动件的往复直线移动，其移动的位移、速度、加速度与凸轮的轮廓曲线形状有关。直动从动件盘形凸轮机构如图 2 – 18 所示。

2. 摆动从动件盘形凸轮机构及其运动变换

摆动从动件盘形凸轮机构是把凸轮的等速转动转化为从动件的往复摆动，其摆动的角位移、角速度、角加速度与凸轮的轮廓曲线形状有关。摆动从动件盘形凸轮机构如图 2 – 19 所示。

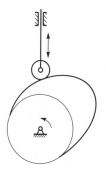

图 2 – 18　直动从动件盘形凸轮机构

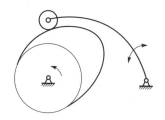

图 2 – 19　摆动从动件盘形凸轮机构

3. 直动从动件圆柱凸轮机构及其运动变换

直动从动件圆柱凸轮机构是把凸轮的等速转动转化为从动件的往复直线移动，其移动的位移、速度、加速度与凸轮的轮廓曲线形状有关。直动从动件圆柱凸轮机构如图 2 – 20 所示。圆柱凸轮机构可实现从动件的较大位移，同时返回行程不需要返位弹簧，避免了返回行程的运动失真现象。

4. 摆动从动件圆柱凸轮机构及其运动变换

摆动从动件圆柱凸轮机构是把凸轮的等速转动转化为从动件的往复摆动，其摆动的角位移、角速度、角加速度与凸轮的轮廓曲线形状有关。摆动从动件圆柱凸轮机构如图 2-21 所示。同样，由于圆柱凸轮机构可实现从动件的较大位移，同时返回行程不需要返位弹簧，避免了返回行程的运动失真现象。

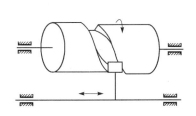

图 2-20　直动从动件圆柱凸轮机构

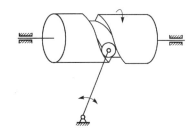

图 2-21　摆动从动件圆柱凸轮机构

（四）间歇运动机构的基本型

1. 棘轮机构及其运动变换

棘轮机构常用于把往复摆动转化为间歇转动，间歇转动的角度可按摆动范围确定，有时也可用于运动的制动。棘轮机构如图 2-22 所示。

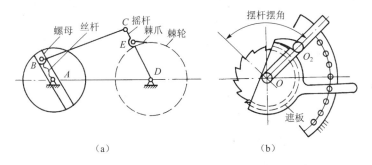

（a）　　　　　　　　　　　（b）

图 2-22　棘轮机构示意图

（a）棘轮机构的应用；（b）可调的棘轮机构

2. 槽轮机构及其运动变换

槽轮机构是把连续等速转动转化为间歇转动的常用机构。主动转臂转动一周，从动槽轮可以转过的角度由槽轮的结构和转臂的个数确定。图 2-23 所示为双臂四槽的槽轮机构。

3. 不完全齿轮机构及其运动变换

不完全齿轮机构是把连续等速转动转化为间歇转动的常用机构之一。由于做间歇转动的不完全齿轮的冲击较小，故其应用日益广泛。图 2-24（a）所示为由外啮合齿轮构成的不完全齿轮机构示意图，图 2-24（b）所示为由内啮合齿轮构成的不完全齿轮机构示意图，二者运动差别在于从动件的运动方向相反。

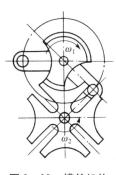

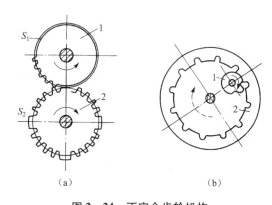

图 2 - 23 槽轮机构

图 2 - 24 不完全齿轮机构
(a) 由外齿轮构成；(b) 由内齿轮构成

4. 分度凸轮机构及其运动变换

分度凸轮机构也是一种把连续转动转化为间歇转动的机构，但主、从动件的运动平面互相垂直。分度凸轮机构在自动机械中得到了广泛应用。图 2 - 25 所示为两种典型的分度凸轮机构示意图。

（五）其他常用机构的基本型

1. 螺旋机构及其运动变换

螺旋机构是把旋转运动变为往复直线运动的常用机构。其中梯形牙型和矩形牙型最为常用，传递较小功率时也可使用三角形牙型的螺纹。由于螺旋机构大多具有自锁性，故在机床工作台的运动中得到了广泛应用。图 2 - 26 所示为螺旋机构示意图。

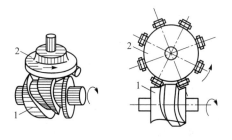

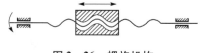

图 2 - 25 分度凸轮机构

图 2 - 26 螺旋机构

2. 万向机构及其运动变换

万向机构是把转动转化为不同轴线转动的联轴机构。单万向机构输出不等速的转动，双万向机构是能输出同等速度（当 $\beta_1 = \beta_2$ 时）的联轴传动机构。图 2 - 27 所示为双万向机构示意图。

（六）挠性传动机构

主、从动件之间靠挠性构件连接起来，常称为挠性传动机构。典型的挠性传动机构有带传动机构、链传动机构和绳索传动机构，它们都是实现转动到转动的速度或方向变化的机构。

根据带的具体结构，带传动还分为平带传动、V 带传动、圆带传动以及齿形带传动等多种形式，但它们的运动结果是相同的。同样，链传动也有多种结构形式。带传动和链传动的中心距较大，在远距离的转动到转动的运动变换中，常用这种传动机构。图2-28所示为挠性传动机构示意图。

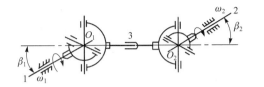 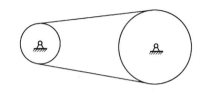

图2-27　双万向机构　　　　　　　　图2-28　挠性传动机构

基本机构的类型还有许多种，但其运动转换的形式有限，设计时可根据具体的功能要求选择具体机构。

二、基本机构的特点分析

完成相同运动变换的机构不止一种，选择时必须充分了解它们的运动与动力特性。

1. 转动到转动的机构特性分析

各类齿轮机构、带传动机构、链传动机构、摩擦轮机构、双曲柄机构、转动导杆机构、双转块机构都能够实现转动到转动的运动变换，但它们有许多特性差别。以下就常用的运动变换方式分别说明。

（1）齿轮机构。用于速度或方向的运动变换，既可实现减速，也可实现增速。结构紧凑，运转平稳，传动比大，机械效率高，使用寿命长，可靠性高，是最常用的转动到转动的速度变换机构。

（2）带传动机构。常用于两转动轴中心距较大时的运动速度的变换，既可实现减速，也可实现增速。运转平稳，但一般平带或V带的传动比不准确，过载时发生打滑，是最常用的大中心距转动到转动的速度变换机构。

（3）链传动机构。常用于两转动轴中心距较大时的运动速度的变换，既可实现减速，也可实现增速。传动比较大，但瞬时传动比不准确，不适合在高速场合应用，也是在低速时最常用的大中心距转动到转动的速度变换机构。

（4）摩擦轮机构。用于速度或方向的运动变换，既可实现减速，也可实现增速。结构紧凑简单，运转平稳，但传动比不准确，只能在小功率且传动比要求不是很准确的场合应用。

（5）双曲柄机构与转动导杆机构。这些机构都是利用主动件等速转动、从动件不等速转动的特点实现特殊工作的。

（6）双转块机构。主动转块与从动转块同速转动，转动轴线平行，可用于轴线不重合且要求平行传动的场合。

（7）万向机构。单万向机构的输入与输出速度不相等，采用双万向机构可实现同速输出，双万向机构常用于汽车发动机到后桥之间的传动轴。

2. 转动到往复摆动的机构特性分析

曲柄摇杆机构、摆动导杆机构、曲柄摇块机构、摆动从动件凸轮机构都能实现转动到摆动的运动变换，但其运动特性各有不同。

（1）曲柄摇杆机构。曲柄摇杆机构中的曲柄等速转动可实现摇杆的往复摆动，其摆动角度大小与各构件尺寸有关，往复摆动速度的差异与行程速度变化系数有关。

（2）摆动导杆机构。摆动导杆机构也能实现摆杆的往复摆动，运动特点与曲柄摇杆机构相似，但其结构紧凑，故在工程中的应用广泛。

（3）曲柄摇块机构。与上述机构的运动特点相似，但做往复摆动的是块状构件，用在特定的工作环境中。

（4）摆动从动件凸轮机构。摆动从动件凸轮机构的特点是从动件的运动规律具有多样性。按给定的摆动规律设计凸轮后，即可实现该运动要求。

3. 转动到往复移动的机构特性分析

曲柄滑块机构、正弦机构、移动导杆机构、齿轮齿条机构、直动从动件凸轮机构、螺旋传动机构均可实现转动到往复移动的运动变换。它们的运动变换相同，但运动特性却存在很大的差别。

其中，曲柄滑块机构、正弦机构、移动导杆机构中移动构件做变速移动；直动从动件凸轮机构中移动杆的运动规律可实现运动特性的多样化；齿轮齿条机构和螺旋传动机构可实现移动件的等速运动。

4. 转动到间歇转动的机构特性分析

槽轮机构、不完全齿轮机构、分度凸轮机构都能实现等速转动到间歇转动的运动要求。槽轮机构中槽轮做变速间歇转动。当圆销进入和退出槽轮时，其角加速度有突变，影响其动力性能，因而不能在高速状况下使用。不完全齿轮机构也有类似缺点，在从动轮开始运动和终止运动阶段，也会产生较大的冲击，故也不能实现高速传动。分度凸轮机构是一种新型的间歇运动机构，其承载能力和运动平稳性得到了很大改善，目前已应用在高速分度转位机构中。

5. 摆动到连续转动的机构特性分析

曲柄摇杆机构、摆动导杆机构中的摇杆和摆杆为主动件时，可实现曲柄的连续转动。这种运动变换过程中，要注意克服机构运动中的死点位置。

6. 移动到连续转动的机构特性分析

能实现这类运动变换的机构有曲柄滑块机构、齿轮齿条机构和不自锁的螺旋传动机构。其中利用曲柄滑块机构实现这种运动变换时，机构存在死点位置，可采用两套机构的错位排列或通过安装飞轮的方法通过机构死点位置。由于曲柄转动的不等速，还可利用飞轮进行速度波动的调节。齿轮齿条机构和不自锁的螺旋传动机构均可实现等速转动。

第三节　机械运动与机构选型

满足相同机械运动形式的机构类型与数量不等，故机构选型结果不是唯一的。因此机构选型设计要注意以下原则。

一、机构选型的基本原则

（一）满足给定的运动形式要求

机构的选型必须满足给定的基本运动要求。如果执行机构要求做往复等速直线运动，则可考虑采用齿轮齿条机构、直动从动件做等速运动的凸轮机构等。能满足做往复直线运动的连杆机构种类也很多，如曲柄滑块机构、移动导杆机构、双滑块机构、正弦机构、正切机构等，但这些机构的运动速度不能满足等速要求，只有通过机构的组合设计才能实现等速运动要求。若要求工作执行机构能实现急回特性的等速往复直线运动，则齿轮齿条机构不能满足该项条件。通过合理设计凸轮机构的回程运动角，则可用凸轮机构来实现该运动要求。当工作条件恶劣、传递功率又很大时，选用凸轮机构则又变得不合适。这时需要采用带有移动副的滑块机构与其他连杆机构的组合设计来满足这一特定要求。

（二）满足机构运动特性的要求

1. 满足运动速度要求

一般情况下，连杆机构不适于高速运转的机械，即使经过机构平衡，过大的机构尺寸与重量也限制了连杆机构在高速机械中的使用。

2. 满足运动精度要求

机构的运动精度除和制造与安装精度有关之外，还和机构的选型有关。如齿轮机构只有两个转动副，连杆机构则有四个转动副。机构中的运动副多，则会降低运动精度。

3. 满足动力要求

机构除用于传递运动之外，还具有传递动力的重要作用。凸轮机构的主要作用是传递运动，实现运动形式和运动规律的转换，不适合传递过大动力。连杆机构适合低速时传递较大动力。实现转动到转动的运动和动力变换时，各类齿轮机构是首选机构。

（三）机构力求简单

能用满足机械性能要求的简单机构就不用复杂机构是机械设计的重要准则。如传递大传动比、以传递运动为主的机构选型设计中，单级蜗杆机构要比多级齿轮机构简单，采用行星轮系机构也比采用多级齿轮机构要简单。

（四）力求有高的机械效率

在传递动力为主的场合，机械效率是必须考虑的问题。

（五）力求尺寸小，结构简单

结构简单和尺寸紧凑是机械设计追求的目标之一，特别是在军事装备中更有应用价值。结构简单也会降低产品成本，机械成本与市场效益密切相关，相同性能，低成本的机械具有更好的竞争能力。

（六）机构选型与控制手段相结合，可简化机构选型设计

随着科学技术的发展，传统的机械技术和控制技术的密切结合，使机构的选型向简单化发展。利用步进电动机和分度码盘可以精确实现间歇分度运动，直线电动机可以直接实现往复直线运动，而且运动的可控性好。

机构选型设计是一个综合问题，不能仅从一个方面考虑问题，各个因素都要考虑。一般情况下，先考虑满足主要工作要求的机构，再考虑其他因素。

二、典型机构分析

1. 往复直线运动机构

曲柄滑块机构是最常用的往复直线运动机构，如图2-29所示。其运动分析如下：

图2-29机构中的各构件构成了一个矢量封闭多边形，得到矢量方程为

$$e + l_1 = s + l_2$$

将上述矢量方程中的各矢量用复数表示，得到复数方程

$$l_1 e^{i\varphi_1} + e e^{i\varphi_e} = s e^{i0°} + l_2 e^{i\varphi_2} \qquad (2-1)$$

式中，$\varphi_i (i=1, 2)$ 分别为杆1和杆2的复角。复角按如下规定度量，以 x 轴正方向为起始线，将 x 轴沿逆时针方向转至与某杆矢量重合，转过的角度即为该杆的复角且为正值，若 x 轴顺时针旋转，得到的复角为负值。

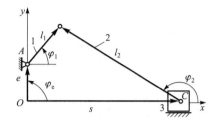

图2-29　曲柄滑块机构运动分析

上面复数方程可进一步表示为

$$l_1 \cos \varphi_1 + i l_1 \sin \varphi_1 + e \cos 90° + i e \sin 90° = s \cos 0° + i s \sin 0° + l_2 \cos \varphi_2 + i l_2 \sin \varphi_2$$

将实部与虚部分开，可得到以下两个方程

$$l_1 \cos \varphi_1 = s + l_2 \cos \varphi_2$$

$$l_1 \sin \varphi_1 + e = l_2 \sin \varphi_2$$

解得：

滑块位移：

$$s = l_1 \cos \varphi_1 \pm \sqrt{l_2^2 - (l_1 \sin \varphi_1 + e)^2}$$

构件2角位移：

$$\varphi_2 = \arcsin\left[(l_1 \sin \varphi_1 + e)/l_2 \right]$$

式中，"+""-"号依机构的装配形式而定。

将公式（2-1）对时间求导得

$$l_1 \omega_1 i e^{i\varphi_1} = v e^{i0°} + l_2 \omega_2 i e^{i\varphi_2} \qquad (2-2)$$

将上式左、右两边同时乘以 $e^{-i\varphi_2}$，取实部，即可求得滑块的速度：

$$v = -\omega_1 l_1 \sin(\varphi_1 - \varphi_2)/\cos \varphi_2$$

式（2-2）取虚部得构件2的角速度：

$$\omega_2 = \omega_1 l_1 \cos \varphi_1 / (l_2 \cos \varphi_2)$$

将公式（2-2）对时间求导得

$$-l_1 \omega_1^2 e^{i\varphi_1} = a e^{i0°} + l_2 \alpha_2 i e^{i\varphi_2} - l_2 \omega_2^2 e^{i\varphi_2}$$

左、右两边同时乘以 $e^{-i\varphi_2}$，取实部，即可求得滑块的加速度

$$a = \left[-l_1 \omega_1^2 \cos(\varphi_1 - \varphi_2) + l_2 \omega_2^2 \right]/\cos \varphi_2$$

2. 往复摆动运动机构

曲柄摇杆机构（图2-30）是最常用的往复摆动运动机构。其运动分析如下：

如图2-30所示曲柄摇杆机构中的各构件构成了一个矢量封闭多边形，得到矢量方程为

$$l_1 + l_2 = l_4 + l_3$$

将上述矢量方程中的各矢量用复数表示，得到复数方程

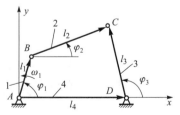

图2-30　曲柄摇杆机构
运动分析

$$l_1 e^{i\varphi_1} + l_2 e^{i\varphi_2} = l_4 e^{i\varphi_4} + l_3 e^{i\varphi_3} \qquad (2-3)$$

式中，$\varphi_i(i=1,2,3,4)$ 分别为各杆的复角。复角按如下规定度量，以 x 轴正方向为起始线，将 x 轴沿逆时针方向转至与某杆矢量重合，转过的角度即为该杆的复角且为正值，若 x 轴顺时针旋转，得到的复角为负值。

上面复数方程可进一步表示为

$$l_1 \cos\varphi_1 + i l_1 \sin\varphi_1 + l_2 \cos\varphi_2 + i l_2 \sin\varphi_2 = l_4 \cos 0° + i l_4 \sin 0° + l_3 \cos\varphi_3 + i l_3 \sin\varphi_3$$

将实部与虚部分开，可得到以下两个方程

$$l_1 \cos\varphi_1 + l_2 \cos\varphi_2 = l_4 \cos 0° + l_3 \cos\varphi_3$$

$$l_1 \sin\varphi_1 + l_2 \sin\varphi_2 = l_4 \sin 0° + l_3 \sin\varphi_3$$

消去 φ_2 得

$$A\cos\varphi_3 + B\sin\varphi_3 + C = 0$$

其中 $\qquad A = l_4 - l_1\cos\varphi_1$，$B = -l_1\sin\varphi_1$，$C = (A^2 + B^2 + l_3^2 - l_2^2)/(2l_3)$

将 $\sin\varphi_3 = \dfrac{2\tan\dfrac{\varphi_3}{2}}{1 + \tan^2\left(\dfrac{\varphi_3}{2}\right)}$，$\cos\varphi_3 = \dfrac{1 - \tan^2\left(\dfrac{\varphi_3}{2}\right)}{1 + \tan^2\left(\dfrac{\varphi_3}{2}\right)}$ 代入上面公式，得

$$(C-A)\tan^2\left(\frac{\varphi_3}{2}\right) + 2B\tan\left(\frac{\varphi_3}{2}\right) + A + C = 0$$

解得

$$\tan\frac{\varphi_3}{2} = \frac{B \pm \sqrt{B^2 - (C-A)(A+C)}}{A-C} = \frac{B \pm \sqrt{A^2 + B^2 - C^2}}{A-C}$$

式中，"$+$""$-$"号依机构的装配形式而定。求出 φ_3 后，很容易求得 φ_2，即

$$\tan\varphi_2 = \frac{B + l_3\sin\varphi_3}{A + l_3\cos\varphi_3}$$

将公式（2-3）对时间求导得

$$l_1\omega_1 i e^{i\varphi_1} + l_2\omega_2 i e^{i\varphi_2} = l_3\omega_3 i e^{i\varphi_3} \qquad (2-4)$$

左、右两边同时乘以 $e^{-i\varphi_3}$，取实部，即可求得构件 2 的角速度

$$\omega_2 = -\frac{l_1\sin(\varphi_1 - \varphi_3)}{l_2\sin(\varphi_2 - \varphi_3)}\omega_1$$

类似求得

$$\omega_3 = \frac{l_1\sin(\varphi_1 - \varphi_2)}{l_3\sin(\varphi_3 - \varphi_2)}\omega_1$$

将公式（2-4）对时间求导得

$$-l_1\omega_1^2 e^{i\varphi_1} + l_2\alpha_2 i e^{i\varphi_2} - l_2\omega_2^2 e^{i\varphi_2} = l_3\alpha_3 i e^{i\varphi_3} - l_3\omega_3^2 e^{i\varphi_3}$$

左、右两边同时乘以 $e^{-i\varphi_3}$，取实部，即可求得构件 2 的角加速度

$$\alpha_2 = \frac{l_3\omega_3^2 - l_2\omega_2^2\cos(\varphi_2 - \varphi_3) - l_1\omega_1^2\cos(\varphi_1 - \varphi_3)}{l_2\sin(\varphi_2 - \varphi_3)}$$

类似求得

$$\alpha_3 = \frac{l_2\omega_2^2 - l_3\omega_3^2\cos(\varphi_3 - \varphi_2) + l_1\omega_1^2\cos(\varphi_1 - \varphi_2)}{l_3\sin(\varphi_3 - \varphi_2)}$$

3. 回转运动机构

平行四边形双曲柄机构（图2-31）可实现匀速回转运动，应用广泛，如物料运送机构、机车车轮传动机构、工作台平移机构等。反平行四边形双曲柄机构（图2-32）为非匀速转动机构，主、从动曲柄角速度之比取决于曲柄与连杆长度，用于车门启闭、物料翻转传递等机构中。

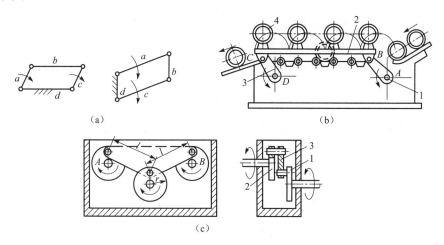

图2-31 平行四边形双曲柄机构

（a）机构简图；（b）送料机构；（c）双轴同步传动

图2-33所示的齿轮连杆机构中，从动轮2做变速转动，其运动规律由连杆机构的杆长和齿轮的齿数决定。

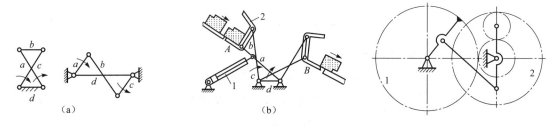

图2-32 反平行四边形双曲柄机构

（a）机构简图；（b）物料翻转机构

图2-33 齿轮连杆机构

4. 行程放大机构

图2-34所示为扩大行程、减小机构尺寸的机构，图2-34（a）中动齿条（图2-34（b）中滑块、图2-34（c）中点B）的行程为曲柄长度的4倍，即$S = 4r$。

5. 增力夹紧机构

图2-35所示为广泛用于冲床、精压机、铆钉机和压片机等机械装置中的六杆增力机构。在工作位置时，由于ECD的构型好像人的肘关节，因此也称该机构为六杆曲柄肘节机构。该机构是利用机构接近死点位置所具有的传力特性实现增力目的的。如果EC杆的两极

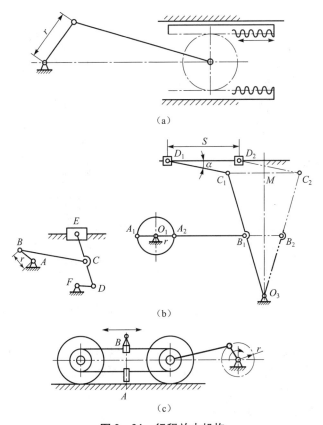

图 2-34 行程放大机构

（a）齿轮齿条机构；（b）六杆机构；（c）连杆带轮机构

限位置 EC_1、EC_2 在 ED 线的同侧，则曲柄 AB 转一周，滑块 D 上下移动一次，有一次增力作用（如冲床）；如果 EC 杆的两极限位置 EC_1、EC_2 在 ED 线的两侧，则曲柄 AB 转一周，滑块 D 上下移动二次，有两次增力作用（如铆钉机）。

由图 2-35 得滑块产生的压力 Q 及杆 2、4 中的压力 F、P 的关系为

$$Fb = Pa, \quad Q = P\cos \alpha, \quad Q = \frac{bF\cos \alpha}{a} = kF$$

式中，$k = \dfrac{b\cos \alpha}{a}$ 为增力倍数。

减小 a、α 或增大 b 均能增大增力倍数 k。

图 2-36 所示为杠杆压砖机双向压制机构，工作时上冲头 7 向下动时，下冲头 8 同时向上动，实现双向等量加压，以保证耐火砖坯 10 上下密度一致，凸轮 3 的轮廓曲线应满足双向等量加压的要求。此机构能使压制力不作用在机架上，最大值可达 1 200 t。

三、机构选型设计实例

设计电磁环境监测装置，要求锅型天线在垂直平面内旋转角度为 90°，水平面内旋转角度为 360°；转动速度要求在 10～30 r/min；整体结构要求紧凑。

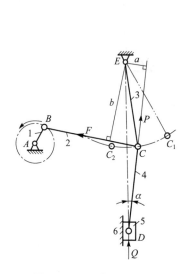

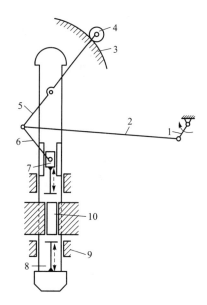

图 2-35　六杆增力机构　　　　图 2-36　杠杆压砖机双向压制机构

该系统由两部分组成，垂直平面内摆动角度为 90° 的机构和水平面内做整周转动的机构，摆动机构本身能做整周转动，且速度较低，都需要减速装置。因此可分别考虑上述两种机构的类型选择和它们之间的联系。

1. 垂直平面内的往复摆动机构

根据前面的论述，能实现这种运动的机构类型很多，曲柄摇杆机构、摆动导杆机构、摆动凸轮机构、齿轮机构等都能满足该运动要求。

2. 水平面内整周转动的机构

做整周转动的机构种类很多，但常用的是齿轮传动机构。

图 2-37（a）中，锅形天线固定在摇杆上；图 2-37（b）中，锅形天线固定在导杆上；图 2-37（c）所示为齿轮螺旋机构组成的摆动导杆；图 2-37（d）所示为水平面内做整周转动的电动机齿轮减速器机构示意图。

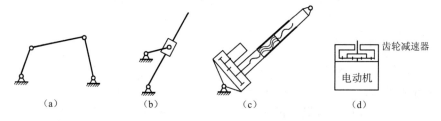

图 2-37　机构选型示例

（a）锅形天线固定在摇杆上；（b）锅形天线固定在导杆上；
（c）齿轮螺旋机构组成的摆动导杆；（d）水平面内做整周转动的电动机齿轮减速器机构

图 2-38 所示为图 2-37（c）与图 2-37（d）组成的电磁环境检测装置机构示意图。该机构不但能满足运动要求，而且具有结构紧凑、性能可靠等优点。

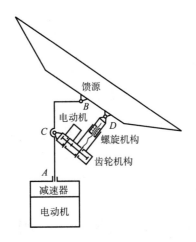

图 2 – 38 电磁环境检测装置机构

进行机构选型时，一般先要考虑运动变换要求，再考虑其运动性能是否满足工作要求。然后还要考虑结构、尺寸、安装、制造与成本、维护与寿命等多种因素。

第三章

机构系统及其运动方案的设计

第一节　机械系统的组成

机械系统的种类繁多，其组成情况基本相同。

通过对各类机器的对比与分析可以知道，机器由原动机、传动系统、工作执行系统和控制系统组成，其组成框图如图3-1所示。

图3-2所示为电动大门示意图。原动机为三相交流异步电动机，CD为大门，铰链安装在门柱D处。大门的开启速度较低，为5°/s～10°/s，而作为原动机的电动机转数很高，所以动力要经过减速器传递到大门的启闭装置上。铰链四杆机构$ABCD$为大门启闭装置，或称为工作执行机构。

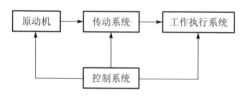

图3-1　机器组成示意图

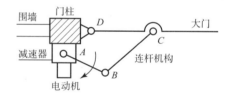

图3-2　电动大门示意图

由此可见，电动大门由电动机（原动机）、减速器（传动系统）、连杆机构$ABCD$（工作执行系统）和电气控制系统组成，是典型的机械系统。工程中，也有些少数机械没有传动系统，如水力发电机组中，水轮机（原动机）直接驱动发电机（工作机），形成水力发电机组。

以下就机器的组成部分作简要介绍。

一、原动机

原动机把其他形式的能量转化为机械能，为机器的运转提供动力。按原动机转换能量的方式可将其分为三大类。

1. 电动机

把电能转换为机械能的机器。常用电动机有三相交流异步电动机、单相交流异步电动机、直流电动机、交流和直流伺服电动机以及步进电动机等。三相交流异步电动机和较大型直流电动机常用于工业生产领域，单相交流异步电动机常用于家用电器，交流和直流伺服电动机以及步进电动机常用于自动化程度较高的可控领域。电动机是在固定设备中应用最广泛的原动机。

2. 内燃机

内燃机是把热能转换为机械能的机器。常用内燃机主要有汽油机和柴油机，用于活动范围很大的各类移动式机械中。中小型车辆中常用的汽油机为原动机；大型车辆，如各类工程机械、内燃机车、装甲车辆、舰船等机械常用柴油机作为原动机。随着石油资源的消耗和空气污染的加剧，人们正在积极探索能代替石油产品的新兴能源，如从水中分解出氢气作燃料的燃氢发动机已处于实验阶段。

3. 一次能源型原动机

一次能源型原动机指直接利用地球上的能源转换为机械能的机器。常用的一次能源型原动机主要有水轮机、风力机、太阳能发电机等。上述电动机和内燃机的原料都是二次能源，电能来自水力发电、火力发电、地热发电、潮汐发电、风力发电、原子能发电等二次加工；内燃机用的汽油或柴油也是由开采的石油冶炼出的二次能源。其缺点是受地球上资源储存量的限制且价格较贵。因此开发利用水力、风力、太阳能、地热能、潮汐能等一次能源，是21世纪动力工程的一项艰巨任务。

二、机械运动系统

机器的传动系统和工作执行系统统称为机械的运动系统。以内燃机和交流电动机为原动机时，其转数较高，不能满足工作执行机构低速、高速或变速要求，在原动机输出端往往要连接传动系统。一般常用的传动系统有齿轮传动、带传动、链条传动等。有时，采用传动系统是为了改变运动方向或运动条件。如汽车变速箱的输出轴与后桥输入轴不在一个平面中，而且相距较远，万向联轴器就能满足这种传动要求。机械传动系统形式比较单一，设计难度不是很大，而机器的工作执行系统则要复杂得多。不同机器的工作执行系统截然不同，但其传动形式却可相同。例如，一般汽车和汽车吊的行驶传动形式一样，都是由连接内燃机的变速箱、万向轴和后桥组成。而汽车的工作执行系统由车轮、车厢等组成，汽车吊的工作执行系统由车轮及吊车组成。图3-3所示为汽车和汽车吊对比图。

（a）　　　　　　　　　　　　（b）

图3-3　汽车和汽车吊对比

（a）汽车；（b）汽车吊

三、机械的控制系统

机械设备中的控制系统所应用的控制方法很多，有机械控制、电气控制、液压控制、气动控制及综合控制，其中以电气控制应用最为广泛，与其他控制形式相比有很多优点。控制系统在机械中的作用越来越突出，传统的手工操作正在被自动化的控制手段所代替，而且向智能化方向发展。

电气控制系统体积小，操作方便，无污染，安全可靠，可进行远距离控制。通过不同的传感器可把位移、速度、加速度、温度、压力、色彩、气味等物理量的变化转变为电量的变化，然后由控制系统的微计算机进行处理。

主要控制对象如下：

（1）对原动机进行控制。电动机的结构简单、维修方便、价格低廉，是应用最为广泛的动力机。对交流电动机的控制主要是开、关、停与正反转的控制，对直流电动机与步进电动机的控制主要是开、关、停、正反转及其调速的控制。图3-4所示为常见的三相交流异步电动机的控制电路原理图，可实现开、关、停、正反转的工作要求，如再安装限位开关，还可以方便地进行机械的位置控制。

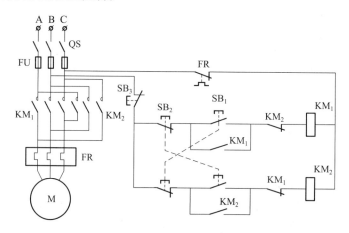

图3-4 三相异步电机控制电路原理图

（2）对电磁铁的控制。电磁铁是重要的开关元件，接触器、继电器、各类电磁阀、电磁开关都是按电磁转换的原理实现接通与断开的动作，从而实现控制机械中执行机构的各种不同动作的。

现代控制系统的设计不仅需要微机技术、接口技术、模拟电路、数字电路、传感器技术、软件设计、电力拖动等方面的知识，还需要一定的生产工艺知识。

根据所控制的信号参数，可把控制分为两类。

第一类是以位移、速度、加速度、温度、压力等数量的大小为控制对象，并按表示数量信号的种类分为模拟控制与数字控制。把位移、速度、加速度、温度、压力的大小转换为对应的电压或电流信号，称为模拟量。对模拟信号进行处理，称为模拟控制。模拟控制精度不高，但控制电路简单，使用方便。把位移、速度、加速度、温度、压力的大小转换为对应的数字信号，称为数字量。对数字信号进行处理，称为数字控制。

第二类是以物体的有、无、动、停等逻辑状态为控制对象，称为逻辑控制。逻辑控制可用二值"0"和"1"的逻辑控制信号来表示。

以数量的大小、精度的高低为对象的控制系统中，经常检测输出的结果与输入指令的误差，并对误差随时进行修正，称这种控制方式为闭环控制。把输出的结果返回输入端与输入指令比较的过程，称为反馈控制。与此不同，输出的结果不返回输入端的控制方式，称为开环控制。

由于现代机械正在向高速、高精度方向发展，故闭环控制的应用越来越广泛。如机械手、机器人运动的点、位控制，都必须按反馈信号及时修正其动作，以完成精密的工作要求。在反馈控制过程中，通过对其输出信号的反馈，及时捕捉各参数的相互关系，进行高速、高精度的控制。在此基础上，发展和完善了现代控制理论。

综上所述，现代机械的控制系统集计算机、传感器、接口电路、电器元件、电子元件、光电元件、电磁元件等硬件环境及软件环境为一体，且在向自动化、精密化、高速化、智能化的方向发展，其安全性、可靠性的程度不断提高。在机电一体化机械中，机械的控制系统将起到更加重要的作用。

第二节　机构系统设计的构思

机械传动系统和工作执行系统统称机械运动系统，机械运动系统是组成机械的主体，也是机械的核心。机械运动系统可用机构系统来描述，也就是说，对机构系统进行结构设计后就是机械运动系统。因此，对机构系统进行分析与设计是机械设计的重要内容，也是机械设计中最具有创造性的工作。

一、机构与机构系统

机构种类很多，其作用也不相同。曲柄摇杆机构、曲柄滑块机构、曲柄摇块机构、双曲柄机构、双摇杆机构、正弦机构、正切机构、转动导杆机构、摆动导杆机构和平行四边形机构等都是具有不同运动特性的连杆机构，主要功能是进行运动形态和运动轨迹的变换；圆柱齿轮机构、锥齿轮机构、蜗轮蜗杆机构等齿轮机构主要用于运动速度的变换；带传动机构、链传动机构也是用于运动速度的变换；直动从动件和摆动从动件凸轮机构主要用于运动规律的变换；棘轮机构、槽轮机构等间歇运动机构主要用于运动中动、停的运动变换；螺旋机构主要用于转动到移动的运动变换。这种单一的机构在工程中得到了广泛的应用。这里把实现不同功能目标的单一机构称为基本机构。但在机械运动系统中，把单一的机构（或基本机构）组合在一起形成的机构系统应用更加广泛。我们把两个或两个以上的基本机构的组合称作机构系统。

在一个机构系统中，有起速度变换作用的机构，或减速，或增速，或变速，一般称其为传动机构；有担负工作任务的执行机构，其机构种类与工作任务密切相关，一般称为工作执行机构；有起辅助控制或保护作用的机构，一般称为辅助机构。各种机构协调动作，从而完成机构系统的工作任务。

二、传动机构系统的组成

传动机构的主要作用是进行速度变换，有时也能进行运动变换。

最常见的传动机构系统有齿轮传动、带传动、链传动、螺旋传动等传动机构。由于液压传动、气压传动以及电传动不在传统的机械传动范围之内，故本书不作论述。

（一）齿轮机构传动系统

圆柱齿轮之间的组合、圆柱齿轮与锥齿轮的组合、齿轮与蜗轮蜗杆传动的组合是常见的齿轮传动机构系统。

图 3 - 5（a）所示齿轮机构为二级圆柱齿轮传动机构，图 3 - 5（b）所示齿轮机构为一级锥齿轮传动和一级圆柱齿轮传动组成的齿轮传动系统。一般情况下，锥齿轮传动要放在高速级。图 3 - 5（c）所示机构为圆柱齿轮组成的少齿差行星传动机构，该机构可获得较大的传动比。图 3 - 5（d）所示机构为二级蜗杆减速器，传动比很大，但机械效率低。图 3 - 5（e）所示机构为齿轮机构与蜗杆机构的组合，蜗杆传动一般放在高速级。

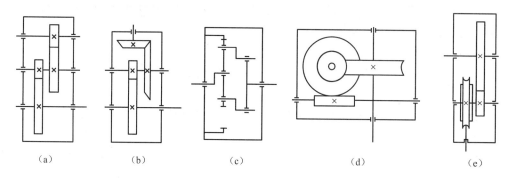

（a）　　　　　（b）　　　　　（c）　　　　　（d）　　　　　（e）

图 3 - 5　齿轮传动系统

（a）二级圆柱齿轮传动；（b）锥—圆柱齿轮传动；
（c）少齿差行星传动；（d）二级蜗杆传动；（e）齿轮传动与蜗杆传动的组合

在齿轮传动机构的组合中，齿轮类型按工作要求确定，齿轮机构的对数按总传动比的大小确定。

以减速为主的机械传动系统中，最常用的机构组合形式是齿轮机构的组合或带传动机构与齿轮机构的组合。齿轮机构的组合系统主要有减速器和变速器，减速器的设计大多实现了标准化。有些产品中将电动机与减速器一体化，使用非常方便。

（二）带传动与齿轮传动的组合系统

当原动机与齿轮传动机构相距较远，或传动比较大，或有过载需要靠机械手段保护原动机的要求时，常采用带传动与齿轮传动的组合传动系统，这时常把带传动放在高速级。图 3 - 6 所示机构系统为带传动与圆柱齿轮传动组合系统。带传动也可和其他齿轮机构组合。

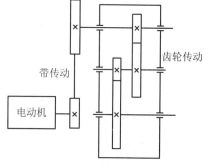

图 3 - 6　带传动与齿轮传动组合系统

（三）齿轮传动与螺旋传动的组合系统

螺旋传动机构是机械中常用的机构，特别是在驱动工作台移动的场合应用更多。由于工作台的移动速度不能过高，故在螺旋机构前面一般放置齿轮减速机构。图 3 - 7 所示机构系统为齿轮传动与螺旋传动的组合系统。

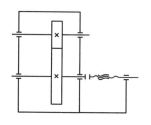

图 3 - 7　齿轮传动与螺旋传动组合系统

齿轮机构也常和链传动机构组成传动机构系统。根据使用要求，链传动机构可以在高速级，也可以在低速级。

（四）齿轮机构与万向联轴节机构的组合

当两个齿轮机构相距很远且运动平面不同时，常采用齿轮机构和万向联轴节机构的组合，以实现特定传动的目的。如汽车发动机变速器与后桥齿轮之间距离较大，而且变速器位置高于后桥齿轮轴线位置，则上述组合可达到其传动目的。图 3 - 8 所示为齿轮机构与万向联轴节机构的组合示意图。

图 3 - 8　齿轮机构与万向联节机构的组合示意图

图 3 - 8 中，发动机的输出轴与齿轮变速箱的输入轴相连接，万向联轴节把变速箱的输出轴与后桥（差速器）的输入轴连接起来，起到传递运动和动力的作用。

（五）机械传动系统构思的基本准则

在进行机械传动系统设计时，要注意以下事项。

（1）在满足传动要求的前提下，尽量使机构数目少，使传动链短。这样可提高机械效率，降低生产成本。

（2）当机械传动系统的总传动比较大而采用多级传动时，应合理分配各级传动机构的传动比。传动比的分配原则是使总的体积小和发挥各类传动机构本身的优势，例如：带传动的传动比≤3；单级齿轮传动的传动比≤5。

（3）合理安排传动机构的次序。当总传动比≥8 时，要考虑多级传动。如有带传动时，一般将带传动放置到高速级；如采用不同类型的齿轮机构组合，锥齿轮传动或蜗杆传动一般在高速级；链传动一般不宜在高速级。

（4）在满足要求的前提下，尽量采用平面传动机构，使制造、组装与维修更加方便。

（5）在对尺寸要求较小时，可采用行星轮系机构。

三、工作执行机构的组成

工作执行机构的组合非常复杂，没有一定的规律，只能按着具体待设计机器的功能要求设计。

不同的机械可能具有相近的传动系统，但其工作执行机构系统截然不同。所以工作执行机构多种多样，设计时必须从机器的功能出发去考虑工作执行机构系统的设计。不同机器的功能不同，工作执行机构不同。

图 3 - 9 （a）所示为牛头刨床的机械运动系统，工作执行系统可用摆动导杆机构加滑块机构的组合，实现有急回特征的往复直线运动。图 3 - 9 （b）所示为平压模切机的机构运动简图，该系统包括了带传动和齿轮传动组合的、用于减速的机械传动系统。连杆机构的组合可实现压力放大作用。

常见的动作与实现相近动作的机构类型很多，将其有机组合可获得一系列的新机构。

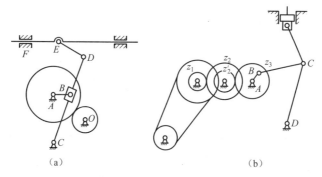

图3-9 机械传动系统与工作执行系统的组合示例

（a）牛头刨床；（b）平压模切机

表3-1中列举了各种运动与实现对应运动要求的机构类型；表3-2中列举了各种功能要求与对应要求的机构类型，可供机构选型时参考。

表3-1 运动变换与对应机构

运动形态	机 构 类 型
转动转换为连续转动	齿轮机构；带传动机构；链传动机构；平行四边形机构；转动导杆机构；双转块机构等
转动转换为往复摆动	曲柄摇杆机构；摆动导杆机构；摆动凸轮机构等
转动转换为间歇转动	棘轮机构；槽轮机构；不完全齿轮机构；分度凸轮机构等
转动转换为往复移动	齿轮齿条机构；曲柄滑块机构；正弦机构；凸轮机构；螺旋传动机构等
转动转换为平面运动	平面连杆机构；行星轮系机构
移动转换为连续转动	齿轮齿条机构（齿条主动）；曲柄滑块机构（滑块主动）；反凸轮机构
移动转换为往复摆动	反凸轮机构；滑块机构（滑块主动）
移动转换为移动	反凸轮机构；双滑块机构

表3-2 功能要求与对应机构

功能要求	机 构 类 型
轨迹要求	平面连杆机构；行星轮系机构
自锁要求	蜗杆蜗轮机构；螺旋机构
微位移要求	差动螺旋机构
运动放大要求	平面连杆机构
力的放大要求	平面连杆机构
运动合成或分解	差动轮系与二自由度的其他机构

一般情况下，传动系统的构思设计相对容易些。当结构要求非常紧凑时，可采用齿轮机构的组合（也称轮系机构）作为减速系统。当原动机距离工作执行系统较远时，可采用带

传动机构与齿轮机构的组合。一般情况下，带传动机构放在高速级，即电动机与小带轮连接在一起。当传动比较大时，可采用蜗杆减速器；当系统要求自锁时，也可采用蜗杆减速器。

工作执行装置千变万化，其设计取决于机器的功能和动作要求，只有在了解表 3-1 和表 3-2 中列举的机构功能时，才能很好地进行构思设计。

第三节　机构系统的设计方法

各种机构的组合是机构系统设计的主要方法。其组合方法可分为各类基本机构的串行连接、并行连接、混合连接、封闭式连接和叠加连接五种。不同的连接方式所产生的机构系统不同，串行连接、并行连接、混合连接、叠加连接所组成的机构系统称为机构组合系统，封闭式连接所组成的机构系统称为组合机构系统。以下分别介绍上述机构的连接方法。

一、机构的串联组合

前一个机构的输出构件与后一个机构的输入构件连接在一起，称为串联组合。起主要作用的机构称为基础机构，另一个机构称为附加机构。这种组合的特征是基础机构和附加机构都是单自由度机构，组合后各机构的特征保持不变。因此，机构的串联组合系统是机构的组合系统。

对于单自由度的高副机构，有一个输入构件和一个输出构件；对于连杆机构，输出运动的构件可能是连架杆（做定轴转动或直线移动），也可能是做平面运动的连杆。根据参与组合的前后机构连接点的不同，可分为两种串联组合方法。连接点选在做简单运动的构件（一般为连架杆）上，称为Ⅰ型串联。做简单运动的构件指做定轴旋转或往复直线移动的构件。连接点选在做复杂平面运动的构件上，称为Ⅱ型串联。做复杂平面运动的构件指连杆或行星轮。图 3-10 所示为机构的串联组合框图。

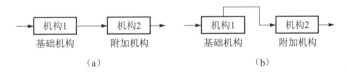

图 3-10　机构的串联组合框图
（a）Ⅰ型串联；（b）Ⅱ型串联

串联组合中的各机构可以是同类型机构，也可以是不同类型机构。首先选择的机构为基础机构，其他则为附加机构。串行连接中，基础机构和附加机构没有严格区别，按工作需要选择即可。设计要点是二机构连接点的选择。

图 3-11（a）中，z_1、z_2 组成的齿轮机构为附加机构，连杆机构 $ABCD$ 为基础机构。附加齿轮机构中的输出齿轮 z_2 与基础连杆机构输入件 AB 固接，形成Ⅰ型串联机构，使连杆机构的曲柄转数得以减速。

图 3-11（b）中，齿轮 z_1、z_2 和系杆 OA 组成的行星轮系机构为基础机构，滑块机构 ABC 为附加机构。曲柄 AB 与做复杂平面运动的行星轮固接，成为Ⅱ型串联机构。该机构系统中，通过合理设计行星轮系，可获得滑块的间歇运动。

利用Ⅱ型串联组合原理，在图 3-12 所示平行四边形机构 $ABCD$ 的连杆 BC 上固接一个

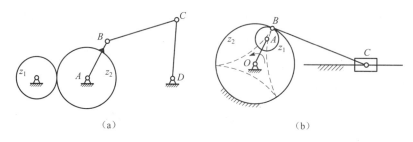

(a)　　　　　　　　　　　　　　(b)

图 3 – 11　串联机构示意图

（a）Ⅰ型串联机构；（b）Ⅱ型串联机构

内齿轮 z_1，做平面运动的内齿轮 z_1 驱动外齿轮 z_2，使其中心距 O_1O_2 与四杆机构的曲柄 AB 保持平行和相等，这就是三环齿轮减速器的设计原理。其传动比为

$$i_{12} = -\frac{z_2}{z_1 - z_2}$$

在机构系统中，如工作执行机构要求有较低的速度，前面都要串联齿轮机构以实现减速。图 3 – 11（a）所示机构系统即为此目的。通过两个连杆机构的串联组合，可以改变后一级连杆机构的运动规律，满足特定的工作要求。图 3 – 13 所示机构系统中，通过合理进行四杆机构 $ABCD$ 的尺寸设计，可获得曲柄滑块机构中滑块的特殊运动要求。

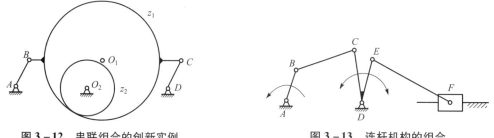

图 3 – 12　串联组合的创新实例　　　　**图 3 – 13　连杆机构的组合**

机构的串联组合是机构系统设计的最常见方法，大部分机构系统都是机构的串联组合。但串联机构过多时，会导致机械效率下降和运动累积误差过大。在满足运动要求的前提下，应尽量使用较少的机构进行串联。

二、机构的并联组合

若干个单自由度基本机构的输入构件连接在一起，保留各自的输出运动；或若干个单自由度机构的输出构件连接在一起，保留各自的输入运动；或有共同的输入构件与输出构件的连接，称为并行连接。其特征是各基本机构具有相同的自由度，且各机构特征不变。并联组合中，各基本机构的特性不变，其组合结果仍为机构的组合系统。

根据并联机构输入与输出特性的不同，分为三种并联组合方法。各机构有共同的输入件，保留各自输出运动的连接方式，称为Ⅰ型并联；各机构有不同的输入件，保留相同输出运动的连接方式，称为Ⅱ型并联；各机构有共同的输入运动和共同的输出运动的连接方式，称为Ⅲ型并联。图 3 – 14 所示为机构的并联组合示意框图。

并联组合的各机构可以是同类型机构，也可以是不同类型机构。首先选择的机构为基础机构，其他则为附加机构。并行组合连接中，基础机构和附加机构也没有严格区别，按工作

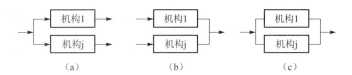

图 3 - 14　并联组合示意框图

（a）Ⅰ型并联；（b）Ⅱ型并联；（c）Ⅲ型并联

需要选择即可。

图 3 - 15（a）所示机构中，共同的输入构件为 AB，滑块 C 完成两路输出运动，该机构为Ⅰ型并联机构。机构 AB_1C_1 可平衡机构 ABC 的惯性力。图 3 - 15（b）所示机构中，四个滑块驱动一个输出曲柄转动，该机构为Ⅱ型并联机构，是设计多缸发动机的理论基础。图 3 - 15（c）所示机构为Ⅲ型并联机构，Ⅲ型并联机构常用于压力机的设计。

图 3 - 15（d）所示机构是利用Ⅲ型并联组合原理对三环减速器的改进设计。主动齿轮 z_1 沿周向驱动 3 ~ 6 个齿轮 z_2。z_2 与偏心轴固接，迫使外齿轮 z_3 做平动，驱动内齿轮 z_4 转动，完成减速输出运动。

机构的并联组合也是设计机构系统的常用方法。最常见的并联组合是完成机械运动的多路输出或多路输入后要求有一个输出运动的情况。

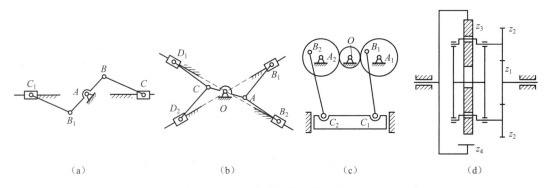

图 3 - 15　并联组合机构示意图

（a）Ⅰ型并联机构；（b）Ⅱ型并联机构；（c）Ⅲ型并联机构；

（d）用Ⅲ型并联组合原理对三环减速器的改进设计

图 3 - 12 所示的机构系统中，应用并联组合原理，再并联两个带有相同内齿轮的平行四边形机构，则组成了图 3 - 16 所示的三环减速器机构，通过三个内齿轮共同驱动一个外齿轮减速转动，可传递很大的功率。

三、机构的混合连接组合

机构的混合连接组合是指机构的串联与并联的组合。因此，其组合结果仍为机构的组合系统，或简称机构组合。图 3 - 17 所示为机构的混合连接组合示意框图。

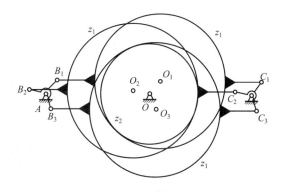

图 3 - 16　三环减速器机构简图

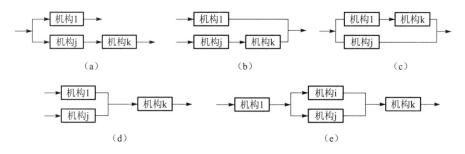

图 3 – 17　机构混合连接框图

(a) Ⅰ型混联；(b) Ⅱ型混联；(c) Ⅲ型混联；(d) Ⅳ型混联；(e) Ⅴ型混联

机构的混合连接中，一般在支路中机构串联，然后与另一支路机构再并联，图 3 – 17 （a）、（b）、（c）所示框图即为这种情况。也可在并联前或并联后再串联某机构，图 3 – 17 （d）、（e）所示框图为这种混联示意图。

图 3 – 18 （a）所示机构为典型的Ⅲ型并联机构，C 点做平面运动，可完成复杂的运动轨迹要求，再使用Ⅱ型串联组合方法，可设计出图 3 – 18 （b）所示具有特定功能的 Ⅴ 型混联压力机机构。

由于混合连接应用的是串联和并联机构的组合理论，故不再论述。

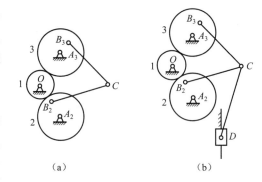

图 3 – 18　混合连接应用

(a) Ⅲ型并联机构；(b) Ⅴ型混联压力机机构

四、机构的封闭式连接组合

一个两自由度机构中的两个输入构件或两个输出构件用单自由度的机构连接起来，形成一个单自由度的机构系统，称为封闭式连接。将两自由度的机构称为基础机构，单自由度机构称为附加机构，或称封闭机构。封闭组合形成的机构系统中，不能按原来单个机构进行分析或设计，必须把组成的新系统看作一个整体考虑才能进行分析或综合。因此，此类组合所得到的机构系统称为组合机构，与前者有很大差别。这种组合方法是设计组合机构的理论基础。封闭式组合示意框图参见图 3 – 19。

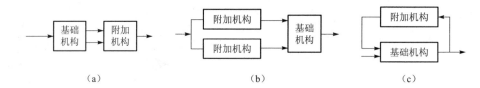

图 3 – 19　机构的封闭式组合示意框图

(a) Ⅰ型封闭组合机构；(b) Ⅱ型封闭组合机构；(c) Ⅲ型封闭组合机构

根据封闭式机构输入与输出特性的不同，分为三种封闭组合方法。一个单自由度的附加机构封闭基础机构的两个输入或输出运动，称为Ⅰ型封闭机构，如图 3 – 19 （a）所示框图。两个单自由度的附加机构封闭基础机构的两个输入或输出运动，称为Ⅱ型封闭机构，如图 3-19（b）所示框图。Ⅰ型封闭机构和Ⅱ型封闭机构没有本质差别，之所以加以区别，只是为机构的创新设计提供一个更为清晰的路径。一个单自由度的附加机构封闭基础机构的一个输入和输出运动，称为Ⅲ型封闭组合机构，如图 3-19（c）所示框图。

图 3-20（a）所示机构中，差动轮系为基础机构，四杆机构为附加机构。差动轮系的系杆与四杆机构的曲柄固接，差动轮系的行星轮与四杆机构的连杆固接，形成Ⅰ型齿轮连杆封闭组合机构。

图 3-20（b）所示机构中，差动轮系为基础机构，四杆机构和由 z_1、z_4 组成的定轴齿轮机构为两个附加机构，形成Ⅱ型齿轮连杆封闭组合机构。

图 3-20（c）所示机构中，五杆机构 OABCD 为基础机构，凸轮机构为封闭机构，五杆机构的两个连架杆分别与凸轮和推杆固接，形成Ⅰ型凸轮连杆封闭组合机构。

图 3-20（d）所示机构为Ⅲ型封闭组合机构示例。蜗杆机构为二自由度机构（蜗杆的转动和其轴线的移动），其中蜗杆的移动来自蜗轮输出运动通过凸轮机构的反馈。

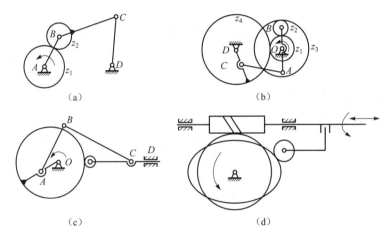

图 3-20 封闭组合机构示意图

（a）Ⅰ型齿轮连杆封闭组合机构；（b）Ⅱ型齿轮连杆封闭组合机构；
（c）Ⅰ型凸轮连杆封闭组合机构；（d）Ⅲ型凸轮蜗杆封闭组合机构

机构经封闭式连接后得到的机构系统称为组合机构，组合机构可实现特定的运动特性。但是有时会产生机构内部的封闭功率流，降低了机械效率。所以，传力封闭组合机构要进行封闭功率的判别。

明确了封闭式组合机构的基本原理后，为设计组合机构提供了清晰的设计思路。如图 3-21（a）所示差动轮系有两个自由度，给定任何两个输入运动（如齿轮 z_1、z_3），可实现系杆的预期输出运动。在齿轮 z_1、z_3 之间组合附加定轴轮系（齿轮 z_4、z_5、z_6 组成）后，可获得图 3-21（b）所示的Ⅰ型封闭机构，调整定轴轮系的传动比，可得到任意预期的系杆转数。

把系杆 H 的输出运动通过定轴轮系（齿轮 z_4、z_5、z_6）反馈到输入构件（齿轮 z_3）后，可得到图 3-21（c）所示的Ⅲ型封闭组合机构。图 3-21（b）与图 3-21（c）所示机构的组合原理完全相同，因此本书把反馈式组合机构纳入封闭组合机构类型中。

封闭式组合机构比较复杂，这里仅作了简单的介绍。

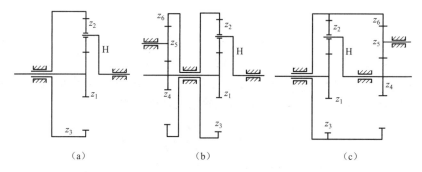

图 3 - 21　封闭组合机构示例

（a）差动轮系；（b）Ⅰ型封闭组合机构；（c）Ⅲ型封闭组合机构

五、机构叠加组合原理

机构的叠加组合也是机构组合理论的重要组成部分，是机构创新设计的重要途径。

机构叠加组合是指在一个机构的可动构件上再安装一个以上的机构的组合方式。把支承其他机构的机构称为基础机构，安装在基础机构可动构件上面的机构称为附加机构。机构叠加组合方法有两种。图 3 - 22 所示框图为机构的叠加组合示意图，并分别称为Ⅰ型叠加机构、Ⅱ型叠加机构和Ⅲ型叠加机构。

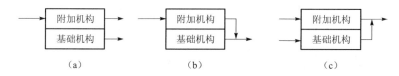

图 3 - 22　机构的叠加组合

（a）Ⅰ型叠加机构；（b）Ⅱ型叠加机构；（c）Ⅲ型叠加机构

图 3 - 22（a）所示的叠加机构中，动力源作用在附加机构上，或者说主动机构为附加机构，还可以说由附加机构输入运动。附加机构有自己的运动输出，同时也驱动基础机构运动。附加机构安装在基础机构的可动构件上，同时附加机构的输出构件驱动基础机构的某个构件，完成两机构的输出运动。

图 3 - 23 所示机构是根据Ⅰ型叠加原理设计的机构。蜗杆传动机构为附加机构，行星轮系机构为基础机构。蜗杆传动机构安装在行星轮系机构的系杆 H 上，由蜗轮给行星轮提供输入运动，带动系杆缓慢转动。附加机构驱动扇叶转动，又可通过基础机构的运动实现附加机构 360° 的全方位慢速转动，该机构可设计出理想的电风扇，扇叶转速可通过电动机调速调整。附加机构的机架（基础机构的系杆）转动速度如下：

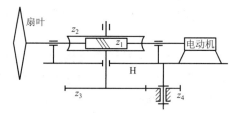

图 3 - 23　Ⅰ型叠加机构示例

$$n_{\mathrm{H}} = \frac{z_3}{z_2 z_4} n_1$$

式中，n_1 为电动机转速，n_{H} 为系杆转速。调整齿轮的齿数可改变附加机构机架的转速。

图 3 - 22（b）所示的Ⅱ型叠加机构中，动力源作用在附加机构上，附加机构安装在基

础机构的可动构件上，其输出构件驱动基础机构的构件运动，完成基础机构的输出运动。图 3-24（a）所示叠加机构中，由蜗杆机构和齿轮机构组成的轮系机构为附加机构，四杆机构 ABCD 为基础机构。附加轮系机构设置在基础机构的连架杆 1 上。附加机构的输出齿轮与基础机构的连杆 BC 固接，实现附加机构与基础机构的运动传递。这样四杆机构的两个连架杆都可实现变速运动。通过对连杆机构的尺寸选择，可实现基础机构的复杂低速运动。

Ⅱ型叠加机构是创造多重轮系的理论基础。图 3-24（b）所示机构就是按Ⅱ型叠加原理设计的双重轮系机构。一般情况下，以齿轮机构为附加机构，以连杆机构和齿轮机构为基础机构的叠加方式应用较为广泛。

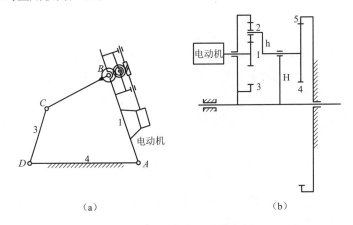

图 3-24　Ⅱ型叠加机构示例

（a）蜗杆—齿轮机构与连杆机构组成的叠加机构；（b）双重轮系机构

图 3-22（c）所示的叠加机构中，附加机构和基础机构分别有各自的动力源，或有各自的运动输入构件，最后由附加机构输出运动。Ⅲ型叠加机构的特点是附加机构安装在基础机构的可动构件上，再由设置在基础机构可动构件上的动力源驱动附加机构运动。进行多次叠加时，前一个机构即为后一个机构的基础机构。

图 3-25（a）所示的户外摄影车机构为Ⅲ型叠加机构的示例。平行四边形机构 ABDC 为基础机构，由液压缸 1 驱动 BD 杆运动。平行四边形机构 CDFE 为附加机构，并安装在基础机构的 CD 杆上。安装在基础机构 AC 杆上的液压缸 2 驱动附加机构的 CE 杆，使附加机构相对基础机构运动。平台的运动为叠加机构的复合运动。

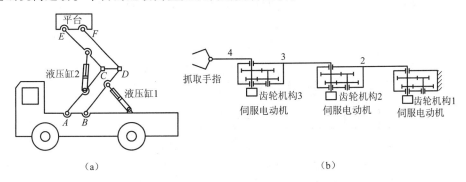

图 3-25　Ⅲ型叠加机构示例

（a）户外摄影车机构；（b）机械手机构

Ⅲ型叠加机构在各种机器人和机械手机构中得到了非常广泛的应用。图3-25（b）所示的机械手就是按Ⅲ型叠加原理设计的叠加机构。

机构的叠加组合为创建新机构提供了坚实的理论基础。特别要求实现复杂的运动和特殊的运动规律时，机构的叠加组合有巨大的潜力

机构叠加组合的概念明确，思路清晰。创新设计的关键问题是确定附加机构与基础机构之间的运动传递，即附加机构的输出构件与基础机构的哪一个构件连接。

Ⅲ型叠加机构中，动力源安装在基础机构的可动构件上，驱动附加机构的一个可动构件，按附加机构数量依次连接即可。Ⅲ型叠加机构之间的连接方式较为简单，且规律性强，所以应用最为普遍。

Ⅰ型和Ⅱ型叠加机构的连接方式较为复杂，但也有规律性。如齿轮机构为附加机构，连杆机构为基础机构时，连接点选在附加机构的输出齿轮和基础机构的输入连杆上。如基础机构是行星齿轮系机构，则可把附加齿轮机构安置在基础轮系机构的系杆上，附加机构的齿轮或系杆与基础机构的齿轮连接即可。图3-24（b）所示机构中，齿轮1、2、3和系杆h组成的轮系为附加机构，齿轮4、5和系杆H组成的行星轮系为基础机构。附加机构的系杆h与基础机构的齿轮4连接，实现附加机构向基础机构的运动传递。

机构叠加组合而成的新机构具有很多优点，可实现复杂的运动要求，机构的传力功能较好，但设计构思难度较大。掌握上述三种叠加组合方法后，为创建叠加机构提供了理论基础。图3-26所示机构是利用机构的叠加组合原理设计的新机构。设计要求是战斗部可做全方位的空间转动，弹箭可向任意方向发射，机动性强。

设计构思：弹箭发射架绕水平轴旋转，支承发射架的战斗平台绕垂直轴旋转，二者运动的合成可实现空间全方位的发射任务。采用单自由度的机构系统难以实现空间任意位置要求，采用绕水平轴旋转机构和绕垂直轴旋转运动的两个单自由度机构的叠加组合可实现设计要求，而采用齿轮机构则为简单且体积小的最佳机构。

绕水平轴（z轴）的转动用图3-26所示的蜗杆传动机构完成，可满足战斗部的自锁要求，并作为附加机构。驱动电动机安装在战斗平台上。绕垂直轴（y轴）的转动可用行星轮系完成，使其为基础机构，其中行星轮为主动件。固接在系杆H上的步进电动机直接驱动行星轮，迫使系杆转动。附加机构安置在基础机构的系杆H上，同时控制平台上的两个步进电动机，可实现战斗部的任意方向和位置。该战斗部在实验过程中效果良好。该机构中，基础机构的动力源没有安装在基础上，而是安装在系杆上，成为Ⅲ型叠加机构的变种，但使用更加方便。

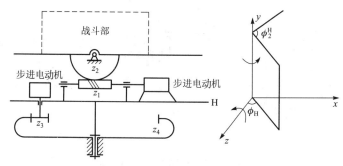

图3-26　某战斗部机构

在机械工程中，单一的简单机构应用较少，大多数情况下都是把几种基本机构通过有机地连接组成一个机构系统，或者几个各自运动的基本机构通过运动协调设计形成机构系统，以满足特定的工作要求。

同类机构经过不同连接，可得到不同功能的机构系统；不同类型机构经过不同的连接方式，也可得到不同功能的机构系统。因此，各种机构的巧妙组合是机械创新设计的重要手段之一。

第四节　机构系统的运动协调设计

机械工程中，也有很多机械是由几个简单的基本机构组成的，它们之间没有进行任何连接，而是独立存在，但它们之间的运动却要求互相配合、协调动作，称此类设计问题为机构系统的运动协调设计。现代机械中，运动协调设计有两种途径：其一是通过对电动机的时序控制实现机械的运动协调设计，这类方法简单、实用，但可靠性差些；其二是通过机械手段实现机械的运动协调设计，这类方法同样简单、实用，但可靠性好些。本节主要介绍通过机械手段实现机械的运动协调设计方法。

一、机构系统的运动协调

有些机械的动作单一，如钻床、电风扇、洗衣机、卷扬机、打夯机等机械都是完成较简单的工作，无须进行运动协调设计。但也有很多机械动作较为复杂，要求执行多个动作，各动作之间要求协调运动，以完成特定的工作。

如冲床的设计中，为保证操作人员的人身安全，要求冲压动作与送料动作必须协调，否则会发生机器伤人事故。

在图 3 – 27 所示冲床中，机构 ABC 为冲压机构，机构 FGH 为送料机构。要求在冲压结束后，冲压头回升过程中开始送料，到冲压头下降过程的某一时刻完成送料并返回原位。冲压机构与送料机构的动作必须协调。冲压机构 ABC 的设计可按冲压要求设计，送料机构 FGH 不但要满足送料位移要求，其尺寸与位置还必须满足运动协调的条件。设计时可通过连杆 DE 连接两个机构。

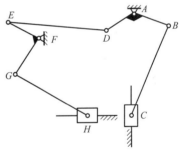

图 3 – 27　冲床机构系统

二、运动循环图的设计

设计有周期性运动循环的机械时，为了使各执行机构能按照工艺要求有序地互相配合动作，提高生产率，必须进行运动循环设计。这种表明在机械的一个工作循环中各执行机构运动配合关系的图形称为机械运动循环图。

执行机构的运动循环图大多用直角坐标表示，但也有直线式运动循环图和圆周式运动循环图。这里仅介绍直角坐标式运动循环图。

直角坐标式运动循环图中横坐标一般表示执行机构的运动周期，纵坐标表示执行机构的状态。每一个执行机构的运动状态均可在循环图上表示，通过合理设计可以实现它们之间的协调配合。

在图 3-28 中，上图为冲压机构的运动循环图。AB 为工作行程，BC 为回程，其中 GF 为冲压过程。下图为送料机构的运动循环图，EC 为开始送料阶段，AD 为退出送料阶段。在冲压阶段，送料机构必须在 DE 阶段不动，使其运动不发生干涉。

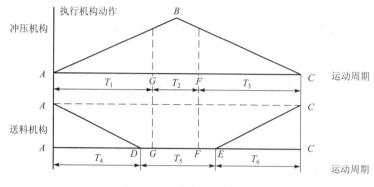

图 3-28　冲床运动循环图

运动循环图的设计结果不是唯一的，在设计过程中，设计者应力图使机构之间的运动协调实现最佳配合。

三、运动循环图的设计实例——粉料成型压片机的设计

把粉状物料压成片状制品，在制药业、食品加工、轻工等领域的应用很广泛。

（一）压片过程的工艺流程

压片过程的工艺流程如图 3-29 所示，由以下六个工艺动作完成。

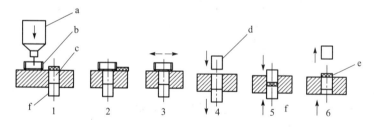

图 3-29　粉料成型压片机的工艺流程

a—料桶；b—料斗；c—模具型腔；d—上冲头；e—片状制品；f—下冲头

（1）料斗 b 在型腔 c 左侧，料桶 a 向料斗 b 供料。

（2）移动料斗到模具型腔的正上方。

（3）振动料斗，使料斗内的粉料落入模具型腔内。

（4）下冲头下降一些，防止上冲头向下冲压时将型腔内粉料扑出。

（5）上冲头向下，下冲头向上，将粉料冲压并保压一段时间，使片状制品成型良好。

（6）上冲头快速退出，下冲头将片状制品推出型腔，并由其他机构将制品取走。

（二）压片过程的执行机构

根据上述工艺动作分析，该机械应有以下三套工作执行机构。

（1）料斗送料机构。该机构可做往复直线运动，并可在型腔口抖动，使下料畅快。可考虑采用凸轮连杆组合机构。

（2）上冲头运动机构。上冲头做往复直线运动，并有增力特性。可考虑采用连杆型的增力机构。

（3）下冲头运动机构。下冲头做往复直线运动，应能实现按静止（工艺流程（1）、（2）、（3））、下降（工艺流程（4））、上升（工艺流程（5））、快速上升（工艺流程（6））顺序做复杂运动，选择凸轮机构容易实现上述动作要求。

图3-30（a）所示为各执行机构组成框图，图3-30（b）所示为执行机构组合方案示意图之一。

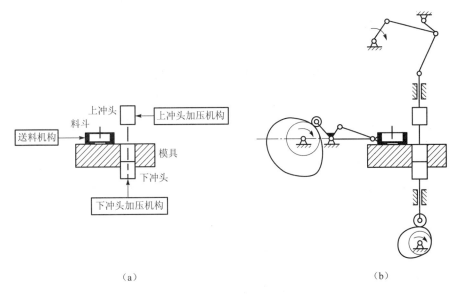

（a）   （b）

图3-30　执行机构组合示意图

（a）执行机构组成框图；（b）执行机构的组合方案示意图

（三）各执行机构的运动协调

各执行机构协调动作才能完成片状制品的冲压成型。送料到位后自行振动下料，此时下冲头已封住型腔，当上冲头开始下移到模具表面时，下冲头也随之下移，但不能脱离型腔。然后上冲头下压，下冲头上压，完成压片工作。上冲头再上行，下冲头也随之上行并推出片状制品后，又恢复到原位。因此，各执行机构运动必须协调才能完成压片工作。各执行机构运动循环图的示意图如图3-31所示，其中图（a）为送料机构运动循环图。凸轮机构的摆杆在远休止期时，为冲压、保压时期。图（b）为上冲头加压机构运动循环图。图（c）为下冲头机构运动循环图。

在图3-31中，各执行机构的对应运动位置或对应角度可由设计人员根据具体情况自行确定。编制机构运动循环图时，必须从机械的许多执行构件中选出一个构件作为运动循环图的定标构件，用该构件的运动位置作为确定其他执行构件运动位置先后的基准，这样才能表达机械整个工艺过程的时序关系。

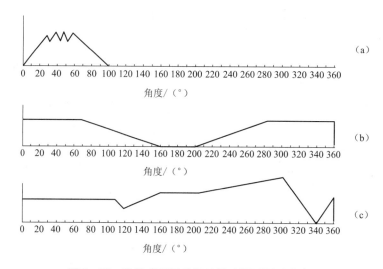

图 3 - 31 粉料成型压片机的运动循环图（参考）

（a）送料机构运动循环图；（b）上冲头加压机构运动循环图；（c）下冲头机构运动循环图

（四）运动协调机构的设计

该机械系统有三套工作执行机构，为使其成为一个单自由度的机器，必须把三套工作执行机构的原动件连接起来。等速连接则为最简单的方法，参考图如图 3 - 32 所示。

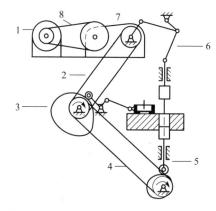

图 3 - 32 粉料成型压片机的传动示意图

1—电动机；2，4—同步齿形带或链传动；3—送料机构；

5—下冲压机构；6—上冲压机构；7—减速器；8—带传动

机构运动方案和机构运动协调方案设计完成后，可按具体情况进行具体机构的尺寸综合，然后进行机械结构设计。

第五节 机械系统运动方案的设计

一、机械设计的一般步骤

机械系统运动方案的设计与机械设计步骤密切相关，这里首先简要介绍机械设计的一般步骤。

（1）市场调查，确定待设计产品的社会需求与经济效益，探讨产品开发的可能性与必要性。

（2）提出产品的功能目标，明确设计任务。

明确待设计产品所能完成的具体任务，例如所设计的产品的功能目标就是加工螺纹，或是既能进行切削加工又能加工螺纹，不同的功能目标所对应的机械工作原理不同。

（3）选择机器的工作原理，确定工艺动作过程。

实现机械功能目标的方法很多，不同方法的工作原理不同。如机器的功能目标是加工齿轮，采用仿形法、范成法、挤压法等方法均可实现该功能目标，但不同的方法所对应的机械工作原理截然不同。工作原理的设计将决定机器的成本、精度、寿命及其经济效益。

（4）按机器的动作要求确定所选择的机构数目与机构类型。

不同的机构类型可实现相同的动作要求，如执行机构的往复摆动可通过曲柄摇杆机构、摆动凸轮机构、摆动导杆机构、齿轮齿条机构来实现，合理选择机构类型很重要。

（5）确定机器的工作执行机构与传动机构，进行机械运动方案的总体设计。

传动机构可进行速度变换、运动形态变换，动作的主体靠执行机构实现，执行机构可以是简单机构，更多的情况是多个机构的组合。机械系统运动方案的设计体现了机械设计过程中的创造性。

（6）进行运动协调设计。

把多个机构的运动按机械设计要求协调起来，是机械系统设计的重点内容之一。机械工作的可靠性与生产效率密切相关。

（7）进行机构的尺度综合和传动机构的设计。

各机构类型确定后，确定它们的具体尺寸或传动机构的传动比是机械设计中的理论计算部分。

（8）进行机械结构设计，编写设计说明书。

该部分工作量大，涉及机械系统装配图的设计、零件图的设计等大量工作，所需的知识面较广。

（9）制造样机并进行测试。

（10）批量生产。

关于机械设计的步骤提法很多，但并无本质差别。

二、机械系统运动方案设计的内容

机械系统运动方案的设计内容主要有以下几个方面。

（1）根据机器的功能目标确定机器的工作原理。

（2）按机器的工作原理确定机器的基本动作，选择执行机构。

（3）确定传动机构类型与原动机类型。

（4）按机器的基本动作选择实现对应动作的执行机构。

（5）进行运动协调设计，完成机械运动方案的总体设计。

（6）对机械运动方案进行评估，选择最优方案。

（7）进行尺度综合，设计机构系统的机构运动简图。

机械系统运动方案的设计是机械设计中最富有创造性的一部分工作，详细内容前面已有论述。通过具体的设计实践可进一步加深设计印象，此处不再过多论述。

第六节　机械系统运动方案的评估

机械系统运动方案具有多解性，如何从众多的设计方案中求得最佳解，是一个较为复杂的问题。在对运动方案进行评价时，应从动作的合理性、实用性、可比性、工作的可靠性、产品的经济性和绿色性等多方面加以考虑。其评价方法有很多，如关联矩阵法、模糊评价法和评分法等，本书仅作简单介绍。

一、机械系统运动方案的评价指标

机械系统运动方案的评价指标体系主要有以下几方面：

（1）功能指标：主要指实现预期设计目标的优劣程度，以及与同类产品相比的新颖性与创新性等指标。

（2）技术指标：主要指产品的运动特性（位移、速度、加速度）、运动精度、力学特性（支承反力、惯性力）、强度、刚度、可靠性、寿命等指标。

（3）经济指标：主要指材料、制作与维修、能耗大小等指标。

（4）绿色指标：主要指产品的在制造、使用、维护等过程污染以及报废产品的可回收性等指标。

在方案的评价过程中，上述指标还要细化。

二、机械系统运动方案的评价方法

机械系统运动方案评价的具体指标有很多，侧重点也有所不同，现以最常用的评价项目作为评价指标。

（一）确定机械系统运动方案评价的具体指标

（1）完成实现功能目标情况：指完成机械功能的好坏。

（2）工作原理的先进程度：指体现机械的运动学与动力学性能、机械效率、精度等指标。先进的机械工作原理能给机械带来许多优点。

（3）工作效率的高低：指生产率、运转时间等影响工作效率的因素。

（4）运转精度的高低：指传动机构和工作执行机构的精度指标。

（5）方案的复杂程度：指机构简单、容易制造，机构数量少，传动链短等因素。

（6）方案的实用性：指制造、维修容易，设计方案容易转换为产品，并能产生经济效益。

（7）方案的可靠性：指构件和机构系统的失效率低，整机的可靠性高。

（8）方案的新颖性：指方案的创造性。

（9）方案的经济性：指设计成本、制造成本、运行成本及其维修保养等因素。

（10）方案的绿色性：指涉及资源与环境保护方面的因素。

（二）机械系统运动方案的评价方法

目前流行的评价方法有：关联矩阵法、模糊评价法和评分法，其中评分法最为简单。评分法又分为加法评分法、连乘评分法和加乘评分法。这里介绍最简单的加法评分法。

加法评分法中，把上述评价指标列表，每项指标按优劣程度设置了用分数表达的评价尺度，各项指标的分值相加，总分数高者表示方案好。

加法评分法可用表3－3表示。

表3－3　机械运动方案的评估

序号	评 价 项 目	评价等级	评价分数
1	完成实现功能目标情况	优	10
		良	8
		中	4
		差	3
2	工作原理的先进程度	优	10
		良	8
		中	4
		差	0
3	工作效率的高低	优	10
		良	8
		中	4
		差	0
4	运转精度的高低	优	10
		良	8
		中	4
		差	0
5	方案的复杂程度	简单	10
		较复杂	5
		复杂	0
6	方案的实用性	实用	10
		一般	5
		不实用	0
7	方案的可靠性	优	10
		良	8
		中	4
		差	0

续表

序号	评　价　项　目	评价等级	评价分数
8	方案的新颖性	优	10
		良	8
		中	4
		差	0
9	方案的经济性	优	10
		良	8
		中	4
		差	0
10	方案的绿色性	优	10
		良	5
		中	0
累计评价分数			

　　根据表 3-3，可对各机械运动方案进行打分，总分数高者为优秀方案。

　　当各方案的分数比较接近时，不要简单按分数高低进行评价，可通过其他评价方法再进行评价。总之，不要轻易肯定，也不要轻易否定。

第四章

机械结构设计

  机械结构设计的任务就是将原理方案设计结构化，即把机构系统转化为机械实体系统。结构设计是机械设计中涉及问题最多、工作量最大的部分。结构设计的质量如何，对满足功能要求、保证产品质量和可靠性、降低产品的成本等起着十分重要的作用。

  结构设计的内容主要包括机械总体，各机构和零部件布置，构型和尺寸，参数的校核、计算、优化。设计结果是按比例绘制的总图、部件图、零件图和设计计算说明书等。

  结构设计的过程原则上是按照从质到量、从抽象到具体以及从粗略构型到精确构型的顺序进行，并且紧接着进行检查和修改完善。

  结构设计的主要目标是：满足功能要求；经济地实现设计目标；对人和环境均是安全的。

  对于一个由机构系统组成的机械来说，它的基本组成要素是：运动副、机架、活动构件。本章将以平面机构为主要对象，从机构的基本组成这一角度，以功能的实现为基本出发点来讨论结构设计问题。我们的着眼点是机构系统如何向机械实体系统转化，为进行机械结构设计的起步起一个铺垫作用。本章主要涉及构件的粗略构型，而精确构型则通过下章的结构设计实例讨论。但是，我们一定要清楚地认识到好的结构设计不仅仅要满足功能要求，还要兼顾力学、工艺、材料、装配、使用、美观、成本、安全和环保等众多方面的要求和限制。在现代机械设计中，后者越来越重要，并直接关系到产品的质量和竞争力。结构设计质量的高低也是创新设计能力的体现。此外，要做出好的结构设计，还离不开前人经验的借鉴和设计者自己实践经验的积累。通过在工程实践中不断探索和总结，包括深入观察和分析现有的机械结构，设计者的结构设计能力将会逐步得到提高。

第一节　运动副的结构设计

一、转动副的结构设计

  转动副是平面机构中两构件的连接只做相对转动的运动副。图 4－1 （a） 是一个转动副的机构简图，图 4－1 （b） 则是它的结构化例子，构件 1 与构件 2 用销轴连接，两构件只能做相对转动。机械中常用轴与轴承组成转动副。轴承按摩擦性质分为滑动轴承和滚动轴承。图 4－2 和图 4－3 分别是使用滑动轴承和滚动轴承实现转动副的例子。滑动轴承的结构简单，但轴承间隙会影响构件运动位置的确定性。当构件和运动副较多时，间隙引起的累积误差必然增大。如采用滚动轴承做转动副，则摩擦损失小，运动副间隙小，启动灵敏，但装配复杂，两构件接头处的径向尺寸较大。究竟采用滑动轴承还是滚动轴承，可根据具体使用条件选择。

在转动副的结构设计中应注意限制构件之间的相对轴向移动，如图 4 - 1（b）利用构件 2 上的槽的侧面与构件 1 的两端面 A 和 B 的动配合确定两构件的相对轴向位置。在机械设计课程中学习过的滚动轴承内圈与轴的固定以及轴承外圈与座孔的轴向固定都是为了保证形成转动副的两构件具有确定的轴向位置。

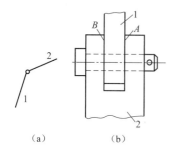

图 4 - 1　转动副的例子

（a）简图；（b）结构图

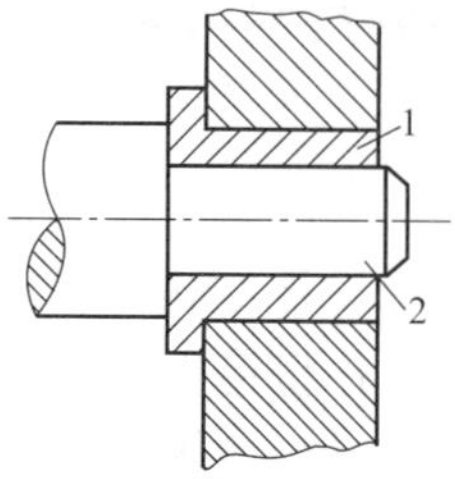

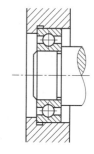

图 4 - 2　滑动轴承用于转动副

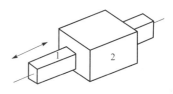

图 4 - 3　滚动轴承用于转动副

二、移动副的结构设计

移动副是两构件的连接只做相对移动的运动副，如图 4 - 4 所示构件 2 相对于构件 1 只能沿箭头所示的方向移动。内燃机中活塞和气缸之间所组成的运动副即为移动副。移动副的结构设计要注意限制两构件的相对转动和间隙的调整，图 4 - 5 为两构件组成移动副的一些结构形式。图 4 - 5（a）为带有调整板 3 的 T 形导

图 4 - 4　移动副的例子

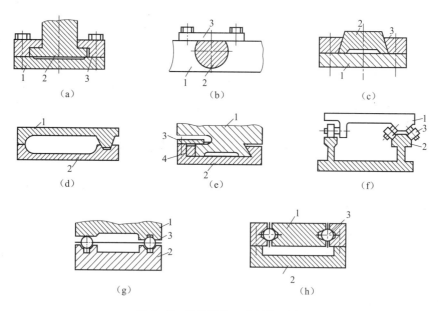

图 4 - 5　移动副的一些结构形式

（a）T 形导路；（b）圆柱形导路；（c）棱柱形导路；（d）V 形导路；

（e）组合导路；（f）滚柱导路；（g），（h）滚珠导路

路；图 4-5（b）为圆柱形导路，侧板 3 限制构件 1 相对于构件 2 的转动；图 4-5（c）为带有倾斜侧挡板 3 的棱柱形导路，借助螺钉及其孔隙调整导路间的间隙；图 4-5（d）为 V 形导路；图 4-5（e）为可调整的带有燕尾形的组合导路，用盖板 3 和垫块 4 分别调整两个方向的间隙；图 4-5（f）为带有滚柱 3 的滚柱导路；图 4-5（g）和（h）为带有滚珠 3 的滚珠导路，其导向准确、运动轻便。

在进行移动副的结构设计时应特别注意支承比参数，否则机构的运动会出现问题。支承比 BR 定义为滑块的有效长度 L 与支承的有效横断面宽度 D 之比，即 $BR = L/D$。BR 一般大于 1，甚至大于 1.5，总之，在结构和工艺允许的条件下越大越好。

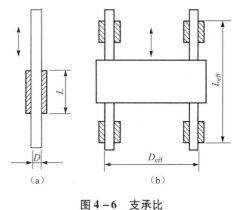

图 4-6 反映由轴和轴套组成的移动副中的滑块有效长度 L（或 L_{eff}）和有效横断面宽度 D（或 D_{eff}）。图 4-6（a）是一根轴和一个轴套的情况。图 4-6（b）是两根轴和多个轴套的情况，这种情况若不注意选择合适的支承比大小，常会导致卡死或过低的运动直线性。

图 4-6 支承比
（a）单杆滑套；（b）双杆滑动平台

三、平面高副的结构设计

高副是两构件以点或线接触形成的运动副。平面高副的结构设计需结合高副机构中高副构件的结构设计来进行，如齿轮机构中两齿轮轮齿的啮合、凸轮机构中凸轮与从动件的接触等。

四、虚约束在结构设计中的应用

在机构系统中有些运动副是虚约束，如一根轴上有两处与轴承形成转动副（参见图 4-6），其中一处的转动副是虚约束；图 4-6（b）所示的四处移动副，有三处是虚约束；周转轮系中用多个行星齿轮的情况，重复的齿轮啮合都属于虚约束。虚约束的存在虽然对机构的运动没有影响，但引入虚约束后可以改善机械系统的受力情况，增加系统的刚度，故在机械系统的结构设计中得到较多的应用。但虚约束增加了机械加工和装配的困难，这也是为什么在零件设计时要提出几何公差要求。因此，虚约束应用是否恰当，也是机械系统结构设计是否合理的一个重要方面。

五、运动副的润滑与密封

需要指出的是，组成运动副的两表面相互接触及进行相对运动必然产生摩擦和磨损，为了提高机械的效率和使用寿命，在结构设计中必须考虑对运动副进行润滑和密封。不同运动副类型，对保证良好润滑的能力以及润滑的方便程度是不同的。转动副的孔轴表面间容易保持润滑剂，因而润滑较方便；移动副常由于润滑剂不能很好地附着在导杆上而使得润滑较困难；高副由于润滑剂有被挤出运动副的趋势而使得润滑更加困难。有的高副常采用油浴润滑或喷油润滑，这就增加了密封的难度和装置的成本。润滑和密封的设计可参考机械设计教材或其他设计资料。

第二节 活动构件的结构设计

我们把相对机架运动的构件叫作活动构件。

为了满足便于制造、安装等要求，机构系统中的一个构件有时常转化为由多个零件组成的实体，此时组成同一构件的不同零件之间需要连接和相对固定。连接的方法有多种，如螺纹连接以及各种用于轴毂连接的方法等。例如，齿轮相对机架的转动（转动副）是通过轴与轴承实现的，一般齿轮与轴并不制成一体，而是通过齿轮中心的毂孔与轴之间形成轴毂连接，并保证齿轮相对轴有确定的轴向位置。此时齿轮、轴及连接等组成的这个实体成为机构系统中的一个构件。在进行构件的结构设计时需要考虑组成构件的各零件的连接关系、构件与运动副的连接关系及各组成零件本身的结构设计。

一、杆类构件

1. 结构形式

连杆机构中的构件大多制成杆状，图4-7所示为杆状结构形式。杆类构件结构简单，加工方便，一般在杆长尺寸 R 较大时采用。图4-8所示为常见的杆类构件端部与其他构件形成铰接的结构形式。

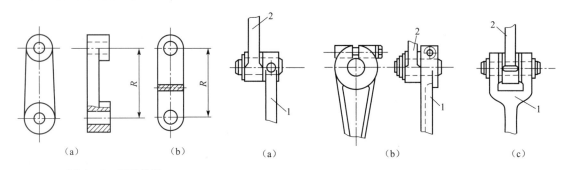

图4-7 杆类构件

（a）杆类构件Ⅰ；（b）杆类构件Ⅱ

图4-8 杆类构件端部的结构形式

（a）杆类构件端部结构Ⅰ；（b）杆类构件端部结构Ⅱ；

（c）杆类构件端部结构Ⅲ

有时杆类构件也做成盘状，如图4-9所示，此时构件本身可能就是一个带轮或齿轮，在圆盘上距中心 R 处装上销轴，以便和其他构件组成转动副，尺寸 R 即为杆长。这种回转体的质量均匀分布，故盘状结构能比杆状结构更适用于高速状态，常用作曲柄或摆杆。

2. 可调节杆长的结构

调节构件的长度，可以改变从动件杆的冲程、摆角等运动参数。调节杆长的方法很多，图4-10所示为两种曲柄长度可

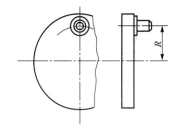

图4-9 盘状的杆件

调的结构形式。图4-10（a）调节曲柄长 R 时，可松开螺母4，在杆1的长槽内移动销子3，然后固紧。图4-10（b）为利用螺杆调节曲柄长度，转动螺杆4，滑块2连同与它相固接的曲柄销3在杆1的滑槽内上下移动，从而改变曲柄长度 R。

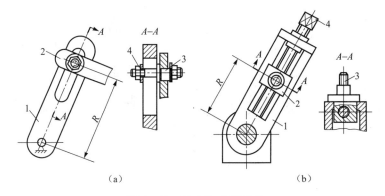

图 4 - 10 曲柄长度的调节

(a) 利用销子调节曲柄长度；(b) 利用螺杆调节曲柄长度

图 4 - 11 是调节连杆长度的结构形式。图 4 - 11 (a) 所示为利用固定螺钉 3 来调节连杆 2 的长度。图 4 - 11 (b) 中的连杆 2 做成左右两半节，每节的一端带有螺纹，但旋向相反，并与连接套 3 构成螺旋副，转动连接套即可调节连杆 2 的长度。

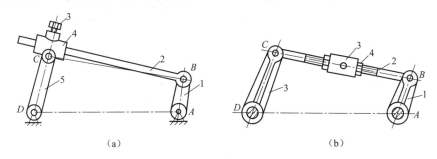

图 4 - 11 连杆长度的调节

(a) 利用固定螺钉调节曲柄长度；(b) 利用螺杆调节曲柄长度

二、盘类构件

此类构件大多做定轴转动，中心毂孔与轴连接后和轴承形成转动副，如盘状凸轮（图 4 - 12）、齿轮（图 4 - 13）、蜗轮（图 4 - 14）、带轮（图 4 - 15）、链轮（图 4 - 16）、棘轮（图 4 - 17）和槽轮（图 4 - 18）等。一般轮缘的结构形式与构件的功能有关，轮辐的结构形式与构件的尺寸大小、材料以及加工工艺等有关，轮毂的结构形式要保证与轴形成可靠的轴毂连接。如齿轮的结构设计，当尺寸较小时采用实

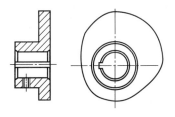

图 4 - 12 盘状凸轮结构

心式，尺寸较大时采用腹板式，尺寸很大时采用轮辐式（铸造毛坯）。对于蜗轮采用轮缘与轮毂的组合式结构，是由于轮缘与轮毂的材料往往不同，这样做的目的是节省较贵重的有色金属材料。

连杆机构中的曲柄在某些情况下常采用偏心轮（盘）结构。在图 4 - 19 所示的机构中，若出现以下任一情况，则应采用偏心轮（盘）结构，如图 4 - 20 中的构件 1。曲柄 1 的长度 R 较短，且小于传动轴和销轴半径（$r_A + r_B$）之和；曲柄装在传动轴的中间部位，机构运动

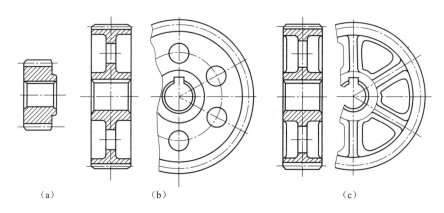

图 4 - 13　齿轮结构

（a）实心式；（b）腹板式；（c）轮辐式

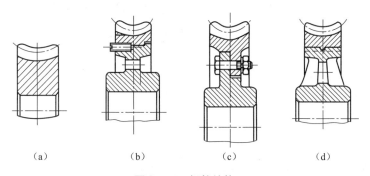

图 4 - 14　蜗轮结构

（a）整体式；（b）过盈配合连接式；（c）螺栓连接式；（d）拼铸式

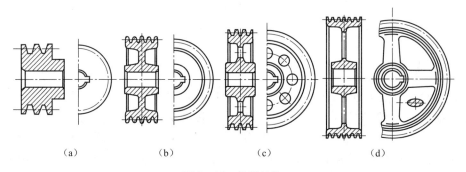

图 4 - 15　带轮结构

（a）实心式；（b）腹板式；（c）孔板式；（d）轮辐式

时连杆与传动轴产生互相干涉；对冲床、压力机等工作机械来说，曲柄销 B 处的冲击载荷很大，必须加大曲柄销尺寸。带有偏心轮的机构称为偏心轮机构，偏心距 e 即曲柄的长度。

三、轴类构件

图 4 - 21 所示为两种形式的曲轴，在机构中常用来作曲柄。图 4 - 21（a）所示结构简单，与它组成运动副的构件可做成整体式的，但由于为悬臂，故强度及刚度较差。当工作载

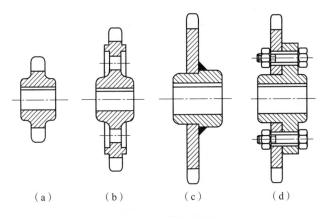

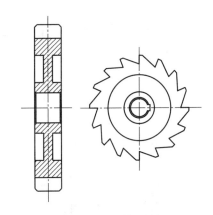

图 4－16　链轮结构

（a）实心式；（b）腹板式；（c）组合式
（焊接）；（d）组合式（螺栓连接）

图 4－17　棘轮结构

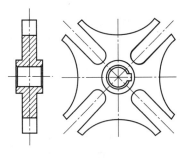

图 4－18　槽轮结构

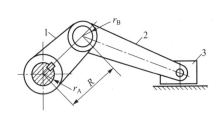

图 4－19　机构示意图

荷和尺寸较大，或曲柄设在轴的中间部分时，可用图 4－21（b）所示的形式，此形式在内燃机、压缩机等机械中经常采用，曲柄在中间轴颈处与剖分式连杆相连。

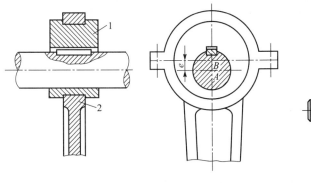

图 4－20　偏心轮

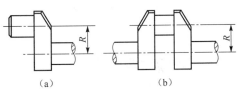

图 4－21　曲轴

（a）结构形式 1；（b）结构形式 2

　　当盘类构件径向尺寸较小，毂孔仍与轴采用连接结构导致强度过弱或无法实现时，常与轴制成一体，如凸轮与轴制成一体（内燃机配气凸轮即采用这种形式）称为凸轮轴（图 4－22）；齿轮与轴制成一体称为齿轮轴（图 4－23）；蜗杆与轴制成一体（通常所采用的结构形式）称为蜗杆轴（图 4－24）；偏心轮与轴做成一体称为偏心轴（图 4－25）。

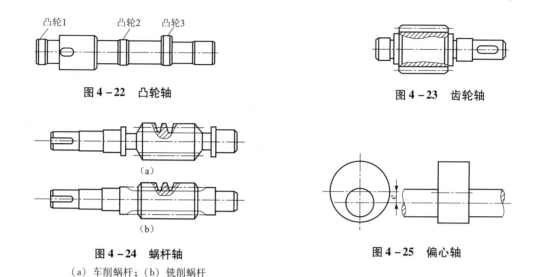

图 4－22　凸轮轴　　　　　　　　　　　图 4－23　齿轮轴

图 4－24　蜗杆轴

（a）车削蜗杆；（b）铣削蜗杆

图 4－25　偏心轴

　　轴的主要作用是支承回转零件，用得最多的是直轴，其结构设计主要是保证轴上零件可靠定位以及满足加工、装配工艺性等要求。如图 4－26 所示轴系中的轴是典型的轴的结构，它可以保证齿轮、半联轴器及滚动轴承内圈等的装配及定位要求。具体设计可参考《机械设计》教材。

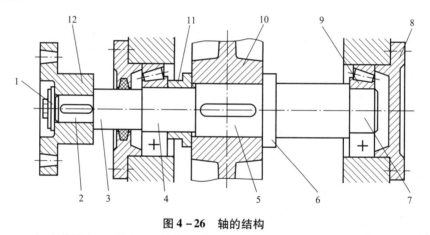

图 4－26　轴的结构

1—轴端挡圈；2—轴头；3—轴身；4—中轴颈；5—轴头；6—轴环；7—端轴颈；
8—轴承盖；9—滚动轴承；10—齿轮；11—套筒；12—半联轴器

四、其他活动构件

　　凸轮机构的从动件、棘轮机构的棘爪、槽轮机构的拨盘等构件因机构的特点而具有一定的结构形式，如图 4－27 所示凸轮机构中滚子从动件的结构形式、图 4－28 所示棘轮机构中棘爪的结构形式以及图 4－29 所示槽轮机构中拨盘的结构形式。

五、执行机构的执行构件

　　执行构件是执行系统中直接完成工作任务的构件，例如：挖掘机的铲斗、推土机的刀架、起重机的吊钩、铣床的铣刀、轧钢机的轧辊、缝纫机的机针、工业机器人的手爪等。执

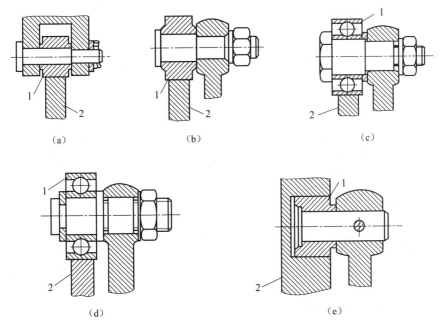

图4-27　滚子的结构形式

1—滚子；2—凸轮

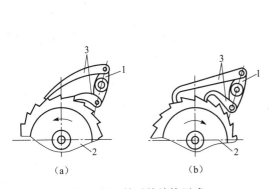

图4-28　棘爪的结构形式

（a）直棘爪；（b）钩头棘爪

1—摆杆；2—棘轮；3—棘爪

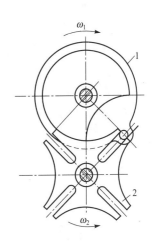

图4-29　拨盘的结构形式

1—拨盘；2—槽轮

行构件或是与工作对象直接接触并携带它完成一定的工作（例如：夹持、搬运、转位等），或是在工作对象上完成一定的动作（例如喷涂、洗涤、锻压等）。执行构件的结构形式根据机构执行的功能不同而多种多样，即使功能相同，也可以有不同的结构形式。它们的结构设计最需要设计者具有创新思维，其设计好坏对新机械设计的成败起着至关重要的作用。

我们通过下面的几个例子来反映执行构件结构设计的多样性和巧妙性。

例1　机械手

图4-30所示为齿轮式自锁性抓取机构，该机构以气缸为动力带动齿轮，从而带动手爪做开闭动作。当手爪闭合抓住工件时，如图4-30所示，工件对手爪作用力G的方向线在手

爪回转中心的外侧，故可实现自锁性夹紧。

图4-31所示为连杆式抓取机构，当推杆4向下移动时，通过连杆3转动构件2使手爪1夹紧工件5。手爪1可根据被夹工件5的尺寸和形状而更换。

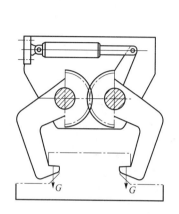

图4-30 齿轮式自锁性抓取机构

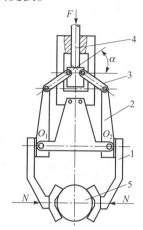

图4-31 连杆式抓取机构

1—手爪；2—构件；3—连杆；4—推杆；5—工件

图4-32所示为斜楔杠杆式抓取机构，当构件3做往复运动时，构件4完成夹持或松开工作对象。

机械手的手爪均为执行构件。

例2 泵

图4-33所示为由弹簧压紧的四组滑动叶片式旋转泵，图中转子1绕固定轴线A旋转，A与壳座2的几何中心间有偏心距。转子1上开有四条对称的径向槽a，叶片3可在槽中滑动。叶片由弹簧4始终压紧在壳座2的内表面上。当转子1转动时，叶片3使液体按图示箭头方向流动。叶片3可视为执行构件。

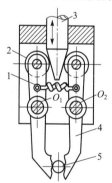

图4-32 斜楔杠杆式夹持器

1—弹簧；2—滚子；3—斜楔；4—手爪；5—工件

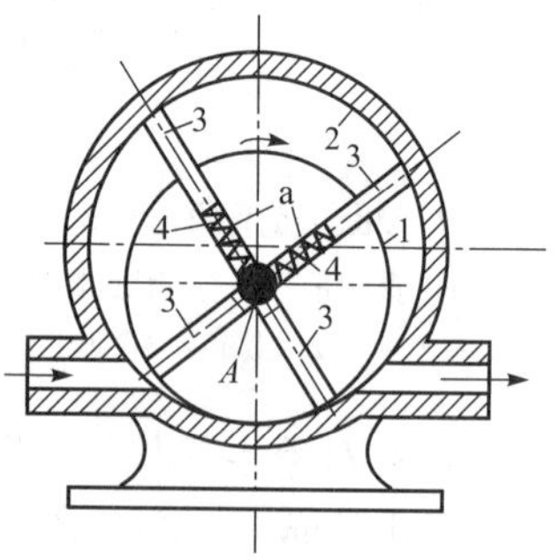

图4-33 由弹簧压紧的四组滑动叶片式旋转泵

1—转子；2—壳座；3—叶片；4—弹簧

图4-34所示为两轮同形的六齿旋轮线齿轮泵，轮1和2分别绕固定轴线A和B旋转，每个轮都有六个相同的齿形d，其廓线为旋轮线的一部分。当两轮转动时，液体按图4-34所示箭头方向由a向b连续流动。两轮上用特殊廓线制出的齿形d的作用是把吸入腔和输出

腔隔开。在两轮的轴上分别用键连接两个相同齿数的啮合齿轮，用来驱动自身。齿轮 1 和 2 为执行构件。

图 4-35 所示为曲柄导杆机构型摆缸式活塞泵，图中曲柄 1 绕固定轴线 A 旋转；1 与活塞 3 用转动副 B 连接；3 可在摆缸 2 的缸体 a 中做往复移动；摆缸 2 绕固定轴线 C 转动。当曲柄 1 转动时，缸 2 摆动并轮换地与具有吸入口 b 和输出口 d 的泵腔连通。摆缸 2 和活塞 3 为执行构件。

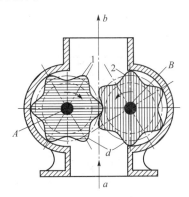

图 4-34 两轮同形的六齿旋轮线齿轮泵

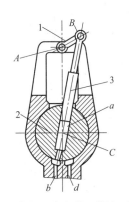

图 4-35 曲柄导杆机构型摆缸式活塞泵

1—曲柄；2—摆缸；3—活塞

例 3 送料装置

图 4-36 所示为曲柄滑块式送料装置，工件 a 从料仓 1 落在 p—p 平台上，曲柄 2 周期性地从左极限位置转过一周通过连杆 3 带动推杆（滑块 4）移动，它推动工件 a 并使其进入接料器（图中未表示）。当曲柄 2 回复至左极限位置时，下一个工件又落于平台 p—p 上。滑块 4 是执行构件。

图 4-37 所示为具有凸轮—连杆机构的工件送进装置，圆柱凸轮 1 和 2 固接于轴 3，并可绕其轴线 A—A 转动；凸轮 1 与 2 分别有曲线形槽 d 和 b。摆杆 4 和 5 可分别绕固定轴线 B 和 C 转动，其上滚子 6 和 7 分别置于凸轮 1 与 2 的槽 d 和 b 中。杆 8 分别同摆杆 5 和杆 9 组

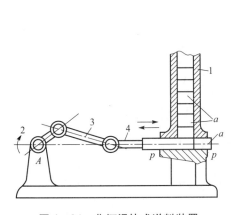

图 4-36 曲柄滑块式送料装置

1—料仓；2—曲柄；3—连杆；4—滑块

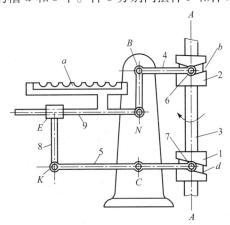

图 4-37 具有凸轮—连杆机构的工件送进装置

1，2—圆柱凸轮；3—轴；4，5—摆杆；

6，7—滚子；8，9—杆

成转动副 K 和移动副 E，杆9又同摆杆4组成转动副 N。适当选取凸轮1与2的廓线 d 和 b，就能使杆9上梳形板 a 产生所需的运动，以保证物料的送进。杆9可视为执行构件。

图4-38所示为内凹槽转筒式坯料输送装置，转筒1绕固定轴线 A 转动，并在其内表面制出许多凹槽 d，当转筒1转动时，掉入凹槽 d 的坯料 a 一起向上转动，到达上部位置后就落入槽 b，并由此引入送料器（图上未表示）。转筒1为执行构件。

例4 内燃机气门开闭机构

图4-39所示为内燃机气门开闭机构，该机构通过凸轮1使推杆3做往复运动，并通过推杆顶部的特殊结构形式实现气门的开闭。推杆3可视为执行构件。

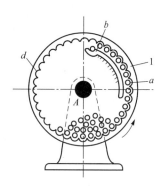

图4-38 内凹槽转筒式坯料输送装置

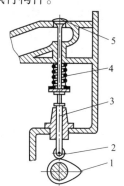

图4-39 内燃机气门开闭机构

1—凸轮；2—滚子；3—推杆；4—弹簧；5—气门

例5 颚式破碎机

图4-40所示为颚式破碎机，当带轮1带动偏心轴2转动时，由于悬挂在偏心轴2上的动颚板5在下部与摇杆4相铰接，使得动颚板做复杂的平面运动。楔形间隙中的物料7在从大口到小口的运动过程中通过动颚板的往复运动被挤碎成小块。动颚板5可视为执行构件。

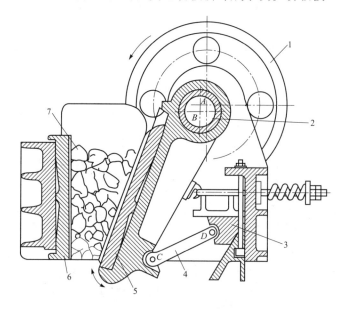

图4-40 颚式破碎机

1—带轮；2—偏心轴；3—调整块；4—摇杆；5—动颚板；6—定颚板；7—物料

第三节 机架的结构设计

机架是机构中不动的构件，与其他活动构件以运动副相连。在实际的机械系统中机架实体主要起着支承和容纳其他零件的作用。支架、箱体、工作台、床身、底座等支承件均可视为机架。一个机械系统的支承件可能不止一个，它们有的相互固定连接，有的可以做相对移动，以满足调整有些运动副相对位置的要求。机架零件承受各种力和力矩的作用，一般体积较大且形状复杂，它们的设计和制造质量对整个机械的质量有很大的影响。

一、机架的分类和基本要求

虽然机架的种类很多，但根据结构形状可大体分为四类，即梁型、板型、框型和箱型，其实例见图4-41。

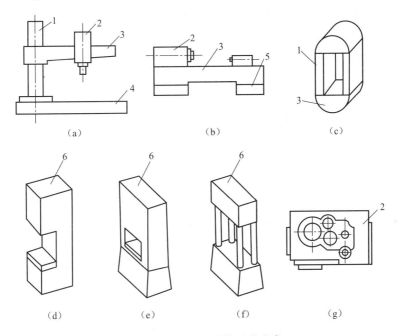

图4-41 机架按结构形状分类

（a）摇臂钻床；（b）车床；（c）预应力钢丝缠绕机架；（d）开式锻压机机架；

（e）闭式锻压机机架；（f）柱式压力机机架；（g）机械传动箱体

1, 3, 5—梁型机架；2—箱型机架；4—板型机架；6—框型机架

梁型机架的特点是其某一方向尺寸比其他两方向尺寸大很多，因此，在分析或计算时可将其简化为梁，如车床床身、各类立柱、横梁、伸臂和滑枕等均属于此类。

板型机架的特点是其某一方向尺寸比其他两方向尺寸小得多，可近似地简化为板件，如钻床工作台及某些机器较薄的底座等。

框型机架具有框架结构，如轧钢机机架、锻压机机身等。

箱型机架是三个方向的尺寸差不多的封闭体，如减速器箱体、泵体和发动机缸体等。

对这类零部件的设计要求有：有足够的强度和刚度，有足够的精度，有较好的工艺性，

有较好的尺寸稳定性和抗振性，外形美观。除此之外，还要考虑到吊装、安放水平、电器部件安装等问题。因此，机架的结构设计要满足机械对机架的功能要求。

二、保证机架功能的结构措施

1. 合理确定截面的形状和尺寸

机架的受力和变形情况往往很复杂，而对其影响较大者为弯曲、扭转或者二者的组合。截面积相同而形状不同时，其截面惯性矩和极惯性矩差别很大，因此其抗弯和抗扭刚度差别也很大。表 4-1 所列 8 种截面，其面积均为 10 000 mm²，由表中列出的抗弯、抗扭惯性矩的相对值可以看出：

（1）无论是圆形、方形，还是矩形，空心截面都比实心的刚度大，故机架一般设计成空心。

（2）无论是实心截面还是空心截面，都是在受力方向上，尺寸大的抗弯刚度大，而且都是圆形截面的抗扭刚度高，矩形截面沿长轴方向抗弯刚度高。

（3）加大外廓尺寸，减少壁厚可提高抗弯、抗扭刚度。

（4）封闭截面比开口截面刚度大。

由上可知，根据载荷特性合理地确定机架的截面形状和尺寸，就可以在减轻重量、降低成本的基础上提高其抗弯、抗扭刚度。

表 4-1　截面形状对惯性矩的影响

序号	截面形状 /mm	惯性矩相对值		序号	截面形状 /mm	惯性矩相对值	
		抗弯	抗扭			抗弯	抗扭
1	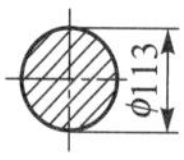 ⌀113	1.00	1.00	5	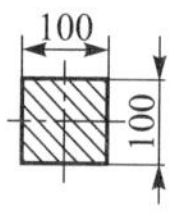 100×100	1.04	0.88
2	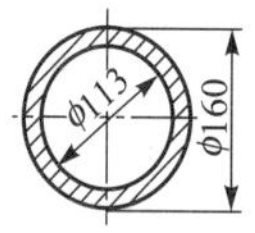 ⌀113 ⌀160	3.02	3.02	6	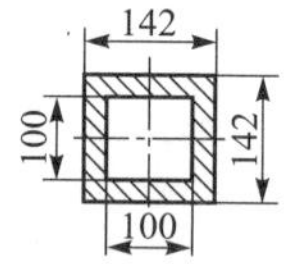 142×142 100×100	3.19	1.27
3	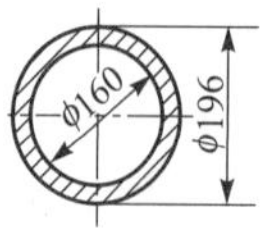 ⌀160 ⌀196	5.03	5.03	7	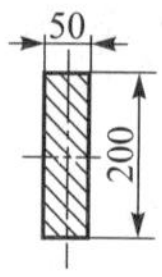 50×200	4.16	0.43
4	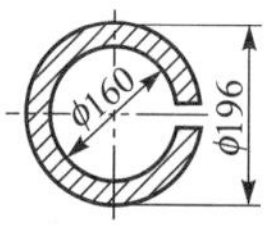 ⌀160 ⌀196	0.07		8	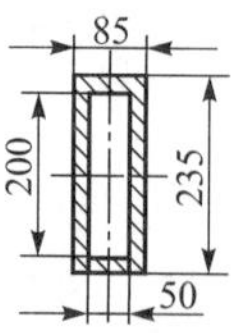 85×235 50×200	7.32	0.82

2. 合理布置隔板和加强肋

隔板与加强肋也称肋板和肋条。合理布置隔板和加强肋通常比增加支承件的壁厚的综合效果更好。

（1）隔板。隔板实际上是一种内壁，它可连接两个或两个以上的外壁。对梁型支承件来说，隔板有纵向、横向和斜向之分。纵向隔板的抗弯效果好，而横向隔板的抗扭作用大，斜向隔板则介于上述两者之间。所以，应根据支承件的受力特点来选择隔板类型和布置方式。

应该注意，纵向隔板布置在弯曲平面内才能有效地提高抗弯刚度（见图4-42），因为此时隔板的抗弯惯性矩最大。此外，增加横向隔板还会减小壁的翘曲和截面畸变。

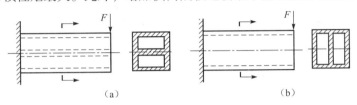

图4-42 纵向隔板的布置

（a）不合理；（b）合理

为便于排屑，车床车身一般设计成由前、后两壁和若干隔板组成，其基本形式如图4-43所示。图4-43（a）中采用了T形隔板，主要用于提高水平面内的抗弯刚度，其结构简单、铸造工艺性好，通常用于刚度要求不高的车床上。图4-43（b）所示为∩形隔板，这种隔板在垂直平面和水平平面内的抗弯刚度都比T形隔板好，铸造工艺也较好，多用在大、中型车床床身上。图4-43（c）所示的隔板呈连续的W形，该形式能较大地提高水平面的抗弯、抗扭刚度，对中心距超过1 500 mm的长床身，效果尤为显著，但铸造工艺性较差，故在较短床身上一般不用。图4-43（d）所示为对角纵向隔板与三角形隔板的组合形式，既提高了床身的刚度，又解决了排屑问题，但是结构较复杂、工艺性较差。

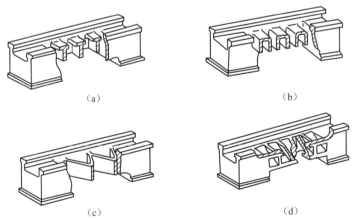

图4-43 车床床身隔板形式

（a）T形隔板；（b）∩形隔板；（c）W形隔板；（d）对角纵向隔板与三角形隔板的组合

（2）加强肋。加强肋的作用主要在于提高外壁的局部刚度，以减小其局部变形和薄壁振动，一般布置在壁的内侧。图4-44所示为加强肋的几种常见形式，其中，图4-44（a）

用于加强导轨的刚度；图 4-44（b）用于提高轴承座的刚度；其余 3 种则用于壁板面积大于 400 mm×400 mm 的构件，以防止产生薄壁振动和局部变形。其中，图 4-44（c）的结构最简单、工艺性最好，但刚度也最低，可用于较窄或受力较小的板形机架上；图 4-44（d）的结构刚度最高，但铸造工艺性差，需要几种不同泥芯，成本较高；图 4-44（e）结构居于上述二者之间。常见的还有米字形和蜂窝形肋，刚度更高，工艺性也更差，仅用于非常重要的机架上。肋的高度一般可取为壁厚的 4~5 倍，肋的厚度可取为壁厚的 0.8 倍左右。

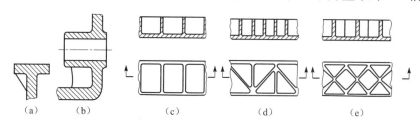

图 4-44　加强肋的几种常见形式

（a）结构形式 1；（b）结构形式 2；（c）结构形式 3；
（d）结构形式 4；（e）结构形式 5

3. 合理开孔和加盖

在机架壁上开孔会降低刚度，但因结构和工艺要求常常需要开孔。当开孔面积小于所在壁面积的 0.2 时，对刚度影响较小；当大于 0.2 时，扭转刚度降低很多。故孔宽或孔径以不大于壁宽的 1/4 为宜，且应开在支承件壁的几何中心或中心线附近。

开口对抗弯刚度影响较小，若加盖且拧紧螺栓，抗弯刚度可接近未开孔的水平，且嵌入盖比覆盖盖效果更好。扭转刚度在加盖后可恢复到原来的 35%~41%。

4. 提高局部刚度和接触刚度

所谓局部刚度是指支承件上与其他零件或地基相连部分的刚度。当为凸缘连接时，其局部刚度主要取决于凸缘刚度、螺栓刚度和接触刚度；当为导轨连接时，则主要反映在导轨与本体连接处的刚度上。

为保证接触刚度，应使接合面上的压强不小于 $1.5×10^6~2×10^6$ Pa，表面粗糙度不能超过 $Rz=8$ μm。同时，应适当确定螺栓直径、数量和布置形式，比如，从抗弯角度考虑螺栓应集中在受拉一面；从抗扭角度则要求螺栓均布在四周。

用螺栓连接时，连接部分可有不同形式，如图 4-45 所示。其中图 4-45（a）的结构简单，但局部刚度差，为提高局部刚度，可采用图 4-45（b）或图 4-45（c）所示的结构形式。

图 4-46（a）所示为车床床身，其导轨与本体连接刚度较差，若在局部加肋，如图 4-46（b）所示，则可提高刚度。图 4-46（c）所示为龙门刨床床身，其 V 形导轨处的局部刚度低，若改为如图 4-46（d）所示的结构，即加一纵向肋板，则刚度得到提高。

5. 增加阻尼以提高抗振性

增加阻尼可以提高抗振性。铸铁材料的阻尼比钢的大。在铸造的机架中保留砂芯，在焊接件中填充沙子或混凝土，均可增加阻尼。图 4-47 所示为某车床床身有无砂芯两种情况下固有频率和阻尼的比较。由图可见，虽然二者的固有频率相差不多，但由于砂芯的吸振作用使阻尼增大很多，从而提高了床身的抗振性。其不足之处是增加了床身的质量。

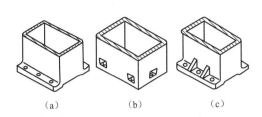

图 4-45　连接部分的结构

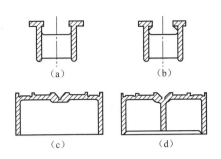

图 4-46　提高导轨连接处局部刚度

6. 材料的选择

应根据机械系统机架的功能要求来选择它的材料,如,在机床上,当导轨与机架做成一体时,按导轨的要求来选择材料;当采用镶装导轨或机架上无导轨时,则仅按机架的要求选择材料。机架的材料有铸铁、钢、轻金属和非金属。由于机架的结构复杂,多用铸铁件,受力较大的用铸钢件,生产批量很少或尺寸很大而铸造困难的用焊接件。为了减轻机械质量用铸铝作机架,而要求高精度的仪器用铸铜机架以保证尺寸稳定性。

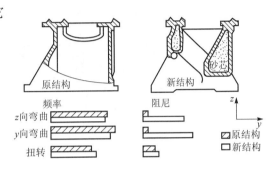

图 4-47　床身结构的抗振性

7. 结构工艺性

设计机架必须注意它的结构工艺性,包括铸造、焊接或铆接以及机械加工的工艺性。例如,铸件的壁厚应尽量均匀或截面变化平缓,要有出砂孔以便于水爆清砂或机械化清砂(风轮能进入铸件内),要有起吊孔等。结构工艺性不单是个理论问题,因此,除要学习现有理论外,还应注意在实践中学习及经验积累。

第四节　机构系统向结构实体转化的设计实例

以上各节仅从机构基本组成的角度探讨各组成部分的结构设计问题。但各组成部分的结构设计不是孤立进行的,我们在设计过程中还应经常从整体角度来考虑结构设计问题,如各构件布置是否合理、是否发生运动干涉、总体尺寸是否过大等。本节通过一个简单例子来说明从机构系统到机械实体的转化。

我们对第二章图 2-38 给出的电磁环境检测装置的机构进行结构设计。该装置为间断工作,工作持续时间短,对使用寿命要求不高,这可以降低对润滑的要求;但该装置为便携式,要求质量小、装拆方便。设计中的机构系统采用了市场上的电动伸缩缸产品,它通过电动机驱动的齿轮传动和螺旋传动实现推杆的直线运动。机架材料采用铝合金以减轻重量,各铰链采用滑动轴承,各部件间采用螺纹连接以方便装拆。完成后的结构设计如图 4-48 所示。

例子的目的是启迪思维、开拓思路、掌握结构设计的基本方法。所举例子有一定局限性,思想不应受其束缚,灵活运用所学知识才是创新能力的体现。

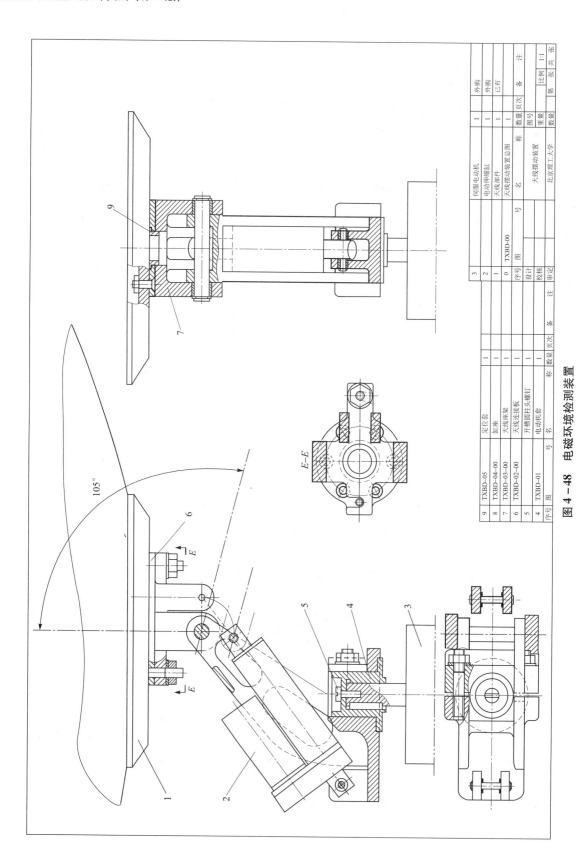

图 4-48　电磁环境检测装置

9	TXBD-05	定位套		1		
8	TXBD-04-00	缸座		1		
7	TXBD-03-00	天线座架		1		
6	TXBD-02-00	天线连接板		1		
5		开槽圆柱头螺钉		1		
4	TXBD-01	电动机套		1		
序号	图 号	名 称		数量	页次	备 注

3		伺服电动机		1		外购
2		电动伸缩缸		1		外购
1		天线部件		1		已有
0	TXBD-00	天线摆动装置总图		1		
序号	图 号	名 称		数量	页次	备 注

设计		图	天线摆动装置			
校核		号			图号	重量
审定			北京理工大学		比例 1:1	数量
					第　张	共　张

第五章
传动装置设计

在上一章学习的基础上，本章将结合减速器的设计来探讨结构设计中所涉及的一些更深入细致的问题。减速器的结构设计具有一定的典型性。通过实践，全面了解减速器的设计过程并掌握其分析和解决问题的方法，一定会使机械结构设计能力得到很大的提高，为今后作出好的结构设计打下基础。

减速器是原动机（一般为电动机）和工作机之间的独立传动部件，如图 5-1 所示带式运输机的传动装置。减速器一般以齿轮、蜗杆传动等传动零件装在铸造或焊接的刚性箱体中而构成。

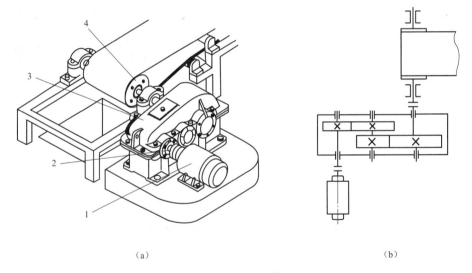

（a）   （b）

图 5-1 带式运输机
（a）带式运输机；（b）传动装置简图
1—电动机；2—联轴器；3—减速器；4—驱动卷筒

因为减速器是整部机器中的一个部件，采用何种形式才合理往往需从整体考虑，因此，在进行减速器结构设计之前需进行传动装置的总体设计，并且还要进行传动零件设计计算等项工作，为结构设计提供条件。

第一节 传动装置总体设计

传动装置总体设计的目的是确定传动方案、选定电动机型号、合理分配传动比、计算传动装置的运动及动力参数。

一、确定传动方案

合理的传动方案应首先满足机器的功能要求，如所传递功率的大小、转速和运动形式。此外还要满足工作可靠、传动效率高、结构简单、尺寸紧凑、工艺性好、使用维护方便等要求。要同时满足这些要求是比较困难的，因此在设计过程中，往往需要拟订多种传动方案，通过分析比较，择优选用。图5-2所示为带式运输机的四种传动方案。图5-2（a）方案制造成本低，带传动布置在高速级，能发挥其传动平稳、缓冲吸振和过载保护的优点，但整体尺寸大，且带传动不适于繁重、恶劣的工况条件。图5-2（b）所示方案工作可靠、传动效率高、维护方便、环境适应性好，但总体宽度较大。图5-2（c）所示方案采用蜗杆减速器，结构紧凑，环境适应性好，但传动效率低，不适于连续长期工作，且制造成本高。图5-2（d）所示方案具有图5-2（b）方案的优点，且尺寸较小，但锥齿轮制造较困难且成本也较高。

上述四种方案各有特点，应当根据带式运输机具体工作条件和要求选定。

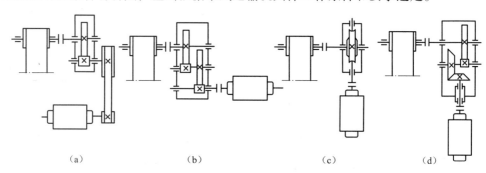

图5-2 带式运输机的四种传动方案

（a）带—圆柱齿轮传动；（b）二级圆柱齿轮传动；（c）单级蜗杆传动；（d）锥—圆柱齿轮传动

表5-1为常用的传动机构的性能及适用范围；表5-2为减速器的主要类型和特点，以供确定传动方案时参考。

表5-1 常用的传动机构的性能及适用范围

性能指标		传 动 机 构					
		平带传动	V带传动	圆柱摩擦轮传动	链传动	齿轮传动	蜗杆传动
功率 P/kW（常用值）		小（≤20）	中（≤100）	小（≤20）	中（≤100）	大（最大达50 000）	小（≤50）
单级传动比	常用值	2~4	2~4	2~4	2~5	圆柱 3~5　　锥 2~3	10~40
	最大值	5	7	5	6	8　　　5	80
传动效率		参见第九章表9-10					
许用线速度 v/(m·s^{-1})		≤25	≤25~30	≤15~25	≤20~40	6级精度直齿≤18 非直齿≤36 5级精度达100	滑动速度 v_s≤15~35
外廓尺寸		大	大	大	大	小	小

续表

性能指标	传动机构					
	平带传动	V带传动	圆柱摩擦轮传动	链传动	齿轮传动	蜗杆传动
传动精度	低	低	低	中等	高	高
工作平稳性	好	好	好	差	一般	好
自锁能力	无	无	无	无	无	可有
过载保护作用	有	有	有	无	无	无
使用寿命	短	短	短	中等	长	中等
缓冲吸振能力	好	好	好	一般	差	差
要求制造及安装精度	低	低	中等	中等	高	高
要求润滑条件	不需	不需	一般不需	中等	高	高
环境适应性	不能接触酸、碱、油类和爆炸性气体		一般	好	一般	一般

表5-2　常用减速器的类型及特点

名称	运动简图	传动比范围		特点及应用
		一般	最大值	
一级圆柱齿轮减速器	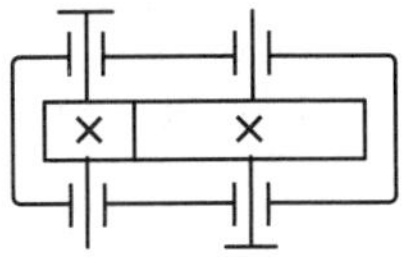	≤5	8	轮齿可做成直齿、斜齿或人字齿。直齿用于速度较低或载荷较轻的传动；斜齿或人字齿用于速度较高或载荷较重的传动
二级圆柱齿轮减速器 展开式	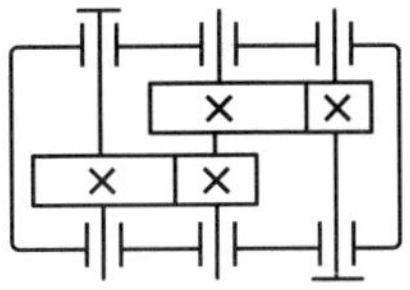	8~40	60	减速器结构简单，但齿轮相对轴承的位置不对称，因此轴应具有较大刚度。高速级齿轮布置在远离转矩输入端，这样，轴在转矩作用下产生的扭转变形将能减缓轴在弯矩作用下产生弯曲变形所引起的载荷沿齿宽分布不均匀的现象。 用于载荷较平稳的场合，轮齿可做成直齿、斜齿或人字齿
二级圆柱齿轮减速器 同轴式	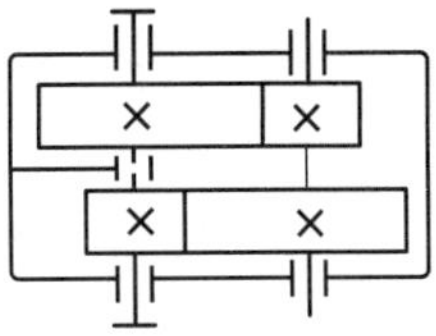	8~40	60	减速器的长度较短，但轴向尺寸及重量较大。两对齿轮浸入油中深度大致相等。高速级齿轮的承载能力难以充分利用；中间轴承润滑困难；中间轴较长，刚性差，载荷沿齿宽分布不均匀
二级圆柱齿轮减速器 分流式	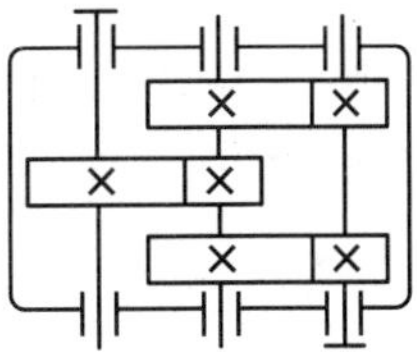	8~40	60	高速级可做成斜齿，低速级可做成人字齿或直齿。结构较复杂，但齿轮对于轴承对称布置，载荷沿齿宽分布均匀，轴承受载均匀。中间轴的转矩相当于轴所传递的转矩的一半。建议用于变载荷场合

名　称	运动简图	传动比范围		特点及应用
		一般	最大值	
一级锥齿轮减速器		≤3	5	用于输入轴和输出轴两轴线相交的传动，可做成卧式或立式。轮齿可做成直齿、斜齿或曲齿
二级锥—圆柱齿轮减速器		8~15	圆锥直齿22 圆锥斜齿40	锥齿轮应布置在高速级，以使其尺寸不致过大造成加工困难。锥齿轮可做成直齿、斜齿或曲齿，圆柱齿轮可做成直齿或斜齿
蜗杆减速器 蜗杆下置式		10~40	80	蜗杆与蜗轮啮合处的冷却和润滑都较好，同时蜗杆轴承的润滑也较方便。但当蜗杆圆周速度太大时，搅油损失大，一般用于蜗杆圆周速度 $v \leqslant 4 \sim 5$ m/s 时
蜗杆减速器 蜗杆上置式		10~40	80	装拆方便，蜗杆的圆周速度允许高一些，但蜗杆轴承的润滑不太方便，需采取特殊的结构措施。一般用于蜗杆圆周速度 $v > 4 \sim 5$ m/s 时
蜗杆减速器 蜗杆侧置式		10~40	80	蜗杆放在蜗轮侧面，蜗轮轴是竖直的
齿轮—蜗杆减速器 齿轮传动置高速级		60~90	180	齿轮传动布置在高速级，整体结构比较紧凑
齿轮—蜗杆减速器 蜗杆传动置高速级		60~90	320	蜗杆传动布置在高速级，其传动效率较高，适合较大传动比
行星齿轮减速器	1—太阳轮； 2—行星轮； 3—内齿轮；H—转臂 （NGW型）	3~9	20	行星齿轮减速器体积小，结构紧凑，重量轻，但结构较复杂，制造和安装精度要求高

当采用几种传动形式组成多级传动时，要合理布置其传动顺序。下列几点可供参考：

（1）带传动的承载能力较小，传递相同转矩时，结构尺寸较其他传动形式大，但传动平稳，能缓冲吸振，因此宜布置在高速级。

（2）链传动运转不均匀，有冲击，不适于高速传动，应布置在低速级。

（3）蜗杆传动可以实现较大的传动比，传动平稳，但效率较低，适用于中、小功率，间歇运转的场合；当与齿轮传动同时应用时，宜将其布置在高速级，以减小蜗轮尺寸，节约有色金属；另外，在高速下蜗轮与蜗杆有较大的齿面相对滑动速度，易于形成液体动压润滑油膜，有利于提高承载能力和效率，延长使用寿命。

（4）锥齿轮（特别是大直径、大模数的锥齿轮）加工较困难，所以，一般只在需要改变轴的布置方向时采用，并尽量放在高速级和限制传动比，以减小大锥齿轮的直径和模数。

（5）斜齿轮传动的平稳性较直齿轮传动好，且结构紧凑，承载能力高，常布置在高速级。

（6）开式齿轮传动的工作环境一般较差，润滑条件不好，磨损严重，寿命较短，应布置在低速级。

二、选择电动机

电动机为系列化产品。机械设计中需要根据工作机的工作情况和运动、动力参数，合理选择电动机的类型、结构形式、容量和转速，提出具体的电动机型号。

1. 电动机类型和结构形式的选择

如无特殊需要，一般选用 Y 系列三相交流异步电动机。Y 系列电动机为一般用途的全封闭自扇冷式电动机，适用于无特殊要求的各种机械设备，如机床、鼓风机、运输机以及农业机械和食品机械。对于频繁启动、制动和换向的机械（如起重机械），宜选允许有较大振动和冲击、转动惯量小、过载能力大的 YZ 和 YZR 系列起重用三相异步电动机。

同一系列的电动机有不同的防护及安装形式，可根据具体要求选用。

2. 电动机功率的确定

电动机的功率选择是否合适，对电动机的工作和经济性都有影响。选择功率小于工作要求，则不能保证工作机的正常工作，或使电动机长期过载、发热大而过早损坏；选择功率过大则电动机价格高，能力不能充分利用，效率和功率因数都较低，造成浪费。

要确定电动机的功率，必须先确定工作机轴上的功率。如果设计任务书中已给出工作机轴上的功率，则可以此为计算依据。对于载荷比较稳定、长期运转的机械，只需使所选电动机的额定功率 P_{ed} 等于或稍大于所需电动机功率 P_d，即 $P_{ed} \geqslant P_d$ 就可以了，一般不需要对电动机进行热平衡计算和校核启动力矩。

所需电动机功率 P_d 为

$$P_d = \frac{P_w}{\eta} \qquad (5-1)$$

式中，P_w 为工作机所需功率（kW）；η 为由电动机至工作机的总效率。

工作机所需功率 P_w 由工作机的工作阻力（F 或 T）和运动参数（v 或 n）按下式计算

$$P_w = \frac{Fv}{1\ 000}\ kW \qquad (5-2)$$

或

$$P_w = \frac{Tn}{9\,550}\ \text{kW} \tag{5-3}$$

式中，F 为工作机的工作阻力（N）；v 为工作机的线速度（m/s）；T 为工作机的阻力矩（N·m）；n 为工作机的转速（r/min）。

传动装置的总效率应为组成传动装置的各个运动副效率的乘积，即

$$\eta = \eta_1 \eta_2 \eta_3 \cdots \eta_n \tag{5-4}$$

式中，η_1，η_2，$\cdots$，η_n 分别为传动装置中每一传动副（如齿轮、蜗杆、带或链传动等）、每一对轴承及每一个联轴器的效率，其数值可由第九章表 9-10 查取。

计算总效率 η 时应注意的几个问题：

（1）所取传动副效率中是否包括其支承轴承的效率，如已包括，则不再记入该对轴承的效率。轴承效率均是对一对轴承而言。

（2）同类型的几对传动副、轴承或联轴器，要分别计入各自的效率。

（3）蜗杆传动啮合效率与蜗杆参数、材料等因素有关，设计时可先初估蜗杆头数，初选其效率值，待蜗杆传动参数确定后再精确地计算效率，并校核传动功率。

（4）资料推荐的效率一般有一个范围，可根据传动副、轴承和联轴器等的工作条件、精度等要求选取具体值。例如，工作条件差、精度低、润滑不良的齿轮传动取小值，反之取大值。

3. 电动机转速的选择

除了选择合适的电动机系列和额定功率外，还要选择适当的电动机转速。额定功率相同的同类型电动机，有几种不同的转速可供选择，如三相异步电动机有四种常用的同步转速，即 3 000 r/min、1 500 r/min、1 000 r/min、750 r/min。电动机的转速高，极对数少，尺寸和质量小，价格也低，但传动装置的传动比大，从而使传动装置的结构尺寸增大，成本提高；选用低转速的电动机则相反。因此，应对电动机及传动装置做整体考虑，综合分析比较，以确定合理的电动机转速。一般来说，如无特殊要求，通常多选用同步转速为 1 500 r/min 或 1 000 r/min 的电动机。

通常按所需电动机功率 P_d 对传动装置进行设计计算，以免按电动机额定功率 P_{ed} 设计使传动装置的工作能力可能超过工作机的要求而造成浪费。有些通用设备为留有储备能力，以备发展或不同工作需要，也可按额定功率 P_{ed} 设计传动装置。传动装置的转速可按电动机满载转速 n_m（额定功率时的转速）计算，这一转速与实际工作时的转速相差不大。

电动机的类型、结构、功率和转速确定后，可由标准查出电动机型号、额定功率 P_{ed}、满载转速 n_m、外形尺寸、电动机中心高、轴伸尺寸和键连接尺寸等，并将这些参数列表备用。

三、传动装置总传动比的确定及各级传动比的分配

根据电动机满载转速 n_m 和工作机转速 n_w，可得传动装置的总传动比为

$$i = \frac{n_m}{n_w} \tag{5-5}$$

由传动方案可知，传动装置的总传动比等于各级串联传动机构传动比的连乘积，即

$$i = i_1 i_2 \cdots i_n \qquad (5-6)$$

式中，i_1，i_2，$\cdots$，i_n为各级串联传动机构的传动比。

合理地分配各级传动比，是传动装置总体设计中的一个重要问题。传动比分配得合理，可以减小传动装置的结构尺寸、减轻重量、改善润滑状况等。分配传动比时应主要考虑以下几点：

（1）各级传动比都应在常用的合理范围内，以符合各种传动形式的工作特点，并使结构比较紧凑。各种传动的传动比常用值参见表5-1。

（2）应注意使各级传动尺寸协调，结构匀称合理，避免各零件发生干涉及安装不便。例如图5-3所示，由于高速传动比i_1过大，使高速级大齿轮直径过大而与低速轴相碰。又如图5-4所示，由于带传动的传动比过大，使大带轮半径大于减速器中心高，为防止带轮与底座或地面相碰，不得不采取垫高减速器的底座或其他措施，致使总体设计不合理。一般应使带传动的传动比小于齿轮传动的传动比。

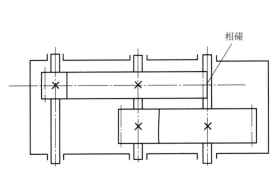

图5-3 高速级大齿轮与轴干涉

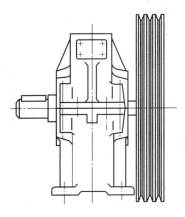

图5-4 带轮与底面干涉

（3）应使传动装置的外廓尺寸尽可能紧凑。图5-5表示二级圆柱齿轮减速器，在总中心距和传动比相同时，粗实线所示方案外廓尺寸较小，这是因为低速级大齿轮的直径较小而使结构紧凑。

（4）在卧式二级齿轮减速器中，通常应使各级大齿轮直径相近，以便各级大齿轮有大致相等的浸油深度，保证都能得到充分润滑，从而避免某一级大齿轮浸不到油，或另一级大齿轮浸油过深而增加搅油损失。

对于展开式二级圆柱齿轮减速器，在两级齿轮材质及齿宽系数接近的情况下，两级齿轮的传动比可按下式分配：

$$i_1 \approx \sqrt{(1.3 \sim 1.5)i}$$

$$i_2 = \frac{i}{i_1}$$

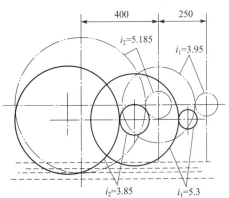

图5-5 不同传动比对外廓尺寸的影响

式中，i_1，i_2分别为高速级和低速级齿轮的传动比；i为减速器的传动比。

对于同轴式二级圆柱齿轮减速器，常取 $i_1 \approx i_2 = \sqrt{i}$，并取齿宽系数 $\phi_{a2} \approx 1.5\phi_{a1}$（$\phi_{a1}$、$\phi_{a2}$ 分别为减速器高速级和低速级齿轮的齿宽系数）。

（5）对于锥—圆柱齿轮减速器，为了便于加工，大锥齿轮尺寸不应过大，为此应限制高速级锥齿轮的传动比 $i_1 \leqslant 3$，一般可取 $i_1 \approx 0.25i$。当希望两级传动的大齿轮浸油深度相近时，允许 $i_1 \leqslant 4$。

（6）对于齿轮—蜗杆减速器，为了获得较紧凑的箱体结构和便于润滑，通常取齿轮传动的传动比 $i_1 \leqslant 2 \sim 2.5$。

（7）对于蜗杆—齿轮减速器，可取齿轮传动的传动比 $i_2 = (0.03 \sim 0.06)i$。

应该注意，以上传动比的分配只是初步的，待各级传动零件的参数（如齿轮与链轮的齿数；带轮直径等）确定后，还应核算传动装置的实际传动比。一般允许总传动比的实际值与设计要求的规定值有（$\pm 3 \sim \pm 5$）% 的误差。

还应指出，合理分配传动比是设计传动装置应考虑的重要问题，但为了获得更为合理的结构，有时单从传动比分配这一点出发还不能得到完善的结果，此时还应采取调整其他参数（如齿宽系数等）或适当改变齿轮材料等办法，以满足预定的设计要求。

四、传动装置运动和动力参数的计算

为进行传动零件的设计计算，应计算传动装置的运动和动力参数，即各轴的转速、功率和转矩。现以图 5-6 为例，说明各轴的功率、转速及转矩的计算方法。设 n_1、n_2、n_3 和 n_w 分别为 Ⅰ、Ⅱ、Ⅲ 轴和工作轴的转速（r/min）；P_1、P_2、P_3 和 P_w 分别为 Ⅰ、Ⅱ、Ⅲ 轴和工作轴的功率（kW）；T_1、T_2、T_3 和 T_w 分别为 Ⅰ、Ⅱ、Ⅲ 轴和工作轴的输入转矩（N·m）；i_{01}、i_{12}、i_{23} 和 i_{3w} 分别为电动机轴至 Ⅰ 轴、Ⅰ 轴至 Ⅱ 轴、Ⅱ 轴至 Ⅲ 轴和 Ⅲ 轴至工作轴之间的传动比；η_{01}、η_{12}、η_{23} 和 η_{3w} 分别为电动机轴至 Ⅰ 轴、Ⅰ 轴至 Ⅱ 轴、Ⅱ 轴至 Ⅲ 轴和 Ⅲ 轴至工作轴之间的传动效率。

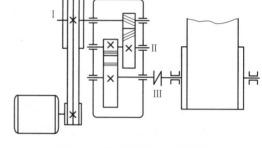

图 5-6 带式运输机传动装置的
运动简图

若按电动机轴至工作轴的顺序进行推算，则可求得各轴的运动和动力参数如下：

（1）各轴输入功率

$$P_1 = P_d \eta_{01} = P_d \eta_b$$
$$P_2 = P_1 \eta_{12} = P_d \eta_b \eta_r \eta_g$$
$$P_3 = P_2 \eta_{23} = P_d \eta_b \eta_r^2 \eta_g^2$$
$$P_w = P_3 \eta_{3w} = P_d \eta_b \eta_r^3 \eta_g^2 \eta_c$$

式中，P_d 为电动机输出轴功率（kW）；η_b 为带的传动效率；η_r 为一对滚动轴承的效率；η_g 为一对齿轮传动的效率；η_c 为 Ⅲ 轴到工作轴之间联轴器的效率。

（2）各轴输入转速

$$n_1 = \frac{n_m}{i_{01}}$$

$$n_2 = \frac{n_1}{i_{12}} = \frac{n_\mathrm{m}}{i_{01}i_{12}}$$

$$n_3 = \frac{n_2}{i_{23}} = \frac{n_\mathrm{m}}{i_{01}i_{12}i_{23}}$$

式中，n_m 为电动机轴满载转速（r/min）。

（3）各轴输入转矩

$$T_1 = 9\ 550\frac{P_1}{n_1}$$

$$T_2 = 9\ 550\frac{P_2}{n_2}$$

$$T_3 = 9\ 550\frac{P_3}{n_3}$$

$$T_\mathrm{w} = 9\ 550\frac{P_\mathrm{w}}{n_\mathrm{w}}$$

将上述计算结果列入表 5 – 3，供以后设计计算使用。

表 5 – 3 运动和动力参数

编号	功率 P/kW	转速 n/($\mathrm{r \cdot min^{-1}}$)	转矩 T/($\mathrm{N \cdot m}$)	传动比 i	效率 η
电动机轴					
Ⅰ 轴					
Ⅱ 轴					
Ⅲ 轴					
工作机轴					

第二节 传动零件的设计计算及联轴器的选择

决定减速器工作性能、结构布置和尺寸大小的主要是传动零件，其他零件的设计也要根据传动零件的需求而定，因此，一般应先进行传动零件的设计并选好联轴器的类型和尺寸。传动零件的设计包括确定传动零件材料、热处理方法、参数、尺寸和主要结构。通常首先进行减速器外传动零件的设计计算，以便使减速器设计的原始条件比较准确。减速器内传动零件的详细结构，可在设计装配图过程中逐步完善。在设计计算减速器内传动零件后，还可再修改减速器外传动零件的参数、尺寸和结构，以使传动装置的设计更为合理。

传动零件的设计计算方法如《机械设计》教材所述，现仅就应注意的问题作简要提示。

一、减速器外传动零件的设计

1. V带传动

设计V带传动应确定带的型号、长度和根数；带轮的材料和结构；传动中心距及作用在轴上的力。设计时，应考虑带轮尺寸与其他相关零部件尺寸的相互关系。如小带轮孔径和长度是否与电动机轴相适应，小带轮外圆半径是否小于电动机的中心高，大带轮的孔径和长度是否与减速器输入轴轴伸的直径和长度相适应，大带轮外圆半径是否与机器底座相干涉等。在带轮直径最后确定后应验算带传动的实际传动比。

2. 链传动

设计链传动应确定链的规格（包括节距、节数、排数），链轮的材料、齿数、直径和轮毂长度、传动中心距及作用在轴上的力。在保证拉曳能力的情况下，应尽量取较小的链节距。为了不使大链轮尺寸过大，速度较低的链传动齿数不宜取得过多，必要时可选用双排链，以减小节距和链轮尺寸。设计链传动时，还应注意链轮尺寸、轴孔尺寸、轮毂尺寸等是否与工作机、减速器其他零件协调。同时还应考虑润滑与维护。

3. 开式齿轮传动

设计开式齿轮传动应确定模数、齿数、齿宽、齿轮孔径、轮毂长度、材料及热处理方法，以及作用在轴上的力。开式齿轮一般只需计算轮齿弯曲强度，并考虑齿面磨损，应将强度计算求得的模数加大10%~20%。最后检查开式齿轮的结构尺寸是否与其他零件相干涉，并根据确定的齿数计算实际传动比。

二、减速器内传动零件的设计要点

在减速器外传动零件设计完后，各传动件的传动比可能有所变化，因而引起了传动装置的运动及动力参数的变动，这时应先对其参数作相应修改，再对减速器内传动零件进行设计计算。设计中应注意以下几点。

1. 圆柱齿轮传动

（1）选择齿轮材料和热处理方法时，要考虑到毛坯的制造方法。当齿轮的顶圆直径 $d_a \leqslant 500$ mm 时，一般选用锻造毛坯；当 $d_a > 500$ mm 时，由于受锻造设备能力的限制，多采用铸造毛坯。同一减速器内各级大小齿轮的材料应尽可能一致，以减少材料牌号和简化工艺要求。

（2）齿轮传动的几何参数和尺寸应分别进行标准化、圆整或计算其精确值。如模数必须取标准值；中心距和齿宽应圆整；分度圆、齿顶圆和齿根圆直径、螺旋角、变位系数等啮合几何尺寸必须计算精确值。一般长度尺寸（以 mm 为单位）应精确到小数点后2~3位，角度应准确到秒（″）。为了便于制造和测量，中心距应尽量圆整成为偶数、0或5结尾的数值。对于直齿圆柱齿轮传动，可以通过调整模数 m 和齿数 z，或采用角度变位来达到；对于斜齿圆柱齿轮传动，还可以通过调整螺旋角 β 来实现中心距圆整的要求。

齿轮的结构尺寸（如轮毂、轮辐及轮缘尺寸），如按经验公式计算，应进行圆整。

（3）考虑到装配后两啮合的齿轮可能产生的轴向位置误差，为了便于装配及保证全齿宽接触，常取小齿轮齿宽 $b_1 = b_2 + (5~10)$ mm，b_2 为大齿轮齿宽。齿宽一般应取圆整值。

2. 锥齿轮传动

（1）锥齿轮大端模数取标准值。锥齿轮的锥距 R、分度圆直径 d 等几何尺寸，应按大端模数和齿数精确计算至小数点后三位数值，不能圆整。

（2）两轴交角为 90° 时，分锥角 δ_1 和 δ_2 可以由 $\delta_1 = \arctan \dfrac{z_1}{z_2}$，$\delta_2 = 90° - \delta_1$ 算出，其中小锥齿轮齿数一般取 $z_1 = 17 \sim 25$。δ 值的计算应精确到秒（"）。

（3）锥齿轮的齿宽按齿宽系数求得并圆整。大、小齿轮宽度应相等。

3. 蜗杆传动

（1）蜗杆传动副材料的选择与滑动速度有关。设计时，应根据工作要求，先估计滑动速度和传动效率，选择合适材料，在蜗杆传动尺寸确定后，再校核实际滑动速度和传动效率，并修正有关计算数据。

（2）为了便于加工，蜗杆和蜗轮的螺旋线方向应尽量取为右旋。

（3）蜗杆传动的中心距经圆整后，为保证圆整后的中心距 a、模数 m（标准值）、蜗杆分度圆直径 d_1（标准值）、蜗轮齿数 z_2 的几何关系，有时需对蜗杆传动进行变位。变位蜗杆传动只改变蜗轮的几何尺寸，而蜗杆几何尺寸保持不变。

（4）如根据传动装置的总体要求可以任意选定蜗杆上置或下置时，可根据蜗杆分度圆圆周速度 v_1 决定蜗杆上置还是下置，当 $v_1 \leq 4 \sim 5$ m/s 时，一般将蜗杆下置；当 $v_1 > 4 \sim 5$ m/s 时，则将蜗杆上置。

（5）蜗杆传动的刚度验算及热平衡计算，在装配草图设计确定蜗杆支点距离和箱体轮廓尺寸后进行。

三、联轴器的选择

减速器常通过联轴器与电动机轴和工作机轴相连接。联轴器的选择包括联轴器类型和尺寸（型号）等的合理选择。

联轴器的类型应根据工作要求选定。连接电动机轴与减速器高速轴（输入轴）的联轴器，由于轴的转速较高，一般应选用具有缓冲、吸振作用的有弹性元件的挠性联轴器，例如弹性套柱销联轴器、弹性柱销联轴器。连接减速器低速轴（输出轴）与工作机轴的联轴器，由于轴的转速较低，故传递的转矩较大，又因为减速器轴与工作机轴之间往往有较大的轴线偏移，因此常选用具有较大补偿两轴线偏移作用的挠性联轴器，如齿式联轴器。对于中、小型减速器，其输出轴与工作机轴的轴线偏移量不大时，也可选用挠性套柱销联轴器。

选择联轴器的尺寸时，注意轴孔直径的范围应与被连接两轴的直径相适应。电动机选定后，其轴径是一定的，应注意调整减速器高速轴外伸端的直径。

第三节　减速器的构造

减速器结构因其类型、用途不同而异。但无论何种类型的减速器，其基本结构都是由轴系部件、箱体及附件三大部分组成的。图 5-7～图 5-9 分别为二级圆柱齿轮减速器、锥—圆柱齿轮减速器和蜗杆减速器的结构组成，其主要结构尺寸见表 5-4。

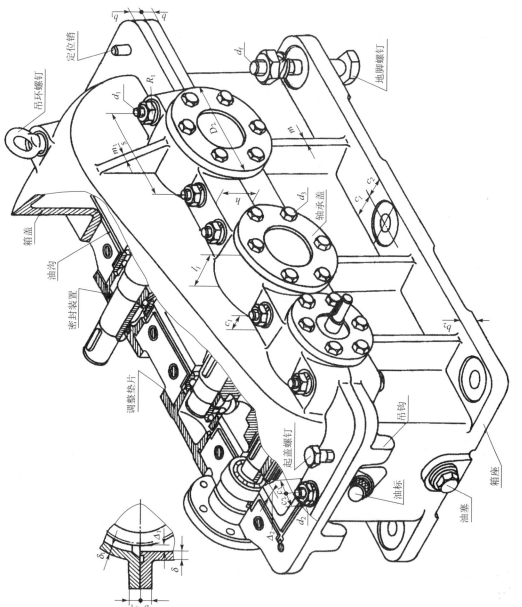

图 5 - 7　二级圆柱齿轮减速器

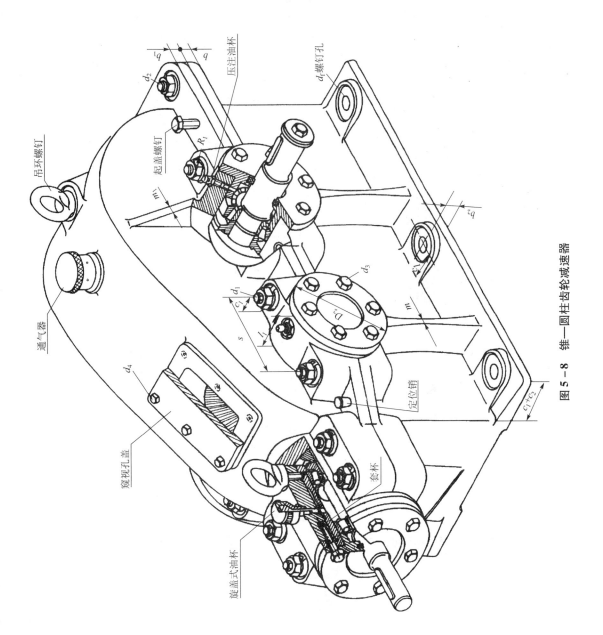

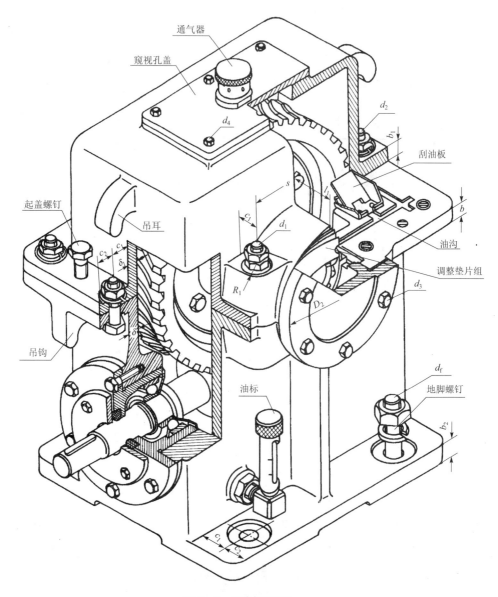

图 5-9　蜗杆减速器

表 5-4　铸铁减速器箱体结构尺寸（符号位置见图 5-7、图 5-8、图 5-9）　　　　mm

名　称	符号	减速器形式及尺寸关系			
		齿轮减速器		锥齿轮减速器	蜗杆减速器
箱座壁厚	δ	一级	$0.025a+1\geqslant 8$	$0.0125(d_{1m}+d_{2m})+1\geqslant 8$ 或 $0.01(d_1+d_2)+1\geqslant 8$ d_1、d_2——小、大锥齿轮的大端直径； d_{1m}、d_{2m}——小、大锥齿轮的 平均直径	$0.04a+3\geqslant 8$
		二级	$0.025a+3\geqslant 8$		
		三级	$0.025a+5\geqslant 8$		
		考虑铸造工艺，所有壁厚不应小于8			

续表

名　称	符号	减速器形式及尺寸关系		
		齿轮减速器	锥齿轮减速器	蜗杆减速器
箱盖壁厚	δ_1	一级 $0.02a+1 \geq 8$ 二级 $0.02a+3 \geq 8$ 三级 $0.02a+5 \geq 8$	$0.01(d_{1m}+d_{2m})+1 \geq 8$ 或 $0.0085(d_1+d_2)+1 \geq 8$	蜗杆在上： $\approx \delta$ 蜗杆在下： $=0.85\delta \geq 8$
箱座凸缘厚度	b	1.5δ		
箱盖凸缘厚度	b_1	$1.5\delta_1$		
箱座底凸缘厚度	b_2	2.5δ		
地脚螺钉直径	d_f	$0.036a+12$	$0.018(d_{1m}+d_{2m})+1 \geq 12$ 或 $0.015(d_1+d_2)+1 \geq 12$	$0.036a+12$
地脚螺钉数目	n	$a \leq 250$ 时，$n=4$； $a > 250 \sim 500$ 时， $n=6$； $a > 500$ 时，$n=8$	$n = \dfrac{箱座底凸缘周长的一半}{200 \sim 300} \geq 4$	4
轴承旁连接螺栓直径	d_1	$0.7d_f$		
箱盖与箱座连接螺栓直径	d_2	$(0.5 \sim 0.6)d_f$		
连接螺栓 d_2 的间距	l	$150 \sim 200$		
轴承端盖螺钉直径	d_3	$(0.4 \sim 0.5)d_f$		
窥视孔盖螺钉直径	d_4	$(0.3 \sim 0.4)d_f$		
定位销直径	d	$(0.7 \sim 0.8)d_2$		
d_f、d_1、d_2 至外箱壁距离	c_1	见表 5-5		
d_f、d_1、d_2 至凸缘边缘距离	c_2	见表 5-5		
轴承旁凸台半径	R_1	c_2		
凸台高度	h	根据低速级轴承座外径确定，以便于扳手操作为准		
外箱壁至轴承座端面距离	l_1	$c_1 + c_2 + (5 \sim 10)$		
大齿轮顶圆（蜗轮外圆） 与内箱壁距离	Δ_1	$>1.2\delta$		
齿轮（锥齿轮或蜗轮轮毂） 端面与内箱壁距离	Δ_2	$>\delta$		
箱盖、箱座肋厚	m_1、m	$m_1 \approx 0.85\delta_1$，$m \approx 0.85\delta$		
轴承端盖外径	D_2	$D+(5 \sim 5.5)d_3$；对嵌入式端盖 $D_2 = 1.25D + 10$，D—轴承外径		
轴承端盖凸缘厚度	t	$(1 \sim 1.2)d_3$		
轴承旁连接螺栓距离	s	尽量靠近，以 Md_1 和 Md_3 互不干涉为准，一般取 $s \approx D_2$		

注：a 为齿轮传动中心距，多级传动时，a 取低速级中心距。对锥—圆柱齿轮减速器，按圆柱齿轮传动中心距取值。

表5-5 凸台和凸缘的部分尺寸   mm

螺栓直径	M8	M10	M12	M16	M20	M24	M27	M30
c_{1min}	13	16	18	22	26	34	36	40
c_{2min}	11	14	16	20	24	28	32	34
沉头座直径	20	24	26	32	40	48	54	60

一、轴系部件

轴系部件包括传动零件、轴和轴承组合。轴系部件的主要功能是实现回转零件要求的回转运动，保证各零件有确定的轴向位置。

1. 传动零件

减速器箱外传动零件有链轮、带轮等；箱内传动零件有圆柱齿轮、锥齿轮、蜗杆、蜗轮等。传动零件决定减速器的技术特性。通常根据传动零件的种类命名减速器。

2. 轴

减速器多采用阶梯轴。传动零件与轴多以平键连接。

3. 轴承组合

轴承组合包括轴承、轴承盖、密封装置以及调整垫片等。

（1）轴承。由于滚动轴承摩擦系数一般比滑动轴承小，运动精度高，在轴颈尺寸相同时，滚动轴承宽度比滑动轴承小，可使减速器轴向结构紧凑，润滑、维护简便，更由于滚动轴承是标准化产品，可以外购，所以减速器广泛使用滚动轴承。

（2）轴承盖。轴承盖用来固定轴承，承受轴向力，以及调整轴承间隙。轴承盖有嵌入式和凸缘式两种。凸缘式调整轴承间隙方便，密封性好；嵌入式质量较轻。

（3）密封。在输入和输出轴外伸处，为防止灰尘、水汽及其他杂质浸入轴承，引起轴承急剧磨损和腐蚀，以及防止润滑剂外漏，需在轴承盖孔中设置密封装置。

（4）调整垫片。为了调整轴承间隙，有时也为了调整传动件（如锥齿轮、蜗轮）的轴向位置，需放置调整垫片。调整垫片一种是由若干薄软垫片组成的，通过改变垫片的数量来达到调整的目的；另一种是备有一系列厚度的垫片，从中选取一种。

二、箱体

减速器的支承件是箱体。箱体的结构对减速器的工作性能、加工工艺、材料消耗、质量及成本等有很大影响，设计时必须全面考虑。

箱体按制造方式的不同可分为铸造箱体（见图5-7、图5-8和图5-9）和焊接箱体（见图5-10）。铸造箱体材料一般多用铸铁（HT150、HT200）。铸造箱体较易获得合理和复杂的结构形状，刚度好，易进行切削加工，但制造周期长，质量较大，因而多用于成批生产。焊接箱体比铸造箱体壁薄，质量轻1/4~1/2，生产周期短，多用于单件、小批生产。

箱体按其结构形式不同分为剖分式和整体式。减速器箱体多采用剖分式结构，剖分面与减速器内传动件轴心线平面重合，这有利于轴系部件的安装与拆卸。在大型立式减速器中，为了便于制造和加工，也有采用两个剖分面的。剖分式机体增加了连接面凸缘和连接螺栓，使机体重量增大。整体式箱体重量轻、零件少、机体加工量也少，但轴系装配较复杂。

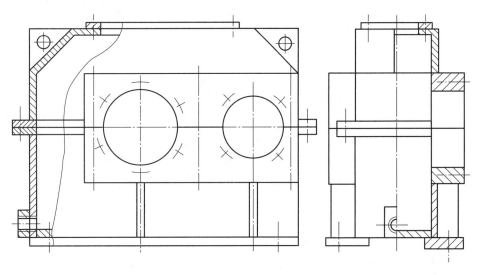

图 5-10 焊接箱体

三、附件

为了保证减速器的正常工作，减速器箱体上通常设置一些附加装置或零件，以便于减速器的注油、排油、通气、吊运、检查油面高度、检查传动件啮合情况、保证加工精度和装拆方便等。减速器各附件（见图5-7~图5-9）的名称和功能见表5-6。

表5-6 减速器附件的名称和功能

名称	功　　能
窥视孔和窥视孔盖	为了便于检查箱内传动零件的啮合情况以及将润滑油注入箱体内，在减速器箱体的箱盖顶部设有窥视孔。为了防止润滑油飞溅出来及污物进入箱体内，在窥视孔上应加窥视孔盖
通气器	减速器工作时箱体内温度升高，气体膨胀，箱体内气压增大。为了避免由此引起密封部位的密封性下降造成润滑油向外渗漏，多在窥视孔盖上设置通气器，使箱体内的热膨胀气体能自由逸出，保持箱内压力正常，从而保证箱体的密封性
油面指示器	用于检查箱内油面高度，以保证传动件的润滑。一般设置在箱体上便于观察且油面较稳定的部位
定位销	为了保证每次装拆箱盖时仍保持轴承座孔的安装精度，需在箱盖与箱座的连接凸缘上装配两个定位销
起盖螺钉	为了保证减速器的密封性，常在箱体部分结合面上涂水玻璃或密封胶。为了便于拆卸箱盖，在箱盖凸缘上设置1~2个起盖螺钉。拆卸箱盖时，拧动起盖螺钉，便可顶起箱盖
起吊装置	为了搬运和装卸箱盖，在箱盖上装有吊环螺钉，或铸有吊耳或吊钩。为了搬运箱座或整个减速器，在箱座两端连接凸缘处铸有吊钩
放油孔及油塞	为了更换润滑油或排除油污，在减速器箱座最低处设有放油孔，并用放油螺塞和密封垫圈将其堵住
油杯	轴承采用脂润滑时，为了方便润滑，有时需在轴承座相应部位安装油杯

第四节　减速器装配草图设计

　　减速器装配图反映减速器的工作原理、整体轮廓形状和装配关系，也表达出各零件的相互位置、结构形状和尺寸。它是绘制零件工作图、组装、调试及维护等的技术依据。因此，装配图的设计和绘制是设计过程的重要环节，必须综合考虑工作要求、材料、强度、刚度、加工、装拆、调整、润滑和使用等多方面的要求，并用足够的视图表达清楚。

　　由于减速器装配图的设计过程比较复杂，往往需要采用"边计算、边画图、边修改"的方法逐步完成。因此，一般先作装配草图的设计和绘制，然后再完成装配图。

　　以下介绍各设计步骤的具体内容。

一、减速器装配草图设计准备

　　（1）参观或拆装减速器，弄懂各零部件的功能、类型和结构以及相互之间的关系，熟悉减速器的结构。参阅有关资料，仔细读懂一张典型减速器的装配图，做到对设计内容心中有数。

　　（2）对已确定的有关参数及尺寸整理备用：

　　①电动机有关尺寸，如中心高、轴径、轴伸出长度、键连接有关尺寸等。

　　②各传动件的主要尺寸，如中心距、分度圆直径、齿顶圆直径、齿轮宽度、锥齿轮锥距和分锥角等。

　　③联轴器的型号、孔径范围、孔长及装拆尺寸等。

　　④按扭转强度初估的各级轴最小直径。

　　（3）初拟减速器的结构方案，其中包括：传动件结构、轴系结构、轴承类型、轴承盖结构、箱体结构（剖分式或整体式）、润滑和密封方案以及附件结构等。

　　（4）选择图幅、视图及绘图比例。图纸幅面应符合机械制图标准，装配图建议采用A0图纸。一般需选用三个视图并加必要的局部视图才能表达清楚，如图5-11所示。结构简单的减速器也可用两个视图，必要时附加剖视图或局部视图。

　　应尽量选择1:1或1:2的比例尺绘图。布图之前，应根据传动件的中心距、齿顶圆直径及轮宽等主要结构尺寸和相类似的装配图，估计出减速器的轮廓尺寸，并留出标题栏、明细栏、零件序号、技术特性表及技术要求的文字说明等的位置，做好图面的合理布置。

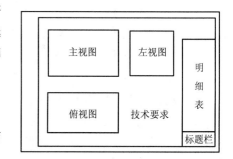

图5-11　图面布置

　　做好上述准备工作后，就可以开始绘图了。

二、初绘减速器装配草图及验算轴系中的有关零件

　　初绘减速器装配草图的任务是通过绘图确定减速器的大致轮廓，更重要的是进行轴的结构设计，确定轴承型号和位置，找出轴承支点和轴上的作用点，从而对轴、轴承及键进行验算。

传动件、轴和轴承是减速器的主要零件，绘图时要先画，其他零件的结构和尺寸随着这些零件而定。绘制装配草图时要先画主要零件，后画次要零件；由箱内零件画起，逐步向外画；以确定轮廓为主，对细部结构可先不画；以一个视图为主，兼顾几个视图。下面以二级圆柱齿轮减速器、锥—圆柱齿轮减速器、蜗杆减速器为例说明这一阶段的设计内容。对于二级圆柱齿轮减速器，列出较为详细的设计绘图步骤；而对于锥—圆柱齿轮减速器和蜗杆减速器，则在上述基础上说明其特点即可。需要指出的是，这些步骤并不是一成不变的，可视具体情况灵活运用。

（一）二级圆柱齿轮减速器

1. 画出齿轮的中心线和齿轮的轮廓线

通常小齿轮比大齿轮宽 $5 \sim 10$ mm。两级传动件之间的距离 $\Delta_3 = 8 \sim 10$ mm。输入与输出轴上的齿轮最好布置在远离外伸轴端的位置，以使齿面受载较均匀。

2. 画出箱体内壁线和箱体对称线

箱体内壁与小齿轮端面及大齿轮顶圆应留有一定间隙 Δ_2 和 Δ_1（Δ_2 及 Δ_1 的值见表 5-4），以免由于铸造箱体时的误差造成间隙过小甚至与齿轮相碰。小齿轮顶圆与箱体内壁距离暂不定。画出箱体内壁线后即可画出箱体对称线 Ⅰ-Ⅰ。以上步骤所设计的具体图形如图 5-12 所示。

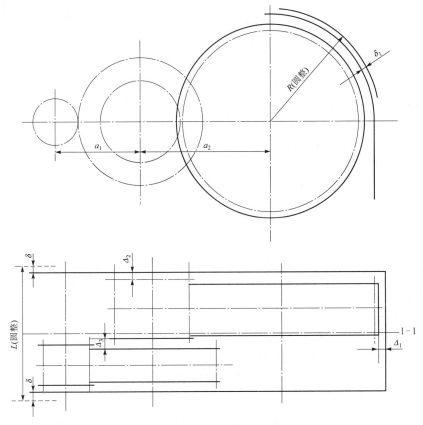

图 5-12 二级圆柱齿轮减速器装配草图绘制（一）

3. 画出轴承位置及其轮廓尺寸

轴承的轴向位置与轴承的润滑方式有关。如果轴承采用脂润滑而需要放置封油盘（图5-13），轴承内侧与箱体内壁的距离一般取10~15 mm，如果轴承采用油润滑，此距离一般取3~5 mm。但当斜齿轮直径小于轴承外径时，由于斜齿有沿齿轮轴向的排油作用，为避免润滑油冲向轴承需放挡油盘（图5-14），对于车制的挡油盘（图5-14（b）），此距离应取10~15 mm；对于冲压的挡油盘（图5-14（a）），可忽略其对轴承轴向位置的影响，轴承可按初估型号的尺寸绘制。

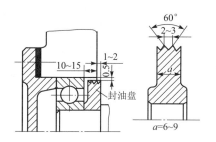
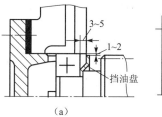
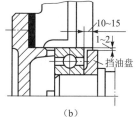

图5-13　脂润滑时轴承的位置　　　　图5-14　油润滑时轴承的位置

（a）冲压的挡油盘；（b）车制的挡油盘

4. 确定轴承旁螺栓的位置并画出箱体轴承座孔端面线

常取轴承旁两螺栓的距离 $s \approx D_2$（见表5-4、图5-7），轴向位置取决于轴承旁螺栓直径 d_1 和尺寸 c_1。轴承座孔外端面应由螺栓安装凸台再向外凸出5~10 mm，以便减少加工量。这样，外箱壁至轴承座外端面的距离为 $l_1 = c_1 + c_2 + (5~10)$ mm，c_1、c_2 值根据 d_1 由表5-5查得。

5. 绘制轴的结构尺寸

（1）最小直径的确定。轴的结构设计是在按扭转强度初估轴径的基础上进行的。如在外伸轴端安装开式齿轮、带轮、链轮等传动件，一般将初估值作为轴的最小直径；如在轴的最小直径处安装联轴器，则应以联轴器的孔径（标准联轴器的孔径一般有多个标准值，可选其中之一）作为轴的最小直径。

（2）径向尺寸的确定。阶梯轴各段径向尺寸，由轴上零件的受力、安装、固定等要求确定。

当直径的变化是为了固定轴上零件或承受轴向力时，其变化值要大些，如图5-15（a）所示中直径 d 与 d_1、d_3 与 d_4、d_5 与 d_4 之间的变化。这时轴肩的圆角半径 r 应小于零件孔的倒角或圆角半径，轴肩高度 h 应比该处轴上零件的倒角或圆角半径大2~3 mm（图5-15（b））。安装滚动轴承处的轴肩高度和圆角半径应符合滚动轴承的安装尺寸要求（参见第十五章表15-1~表15-5）。

当直径的变化仅是为了装配方便或区别加工表面时，两直径稍有差别即可。如图5-15（a）所示中直径 d_1 与 d_2、d_2 与 d_3 之间的变化。

轴上装有标准件处的直径要符合标准，有配合要求的直径一般要符合常用标准直径尺寸。

（3）轴向尺寸的确定。轴各段的轴向尺寸，由轴上安装的零件（如齿轮、轴承等）与相关零件（如箱体轴承座孔、轴承盖等）的轴向位置和尺寸确定。

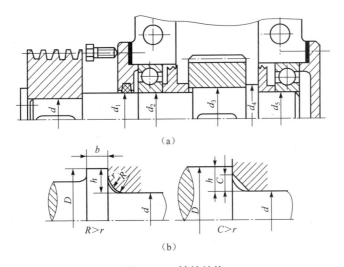

图 5 - 15 轴的结构

(a) 轴的结构；(b) 轴肩圆角

为了保证传动件在轴上固定可靠，对于安装齿轮、带轮、联轴器等的轴段长度应小于相配轮毂的宽度，以实现其他零件（如套筒、轴端挡圈等）对它的固定作用。如图 5 - 15（a）中安装齿轮和带轮的轴段。

箱体外的轴长，一般取决于轴承座孔的长度及有密封装置的轴承端盖的厚度。轴承座孔长度为 $l_1 + \delta$（δ 为箱体壁厚，其值见表 5 - 4）。对于嵌入式轴承端盖或当轴承宽度较大时（一般为低速级轴承），也可由轴承座孔中的零件轴向尺寸和位置来决定。此时，最好先画低速级的轴及轴承，定出该轴承座孔外端面后，其他轴承座的外端面则布置在同一平面上，以利于加工。

轴外伸端上的零件与轴承盖螺钉间的距离和外接零件及轴端的结构要求有关。如轴端装有弹性圈柱销联轴器，则必须留有足够的装配尺寸 B，其值可查手册。如用凸缘式端盖，轴外伸长度必须考虑拆装端盖螺钉的足够长度 L'，以便打开箱盖（图 5 - 16）。这样轴外伸端的结构尺寸便可定出。

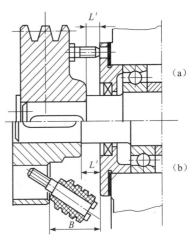

图 5 - 16 轴上外接零件与端盖之间的距离

以上步骤所设计的具体图形如图 5 - 17 所示。

6. 轴、轴承及键的校核计算

（1）由图 5 - 17 量出受力点间的距离，即可对轴进行受力分析，画出弯矩图和转矩图。根据轴各处所受载荷大小及轴上应力集中情况，确定 1～2 个危险断面进行疲劳强度的安全系数验算。如强度不够，则必须对轴的一些参数（轴径、圆角半径 r、断面尺寸变化等）进行修改；如强度富裕过多，可不必匆忙改变轴的参数，待轴承寿命及键连接的强度校核后，再综合考虑如何修改轴的结构。

（2）滚动轴承的预期寿命可取减速器的寿命或减速器的检修期限。若验算结果表明寿命不合适（寿命太长或太短），可改选其他尺寸系列的轴承，必要时可改变轴承类型。

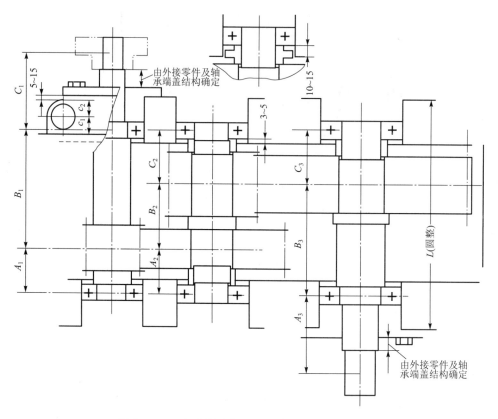

图 5 - 17 二级圆柱齿轮减速器装配草图绘制（二）

（3）键连接强度校核计算。若连接强度不够，可采用双键或适当增加键长等措施。

7. 进一步绘制传动零件、轴上其他零件、密封装置与轴承支点结构有关零件的具体结构

（1）传动零件的结构。传动零件的结构尺寸参见《机械设计》教材。当齿轮直径与轴相比相差不大时应制成齿轮轴。

（2）轴承端盖结构。轴承端盖的作用是固定轴承、承受轴向载荷及调整轴承间隙等。端盖的结构有嵌入式（图 5 - 18）和凸缘式（如图 5 - 15 中的端盖）两种。嵌入式端盖结构简单，但密封性能差，调整轴承间隙比较困难，需要打开箱盖放置调整垫片，故多用于不调

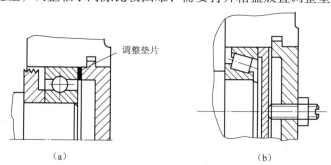

图 5 - 18 嵌入式轴承端盖

（a）垫片调整轴向间隙；（b）螺纹调整轴承间隙

间隙的轴承处。可以采用图 5 – 18（b）所示结构，即用螺钉调整轴承间隙。凸缘式端盖调整轴承间隙比较方便（一般在轴承盖与箱体之间设置调整垫片），密封性能也好，所以用得较多。

当轴承用箱内的油润滑时，轴承端盖的端部直径应略小并在端部开槽，使箱体剖分面上输油沟内的油可经轴承端盖上的槽流入轴承（参见图 5 – 14）。

轴承端盖的结构尺寸参见第十七章表 17 – 19 和表 17 – 20。

（3）滚动轴承的润滑与密封。滚动轴承常用的润滑方式有油润滑（传动零件圆周速度 $v \geq 2 \sim 3$ m/s）和脂润滑（$dn \leq 2 \times 10^5$ mm · r/min，d 为轴承内径（mm），n 为转速（r/min））两类。

当轴承采用脂润滑时，为了防止轴承中的润滑脂被箱内的油冲刷、稀释而流失，需在轴承内侧设置封油盘（图 5 – 13）。当采用油润滑时，若轴承旁小齿轮的齿顶圆小于轴承外径，为了防止齿轮（特别是斜齿轮）啮合时所挤出的油大量冲向轴承而增加轴承的阻力，常设置挡油盘（图 5 – 14）。挡油盘可以是冲压件（成批生产时），也可车制而成。

在轴外伸处的轴承盖的轴孔内应设置密封装置（如图 5 – 15 和图 5 – 16 中的密封装置），设计时可参考《机械设计》教材和本书第十七章内容。

以上各步完成的草图如图 5 – 19 所示。

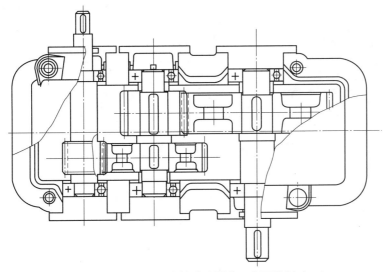

图 5 – 19　二级圆柱齿轮减速器装配草图绘制（三）

（二）锥—圆柱齿轮减速器

设计绘图步骤与二级圆柱齿轮减速器基本相同，可参考图 5 – 8 和表 5 – 4、表 5 – 5 的数据。图 5 – 20 ~ 图 5 – 22 所示为本阶段设计的具体顺序和图形，绘图时还应注意以下主要特点：

（1）如图 5 – 20 所示，在确定箱体内壁与大锥齿轮轮毂端面距离 Δ_2（表 5 – 4）时，应估计锥齿轮轮毂宽度 l，可取 $l \approx (1.6 \sim 1.8) b$，待轴径确定后再作必要的修正。小锥齿轮轮毂端面与机体内壁距离 $\Delta_1 = 10 \sim 15$ mm。

锥齿轮减速器以小锥齿轮中心线作为箱体的对称线 I—I。

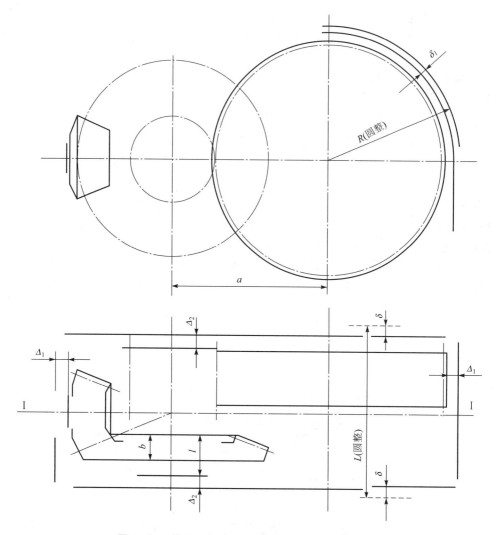

图 5 - 20　锥—圆柱齿轮减速器装配草图绘制（一）

（2）小锥齿轮大多做成悬臂结构，小锥齿轮轴的轴支点距离一般可取为 $B_1' \approx 2C_1'$ 或取 $B_1' \approx 2.5d$，d 为轴颈直径。为了保证此轴的支承刚度，B_1' 不宜太小。各代号位置参见图 5 - 21。

（3）为了保证锥齿轮传动的啮合精度，装配时，两齿轮锥顶必须重合，因此要调整大、小锥齿轮的轴向位置，即小锥齿轮通常放在套杯内，用套杯凸缘端面与轴承座外端面之间的一组垫片调节小锥齿轮的轴向位置。此外，套杯结构也便于固定轴承（图 5 - 22）。套杯尺寸参见第十七章表 17 - 21。

（三）蜗杆减速器

由于蜗杆和蜗轮的轴线既不平行又不相交，不能在一个视图中同时画出蜗杆和蜗轮轴的结构，所以在初绘装配草图阶段需主视图和侧视图同时进行。绘图时，应仔细阅读本节（一）和（二）中二级圆柱齿轮减速器和锥—圆柱齿轮减速器所述各点，参考图 5 - 9 和

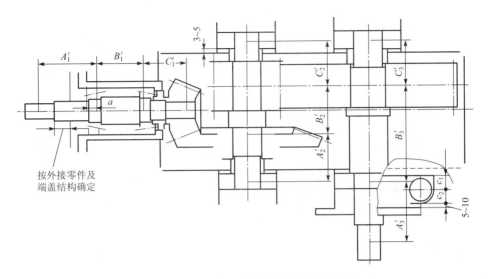

图 5 – 21 锥—圆柱齿轮减速器装配草图绘制（二）

按外接零件及
端盖结构确定

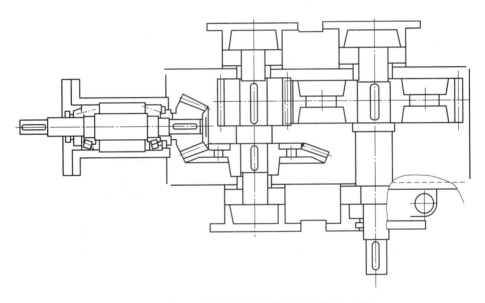

图 5 – 22 锥—圆柱齿轮减速器装配草图绘制（三）

表 5 – 4、表 5 – 5 中的数据，并考虑蜗杆减速器的特点。图 5 – 23 和图 5 – 24 所示为本阶段
设计的顺序和图形。

绘制时还应注意以下主要特点：

（1）为提高蜗杆的刚度，应尽量缩小其支点距离，故轴承座体常伸到箱座内部。

（2）蜗轮轴支点距离一般由箱体宽度确定，箱体宽度约等于蜗杆轴承端盖的外径。

（3）由于箱体上蜗杆轴承孔往往做成非剖分的形式，故设计蜗杆时其顶圆直径应小于
轴承座孔直径，否则无法装入。

（4）蜗杆传动时，油冲向一端的轴承，为防止油对轴承的冲击，应在蜗杆上装挡油盘，
这样也有助于防止蜗杆轴伸出处漏油。

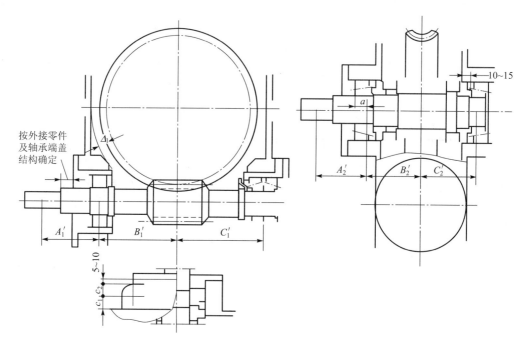

图 5-23　蜗杆减速器装配草图绘制（一）

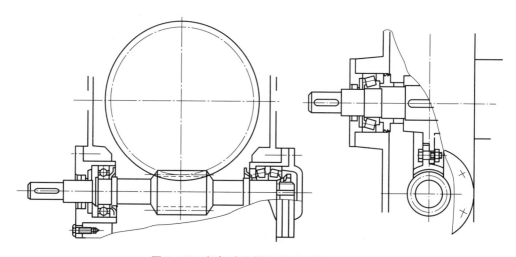

图 5-24　蜗杆减速器装配草图绘制（二）

三、完成减速器装配草图设计

本阶段的内容是进一步绘制、完成减速器装配草图，其主要是采用边定结构和尺寸，边完成上述草图的方法设计减速器箱体和附件。完成草图设计阶段，应在三个视图上同时进行。为了节省设计时间，减少绘制草图的工作量，可采用下列措施：

（1）形状对称的零件，只需详细绘出一半即可，例如齿轮等。

（2）如结构中有几个相同的部件（例如滚动轴承），可以只画出一个部件的详细结构，其他几个相同的部件只需画出外形轮廓。

（3）对于数量较多的相同连接件（如螺栓、螺母或吊环螺钉等），可只详细地画出一个，其余以中心线表示其位置。

（4）草图上可不画剖面线，不列零件序号及明细栏。

（一）箱体结构设计

箱体结构设计，应该在三个视图上同时进行。这里以铸造的剖分式箱体为例，说明设计时应考虑的问题和设计方法。

1. 油面位置及箱座高度的确定

当传动零件采用浸油润滑时，浸油深度应根据传动零件的类型而定。对于圆柱齿轮，通常浸油深度为一个齿高，但不应小于 10 mm；锥齿轮浸油深度为 0.5 ~ 1 个齿宽。对于多级传动中的低速级大齿轮，其浸油深度不得超过其分度圆半径的 1/3，以免增大搅油损失；对于下置蜗杆减速器，油面高度一般不高于支承蜗杆的滚动轴承最低滚动体的中心，以免因轴承浸油过多而降低轴承的效率。

为了避免传动零件工作时激起沉积在油池底面的污物，应满足使尺寸最大齿轮的齿顶圆直径距箱底内壁的距离大于 30 ~ 50 mm，如图 5 – 25 所示。

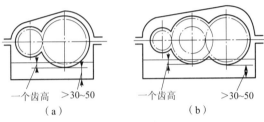

一个齿高　>30~50　（a）　　一个齿高　>30~50　（b）

图 5 – 25　减速器油面及油池深度

为了保证润滑及散热的需要，减速器内应有足够的油量。油量可以按传递功率的大小来确定。对于单级传动，每传递 1 kW 的功率，需油量为 $V_0 = 0.35 ~ 0.7$ dm^3。对于多级传动，可按级数成比例增加。V_0 的小值用于低黏度油，大值用于高黏度油。

综合以上各项要求即可确定出箱座的高度。设计时，在离开大齿轮顶圆为 30 ~ 50 mm 处，画出箱体油池底面线，再根据传动零件的浸油深度确定油面高度，即可计算出箱体的贮油量。若贮油量不能满足要求，应适当将箱体底面下移，增加箱座高度。

2. 箱体要有足够的刚度

（1）箱体要有合理的壁厚。轴承座、箱体底座等处承受的载荷较大，其壁厚应更厚一些。箱座、箱盖、轴承座、底座凸缘等的壁厚可参照表 5 – 4 确定。

（2）为提高剖分式箱体轴承座的刚度，轴承座两侧的连接螺栓应尽量靠近，为此需在轴承座旁设置螺栓凸台，如图 5 – 26 所示。

轴承座旁螺栓凸台的螺栓孔间距 $s \approx D_2$，D_2 为轴承盖外径。若 s 值过小，螺栓孔容易与轴承盖螺钉孔或箱体轴承座旁的输油沟相干涉。

螺栓凸台高度（图 5 – 26）与扳手空间的尺寸有关。参照表 5 – 5 确定螺栓直径和 c_1、c_2，根据 c_1 用作图法可确定凸台的高度 h。为了便于制造，应将箱体上各轴承座旁螺栓凸台设计成相同高度。

（3）为了提高轴承座附近箱体刚度，在平壁式箱体上可适当设置加强筋。加强筋有外筋（图 5 – 27（a））和内筋（图 5 – 27（b））两种，内筋结构刚度大，箱体外表面光滑、美观，但会增加搅油损失，制造工艺也比较复杂，故多采用外筋结构。筋板厚度可参照表 5 – 4。

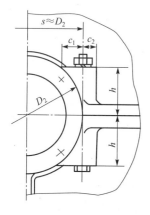

图 5 - 26　轴承旁螺栓位置

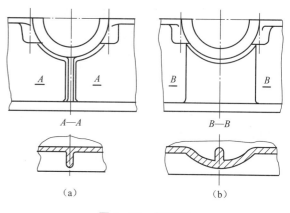

图 5 - 27　加强筋

（a）外筋；（b）内筋

3. 箱盖外轮廓的设计

箱盖顶部外轮廓常由圆弧和直线组成。大齿轮所在一侧的箱盖外表面圆弧半径 $R = \dfrac{d_{a2}}{2} + \Delta_1 + \delta_1$，$d_{a2}$ 为大齿轮齿顶圆直径，δ_1 为箱盖壁厚。通常情况下，轴承座旁螺栓凸台处于圆弧内侧。

高速轴一侧箱盖外廓圆弧半径应根据结构由作图确定。一般可使高速轴轴承座旁螺栓凸台位于箱盖圆弧内侧，如图 5 - 28 所示。轴承座旁螺栓凸台的位置和高度确定后，取 $R > R'$ 画出箱盖圆弧。若取 $R < R'$ 画箱盖圆弧，则螺栓凸台将位于箱盖圆弧外侧。

当在主视图上确定了箱盖基本外廓后，便可在三个视图上详细画出箱盖的结构。

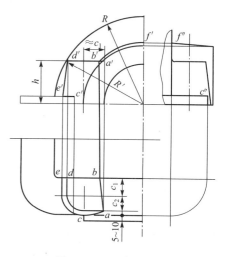

图 5 - 28　凸台投影关系

4. 箱体凸缘尺寸

箱盖与箱座连接凸缘、箱座底凸缘均要有一定宽度，可参照表 5 - 4 确定。

箱体凸缘连接螺栓应合理布置，螺栓间距不宜过大，一般减速器不大于 150 ~ 200 mm，大型减速器可再大些。

5. 油沟的形式和尺寸

当利用箱内传动件溅起来的油润滑轴承时，通常在箱座的剖分面上开设油沟，在箱盖上制出斜面，使飞溅到箱盖内壁上的油经斜面流入油沟，再经轴承端盖上的导槽流入轴承，如图 5 - 29 所示。

油沟的布置和油沟尺寸如图 5 - 30 所示。油沟可以铸造（图 5 - 31（a）），也可以铣制而成。图 5 - 31（b）所示为用圆柱

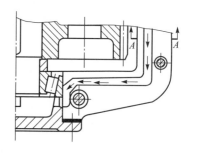

图 5 - 29　轴承的油润滑

端铣刀铣制的油沟，图 5 - 31 (c) 所示为用盘铣刀铣制的油沟。铣制油沟由于加工方便、油流动阻力小，故较常应用。

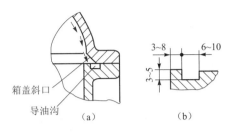

图 5 - 30　油沟结构和尺寸

(a) 结构；(b) 尺寸

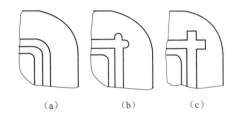

图 5 - 31　油沟形状

(a) 铸造；(b) 圆柱铣刀加工；(c) 盘铣刀加工

当传动零件（如蜗轮）转速较低，不能靠飞溅的油满足轴承润滑，而需要利用箱内的油润滑时，可在靠近传动零件端面处设置刮油板（见图 5 - 32 和图 5 - 9）。刮油板的端面贴近传动零件的端面，将油从轮上刮下，通过输油沟将油引入轴承。

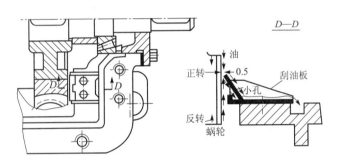

图 5 - 32　刮油板结构

6. 蜗杆减速器箱体上加散热片

当蜗杆减速器由于发热量大，其箱体大小不能满足热平衡计算要求时，常在箱体上加设散热片。散热片位置一般取垂直方向。设计散热片时，应考虑铸造工艺，使其便于拔模，如图 5 - 33 所示。

如加散热片后仍不能满足散热要求，则可在蜗杆轴端部加装风扇，以加速空气流动。散热片的方向应与空气流动方向一致，当发热严重时，可在油池中设置蛇形冷却水管。

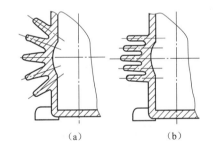

图 5 - 33　散热片结构

(a) 不便于拔模；(b) 便于拔模

（二）减速器附件设计

减速器各种附件的作用见表 5 - 6。设计时应选择和确定这些附件的结构，并将其设计在箱体合适的位置。

1. 窥视孔和窥视孔盖

窥视孔应设在箱盖顶部能够看到齿轮啮合区的位置，其大小以手能伸入箱体进行检查操作为宜。

窥视孔处应设计凸台以便于加工。窥视孔盖可用螺钉紧固在凸台上，并应考虑密封，如图 5 - 34 所示。窥视孔盖可用钢板、铸铁或有机玻璃等材料制造，其结构形式可参考图 5 - 35，尺寸由结构设计确定。

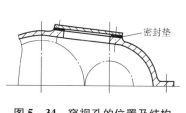

图 5 - 34 窥视孔的位置及结构

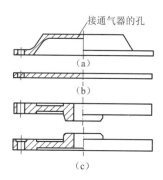

图 5 - 35 窥视孔盖结构
（a）冲压薄钢板；（b）钢板；（c）铸铁

2. 通气器

通气器设置在箱盖顶部或窥视孔盖上。较完善的通气器内部制成一定曲路，并设置金属网。常见通气器的结构和尺寸参见第十七章表 17 - 17 和表 17 - 18。

选择通气器类型时应考虑其对环境的适应性，其规格尺寸应与减速器大小相适应。

3. 油面指示器

油面指示器应设置在便于观察且油面较稳定的部位，如低速轴附近。

常用的油面指示器有圆形油标、长形油标、管状油标、杆式油标（油标尺）等形式。其结构和尺寸参见第十七章表 17 - 7 ～ 表 17 - 10。

油标尺的结构简单，在减速器中较常采用。油标尺上有表示最高及最低油面的刻线。装有隔离套的油尺，可以减轻油搅动的影响。

设计时应合理确定油标尺插座的位置及倾斜角度，既要避免因安装位置过低导致箱内的润滑油溢出，又要便于油标尺的插取及插孔的加工。油标尺的倾斜位置见图 5 - 36，插座凸台的画法如图 5 - 37 所示。

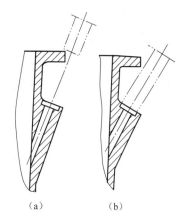

图 5 - 36 油标尺插座的位置
（a）不正确；（b）正确

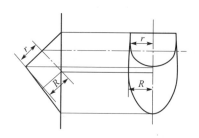

图 5 - 37 油标尺插座凸台的
投影关系

4. 放油孔和油塞

放油孔应设置在油池的最低处，平时用油塞堵住。采用圆柱油塞时，箱座上装油塞处应设置凸台，并加封油垫片。放油孔不能高于油池底面，以免油排不净（图 5 – 38）。油塞的结构和尺寸可参见第十七章表 17 – 11。

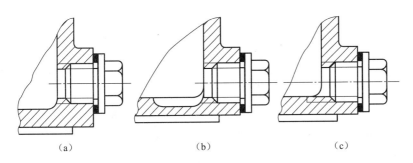

（a） （b） （c）

图 5 – 38 放油孔的位置

（a）不正确；（b）正确；（c）正确（有半边孔攻螺纹工艺性较差）

5. 起吊装置

吊环螺钉可按起重量选择，其结构尺寸参见第十三章表 13 – 13。为保证起吊安全，吊环螺钉应完全拧入螺孔。箱盖安装吊环螺钉处应设置凸台，以使螺钉孔有足够的深度，如图 5 – 39所示。

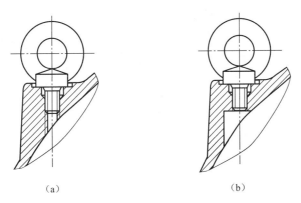

（a） （b）

图 5 – 39 吊环螺钉的安装

（a）可用；（b）正确

箱盖吊耳、吊钩和箱座吊钩的结构尺寸参照图 5 – 40，设计时可根据具体条件进行适当修改。

6. 定位销

常采用圆锥销作定位销。两定位销间的距离越远越可靠，因此，通常将其设置在箱体连接凸缘的对角处，并应做非对称布置。定位销的直径 $d \approx 0.8 d_2$（见表 5 – 4），其长度应大于箱盖、箱座凸缘厚度之和。圆锥销的尺寸参见第十四章表 14 – 4 和表 14 – 5。

7. 起盖螺钉

起盖螺钉设置在箱盖连接凸缘上，其螺纹有效长度应大于箱盖凸缘厚度（图 5 – 41）。起盖螺钉直径可与凸缘连接螺钉相同，螺钉端部制成圆柱形并光滑倒角或制成半球形。

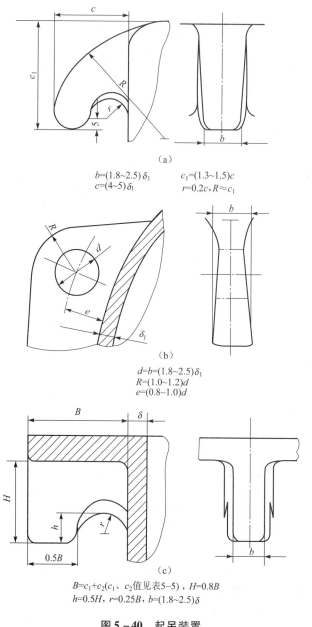

（a）

$b=(1.8\sim2.5)\delta_1$　　　$c_1=(1.3\sim1.5)c$
$c=(4\sim5)\delta_1$　　　　　$r=0.2c, R\approx c_1$

（b）

$d=b=(1.8\sim2.5)\delta_1$
$R=(1.0\sim1.2)d$
$e=(0.8\sim1.0)d$

（c）

$B=c_1+c_2(c_1、c_2$值见表5-5），$H=0.8B$
$h=0.5H, r=0.25B, b=(1.8\sim2.5)\delta$

图 5 - 40　起吊装置

（a）箱盖上的吊钩；（b）箱盖上的吊耳；（c）箱座上的吊钩

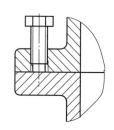

图 5 - 41　起盖螺钉结构

8. 油杯

轴承采用脂润滑时，有时需在轴承座或轴承盖相应部位安装油杯，这样可通过油杯给轴承室添加润滑脂，而不必打开轴承盖。如图 5 - 8 中的旋盖式油杯，用手旋转油杯盖即可把杯内的润滑脂挤入轴承室；图 5 - 8 中的压注油杯，可定期用油枪将润滑脂压注进轴承室。油杯的结构尺寸参见第十七章表 17 - 3 ~ 表 17 - 6。

完成箱体和附件设计后，可画出如图 5 - 42 ~ 图 5 - 44 所示的减速器装配草图。

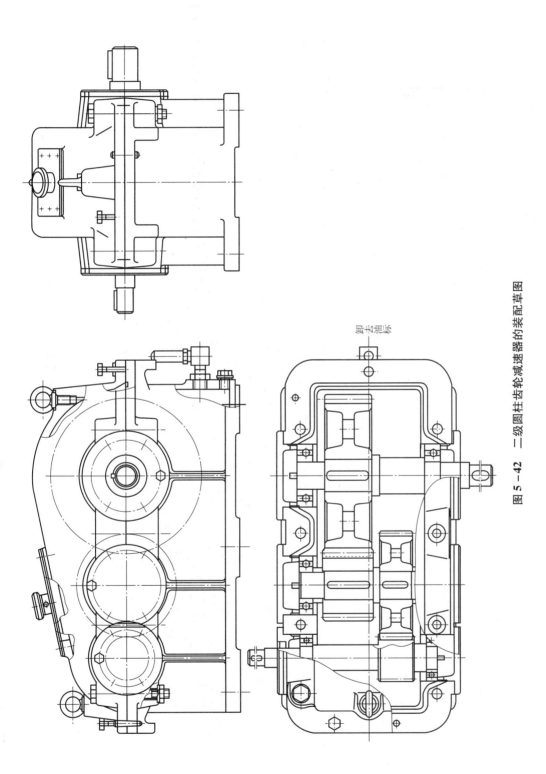

卸去油标

图 5 - 42 二级圆柱齿轮减速器的装配草图

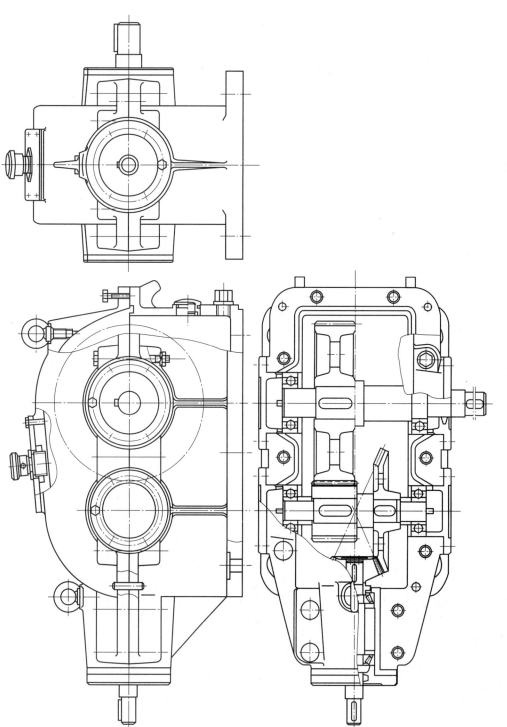

图 5-43 锥—圆柱齿轮减速器的装配草图

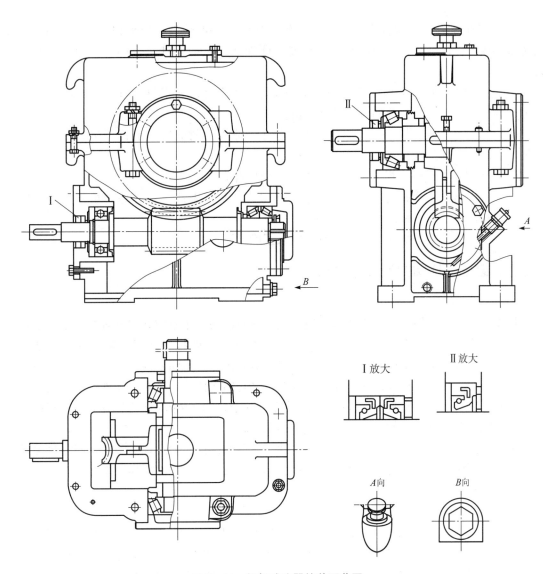

I 放大　　II 放大

A 向　　B 向

图 5-44　蜗杆减速器的装配草图

第五节　减速器装配图的设计与绘制

当完成减速器装配草图的设计之后，即应转入装配工作图的设计与绘制。装配草图设计的好坏，直接关系着装配工作图的全面质量，但装配工作图不是装配草图的"临摹和加深"，而应是严格地按制图标准，详细地表示出减速器各部分的形状、尺寸及配合关系，零件编号，明细栏，标题栏，减速器的技术特性和技术要求，以及必要的视图等。其具体设计要求简述如下。

一、装配草图的审查与修改

审查的方法是先主后次，由内到外。具体内容是：

（1）装配草图与传动方案简图是否一致。如轴伸端的位置，原动机、工作机的布置，减速器外接零部件（带轮、开式齿轮、链轮、联轴器等）的设计是否符合传动方案的设计要求。

（2）传动件、轴、轴承、箱体等的结构设计是否合理，如定位、固定（轴向、周向）、装拆、调整、润滑、密封等的可靠性和经济性。

（3）传动件、轴、轴承、箱体等零件的强度、刚度、耐磨性等是否正确，主要设计计算尺寸与图面结构是否一致。

（4）各附件的类型、尺寸和安装位置的选择是否恰当合理。

（5）图纸幅面、图样比例、图面布置、视图选择及其表达方式等是否恰到好处，各视图的绘制和协调是否正确。

对上述任何问题，都必须进行修改，以求正确无误。

二、装配工作图的设计与绘制

1. 绘制视图

具体绘制减速器的装配工作图时，应首先将减速器的工作原理和主要装配关系集中到一个视图上，也称基本视图，如对齿轮减速器选择俯视图、蜗杆减速器选择主视图为基本视图。装配图中应尽量避免用虚线表示结构形状。对被剖视的不同零件，其剖面线必须用不同的方向或间距表示，而且同一零件在不同视图中又必须保持一致。对于零件的剖面尺寸小于2 mm 的较薄零件（如调整垫片等），其剖面允许涂黑。另外在装配工作图中，对螺栓、螺母、滚动轴承等标准零部件，可以采用规定的简化画法。

用细实线完成装配工作图后，应转入零件工作图的设计，如发现某些零件间相对关系结构不尽合理，应及时修改装配工作图的底稿，最后完成装配工作图的加深工作。

2. 标注尺寸

尺寸的标注应完成如下内容：

（1）特性尺寸—表示减速器性能、规格、特征的尺寸，如传动件的中心距及其偏差。

（2）外形尺寸—减速器外形的长、宽、高尺寸，供空间总体布置及包装、运输的需要。

（3）安装尺寸—与减速器相连接的各有关尺寸，如减速器箱体底面长、宽、厚尺寸，地脚螺栓孔径及其定位尺寸，主、从动轴外伸端的直径及配合长度，减速器中心高度等。

（4）配合尺寸—凡是对运转性能和传动精度有影响的零件配合处，均应标注出基本尺寸、配合性质及精度等级。表5-7给出了减速器主要零件间的常用配合性质及精度等级，选择时主要应从工作性能要求、工艺性及经济成本等方面考虑。

表5-7　减速器主要零件的荐用配合

配合零件	荐用配合	装拆方法
一般齿轮、蜗轮、带轮、联轴器与轴的配合	$\dfrac{H7}{r6}$	用压力机（中压配合）
大、中型减速器的低速级齿轮（蜗轮）与轴的配合，轮缘与轮芯的配合	$\dfrac{H7}{r6}$；$\dfrac{H7}{s6}$	用压力机或温差法（中压配合；小过盈配合）

配合零件	荐用配合	装拆方法
要求对中性良好及很少装拆的齿轮、蜗轮、带轮、联轴器与轴的配合	$\dfrac{H7}{n6}$	用压力机（较紧的过渡配合）
小锥齿轮及常装拆的齿轮、联轴器与轴的配合	$\dfrac{H7}{m6}$；$\dfrac{H7}{k6}$	手锤打入（过渡配合）
滚动轴承内圈与轴的配合（内圈旋转）	j6（轻载）；k6、m6（中载）	用压力机（实为过盈配合）
滚动轴承外圈与座孔的配合（外圈不转）	H7，H6（精度高时）	木槌或徒手装拆
轴承套杯与座孔的配合	$\dfrac{H7}{h6}$	徒手装拆
轴套、溅油轮、封油盘、挡油盘等与轴的配合	$\dfrac{H8}{h8}$；$\dfrac{H9}{h9}$	徒手装拆
轴承盖与座孔（或套杯孔）的配合	$\dfrac{H8}{h8}$；$\dfrac{H7}{f9}$	徒手装拆
嵌入式轴承盖的凸缘厚与座孔槽之间的配合	$\dfrac{H11}{h11}$	

标注的尺寸应尽量集中在能反映主要结构特点的视图上，并应布置得整齐、清晰。一般尺寸尽量注写在视图外面，避免与图线相混。

3. 零件的编号

为了便于读图、装配及生产准备工作（备料、订货及预算等），必须对装配图上所有零件进行编号，零件的编号要完全，不遗漏、不重复。相同零件只能有一个编号。对独立组件，如滚动轴承、通气器、油面指示器等可用一个编号。编号引线不得相互交叉，或与剖面线平行。对装配关系清楚的零件组，如螺栓、螺母、垫圈则写出不同编号共用一个引线编号。

编号应按顺时针或逆时针方向排列整齐。可以对标准件和非标准件统一编号，也可分别编号，且在标准件前加"B"以示区别。编号字号应比图中尺寸字号大一号或两号。

4. 编写减速器技术特性

应在装配图的适当位置列表写出减速器的技术特性，具体内容及格式参考表 5-8。

表 5-8 减速器技术特性

输入功率 /kW	输入转速 /(r·min^{-1})	效率 η	总传动比 i	传动特性							
				高速级				低速级			
				m_n	Z_2/Z_1	β	精度等级	m_n	Z_2/Z_1	β	精度等级

5. 编写技术要求

凡是无法在视图上表达的技术要求，如装配、调整、检验、维护、润滑、试验等内容，均应用文字编写成技术要求，写在图中适当位置，与图面内容同等重要。减速器装配的技术要求一般有以下主要内容：

（1）装配前的要求。

对所有装配零件均应用煤油或汽油洗干净，使其无任何杂物，并在箱体及传动件的非加工表面涂上防侵蚀的带色油漆。

（2）对安装调整的要求。

对滚动轴承必须根据规定写明安装时应保证的轴向游隙调整范围，对传动零件应根据传动精度要求和条件，写明啮合侧隙大小及检验方法。

（3）对润滑剂的要求。

因润滑剂对摩擦、磨损、冷却、减振、防锈及冲洗杂质等都有很大影响，所以在技术要求中应明确写出润滑剂的牌号、用量、补充及更换时间。

当传动零件与轴承使用同一润滑剂时，应以传动件要求为主，兼顾轴承要求。

对多级传动的减速器，按高低速度的平均值考虑润滑剂的黏度值。

滚动轴承用脂润滑剂时，为避免增大运动阻力和温升，其填入量依其速度不同不超过轴承空隙的 $1/3 \sim 2/3$。

（4）对密封的要求。

减速器所有连接面及外伸轴密封处均不准渗、漏油。

对箱座、箱盖结合面处用密封胶或水玻璃密封，不准加用密封垫片。

对外伸轴密封处应按工况要求选取合适的密封装置。

（5）对实验要求。

减速器装好后，应做正、反转 $1 \sim 2$ 小时的空载试验，要求平稳、噪声小、各连接处无松动。

应在额定载荷、转速下做负载试验到油温平衡，对齿轮传动要求油池温升不超过 $35\ ℃$，轴承温升不超过 $40\ ℃$；对蜗杆传动油池温升不超过 $85\ ℃$，轴承温升不超过 $65\ ℃$。

（6）对外观、包装、运输的要求。

对外伸轴及其附件应涂油包封。

对机体表面应涂漆。

当搬动、运输时不得使用吊环螺钉、吊耳及倒置等。

6. 标题栏及明细栏

国家标准规定，每张技术图样中均应有标题栏，并布置在图纸右下角。标题栏中应注明装配图的名称、比例、图号、件数、重量、设计者姓名等。

明细表是装配图中所有零件的详细目录，填写明细表的过程也是最后审查和确定各组成零件的名称、品种、数量、材料及标准代号等的过程。明细表应布置在装配图中标题栏的上方。

标题栏和明细表的格式可参考第九章表 9 – 13。

第六节　零件工作图的设计与绘制

因每个零件的结构尺寸和加工要求并不能在装配工作图中得到全面反映，更无法制造，因此，合理设计和正确绘制零件工作图是整个设计过程的重要组成部分。零件工作图设计的好坏在减少废品、降低成本、提高生产率和产品机械性能等方面起着关键作用，也是生产、检验和编写工艺规程的依据，所以零件工作图的设计既要反映其功能作用要求，又要考虑零件制造的可能性和合理性，而不是对装配工作图的简单拆抄。具体要求如下。

一、视图

每个零件的视图必须单独布置在一个标准图幅内，并尽量采用1∶1的比例，以便直接表达零件的真实感。另外根据零件尺寸、形状的需要，可选用适当的视图、断面图、向视图或局部放大图等，将零件的结构完整、清楚地表达出来。

在设计时还要具体完善在装配工作图中可能省略的某些工艺结构，如圆角、倒角、退刀槽或砂轮越程槽等。一般用局部放大图，或用文字说明。

对轴类零件（含齿轮轴、蜗杆轴）一般只画一个视图，或增加某些局部剖视图、断面图、放大图，如键槽和中心孔等。

对齿轮类零件一般只画两个或一个视图（附必要的局部视图）。

对组合式蜗轮应画出蜗轮组件图，也要画出齿圈和轮体的零件图。

对箱体类铸造零件，因结构形状复杂，一般都画出三个视图，并视需要增画剖视图、向视图或局部放大图。

零件具体结构形状设计完成后，必须与装配工作图一致，否则应做相应改动。

二、标注尺寸、公差和表面结构

1. 尺寸的标注

（1）基本要求。零件尺寸的标注必须不遗漏、不多余地符合制图标准的规定，并考虑设计、加工和检验的要求。具体标注时，应首先选择尺寸基准，并尽量使设计基准与工艺基准重合，每个零件在长、宽、高方向上至少应各有一个基准，常见的尺寸基准形式有：

基准线—零件回转面的轴线，如齿轮的中心线和阶梯轴的轴线等。

基准面—零件的主要装配面、支承面、加工面及对称平面，如阶梯轴的中心孔锥面。

当有多个基准时，要区分主要基准（决定零件主要尺寸的基准）和辅助基准（因设计、加工、测量上的要求而设置的基准），并在标注时两者均要兼顾。同时还要注意把尺寸链中最不主要的尺寸定为封闭环，不标注尺寸，以保证主要尺寸的精度。

零件尺寸的标注应尽量集中到能反映零件特征的视图上。

（2）轴类零件。标注轴类零件的尺寸时，主要应完成径向尺寸、轴向尺寸、键槽尺寸及细小部分的结构尺寸。为了使轴运转平稳及保证轴上传动件正确啮合，应以轴线为设计基准，也是加工的工艺基准（轴端中心孔支承）。

对径向尺寸应正确标注出各配合表面的尺寸及极限偏差，对轴上相同尺寸的各轴段也应逐一标注，不得省略。

对轴向尺寸应按选定的基准面，使标注的尺寸反映出设计、工艺和测量上的要求，不允许出现封闭尺寸链。图5-45所示轴的长度尺寸标注以齿轮定位轴肩（Ⅱ）为主要标注基准，以轴承定位轴肩（Ⅲ）及两端面（Ⅰ、Ⅳ）为辅助基准，其标注方法基本上与轴在车床上的加工顺序相符合。图5-46所示为两种错误标注方法：图5-46（a）的标注与实际加工顺序不符，既不便于测量，又降低了其中要求较高的轴段长度 L_2、L_4、L_6（见图 5 - 45）的精度；图 5 - 46（b）的标注使其尺寸首尾相接，不利于保证轴的总长度尺寸精度。

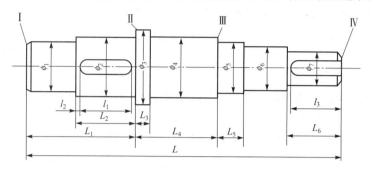

图 5 - 45　轴的长度尺寸正确标注方法

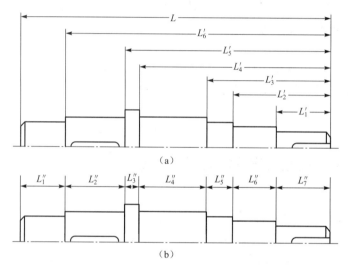

图 5 - 46　轴的长度尺寸错误标注方法
（a）错误标注 1；（b）错误标注 2

（3）齿轮类零件。标注齿（蜗）轮类零件的尺寸时，与轴类零件相似，以轴孔中心线为基准，因这类零件的轴孔是设计、加工、测量和装配的重要基准，故应有较高的尺寸精度要求。

齿（蜗）轮类零件的径向尺寸可直接标注在垂直于轴线的视图上，也可标注在齿宽方向的视图上。齿宽（轴向）方向尺寸的标注以端面为基准。

齿（蜗）轮类零件的分度圆直径是设计的基本尺寸，虽不测量但也要标注在视图上。

对细小部分的结构尺寸，或标注在视图上，或写在技术要求中。齿（蜗）轮轴孔的键槽尺寸及其极限偏差必须标注在视图上。

（4）箱体类零件。标注箱体类零件时，因结构复杂，尺寸繁多，同时又要考虑铸造、加工测量和检验等要求，所以对标注的尺寸应做到多而不乱，不重复、不遗漏，一目了然。为此，还应注意以下几点：

① 选好基准。为了使制造、测量和装配的基准尽量与标注尺寸的基准相一致，箱座或箱盖高度方向尺寸的标注应选底面或结合面为基准。

宽度方向应选轴承孔端面或者箱体对称中心线为基准，如图 5 - 47 所示。

长度方向应选轴承座孔中心线为基准，如图 5 - 48 所示。

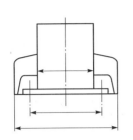

图 5 - 47　箱体宽度尺寸的标注

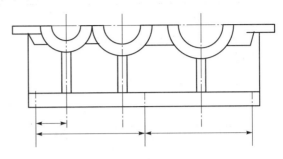

图 5 - 48　箱体长度尺寸的标注

② 定位尺寸。这是箱体各部位相对于基准面的位置尺寸。如孔的中心线、曲线的中心位置、斜度的起点等与相应基准间的距离或夹角。

箱座的高度、放油孔中心的高度和底座的厚度等，均应以箱体底平面为基准。

分箱面凸缘厚度、轴承孔两侧螺栓凸台高度等，均应以分箱面为基准。

箱体宽度方向尺寸、螺栓孔、定位销钉孔在箱体宽度方向的位置尺寸等，均应以箱体的对称中心线为基准。

箱体结合面上的螺栓孔、地脚螺栓孔在箱体长度方向的位置尺寸，均应以轴承孔中心线为基准。

③ 形状尺寸。这是指箱体的长、宽、高，箱体壁厚，各种孔径及深度，圆角半径，槽的深度及宽度，螺纹孔及凸缘尺寸，加强筋的厚度及宽度，各种倾斜面的斜度，凸耳或吊钩的尺寸等。这些尺寸均应直接标出，不应再有任何运算。

④ 其他。如对整机工作性能有重大影响的尺寸，可以直接单独标注，不受上述所限，例如箱座孔中心距及其偏差。

另外，如检查孔、油面指示器和通气器等位置尺寸均可按具体情况选择标注。

2. 公差的标注

这里主要指轴类、齿（蜗）轮类及铸造箱体零件的尺寸公差、几何公差的标注。

（1）轴类零件。在普通减速器中，轴的长度尺寸按自由公差处理；与滚动轴承配合的轴径偏差，按滚动轴承的配合查取；与传动件（齿轮、蜗轮、带轮、链轮等）配合处的轴径偏差，按装配图中选定的配合查取；键槽的深度和宽度，按键连接公差标注。

轴的各重要表面应标注必要的几何公差，以保证装配质量和工作性能，也是零件加工精度的重要指标之一。

普通减速器轴类零件的几何公差参考表 5 - 9 推荐项目标注。

（2）齿轮类零件。圆柱齿轮按 GB/T 10095.1—2008 和 GB/T 10095.2—2008 的要求标注；锥齿轮按 GB/T 11365—1989 的要求标注；圆柱蜗杆、蜗轮按 GB/T 10089—1988 的要求标注。各偏差允许值可由第十二章查取。

圆柱齿轮、锥齿轮、蜗轮及蜗杆的轮坯几何公差推荐项目见表 5 - 10。

（3）箱体类零件。箱体的尺寸公差应标注：由装配图上的配合要求标注轴承座孔的尺寸极限偏差；由传动精度等级标注圆柱齿轮、蜗杆传动的中心距极限偏差，以及锥齿轮传动轴心线夹角的极限偏差。

表 5 - 9　轴的几何公差推荐项目

内容	项　　目	符号	精度等级	对工作性能的影响
形状公差	与传动零件相配合直径的圆度	○	7~8	影响传动零件与轴配合的松紧及对中性
	与传动零件相配合直径的圆柱度	⌖		
	与轴承相配合直径的圆柱度	⌖	见表 11 - 13	影响轴承与轴配合的松紧及对中性
跳动公差	齿轮的定位端面相对于轴心线的轴向圆跳动	↗	6~8	影响齿轮和轴承的定位及其受载均匀性
	轴承的定位端面相对于轴心线的轴向圆跳动	↗	见表 11 - 15	
	与传动零件配合的直径相对于轴心线的径向圆跳动	↗	6~8	影响传动件的运转同心度
	与轴承配合的直径相对于轴心线的径向圆跳动	↗	5~6	影响轴和轴承的运转同心度
位置公差	键槽侧面对轴心线的对称度	═	7~9	影响键受载的均匀性及装拆的难易程度

表 5 - 10　轮坯几何公差推荐项目

内容	项　　目	符　号	精度等级	对工作性能影响
径向跳动	圆柱齿轮以顶圆为测量基准时齿轮顶圆的径向圆跳动；锥齿轮顶锥的径向圆跳动；蜗轮外圆的径向圆跳动；蜗杆外圆的径向圆跳动	↗	同齿轮、蜗轮精度	影响齿厚测量及齿圈径向跳动误差；引起分齿不均，影响受载均匀性
轴向跳动	基准端面对轴线的轴向圆跳动	↗		影响定位及受载均匀性
对称度	键槽侧面对孔中心线的对称度	═	7~9	影响受载均匀性

　　箱体的几何公差应标注：为了保证轴承与座孔的配合性能，应标注座孔的圆柱度；为了保证齿轮载荷分布均匀性，应标注同一轴线上两轴承座孔的同轴度；为了使轴承能正确定位及轴承轴向受载均匀，应标注轴承座孔定位端面对孔中心线的垂直度；对锥齿轮传动，为了保证平稳性及载荷分布均匀性，应标注轴承座孔中心线间的垂直度；为了保证箱体剖分面处的密封性，应标注分箱面的平面度。以上公差值参见第十一章表 11 - 12 ~ 表 11 - 15 或有关手册，其几何公差精度等级的选择见表 5 - 11 的推荐值。

表 5 – 11　箱体几何公差精度推荐值

部　　　位	项　　目	精　　度
轴承座孔（对 P0 级轴承）	圆柱度	5 ~ 6
箱座、箱盖结合面（基准面）	平面度	8
箱座底面（基准面）	平面度	8
两轴承座孔中心线	同轴度	6 ~ 8
轴承座孔外端面	垂直度	7
圆柱齿轮传动轴承座孔中心线相互间	平行度	6
锥齿轮或蜗杆传动轴承座孔中心线相互间	垂直度	6 ~ 7

3. 表面结构参数的标注

零件所有表面（含非加工表面）均应标注表面结构参数，并推荐优先选用表面粗糙度 Ra 参数值。

表面结构参数选择原则是：在保证正常工作条件下，尽量选取数值较大者，以利于加工和降低成本。

轴类、齿（蜗）轮类及箱体类零件荐用的表面粗糙度 Ra 参数值分别见表 5 – 12、表 5 – 13 和表 5 – 14。

表 5 – 12　轴类零件表面粗糙度 *Ra* 的推荐值　　　　　　　　　　μm

加　工　面	表面粗糙度 Ra			
与传动件及联轴器等轮毂相配合的表面	3.2 ~ 0.8			
与滚动轴承相配合的表面	0.8（配合处轴径 $d \leqslant 80$ mm）；1.6（$d > 80$ mm）			
与传动件及联轴器相配合的轴肩端面	6.3 ~ 3.2			
与滚动轴承相配合的轴肩端面	3.2 ~ 1.6			
平键键槽	6.3 ~ 3.2（工作面）；12.5（非工作面）			
密封处的表面	毡圈油封	橡胶油封		间隙及迷宫
	与轴接触处的圆周速度			3.2 ~ 1.6
	≤3 m/s	>3 ~ 5 m/s	>5 ~ 10 m/s	
	3.2 ~ 1.6	0.8 ~ 0.4	0.4 ~ 0.2	
螺纹牙工作面	0.8（精密精度）；1.6（普通精度）			
其他加工表面	12.5 ~ 6.3			

表 5 – 13　齿轮（蜗轮）表面粗糙度 *Ra* 的推荐值　　　　μm

加工面		齿轮传动精度等级			
		6	7	8	9
轮齿工作面	圆柱齿轮	1.6 ~ 0.8	3.2 ~ 0.8	3.2 ~ 1.6	6.3 ~ 3.2
	锥齿轮		1.6 ~ 0.8		
	蜗杆及蜗轮				
齿顶圆		12.5 ~ 3.2			
轴孔		3.2 ~ 1.6			
与轴肩配合的表面		6.3 ~ 3.2			
轮圈与轮芯的配合表面		3.2 ~ 1.6			
平键键槽		6.3 ~ 3.2（工作面）；12.5（非工作面）			
其他加工表面		12.5 ~ 6.3			

表 5 – 14　箱体加工面表面粗糙度 *Ra* 的推荐值　　　　μm

加 工 面	表面粗糙度 *Ra*
减速器箱座与箱盖结合面	3.2 ~ 1.6
与滚动轴承配合的座孔	1.6（座孔直径 *D*≤80 mm）；3.2（*D*＞80 mm）
轴承座孔外端面	6.3 ~ 3.2
圆锥销孔	1.6 ~ 0.8
减速器底平面	12.5
油槽及观察孔结合面	12.5
螺栓孔、螺栓头或螺母沉头座	12.5

三、啮合特性表

在啮合传动件工作图中，应在幅面右上方配置啮合特性表，以供选择刀具及检测加工误差。啮合特性表的内容应包括传动件的主要参数、误差检验项目及其具体数值（遵守有关误差标准）。表 5 – 15 为圆柱齿轮啮合特性表举例，仅供参考。

表 5 – 15　啮合特性表举例

名　称	代号	数值	名　称	代号	数值
模数	m（m_n）		精度等级		
齿数	Z		相啮合齿轮图号		
分度圆直径	d		变位系数		

续表

名　　称		代号	数值	名　　称		代号	数值
原始齿廓	压力角	α		误差检查项目			
	齿顶高系数	h_a^*					
	齿根高系数	h_f^*					
	螺旋角						
轮齿倾斜方向							

四、技术要求

在零件工作图中同样存在无法用视图表示的要求，对此均应写入技术要求中。主要内容有如下推荐条例：

（1）对铸件、锻件或其他类型坯件的要求。

（2）对材料的机械性能和化学成分的要求或允许的代用材料。

（3）对材料表面性能的要求，如热处理、硬度、渗碳层深度和淬火深度等。

（4）对未注倒角、圆角、中心孔要求等的说明。

（5）对高速回转件有平衡试验要求等。

（6）其他特殊要求，如配钻、配铰、配装镗孔和时效处理等。

五、标题栏

可参考第九章表 9 - 13 的格式。

第六章
计算机在机械设计中的应用

常规设计方法，也称为传统设计方法，是主要以静态分析、近似计算、经验设计、手工劳动为特征的半经验半理论的设计方法。随着现代科学技术的飞速发展，尤其是电子计算机技术的发展和广泛的应用，使人们的设计思想和设计方法有了飞跃的变化。现代设计是过去长期的传统设计方法的延伸和发展，它继承了传统设计的精华，吸收了当代科技成果和计算机技术。与传统设计相比，它是一种与计算机相结合的，以动态分析、精确计算、优化设计为特征的设计方法。计算机辅助设计（Computer Aided Design）简称 CAD，是现代设计的主要方法之一。它对提高设计、生产、使用的效益，将设计人员从繁重的设计工作中解放出来，起到了巨大作用。CAD 已经成为国内外各行业产品设计时不可缺少的重要手段。

第一节　CAD 系统简介

计算机辅助设计是指工程技术人员以计算机为工具，利用机械理论知识，对产品进行设计、绘图、分析和编写技术文档等设计活动的总称。CAD 技术将计算机高速的数据处理、海量存储能力与人的逻辑判断、综合分析和创新性思维能力结合起来，实现了高效率和自动化，降低了设计成本，缩短了设计周期。

一、CAD 的基本任务

CAD 系统需要对产品设计全过程的信息进行处理，包括实体设计、设计分析、绘图和工程数据库的管理等各个方面。

1. 几何建模

在产品设计构思阶段，系统能够描述基本几何实体及实体间的关系；能够提供基本的图形数据，以便为用户提供所设计产品的几何形状、大小，进行零件的结构设计以及零件的装配；系统还应能够动态地显示三维图形，解决三维几何建模中复杂的空间布局问题；同时，还能进行消隐、彩色浓淡处理等。利用几何建模的功能，用户不仅能构造各种产品的几何模型，还能够随时观察、修改模型，或者检验零部件装配的结果。

几何建模技术是 CAD 技术的核心，它为产品的设计、制造提供基本数据，同时，也为CAD 系统的其他模块提供原始的信息，例如，几何模型所定义的模型信息可供有限元分析及 CAM 系统调用。

2. 运动分析

CAD 系统构造了产品的形状模型之后，能够根据产品的几何形状，计算出相应的体积、表面积、质量、重心位置、转动惯量等几何特性和物理特性，进一步进行分析，确定各个零部件之间的相互运动关系和相互作用力。运动分析一方面用于几何模型的调整，另一方面也为系统进行工程分析和数值计算提供了必要的基本参数。

3. 工程绘图

产品设计的结果一般是以机械图样的形式呈现的，CAD 中的某些中间结果也是通过图形表达的。CAD 系统一方面应具备从几何造型的三维图形直接向二维图形转换的功能；同时还有处理二维图形的能力，包括基本图元的生成、尺寸标注、图形编辑以及显示控制、附加技术条件等功能，保证生成既合乎生产实际要求，又符合标准的图纸。

4. 结构分析

结构分析作为校核产品性能、优化产品结构的重要手段，在机械设计中的应用越来越广泛和深入，其最常用的方法是有限元法。这是一种数值近似解方法，用来分析形状结构比较复杂的零件的静态、动态特性，对强度、振动、热变形、磁场、温度场、应力分布状态等进行计算分析。在进行静、动态分析计算之前，系统根据产品的结构特点，划分网格，标出单元号、节点号，并将划分的结果显示在屏幕上；进行分析计算之后，将计算结果以图形、文件的形式输出，例如应力分布图、温度场分布图、位移变形图等，使用户方便直观地看到分析的结果。

5. 优化设计

优化设计伴随着 CAD 发展而快速发展，现在已经成为现代设计的一个重要组成部分。优化设计是指在某些条件的限制下，使产品或工程设计中的预定目标达到最优。优化包括总体方案的优化、产品零件结构的优化和工艺参数的优化等。而多学科多目标优化也日益成为机械设计中的重要方法。

6. 工程数据管理

CAD 系统中数据量大，零件种类繁多，结构常常非常复杂。因此，CAD 系统应该能够提供有效的管理手段，支撑工程设计与制造全过程的信息流动和交换。通常，CAD 系统采用工程数据库作为统一的数据环境，实现各种工程数据的管理。

二、常用的 CAD 软件

近年来，一些 CAD 软件在研究和工程应用领域得到了广泛应用，取得了巨大效益。代表性的软件主要有以下几种。

1. AutoCAD（由美国 Autodesk 公司开发）

Autodesk 公司是世界第四大 PC 软件公司。目前 CAD/CAE/CAM 工业领域内，该公司是拥有全球用户最多的软件供应商，也是全球规模最大的、基于 PC 平台的 CAD 和动画及可视化软件企业。AutoCAD 是当今流行的二维绘图软件，具有强大的二维功能，如绘图、编辑、剖面线和图案绘制、尺寸标注以及二次开发等功能，同时具有部分三维功能。图 6-1 所示为 AutoCAD 软件界面示例。

2. SolidWorks（由美国 SolidWorks 公司开发）

SolidWorks 是基于 Windows 平台的全参数化特征造型软件，它可以十分方便地实现复杂三维零件造型、复杂装配和生成工程图，图形界面友好，用户上手快。该软件可以应用于以规则几何形体为主的机械产品设计及生产准备工作。

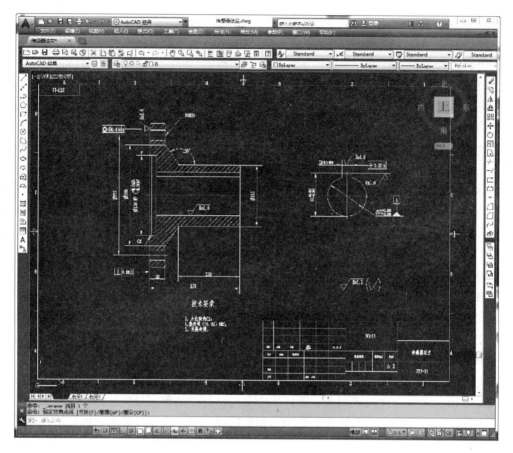

图 6-1 AutoCAD 软件界面

3. Pro/E（由美国参数技术公司开发）

Pro/E 系统实现了真正意义上的全相关性，任何参数的修改都会自动反映到所有相关参数；具有真正管理并发进程、实现并行工程的能力；具有强大的装配功能，能够始终保持设计者的设计意图；容易使用，可以极大地提高设计效率。

Pro/E 系统用户界面简洁，符合工程人员的设计思想和习惯。整个系统建立在统一的数据库上，具有完整而统一的模型。Pro/E 系统独立于硬件，便于移植。

4. UG（先后由美国麦道公司、美国通用汽车公司、SIEMENS 公司开发）

UG 是一个集 CAD、CAE 和 CAM 于一体的机械工程辅助系统，适用于航空航天器、汽车、通用机械以及模具等的设计、分析和制造工程。UG 采用基于特征的实体造型，具有尺寸驱动编辑功能和统一的数据库，实现了 CAD/CAE/CAM 之间的自由切换，它具有很强大的数控加工能力，可以进行 2～2.5 轴及 3～5 轴联动的复杂曲面加工和镗铣。

5. CATIA（由法国达索飞机公司开发）

CATIA 系统如今已经发展为集成化的 CAD/CAE/CAM 系统，它具有统一的用户界面、数据管理以及兼容的数据库和应用程序接口，拥有 20 多个独立模块。CATIA 源于航空工业，但其强大的功能得到了各行业的认可，在欧洲汽车业，已成为事实上的标准。波音飞机公司使用 CATIA 完成了整个波音 777 的电子装配，创造了业界的一个奇迹，从而也确定了 CATIA 的领先地位。

6. Inventor（由美国 Autodesk 公司开发）

Inventor 是美国 Autodesk 公司推出的一款三维可视化实体模拟软件。Inventor 提供了一套全面、集成的设计工具，融合了直观的三维建模环境与功能设计工具。前者用于创建零件和装配模型，后者支持工程师专注于设计中的功能实现，并能创建智能零部件，如钢结构、钣金件、管路、电缆和线束等。

Inventor 集成了业界领先的二维和三维设计功能，可以快速、精确地从三维模型中生成工程图而无须使用数据转换器，同时还能保持与三维模型的关联性。此外，Inventor 还提供了强大的工程数据管理功能，使设计数据可以高效、安全地进行交换，并支持不同工程相关方（包括工业设计、产品设计和制造）之间的协作。这种功能支持设计工作组管理和跟踪一个数字样机中的所有零部件设计，帮助他们更出色地重用关键的设计数据、管理 BOM 表，及早地实现制造团队与客户间的协作。

Inventor 包含了运动仿真模块，用户能了解机器在真实条件下如何运转，并根据实际工况添加载荷、摩擦特性和运动约束，然后通过运行仿真功能验证设计。借助与应力分析模块的无缝集成，可将工况传递到某一个零件上，来优化零部件设计。

Inventor 还提供了 studio 模块，支持用户在设计环境中渲染出高逼真的图片和动画，改善与客户和其他决策者的沟通环境，并且快速发布产品。图 6 - 2 所示为 Inventor 软件界面示例。

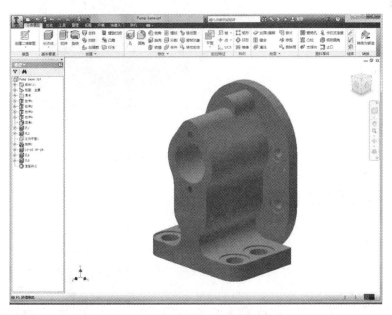

图 6 - 2　Inventor 软件界面

第二节　Inventor 设计模块介绍

Inventor 是美国 Autodesk 公司推出的一款三维可视化实体模拟软件，易学易用，全中文界面。Inventor 能够完成三维造型，赋予材质，并具有进行运动仿真、有限元分析、工程制图以及渲染逼真图片和动画等功能，为机械设计提供了良好的软件平台；可以进行各类机械产品的设计，实现从产品概念设计、零件结构设计、机构装配设计和外观造型等全过程的计算机化。

本节以一般机械系统的设计为例，展示 Inventor 相关模块在计算机辅助设计过程中的应用。

一、三维造型

在减速器的设计中，箱体是减速器的主要零件之一，其结构最为复杂。建模内容包含了箱体、销孔、螺纹孔、加强筋以及拔模角度等。通过 Inventor 的三维造型模块，可以快速地完成这些特征的创建，并且指定零件的材质和表面的纹理。图 6 - 3 所示为剖分式箱体底座的三维模型。

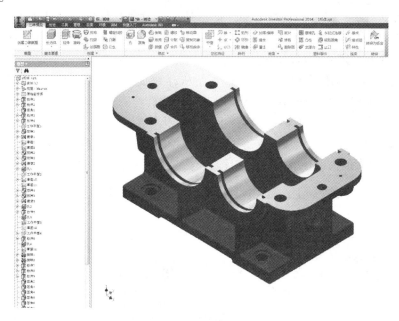

图 6 - 3　减速器箱体底座的三维模型

二、资源中心和设计加速器

Inventor 提供了丰富的标准件库，并包含了 GB、ANSI、ISO 和 DIN 等多个标准。装配环境下的"设计加速器"模块为设计人员提供了快速调用标准件的功能。"设计加速器"包含了紧固件、结构件、齿轮和轴承等常用的标准件。图 6 - 4 所示为设计加速器的界面。

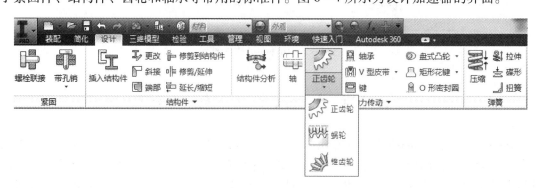

图 6 - 4　设计加速器界面

对于紧固件、管件和结构型材等，可以通过搜索型号找到三维模型并调入到在建的装配体中。图6-5所示为调用紧固件标准件的界面。对于齿轮、轴承、弹簧等部件，设计人员需要在对应的窗口中输入设计参数，完成指定规格的模型调用。图6-6所示为圆柱齿轮参数输入界面。完成参数输入后，具有对应参数的一对齿轮就可以自动创建完成。在自动创建的齿轮模型基础上，设计人员可以继续进行设计和修改，如将小齿轮设计为齿轮轴。

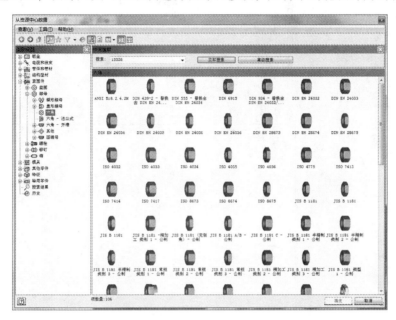

图6-5 从资源中心调入标准件

图6-6 圆柱齿轮参数输入界面

三、运动仿真

运动仿真在整个设计过程中都非常重要，是设计人员调整和优化设计的重要依据。Inventor提供了运动仿真模块，主要的功能是在简化的模型制作中，做出可影响设计的细微更改。完成这些仿真后转至物理零件建模。

使用运动仿真和分析，可以帮助设计人员确定所使用的机构类型的最佳形状。图 6 - 7 所示为曲柄摇杆机构的运动仿真，图 6 - 8 所示为凸轮机构的运动仿真。

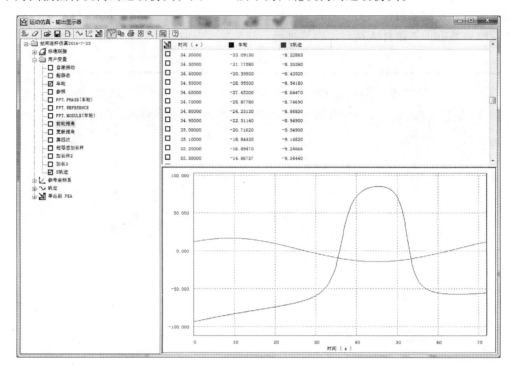

图 6 - 7　曲柄摇杆机构的运动仿真

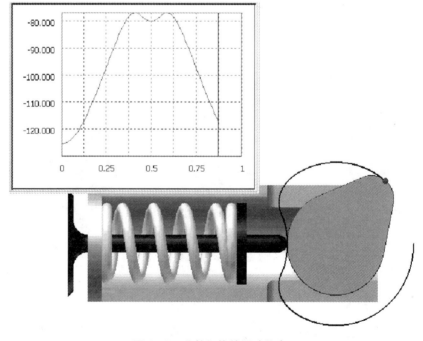

图 6 - 8　凸轮机构的运动仿真

四、应力分析

运用有限元分析是零件校核的重要方法，在设计阶段对机械零件或部件进行分析可以帮助设计人员缩短设计周期。有限元分析的一般过程如下。

1. 连续体的离散化

连续体是指所求解的对象（物体或结构）。离散化是指将所求解的对象划分为有限个具有规则形状的微小块体，把每个微小块体称为单元，两相邻单元之间通过若干点互相连接，每个连接点称为节点。相邻单元在节点处连接，载荷也只通过节点在各单元之间传递，这些有限个单元的集合即为原来的连续体。单元划分后，给每个单元及节点进行编号；选定坐标系，计算各个节点坐标；确定各个单元的参数以及边界条件等。

2. 单元分析

连续体离散后，即可对单元体进行特性分析，简称单元分析。单元分析工作主要有两项：选择单元位移模式（位移函数）和分析单元的特性，即建立单元刚度矩阵。位移模式是指单元内位移的分布规律，一般假定为某种简单函数，即称为位移函数。然后将作用在单元上的所有力（表面力、体积力、集中力）等效地移置为节点载荷，采用力学原理建立单元的平衡方程，求得单元内节点位移和节点力之间的关系矩阵，即为单元刚度矩阵。

3. 整体分析

对全部单元完成单元分析之后，需要进行单元组集，即把各个单元的刚度矩阵集成为总体刚度矩阵，并将各个单元的节点力向量集成为总的力向量，求得整体平衡方程。集成过程所依据的原理是节点变形协调和平衡条件。

4. 确定约束条件

由上述所形成的整体平衡方程是一组线性代数方程，在求解之前，需根据具体情况，确定求解对象的边界约束条件，如某些节点为固定位移边界等。

5. 有限元方程求解

根据整体的刚度矩阵和约束条件，进而求解方程，得到单元的应力和应变。

6. 结果分析与讨论

对结果的分析与讨论在实际操作中称为后处理，是指对计算的结果以图形化的方式展示出来，为设计人员提供直观的分析依据。

Inventor 提供了有限元应力分析模块，主要的功能有以下几项：

（1）确定零件或部件的强度是否可以承受预期的载荷或振动，而不会出现不适当的断裂或变形；

（2）在设计过程中即能发现设计缺陷，及时修改设计；

（3）通过对有限元结果的分析，确定在满足设计要求的前提下能否改进设计。

设计人员可以通过 Inventor 自带的应力分析模块获得结构的信息来预测和改进设计，并且由于与建模模块紧密结合，在设计阶段初期执行此应力分析，可以显著改善整体的工程流程。图 6 – 9 所示为 Inventor 应力分析界面。

五、由三维模型生成工程图

工程图是将设计者的设计意图及设计结果细化的图纸，是设计者与具体生产制造者交流

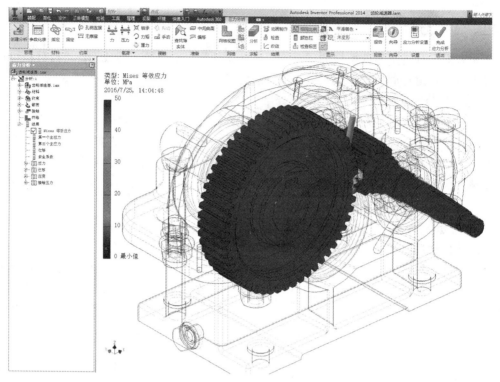

图6-9　Inventor 应力分析界面

的载体，同时也是产品检验及审核的依据。绘制工程图是机械设计的最后一步，在当前的机械设计制造水平下，也是非常重要的一步。创建工程图分为以下三个主要步骤：

（1）创建投影视图，将三维模型投影到图纸上生成二维轮廓；

（2）修改视图，如生成局部视图、剖视图、斜视图和断裂视图等；

（3）修改和标注已创建的投影视图，使图纸符合相关标准，包括标注尺寸、公差、表面粗糙度和明细表等。

图6-10所示为Inventor工程图模块下放置视图（投影）的菜单栏和标注菜单栏。

图6-10　放置视图的菜单栏和标注菜单栏

以减速器的装配图为例，在完成三维模型的装配后，新建工程图文件（.idw）。通过菜单栏的基础视图按钮调入三维装配模型，基础视图界面如图6-11所示。这里可以设置三维模型与图纸上模型的缩放比例，以及投影方向。图6-12所示为减速器的基础视图，也是主视图。

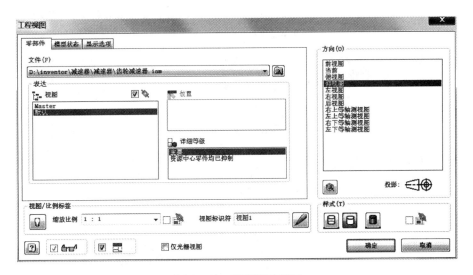

图 6 – 11　基础视图界面

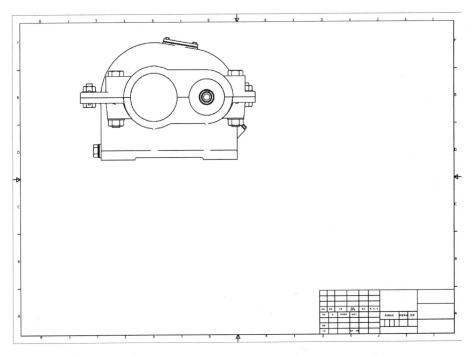

图 6 – 12　减速器基础视图

　　基础视图是三维部件在图纸上的直接投影，只能显示出部件的外部轮廓。为了说明减速器构造，进一步，还需要创建其他角度的视图、剖视图和局部视图等。在此减速器中，俯视图通过剖视图的方式说明，从而展示减速器的内部结构，如图 6 – 13 所示。可以看到，剖视图是对部件的直接剖分展示，而如齿轮和轴承等细节的剖分不符合国家标准的要求，需要在视图的基础上通过隐藏、手动添加等方式进一步修改。修改前后的对比如图 6 – 14 和图 6 – 15 所示。同时，对主视图，视孔和油尺等细节需要创建局部剖视图。这些细节展示都要在已有视图的基础上完成。

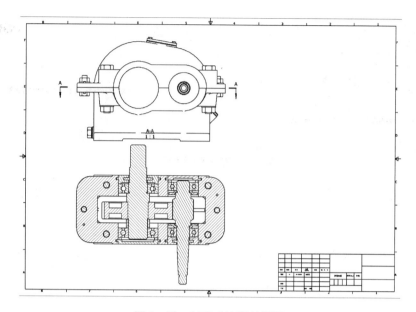

图 6 – 13　创建减速器剖视图

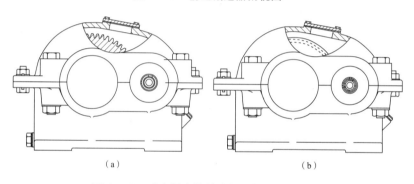

图 6 – 14　减速器齿轮的主视图修改前后对比

（a）修改前；（b）修改后

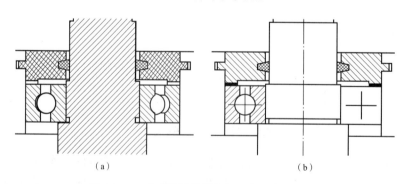

图 6 – 15　减速器轴承的剖视图修改前后对比

（a）修改前；（b）修改后

　　在视图创建和修改完成后，可通过标注菜单栏来标注视图的尺寸和表面粗糙度等相关信息。对于装配图，还需要标注零件序号，并生成明细表。Inventor 提供了自动标注功能，可以显著提高生成工程图的效率。最终生成的装配工程图如图 6 – 16 所示。

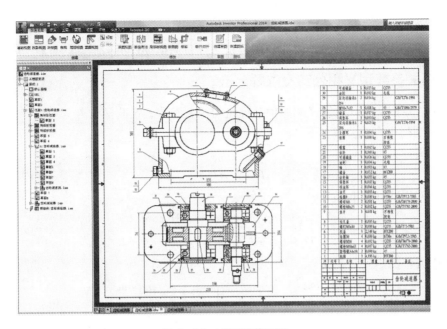

图 6 - 16　减速器装配图

六、爆炸视图和 Inventor Studio

爆炸视图和渲染图是在设计完成后，展示设计结果的重要工具。爆炸视图有助于清楚地说明装配体所包含的零部件信息以及其相对位置；而渲染图则可以逼真地展示出实物模型的外观。通过创建爆炸视图文件（.ipn），可以调用装配体进而生成爆炸视图。渲染图片或者视频则通过 Inventor Studio 模块实现。图 6 - 17 所示为减速器的爆炸视图和效果图。

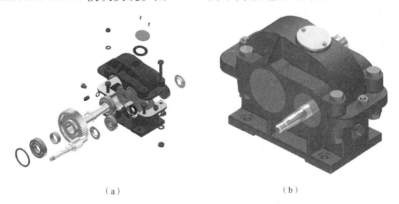

（a）　　　　　　　　　　　　　　　　（b）

图 6 - 17　爆炸视图和效果图

（a）爆炸图；（b）效果图

第三节　基于 Matlab 的四杆机构运动分析

机构运动分析的方法很多，解析法是更为成熟且可靠的方法。当需要精确地知道或要了解机构在整个运动循环过程中的运动特性时，采用解析法并借助计算机，不仅可获得很高的计算精度及一系列位置的分析结果，而且能绘制机构相应的运动线图，同时还可以把机构分析和机构综合问题联系起来，以便于机构的优化设计。

这里以曲柄摇杆机构为例，说明利用解析法分析曲柄摇杆机构运动的过程。

一、有关参数定义和公式及求解方法

参考第二章图 2－30 所定义的曲柄摇杆机构相关参数，设曲柄 1 为主动件，且其角速度 ω_1 为常数，则列出有关公式如下：

封闭环矢量方程为

$$l_1 + l_2 = l_4 + l_3$$

角位移方程的分量形式为

$$\begin{cases} l_1\cos\varphi_1 + l_2\cos\varphi_2 = l_4 + l_3\cos\varphi_3 \\ l_1\sin\varphi_1 + l_2\sin\varphi_2 = l_3\sin\varphi_3 \end{cases} \tag{6-1}$$

角速度方程的矩阵形式为

$$\begin{bmatrix} -l_2\sin\varphi_2 & l_3\sin\varphi_3 \\ l_2\cos\varphi_2 & -l_3\cos\varphi_3 \end{bmatrix}\begin{bmatrix} \omega_2 \\ \omega_3 \end{bmatrix} = \begin{bmatrix} l_1\omega_1\sin\varphi_1 \\ -l_1\omega_1\cos\varphi_1 \end{bmatrix} \tag{6-2}$$

角加速度方程的矩阵形式为

$$\begin{bmatrix} -l_2\sin\varphi_2 & l_3\sin\varphi_3 \\ l_2\cos\varphi_2 & -l_3\cos\varphi_3 \end{bmatrix}\begin{bmatrix} \alpha_2 \\ \alpha_3 \end{bmatrix} = -\begin{bmatrix} -l_2\omega_2\cos\varphi_2 & l_3\omega_3\cos\varphi_3 \\ -l_2\omega_2\sin\varphi_2 & -l_3\omega_3\sin\varphi_3 \end{bmatrix}\begin{bmatrix} \omega_2 \\ \omega_3 \end{bmatrix} + \begin{bmatrix} l_1\omega_1^2\cos\varphi_1 \\ l_1\omega_1^2\sin\varphi_1 \end{bmatrix}$$

$$\tag{6-3}$$

求解方程组（6－1）～（6－2）即可解得连杆 2 和摇杆 3 的角位移 φ_2、φ_3，角速度 ω_2、ω_3 和角加速度 α_2、α_3。

角位移方程组为非线性方程组，可采用牛顿—辛普森数值解法或 Matlab 自带的 fsolve 函数求解；而角速度和角加速度方程组均为线性方程组，用 Matlab 可方便求解。

二、用 Matlab 编程

定义函数：

```
function t =position(phi,phi1,L1,L2,L3,L4)
t =[L1*cos(phi1) +L2*cos(phi(1)) -L3*cos(phi(2)) -L4;
L1*sin(phi1) +L2*sin(phi(1)) -L3*sin(phi(2))];
end
```

主程序

```
disp '******曲柄摇杆机构的运动分析******'
L1 =input('请输入曲柄长 L1(mm):');          %设定杆长 L1、L2、L3、L4
L2 =input('请输入连杆长 L2(mm):');
L3 =input('请输入摇杆长 L3(mm):');
L4 =input('请输入机架长 L4(mm):');
w1 =input('请输入主动件角速度 ω1(rad/s):'); %设定曲柄角速度
Phi1 =(0:2/180:2)*pi;                        %曲柄输入角度从 0 至 2pi,步长
                                               为 2°
```

```
Phi23 =zeros(length(Phi1),2);          %Phi23 矩阵存放 φ2 和 φ3
%******求解角位移******
options =optimset('display','off');
for m =1:length(Phi1)                  %调用 fsove 函数求解关于 φ2,
                                       φ3 的非线性方程组,结果保存在
                                       Phi23
Phi23(m,:) =fsolve('position',[1 1],options,Phi1(m),L1,L2,L3,L4);
end
figure(1)
plot(Phi1*180/pi,Phi23(:,1),Phi1*180/pi,Phi23(:,2))
                                       %绘制连杆和摇杆的角位移图
xlim([0,360])%axis([0 360 0 3])       %指定 xy 轴
grid                                   %图形加网格
xlabel('曲柄转角{φ_1}(°)')
ylabel('从动件角位移/(rad)')
title('角位移线图')
text(120,2.5,'摇杆 3 角位移(φ_3)')
text(200,0.5,'连杆 2 角位移(φ_2)')
%******求解角速度******
for i =1:length(Phi1)
A =[ -L2*sin(Phi23(i,1)) L3*sin(Phi23(i,2));
L2*cos(Phi23(i,1)) -L3*cos(Phi23(i,2))];
B =[w1*L1*sin(Phi1(i)); -w1*L1*cos(Phi1(i))];
w =A\B; %inv(A)*B;
w2(i) =w(1);
w3(i) =w(2);
end
figure(2)
plot(Phi1*180/pi,w2,Phi1*180/pi,w3);   %绘制角速度线图
xlim([0,360])%axis([0 360 -40 40])
text(50,30,'摇杆 3 角速度(\omega_3)')
text(220,10,'连杆 2 角速度(\omega_2)')
grid
xlabel('曲柄转角{φ_1}(°)')
ylabel('从动件角速度/(rad\cdot s^{-1})')
title('角速度线图')
%******求解角加速度******
for i =1:length(Phi1)
C =[ -L2*sin(Phi23(i,1)) L3*sin(Phi23(i,2));
```

```
    L2*cos(Phi23(i,1)) -L3*cos(Phi23(i,2))];
    D =-[ -L2*w2(i)*cos(Phi23(i,1)),w3(i)*L3*cos(Phi23(i,2)); -L2*w2(i)
*sin(Phi23(i,1)),w3(i)*L3*sin(Phi23(i,2))]*[w2(i);w3(i)]+[L1*w1^2*
cos(Phi1(i));L1*w1^2*sin(Phi1(i))];
    a =C\D;%inv(C)*D;
    a2(i) =a(1);
    a3(i) =a(2);
    end
    figure(3)
    plot(Phi1*180/pi,a2,Phi1*180/pi,a3);        %绘制角加速度线图
    xlim([0,360])%axis([0 360 -3000 3000])
    text(30,2000,'摇杆3角加速度（\alpha_3）')
    text(170,500,'连杆2角加速度（\alpha_2）')
    grid
    xlabel('曲柄转角{φ_1}(°)')
    ylabel('从动件角加速度/(rad\cdot s^{-2})')
    title('角加速度线图')
```

三、算例

已知曲柄长 $l_1 = 100$ mm，连杆长 $l_2 = 250$ mm，摇杆长 $l_3 = 170$ mm，机架长 $l_4 = 310$ mm，曲柄逆时针方向转动，其角速度 $\omega_1 = 50$ rad/s。

运行 Matlab 程序，将各已知参数代入，则该曲柄摇杆机构的运动分析结果如图 6 – 18 ~ 图 6 – 20 所示。

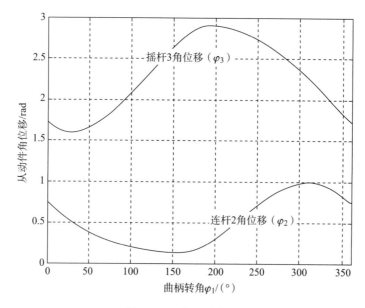

图 6 – 18　角位移曲线

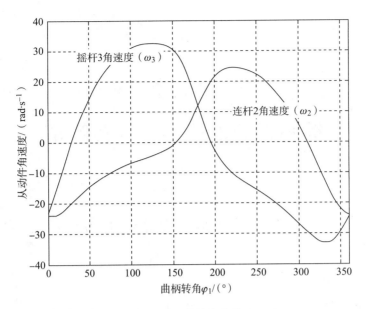

图 6-19 角速度曲线

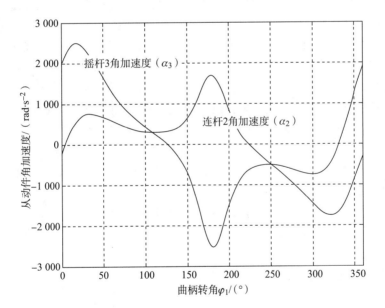

图 6-20 角加速度曲线

第七章

编写设计说明书和准备答辩

第一节　编写设计说明书

一、目的与要求

完成设计说明书的编写，是本课程设计或产品设计中的一个重要组成部分，也是对设计计算的整理和总结以及审校设计是否合理的技术文件之一，同时也是图纸设计的理论依据。因此必须按下述要求认真完成。

（1）设计说明书要用钢笔（插图可用铅笔）按一定格式书写于指定规格的纸张上。

（2）主要说明设计计算的合理性、正确性，对反复修改部分不必写出。

（3）应系统写出各计算部分的内容，以及主要结构设计部分的简述，如设计的合理性、经济性及独到之处等。

（4）要求计算正确完整，叙述简明通顺，书写整齐清楚，附图明确无误（如运动分析、受力分析、弯矩图和转矩图、零件或附件的结构简图等）。

（5）层次及格式应符合要求，如编写计算部分时，列出公式、式中符号意义、数值、单位、出处，数值代入，略去演算及修改过程，写出计算结果，并填入每页右面的结果栏内，或简要作出结论，如"安全""合用"等。

（6）编写目录、页次，并装订成册。

（7）说明书封面格式和书写格式可分别参考图 7 – 1 和图 7 – 2。

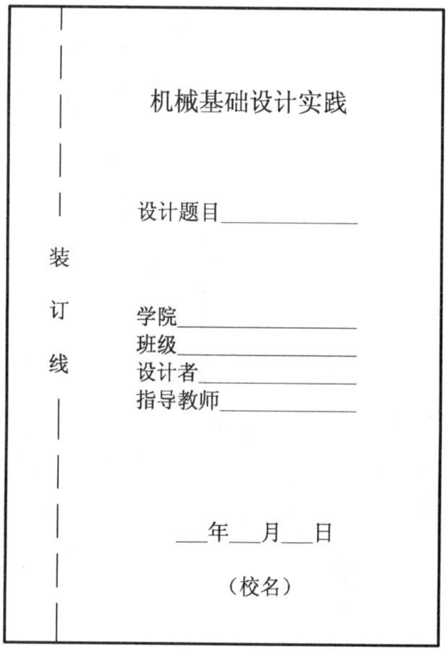

图 7 – 1　封面格式示例

二、内容

（1）目录（标题及页次）。

（2）设计任务书。

（3）系统运动方案的设计。

（4）主体机构的尺度综合。

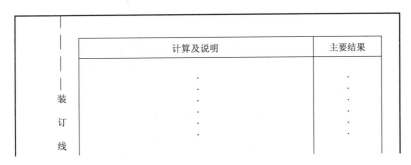

图 7 - 2　书写格式示例

（5）主体机构的运动分析和受力分析。

（6）机构系统的运动简图。

（7）机构系统的运动协调设计。

（8）系统传动方案的设计。

（9）电动机的选择。

（10）传动系统的运动参数、动力参数计算，即总传动比及其分配，各轴功率、转速、转矩的计算，并列成表格。

（11）传动零件的设计计算。

（12）轴系零件（包括轴、轴承、键等）的设计及校核计算。

（13）润滑与密封的设计。

（14）机架设计及说明。

（15）所选用附件的说明。

（16）设计小结（参加设计的体会，对个人完成的设计评价及改进意见）。

（17）参考文献（资料编号［　］、作者、书名、出版单位及年月）。

第二节　设　计　答　辩

一、目的

当完成前述各项设计要求后，应及时准备设计答辩，这是课程的一个重要环节。通过答辩准备和答辩，可以系统、全面地对所作设计进行分析和评价，总结出优点及今后在设计中应注意的问题，从设计实践中使自己掌握机械设计的一般方法、步骤，提高分析和解决工程实际问题的能力。因此必须认真准备、按时参加。

二、准备

（1）将图纸及设计说明书等仔细检查一遍，确认各项内容已按要求全部完成，并将图纸按图 7 - 3 叠好。说明书应整齐完备，与图纸一同放入文件袋内，并将图 7 - 4 所示的内容填写在封面上。经指导教师同意后，安排答辩次序。

（2）认真做好总结，全面巩固和扩大收获。应从方案设计到结构设计各方面的具体问题入手，对整个设计过程做系统全面的回顾和总结。通过回顾和总结，搞清不懂或不甚理解

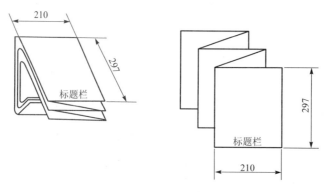

图 7-3　图纸的折叠

的问题，以取得更大收获。

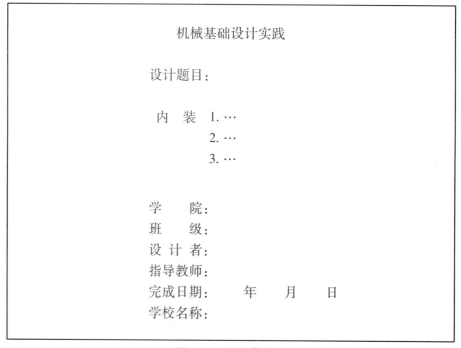

图 7-4　文件袋封面

三、答辩

答辩按排定次序，逐个进行。答辩开始，首先由个人作一简明扼要、重点突出的介绍，内容包括任务要求，个人如何考虑的，遇到过哪些重要问题及如何处理的，有哪些经验教训、心得体会，并能对自己的设计做出评价或改进意见。以上可依个人情况有不同侧重点。

简介后，由教师和设计者就具体问题进行答辩。答辩中要求同学实事求是，认真负责地对待每个问题，反对弄虚作假、马虎了事、片面追求分数等不良行为。教师提出的问题都是围绕具体设计任务所涉及的内容以及相关方面，主要考查学生通过设计对知识与能力的掌握和提高情况。

设计的成绩根据对设计图纸、设计说明书、答辩中对问题的回答以及设计过程中的表现等情况的考察后综合评定。

第八章

设 计 题 目

一、粉料压片机

1. 工作原理与主要工艺过程

设计一种新型的压片机,可将粉状物料压成圆片制品。将粉状物料定量地从正上方装入模具型腔内,撤去料桶。上冲头到位后,上下冲头同时动作,将物料挤压成圆片状。成品圆片由上端落入收集槽中。工艺参考流程如图8-1所示。

2. 技术指标及要求

(1)粉末细度400目,呈乳白色。

(2)圆片制品直径10 mm,厚度2.5 mm。

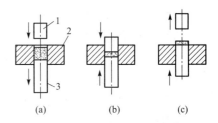

图8-1 压片工艺参考流程

1—上冲头;2—模具;3—下冲头

(3)本装置的使用寿命为10年,每天一班工作8小时,每分钟生产20片。

(4)上、下冲头的压力为2 000 N。

(5)环境要求清洁、无污染。

3. 设计内容

(1)设计压片机机械系统运动示意图。

(2)对工作执行机构进行尺度综合。

(3)对上冲头加压机构进行运动分析和受力分析。

(4)画出上冲头的位移、速度和加速度线图。

(5)设计减速器装配图(0号图纸一张)。

(6)设计与绘制典型零件工作图(图纸三张)。

4. 设计提示

(1)这是一部自动化的机器,原动机选择三相交流异步电动机。

(2)为防止粉料从上口散出,挤压前,下冲头应先下移3 mm。

(3)为使成品形状稳定,加压时两冲头需停留片刻,如1 s或2 s。

(4)上、下冲头同时加压,能较好地保证产品的质量(均匀性)。

(5)模具厚度约为50 mm。

上、下冲头冲压机构运动示意参考图见图8-2。

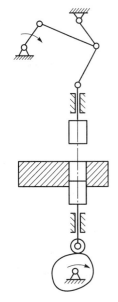

图8-2 上、下冲头冲压机构运动示意图

二、游梁式抽油机

1. 工作原理与主要工艺过程

设计一台游梁式抽油机。抽油杆做上下往复运动。抽油杆由下止点上升到上止点时，地下的油被抽上来，由管道连接流向油库；抽油杆回程时，由上止点下降到下止点。上抽下回，反复运行。

游梁式抽油机工作执行机构运动示意参考图见图8-3。

2. 技术指标及要求

（1）抽油机长期野外作业，24小时连续运行。

（2）要求运行平稳、效率高、使用寿命长。

（3）抽油杆上下往复运动，每分钟12次。

（4）本装置的使用寿命为15年。

3. 设计内容

（1）设计抽油机机械系统运动图。

（2）对工作执行机构进行尺度综合。

（3）对工作执行机构进行运动分析，求出驴头摆动位移、速度和加速度线图。

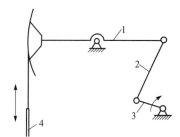

图8-3　工作执行机构
运动示意图

1—摇杆；2—连杆；

3—曲柄；4—抽油管

（4）对工作执行机构进行受力分析，求出各运动副处的作用力。

（5）配重设计（在油梁和曲柄上）。

（6）设计减速器装配图（0号图纸一张）。

（7）设计与绘制典型零件工作图（图纸三张）。

4. 设计提示

（1）原动机选择三相交流异步电动机。

（2）在游梁和曲柄上加配重，其作用是克服驴头大质量引起的阻抗力，并阻止回程电动机的加速运转。

（3）抽油机长期野外作业，要防止灰砂、雨水的侵蚀。

（4）抽油杆向下运动，是靠抽油杆和驴头的质量驱动的。

（5）要注意：驴头弧形运动轨迹和抽油杆直线运动的差别，应予以协调。

（6）设计时，应根据抽油杆的往复直线运动特征、冲程大小、冲程次数、抽油载荷和安装条件等，提出机构系统运动方案。

5. 常规型游梁式抽油机的技术数据

（1）冲程（m）：0.6　1.2　1.5　2.1　2.5　3　3.6　4.2　4.8　5.4　6。

外载荷（kN）：10　15　15　25　25　40　60　60　60　70　80。

简化后的外载荷是包括抽油阻力、抽油杆质量、抽油杆与油液摩擦阻力构成悬点处的作用力，作用在驴头上。

（2）安装尺寸与机构相关参数。

游梁支承到底座的高度：3～6 m。

执行机构的行程速度变化系数：1.2。

减速器输出轴中心到底座的高度：0.6 m。

曲柄半径：0.5~1.2 m。

6. 抽油机机械系统运动示意参考图（图8-4）

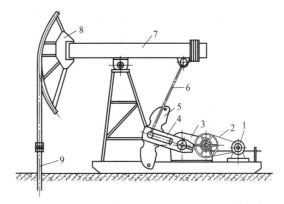

图8-4　抽油机机械系统运动示意图
1—电动机；2—V带传动；3—齿轮减速器；4—曲柄；
5—配重；6—连杆；7—游梁；8—驴头；9—抽油管

三、简易空气压缩机

1. 工作原理与主要工艺过程

设计一台简易空气压缩机。压缩机活塞做上下往复运动。活塞由上止点到下止点时，进气阀门开启，空气被抽入。活塞由下止点到近上止点时，进气阀门和出气阀门关闭，空气被压缩。当空气压力达到要求时，活塞由近上止点到上止点，压缩空气排出。反复运行，压缩空气不断排出。

简易空气压缩机的主要功能部件构成如图8-5所示。

图8-5　简易空气压缩机功能部件图

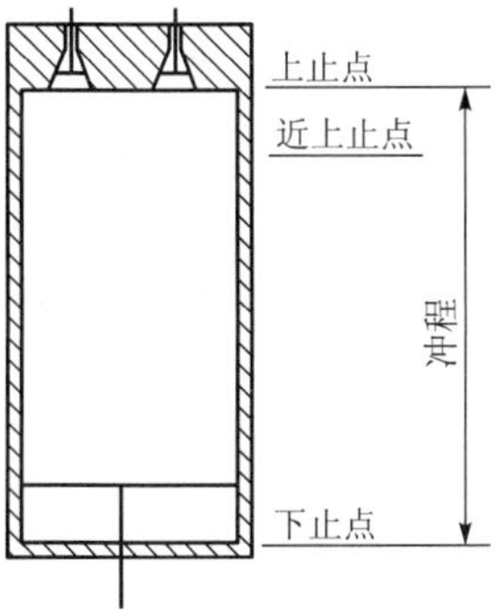

活塞运动位置示意图如图8-6所示。

图8-6　活塞运动位置示意图

2. 技术指标及要求

（1）室外作业，每天8小时，连续运行。

（2）要求运行平稳、效率高、使用寿命长。

（3）活塞往复运动，抽气具有急回运动特性。

（4）本装置的使用寿命为15年。

3. 设计内容

（1）设计简易压缩机机械系统运动示意图。

（2）对工作执行机构进行尺度综合。

（3）对活塞运动机构进行运动分析，画出活塞位移、速度和加速度线图。

（4）对活塞运动机构进行受力分析，求出各运动副处的作用力。

（5）设计减速器装配图（0号图纸一张）。

（6）设计与绘制典型零件工作图（图纸三张）。

4. 设计提示

（1）原动机选择三相交流异步电动机。

（2）室外作业，要防止灰砂、雨水的侵蚀。

（3）抽气时活塞受力较小，要求加速运动。

（4）要注意进气阀门、出气阀门、活塞的运动协调，应设计运动协调图。

（5）设计时，应根据活塞的往复直线运动特征、冲程大小、冲程次数、压缩空气载荷及安装条件等要求，提出机构系统运动方案。

5. 简易空气压缩机的技术数据

冲程（mm）：100　200　300。

压缩空气最大压强（MPa）：4.0　3.0　2.0　1.5　1.0。

活塞直径（mm）：30　40　55　70　85。

每分钟压缩次数：25　30　35　40。

四、圆罐翻转器

1. 工作原理与主要工艺过程

设计一台小型翻转器。将圆罐在极短时间内转动180°，并自动下落到预定位置。翻转流程如图8-7所示。

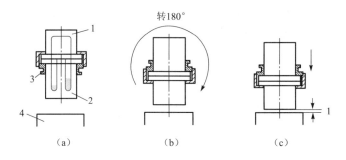

图8-7　翻转流程

1—上罐；2—下罐；3—夹紧装置；4—发生器

2. 技术指标及要求

（1）圆罐直径为φ50 mm，分为上、下两部分。上罐高65 mm，下罐高45 mm，均为塑料制品。

（2）圆罐的下罐内有两个空穴，分别放置不同的药料。药料放入后，将上罐扣上，再将上、下罐锁紧密封，使接缝处不漏气。

（3）圆罐的初始位置（有空穴的在下）呈垂直状态，翻转需在0.5 s内转180°（倒置），仍呈垂直状态。

（4）要求圆罐旋转快、下落得快，并要求圆罐底部表面与发生器有1~2 mm的间隙。

（5）圆罐底部不得和发生器有接触、碰撞现象。

3. 设计内容

（1）设计翻转机构运动图。

（2）设计夹紧机构，分析其运动和受力情况，求出夹紧机构各杆件的位移量。

（3）考虑各零件的刚度（如扣紧环、拨销、轴、轴承及机架等）。

（4）设计翻转器装配图（0号图纸一张）。

（5）设计与绘制典型零件工作图（图纸三张）。

4. 设计提示

（1）夹紧圆罐后，圆罐不得松动。

（2）系统的动力源可采用小型三相交流电动机。

（3）根据圆罐质量、翻转器翻转速度及其转动惯量，选择与确定电动机的功率和转速及型号。

（4）转动后的位置呈垂直状态，不要过头太多或欠缺太多。

（5）上、下罐锁紧密封办法是可拆卸的，不损坏杆件。

（6）本装置不连续使用，每天只用几十次。

（7）机械系统运动示意图（参考图）如图8-8所示。

五、"天线" 摆动装置

1. 工作原理

设计的"天线"传动装置，其功能是将圆形锅底状"天线"做连续垂直转动和105°的俯仰反复摆转，运动简图如图8-9所示。

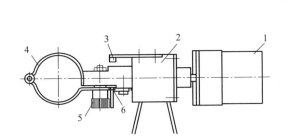

图8-8 机械系统运动示意图

1—电动机；2—转动支承；3—限止块；

4—夹紧环；5—锁紧螺母；6—松环阀

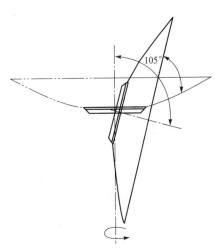

图8-9 天线运动简图

2. 技术指标及要求

（1）"天线"圆形锅底直径 $\phi600$ mm，总重约3.5 kg。

（2）"天线"锅底自水平位置起，单侧连续（可逆）转动105°（-15°~+90°），摆转速度为3°/s。

（3）垂直方向的转动要连续、平稳，可正向和反向转动，转速在10~20 r/min内可调。

（4）装置要轻，各杆件连接牢固，密封性好，适应野外作业。

（5）"天线"在转角和摆角的任何位置都可锁定不转。

（6）更换"天线"的方法要简便、可靠。本装置间断工作，不连续使用。

3. 设计内容

（1）设计"天线"传动装置机构系统运动图。

（2）对伸缩缸进行运动分析和受力分析。

（3）求出伸缩缸和锅底的位移图。

（4）设计传动装置装配图（0号图纸一张）。

（5）设计与绘制典型零件工作图（图纸三张）。

4. 设计提示

（1）这是一台自动化的传动装置，原动机选择伺服电动机。

（2）对转动和摆动的回差要小。

（3）在运转时不产生抖动和振动。

（4）伸缩缸（外购件）的型号根据其受力和伸缩距离确定。

（5）因为在野外作业，所以应适当顾及风力的影响。

（6）天线机构运动系统图（参考）如图8-10所示。

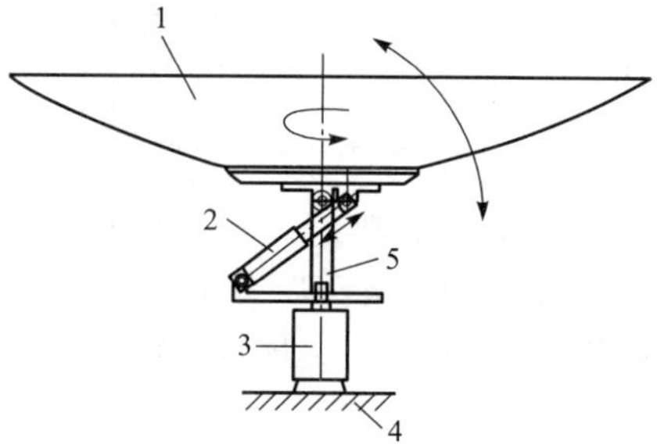

图8-10 天线机构运动系统图
1—天线；2—伸缩缸；3—电动机；
4—底座；5—支架

六、电动锯棒机

1. 工作原理与主要工艺过程

设计一台锯棒机，可将金属钢棒按要求长度锯断。

2. 技术指标及要求

（1）金属材料棒直径为30~100 mm。

（2）长度在500~1 000 mm 内可调。

（3）本装置的使用寿命为10年，每班工作8小时。

（4）锯片频率包括每分钟15和25次两种。

（5）锯片最大行程为150 mm。

3. 设计内容

（1）设计锯棒机机构系统运动图。

（2）对连杆进行运动分析和受力分析。

（3）绘制出锯条的位移、速度和加速度线图。

（4）设计有二挡速度的减速器装配图（0号图纸一张）。

（5）设计与绘制典型零件工作图（图纸三张）。

4. 设计提示

（1）原动机选择三相交流异步电动机。

（2）棒料应被夹紧后，锯条才能开始工作。

（3）锯条的进刀量为0.5~1 mm，切削力可按材料的剪切强度、被切面积和锯切齿数粗略计算。

（4）要注意棒料快要锯断时抖动的不良影响。

（5）减速器的换挡动作要简便、可靠。

机构运动系统图（参考）如图8-11所示。

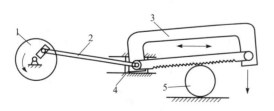

图8-11 机构运动系统图
1—曲柄；2—连杆；3—锯弓；
4—滑块；5—工件

七、切板机

1. 工作原理与主要工艺过程

设计一台薄板切断机，可将金属材料按要求尺寸切断。

2. 技术指标及要求

（1）金属板料厚度为 1~4 mm。

（2）切刀长度为 200~1 200 mm。

（3）本装置的使用寿命为 10 年，每班工作 8 小时。

（4）切刀频率为每分钟 20 次。

（5）切刀最小行程为 100 mm。

3. 设计内容

（1）设计切断机机构系统运动图。

（2）对凸轮机构、切刀进行运动分析和受力分析。

（3）画出凸轮机构和切刀的位移、速度和加速度线图。

（4）设计减速器装配图（0 号图纸一张）。

（5）设计与绘制典型零件工作图（图纸三张）。

4. 设计提示

（1）原动机选择三相交流异步电动机。

（2）板料应先被夹紧后，才能让切刀冲切。

（3）按板料被切断面积及材料的屈服极限，计算理论上需要的切力。

（4）要有可靠的感应式保护操作者手安全的装置。

机构运动系统图（参考）如图 8-12 所示。

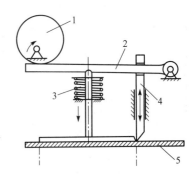

图 8-12　机构运动系统图

1—凸轮；2—杠杆；3—弹簧；
4—切刀；5—工件

八、运输机减速器

1. 基本要求

设计一用于带式运输机上的减速器。运输机每天单班制工作，每班工作 8 小时，每年按 300 天计算，轴承寿命为齿轮寿命的 1/3~1/4。

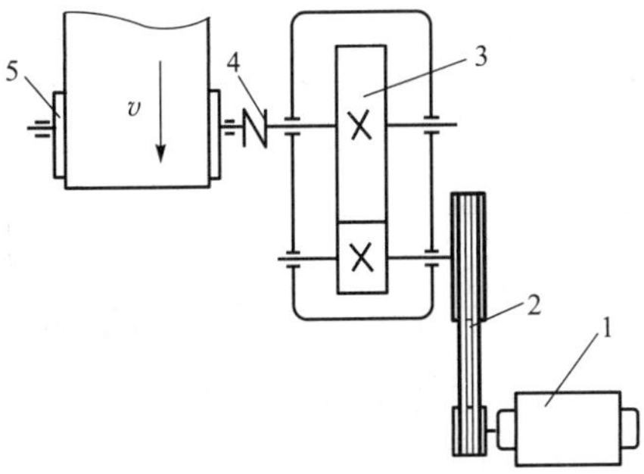

运输机布局及其减速器的方案有以下 6 种。

（1）带式运输机采用一级圆柱齿轮减速器，运输机布置如图 8-13 所示，设计参数见表 8-1。

（2）带式运输机采用一级锥齿轮减速器，运输机布置如图 8-14 所示，设计参数见表 8-2。

（3）带式运输机采用一级蜗杆减速器，运输机布置如图 8-15 所示，设计参数见表 8-3。

（4）带式运输机采用二级展开式圆柱齿轮减速器，运输机布置如图 8-16 所示，设计参数见表 8-4。

（5）带式运输机采用二级同轴式圆柱齿轮减速器，运输机布置如图 8-17 所示，设计参数见表 8-5。

图 8-13　带式运输机

（一级圆柱齿轮减速器）

1—电动机；2—带传动；3—减速器；
4—联轴器；5—鼓轮

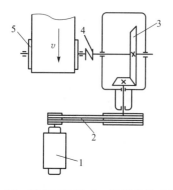

图 8 - 14　带式运输机（一级锥齿轮减速器）

1—电动机；2—带传动；3—减速器；

4—联轴器；5—鼓轮

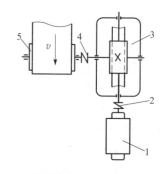

图 8 - 15　带式运输机（一级蜗杆减速器）

1—电动机；2，4—联轴器；

3—减速器；5—鼓轮

表 8 - 1　方案 1 的设计参数

设 计 数 据	题　号									
	1 - 1	1 - 2	1 - 3	1 - 4	1 - 5	1 - 6	1 - 7	1 - 8	1 - 9	1 - 10
运输带拉力 F/kN	1.1	1.2	1.3	1.4	1.5	1.6	1.7	1.8	1.9	2.0
运输带速度 v/(m·s^{-1})	1.5	1.6	1.7	1.8	1.5	1.6	1.7	1.8	1.5	1.6
鼓轮直径 D/mm	250	250	300	300	350	350	250	250	300	300
使用年限/年	6	8	6	8	6	8	6	8	6	8

表 8 - 2　方案 2 的设计参数

设 计 数 据	题　号									
	2 - 1	2 - 2	2 - 3	2 - 4	2 - 5	2 - 6	2 - 7	2 - 8	2 - 9	2 - 10
运输带拉力 F/kN	1.1	1.2	1.3	1.4	1.5	1.6	1.7	1.8	1.9	2.0
运输带速度 v/(m·s^{-1})	1.5	1.6	1.7	1.8	1.5	1.6	1.7	1.8	1.5	1.6
鼓轮直径 D/mm	250	250	300	300	350	350	250	250	300	300
使用年限/年	6	8	6	8	6	8	6	8	6	8

表 8 - 3　方案 3 的设计参数

设 计 数 据	题　号									
	3 - 1	3 - 2	3 - 3	3 - 4	3 - 5	3 - 6	3 - 7	3 - 8	3 - 9	3 - 10
运输带拉力 F/kN	2.2	2.3	2.4	2.5	2.0	2.1	2.2	2.3	2.4	2.5
运输带速度 v/(m·s^{-1})	1.1	1.2	1.3	1.4	1.5	1.6	1.7	1.8	1.9	2.0
鼓轮直径 D/mm	300	300	250	250	300	300	250	250	300	300
使用年限/年	6	8	6	8	6	8	6	8	6	8

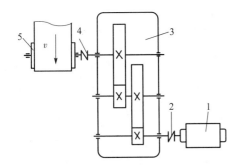

图 8-16　带式运输机

（二级展开式圆柱齿轮减速器）

1—电动机；2,4—联轴器；

3—减速器；5—鼓轮

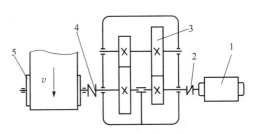

图 8-17　带式运输机

（二级同轴式圆柱齿轮减速器）

1—电动机；2,4—联轴器；

3—减速器；5—鼓轮

表 8-4　方案 4 的设计参数

设 计 数 据	题　号									
	4-1	4-2	4-3	4-4	4-5	4-6	4-7	4-8	4-9	4-10
运输带拉力 F/kN	2.2	2.3	2.4	2.5	2.0	2.1	2.2	2.3	2.4	2.5
运输带速度 v/(m·s^{-1})	1.1	1.2	1.3	1.4	1.5	1.6	1.7	1.8	1.9	2.0
鼓轮直径 D/mm	300	300	250	250	300	300	250	250	300	300
使用年限/年	6	8	6	8	6	8	6	8	6	8

表 8-5　方案 5 的设计参数

设 计 数 据	题　号									
	5-1	5-2	5-3	5-4	5-5	5-6	5-7	5-8	5-9	5-10
运输带拉力 F/kN	2.2	2.3	2.4	2.5	2.0	2.1	2.2	2.3	2.4	2.5
运输带速度 v/(m·s^{-1})	1.1	1.2	1.3	1.4	1.5	1.6	1.7	1.8	1.9	2.0
鼓轮直径 D/mm	300	300	250	250	300	300	250	250	300	300
使用年限/年	6	8	6	8	6	8	6	8	6	8

（6）带式运输送机采用二级分流式圆柱齿轮减速器，运输机布置如图 8-18 所示，设计参数见表 8-6。

2. 技术条件

（1）工作机上的载荷性质比较平稳，启动过载不大于 5%，单向回转。

（2）电动机的电源为三相交流电，电压为 380/220 V。

（3）允许鼓轮的速度误差为 ±5%。

（4）工作环境：室内。

3. 设计要求

（1）减速器装配图一张；

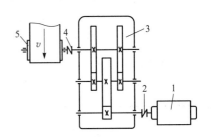

图 8-18　带式运输机

（二级分流式圆柱齿轮减速器）

1—电动机；2,4—联轴器；

3—减速器；5—鼓轮

表8-6 方案6的设计参数

设 计 数 据	题　号									
	6-1	6-2	6-3	6-4	6-5	6-6	6-7	6-8	6-9	6-10
运输带拉力 F/kN	2.5	3.0	3.5	4.0	2.0	2.5	2.8	2.5	3.5	3.5
运输带速度 $v/(\text{m}\cdot\text{s}^{-1})$	1.1	1.2	1.3	1.4	1.5	1.6	1.7	1.8	1.9	2.0
鼓轮直径 D/mm	300	300	250	250	300	300	250	250	300	300
使用年限/年	6	8	6	8	6	8	6	8	6	8

（2）零件图2张（由指导教师指定）；

（3）设计说明书一份，按指导书的要求书写。

九、搅拌机减速器

1. 工作原理与主要工艺过程

设计一台药料（粉状）搅拌机用减速器。搅拌机可将几种成分的原料搅拌均匀。

减速器的设计方案有以下两种。

（1）立式同轴圆柱齿轮减速器，布置如图8-19所示。

（2）立式蜗杆减速器，布置如图8-20所示。

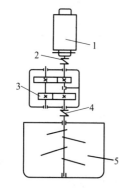

图8-19 搅拌机
（立式同轴圆柱齿轮减速器）
1—电动机；2，4—联轴器；
3—减速器；5—容器

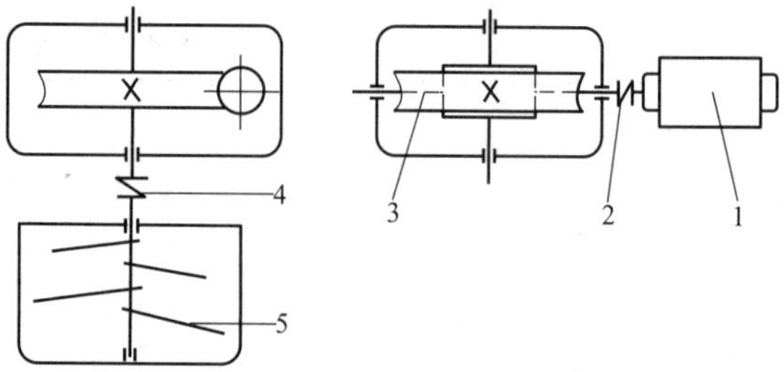

图8-20 搅拌机
（立式蜗杆减速器）
1—电动机；2，4—联轴器；
3—减速器；5—容器

设计参数见表8-7。

表8-7 设计参数

设 计 数 据	题　号									
	1	2	3	4	5	6	7	8	9	10
搅拌转矩 $T/(\text{N}\cdot\text{m})$	50	80	100	50	80	100	50	100	80	60
搅拌轴转速 $n/(\text{r}\cdot\text{min}^{-1})$	80	60	50	70	55	70	70	60	70	60
使用年限/年	6	8	6	8	6	8	6	8	6	8

2. 技术指标及要求

（1）载荷平稳，启动过载不大于 8%，单向回转。

（2）每天单班制工作，每班工作 8 小时，每年按 300 天计算。

（3）工作环境：室内。

3. 设计要求

（1）减速器装配图一张。

（2）零件图 2 张（由指导教师指定）。

（3）设计说明书一份，按指导书的要求书写。

十、球磨机减速器

1. 工作原理与主要工艺过程

设计一台球磨机用减速装置。球磨机可将单一成分的块状物料碎成粉末（细微颗粒）。

减速装置的设计方案有以下 3 种。

（1）蜗杆减速器，布置如图 8 – 21 所示。

（2）V 带传动—开式齿轮减速器，布置如图 8 – 22 所示。

（3）齿轮—内齿轮减速器，布置如图 8 – 23所示。

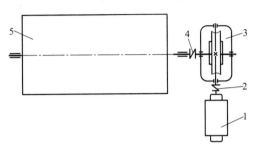

图 8 – 21　球磨机（蜗杆减速器）
1—电动机；2，4—联轴器；
3—蜗杆传动；5—滚筒

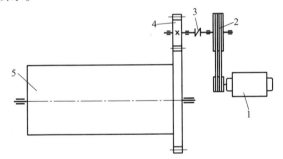

图 8 – 22　球磨机（V 带传动—开式齿轮减速器）
1—电动机；2，4—带传动；
3—联轴器；5—滚筒

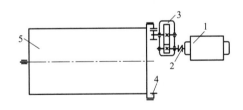

图 8 – 23　球磨机（齿轮—内齿轮减速器）
1—电动机；2—联轴器；3—减速器；
4—内齿轮传动；5—滚筒

设计参数见表 8 – 8。

表 8 – 8　设计参数

设 计 数 据	题　号									
	1	2	3	4	5	6	7	8	9	10
滚筒转矩 $T/(\text{N}\cdot\text{m})$	200	300	500	400	350	500	350	600	600	500
滚筒转速 $n/(\text{r}\cdot\text{min}^{-1})$	60	55	60	55	60	65	65	55	60	55
滚筒直径 D/mm	500	700	400	500	800	450	550	750	600	650
使用年限/年	10	8	10	8	10	8	10	8	10	8

2. 技术指标及要求

（1）载荷平稳，启动过载不大于8%，单向回转。

（2）每天单班制工作，每班工作8小时，每年按300天计算。

（3）工作环境：室内。

3. 设计要求

（1）减速器装配图一张。

（2）零件图2张（由指导教师指定）。

（3）设计说明书一份，按指导书的要求书写。

第二篇
机械设计常用
标准和规范

第九章
常用数据资料和一般标准规范

第一节　常用数据

一、常用材料的弹性模量及泊松比（表9-1）

表9-1　常用材料的弹性模量及泊松比

名　称	弹性模量 E/GPa	切变模量 G/GPa	泊松比 μ	名　称	弹性模量 E/GPa	切变模量 G/GPa	泊松比 μ
灰铸铁	118~126	44.3	0.3	轧制锌	82	31.4	0.27
球墨铸铁	173		0.3	铅	16	6.8	0.42
碳钢、镍铬钢、合金钢	206	79.4	0.3	玻璃	55	1.96	0.25
铸钢	202		0.3	有机玻璃	2.35~29.42		
轧制纯铜	108	39.2	0.31~0.34	橡胶	0.007 8		0.47
冷拔纯铜	127	48.0		电木	1.96~2.94	0.69~2.06	0.35~0.38
轧制磷锡青铜	113	41.2	0.32~0.35	夹布酚醛塑料	3.92~8.83		
冷拔黄铜	89~97	34.3~36.3	0.32~0.42	赛璐珞	1.71~1.89	0.69~0.98	0.4
轧制锰青铜	108	39.2	0.35	尼龙1010	1.07		
轧制铝	68	25.5~26.5	0.32~0.36	硬聚氯乙烯	3.14~3.92		0.34~0.35
拔制铝线	69			聚四氟乙烯	1.14~1.42		
铸铝青铜	103	41.1	0.3	低压聚乙烯	0.54~0.75		
铸锡青铜	103		0.3	高压聚乙烯	0.147~0.245		
硬铝合金	70	26.5	0.3	混凝土	13.73~39.2	4.9~15.69	0.1~0.18

二、金属材料熔点、热导率及比热容（表9-2）

表9-2 金属材料熔点、热导率及比热容

名 称	熔点 /℃	热导率 /(W·m⁻¹·K⁻¹)	比热容 /(J·kg⁻¹·K⁻¹)	名称	熔点 /℃	热导率 /(W·m⁻¹·K⁻¹)	比热容 /(J·kg⁻¹·K⁻¹)
灰铸铁	1 200	46.4~92.8	544.3	铝	658	203	904.3
铸钢	1 425		489.9	铅	327	34.8	129.8
低碳钢	1 400~1 500	46.4	502.4	锡	232	62.6	234.5
黄铜	950	92.8	393.6	锌	419	110	393.6
青铜	995	63.8	385.2	镍	1 452	59.2	452.2

注：表中的热导率值为0~100 ℃。

三、材料线［膨］胀系数（表9-3）

表9-3 材料线［膨］胀系数 α

材 料	温度范围/℃								
	20	20~100	20~200	20~300	20~400	20~600	20~700	20~900	70~1 000
	α/(10⁻⁶·K⁻¹)								
工程用铜		16.6~17.1	17.1~17.2	17.6	18~18.1	18.6			
黄铜		17.8	18.8	20.9					
青铜		17.6	17.9	18.2					
铸铝合金	18.44~24.5								
铝合金		22.0~24.0	23.4~24.8	24.0~25.9					
碳钢		10.6~12.2	11.3~13	12.1~13.5	12.9~13.9	13.5~14.3	14.7~15		
铬钢		11.2	11.8	12.4	13	13.6			
3Cr13		10.2	11.1	11.6	11.9	12.3	12.8		
1Cr18Ni9Ti		16.6	17	17.2	17.5	17.9	18.6	19.3	
铸铁		8.7~11.1	8.5~11.6	10.1~12.1	11.5~12.7	12.9~13.2			
镍铬合金		14.5							17.6
砖	9.5								
水泥、混凝土	10~14								
胶木、硬橡皮	64~77								
玻璃		4~11.5							
有机玻璃		130							

四、常用材料的密度（表9-4）

表9-4　常用材料的密度

材料名称	密度/(g·cm⁻³)	材料名称	密度/(g·cm⁻³)	材料名称	密度/(g·cm⁻³)
碳钢	7.8~7.85	锰	7.43	酚醛层压板	1.3~1.45
合金钢	7.9	铬	7.19	氟塑料	2.1~2.2
不锈钢（含铬13%）	7.75	钼	10.2	泡沫塑料	0.2
球墨铸铁	7.3	镁合金	1.74~1.81	尼龙6	1.13~1.14
灰铸铁	7.0	硅钢片	7.55~7.8	尼龙66	1.14~1.15
紫铜	8.9	锡基轴承合金	7.34~7.75	尼龙1010	1.04~1.06
黄铜	8.4~8.85	铅基轴承合金	9.33~10.67	木材	0.4~0.75
锡青铜	8.7~8.9	胶木，纤维板	1.3~1.4	石灰石，花岗石	2.4~2.6
无锡青铜	7.5~8.2	玻璃	2.4~2.6	砌砖	1.9~2.3
碾压磷青铜	8.8	有机玻璃	1.18~1.19	混凝土	1.8~2.45
冷拉青铜	8.8	矿物油	0.92	汽油	0.66~0.75
铝、铝合金	2.5~2.95	橡胶石棉板	1.5~2.0	石油	0.82
锌铝合金	6.3~6.9	石棉布制动带	2	各类润滑油	0.9~0.95
铅	11.37	无填料的电木	1.2		
锡	7.29	赛璐珞	1.4		

五、常用材料疲劳极限的近似关系（表9-5）

表9-5　常用材料疲劳极限的近似关系

材　料			结　构　钢	铸　铁	铝　合　金
极限强度	对称应力疲劳极限	拉压疲劳极限 σ_{-1l}	$\approx 0.3R_m$	$\approx 0.225R_m$	$\approx \dfrac{R_m}{6} + 73.5$ MPa
		弯曲疲劳极限 σ_{-1}	$\approx 0.43R_m$	$\approx 0.45R_m$	$\approx \dfrac{R_m}{6} + 73.5$ MPa
		扭转疲劳极限 τ_{-1}	$\approx 0.25R_m$	$\approx 0.36R_m$	$\approx (0.55\sim0.58)\sigma_{-1}$
	脉动应力疲劳极限	拉压脉动疲劳极限 σ_{0l}	$\approx 1.42\sigma_{-1l}$	$\approx 1.42\sigma_{-1l}$	$\approx 1.5\sigma_{-1l}$
		弯曲脉动疲劳极限 σ_0	$\approx 1.33\sigma_{-1}$	$\approx 1.35\sigma_{-1}$	
		扭转脉动疲劳极限 τ_0	$\approx 1.5\tau_{-1}$	$\approx 1.35\tau_{-1}$	

注：R_m 为材料的抗拉强度。

六、钢铁（黑色金属）硬度及强度换算（表9-6）

表9-6 钢铁（黑色金属）硬度及强度换算（适用于碳钢及合金钢）

（摘自 GB/T 1172—1999）

洛氏 HRC	维氏 HV	布氏（$F/D^2=30$）HBW	抗拉强度/MPa（碳钢）	洛氏 HRC	维氏 HV	布氏（$F/D^2=30$）HBW	抗拉强度/MPa（碳钢）
20.0	226	225	774	45.0	441	428	1 459
21.0	230	229	793	46.0	454	441	1 503
22.0	235	234	813	47.0	468	455	1 550
23.0	241	240	833	48.0	482	470	1 600
24.0	247	245	854	49.0	497	486	1 653
25.0	253	251	875	50.0	512	502	1 710
26.0	259	257	897	51.0	527	518	
27.0	266	263	919	52.0	544	535	
28.0	273	269	942	53.0	561	552	
29.0	280	276	965	54.0	578	569	
30.0	288	283	989	55.0	596	585	
31.0	296	291	1 014	56.0	615	601	
32.0	304	298	1 039	57.0	635	616	
33.0	313	306	1 065	58.0	655	628	
34.0	321	314	1 092	59.0	676	639	
35.0	331	323	1 119	60.0	698	647	
36.0	340	332	1 147	61.0	721		
37.0	350	341	1 177	62.0	745		
38.0	360	350	1 207	63.0	770		
39.0	371	360	1 238	64.0	795		
40.0	381	370	1 271	65.0	822		
41.0	393	381	1 305	66.0	850		
42.0	404	392	1 340	67.0	879		
43.0	416	403	1 378	68.0	909		
44.0	428	415	1 417				

七、摩擦系数

1. 常用材料的滑动摩擦系数（表9-7）

表9-7　常用材料的滑动摩擦系数

材料名称	摩擦系数 f				材料名称	摩擦系数 f			
	静摩擦		滑动摩擦			静摩擦		滑动摩擦	
	无润滑剂	有润滑剂	无润滑剂	有润滑剂		无润滑剂	有润滑剂	无润滑剂	有润滑剂
钢-钢	0.15	0.1~0.12	0.15	0.05~0.1	钢-夹布胶木			0.22	
钢-低碳钢			0.2	0.1~0.2	青铜-夹布胶木			0.23	
钢-铸铁	0.3		0.18	0.05~0.15	纯铝-钢			0.17	0.02
钢-青铜	0.15	0.1~0.15	0.15	0.1~0.15	青铜-酚醛塑料			0.24	
低碳钢-铸铁	0.2		0.18	0.05~0.15	淬火钢-尼龙9			0.43	0.023
低碳钢-青铜	0.2		0.18	0.07~0.15	淬火钢-尼龙1010				0.039 5
铸铁-铸铁		0.18	0.15	0.07~0.12	淬火钢-聚碳酸酯			0.30	0.031
铸铁-青铜			0.15~0.2	0.07~0.15	淬火钢-聚甲醛			0.46	0.016
皮革-铸铁	0.3~0.5	0.15	0.6	0.15	粉末冶金-钢			0.4	0.1
橡胶-铸铁			0.8	0.5	汾末冶金-铸铁			0.4	0.1

2. 常用材料的滚动摩擦系数（表9-8）

表9-8　常用材料的滚动摩擦系数

摩擦材料	滚动摩擦系数 K	摩擦材料	滚动摩擦系数 K
低碳钢与低碳钢	0.005	木材与木材	0.05~0.08
淬火钢与淬火钢	0.001	表面淬火圆锥车轮与钢轨	0.08~0.1
铸铁与铸铁	0.005	表面淬火圆柱车轮与钢轨	0.05~0.07
木材与钢	0.03~0.04	橡胶轮胎与路面	0.2~0.4

3. 摩擦副的摩擦系数（表9-9）

表9-9　摩擦副的摩擦系数

名称		摩擦系数 f	名称		摩擦系数 f
滑动轴承	液体摩擦	0.001~0.008	滚动轴承	深沟球轴承	0.002~0.004
	半液体摩擦	0.008~0.08		调心球轴承	0.001 5
	半干摩擦	0.1~0.5		圆柱滚子轴承	0.002
密封软填料盒中填料与轴的摩擦		0.2		调心滚子轴承	0.004
制动器普通石棉制动带（无润滑）$p=0.2~0.6$ MPa		0.35~0.46		滚针轴承	0.008
				角接触球轴承	0.003~0.005
离合器装有黄铜丝的压制石棉带 $p=0.2~1.2$ MPa		0.40~0.43		圆锥滚子轴承	0.008~0.02
				推力球轴承	0.003

八、机械传动和摩擦副效率（表9－10）

表9－10　机械传动和摩擦副的效率概略值

种　类		效率 η	种　类		效率 η
圆柱齿轮传动	很好跑合的6级精度和7级精度齿轮传动（油润滑）	0.98～0.99	摩擦传动	平摩擦传动	0.85～0.92
	8级精度的一般齿轮传动（油润滑）	0.97		槽摩擦传动	0.88～0.90
	9级精度的齿轮传动（油润滑）	0.96		卷绳轮	0.95
	加工齿的开式齿轮传动（脂润滑）	0.94～0.96	联轴器	液力联轴器	0.95～0.98
	铸造齿的开式齿轮传动	0.90～0.93		浮动联轴器（十字沟槽联轴器等）	0.97～0.99
锥齿轮传动	很好跑合的6级和7级精度的齿轮传动（油润滑）	0.97～0.98		齿式联轴器	0.99
	8级精度的一般齿轮传动（油润滑）	0.94～0.97		弹性联轴器	0.99～0.995
	加工齿的开式齿轮传动（脂润滑）	0.92～0.95		万向联轴器（$\alpha \leq 3°$）	0.97～0.98
	铸造齿的开式齿轮传动	0.88～0.92		万向轴联器（$\alpha > 3°$）	0.95～0.97
蜗杆传动	自锁蜗杆（油润滑）	0.40～0.45		梅花联轴器	0.97～0.98
	单头蜗杆（油润滑）	0.70～0.75	滑动轴承	润滑不良	0.94（一对）
	双头蜗杆（油润滑）	0.75～0.82		润滑正常	0.97（一对）
	三头和四头蜗杆（油润滑）	0.80～0.92		润滑特好（压力润滑）	0.98（一对）
	圆弧面蜗杆传动（油润滑）	0.85～0.95		液体摩擦	0.99（一对）
带传动	平带无压紧轮的开式传动	0.98	滚动轴承	球轴承（稀油润滑）	0.99（一对）
	平带有压紧轮的开式传动	0.97		滚子轴承（稀油润滑）	0.98（一对）
	平带交叉传动	0.90	油池内油的飞溅和密封摩擦		0.95～0.99
	V带传动	0.96	减（变）速器	单级圆柱齿轮减速器	0.97～0.98
	同步齿形带传动	0.96～0.98		双级圆柱齿轮减速器	0.95～0.96
链传动	焊接链	0.93		行星圆柱齿轮减速器	0.95～0.98
	片式关节链	0.95		单级锥齿轮减速器	0.95～0.96
	滚子链	0.96		双级锥—圆柱齿轮减速器	0.94～0.95
	齿形链	0.97		无级变速器	0.92～0.95
复滑轮组	滑动轴承（$i = 2\sim6$）	0.90～0.98		摆线—针轮减速器	0.90～0.97
	滚动轴承（$i = 2\sim6$）	0.95～0.99	螺旋传动	滑动螺旋	0.30～0.60
绞车卷筒		0.94～0.97		滚动螺旋	0.85～0.95

第二节 机械制图部分标准

一、图纸幅面和图框格式（表 9 – 11）

表 9 – 11 图纸幅面及图框格式（摘自 GB/T 14689—2008） mm

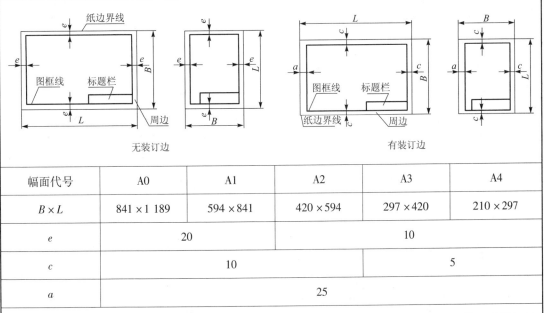

幅面代号	A0	A1	A2	A3	A4
$B \times L$	841×1 189	594×841	420×594	297×420	210×297
e	20	20	10	10	10
c	10	10	10	5	5
a	25	25	25	25	25

注：表中所列为基本幅面（第一选择）的尺寸。加长幅面（第二选择）和加长幅面（第三选择）的尺寸参见 GB/T 14689。

二、图样比例（表 9 – 12）

表 9 – 12 图样比例（摘自 GB/T 14690—1993）

原值比例	1:1
放大的比例	2:1　（2.5:1）　　（4:1）　　5:1 $1 \times 10^n:1$　$2 \times 10^n:1$　（$2.5 \times 10^n:1$）　（$4 \times 10^n:1$）　$5 \times 10^n:1$
缩小的比例	1:2　（1:1.5）　（1:2.5）　（1:3）　（1:4）　1:5　（1:6）　（$1:1 \times 10^n$）　（$1:1.5 \times 10^n$） （$1:2 \times 10^n$）　（$1:2.5 \times 10^n$）　（$1:3 \times 10^n$）　（$1:4 \times 10^n$）　（$1:5 \times 10^n$）　（$1:6 \times 10^n$）

注：（1）表中 n 为正整数。
（2）括弧内为必要时也允许选用的比例。
（3）绘制同一机件的各个视图应采用相同的比例，当某个视图需要采用不同的比例时，必须另行标注。
（4）当图形中孔的直径或薄片的厚度等于或小于 2 mm 以及斜度或锥度较小时，可不按比例而夸大画出。

三、标题栏及明细栏（表9-13）

表9-13 标题栏及明细栏（本课程用）

标题栏：

（装配图或零件图名称）			比例		图号	
			数量		材料	
设计		（日期）				
绘图			（课程名称）		（校名班号）	
审阅						

尺寸标注：15、25、15、30；15、35、15、40、（45）；150；（14）；7、7、7；7；7；35

明细栏：

……	……	……	……	……	……
02	滚动轴承7210C	2		GB/T 292—2007	
01	箱座	1	HT200		
序号	名称	数量	材料	标准	备注

尺寸标注：10、45、10、20、40、（25）；150；7；7；10

四、剖面符号（表9-14）

表9-14 剖面符号（摘自 GB/T 4457.5—2013）

材 料 名 称	剖面符号	材 料 名 称	剖面符号
金属材料（已有规定剖面符号者除外）		玻璃及供观察用的其他透明材料	
线圈绕组元件		基础周围的泥土	
转子、电枢、变压器和电抗器等的叠钢片		混凝土	
非金属材料（已有规定剖面符号者除外）		钢筋混凝土	
型砂、填砂、粉末冶金、砂轮、陶瓷刀片、硬质合金刀片等		砖	
木质胶合板（不分层数）		格网（筛网、过滤网等）	
木材 纵断面		液体	
木材 横断面			

五、常用零件在图样中的表示法

1. 螺纹及螺纹紧固件表示法（表 9 – 15）

表 9 – 15　螺纹及螺纹紧固件表示法（摘自 GB/T 4459. 1—1995）

常用零件	画 法 图 例
内、外螺纹	
螺纹连接	
螺栓螺柱连接	
螺钉连接	

2. 齿轮表示法（表9-16）

表9-16 齿轮表示法（摘自 GB/T 4459.2—2003）

常用零件	画 法 图 例
外啮合 圆柱齿轮	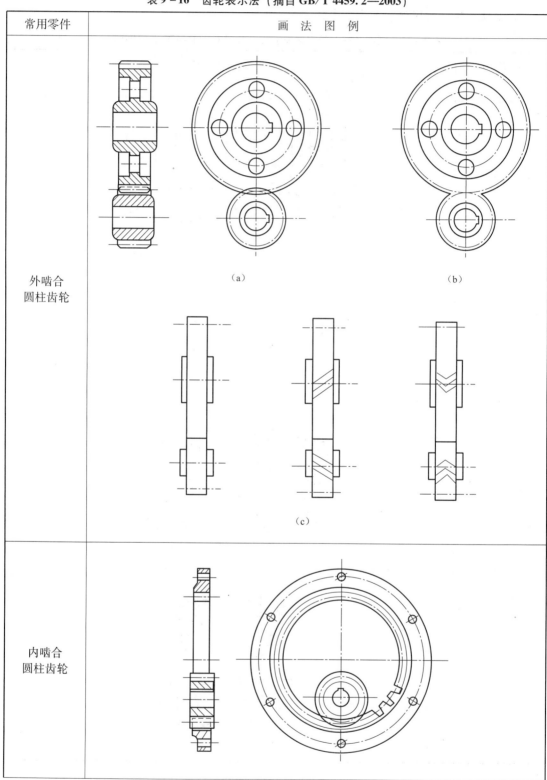
内啮合 圆柱齿轮	

续表

常用零件	画 法 图 例
齿轮齿条 啮合	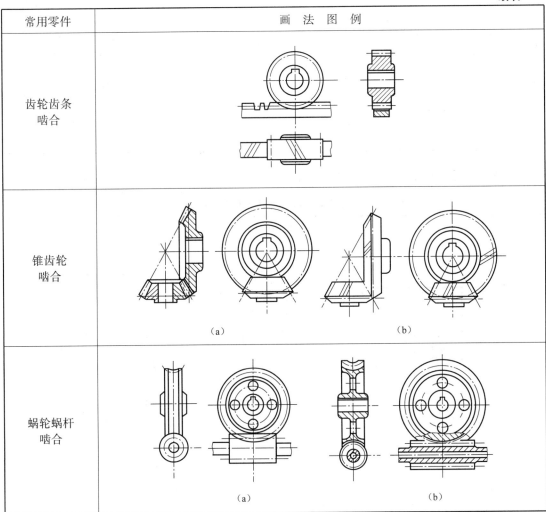
锥齿轮 啮合	（a）　　　　　（b）
蜗轮蜗杆 啮合	（a）　　　　　（b）

3. 中心孔表示法（表9－17）

表9－17　中心孔表示法（摘自 GB/T 4459.5—1999）

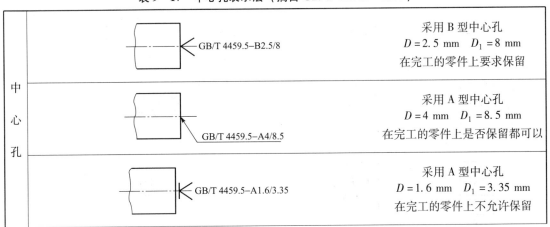

中心孔	GB/T 4459.5–B2.5/8	采用 B 型中心孔 $D = 2.5$ mm　$D_1 = 8$ mm 在完工的零件上要求保留
	GB/T 4459.5–A4/8.5	采用 A 型中心孔 $D = 4$ mm　$D_1 = 8.5$ mm 在完工的零件上是否保留都可以
	GB/T 4459.5–A1.6/3.35	采用 A 型中心孔 $D = 1.6$ mm　$D_1 = 3.35$ mm 在完工的零件上不允许保留

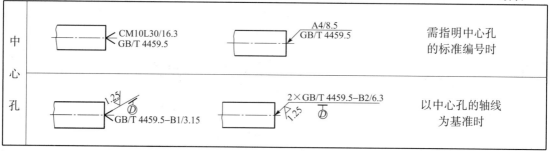

		需指明中心孔的标准编号时
中心孔		以中心孔的轴线为基准时

4. 滚动轴承表示法（表 9 - 18）

表 9 - 18　滚动轴承表示法（摘自 GB/T 4459.7—1998）

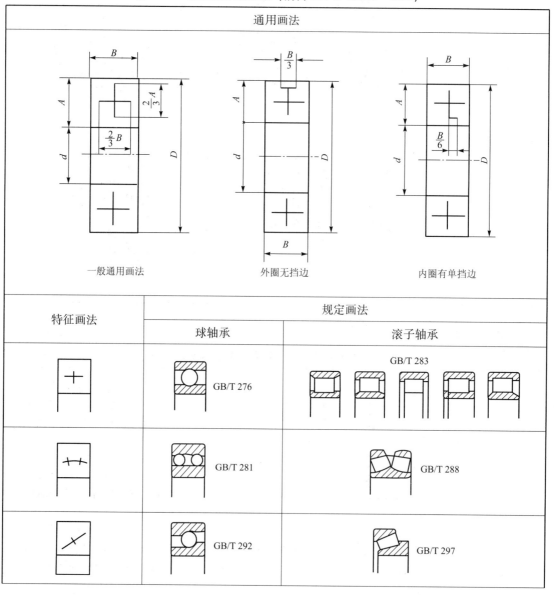

特征画法	规定画法	
	球轴承	滚子轴承
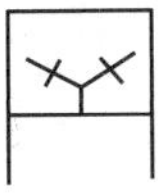	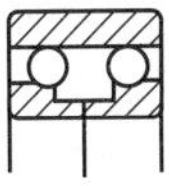 GB/T 296	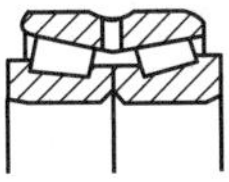 GB/T 299
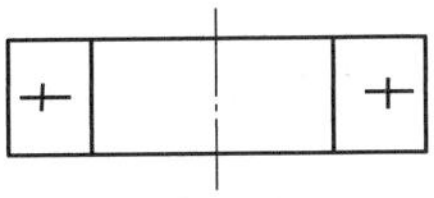	GB/T 301 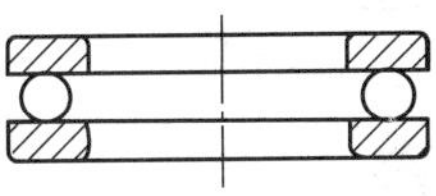	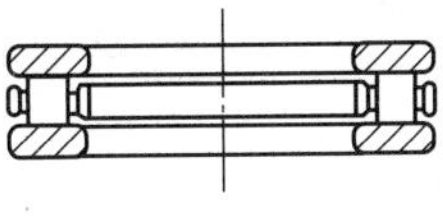 GB/T 4663

注：在规定画法的剖视图中，滚动体不画剖面线，各套圈可画成方向和间隔相同的剖面线。简化画法
绘制滚动轴承时，一律不画剖画线。

六、机构运动简图用图形符号

1. 机构构件运动、运动副及构件连接组成的简图图形符号（表9－19）

表9－19　机构构件运动、运动副及构件连接组成的简图图形符号（摘自 GB/T 4460—2013）

机构构件的运动						
名　称	单向运动	具有停留的单向运动	具有局部反向的单向运动	往复运动	在两个极限位置停留的往复运动	运动终止
基本符号 直线运动	 →	 ⌐→	 ⌁→	 ↔	 ▭	 →│
基本符号 回转运动	 ⌢	 ⌁	 ⌁	 ⌢	 ⌢	 ⌢│

运动副						
名　称	回转副	棱柱副（移动副）	螺旋副	圆柱副	球销副	球面副
基本符号	平面机构  空间机构 	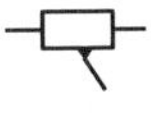				

构件及其组成部分的连接				
名　称	机架	轴、杆	构件组成部分的永久连接	组成部分与轴（杆）的固定连接	组成部分的可调连接
基本符号			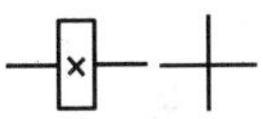	
可用符号  				

多杆构件及其组成部分				
名　称	单副元素构件			
	构件是回转副的一部分		机架是回转副的一部分	构件是棱柱副的一部分
基本符号	平面机构 / 空间机构		平面机构 / 空间机构	
可用符号				

名　称	双副元素构件		
	连接两个转动副的构件		
	连杆	曲柄（或摇杆）	偏心轮
基本符号	平面机构 / 空间机构	平面机构 / 空间机构	

多杆构件及其组成部分					
名　称	双副元素构件				三副元素构件
	连接两个棱柱副的构件		连接回转副与棱柱副的构件		
	通用情况	滑块	通用情况	导杆	滑块
基本符号		θ			
可用符号		θ			

名　称	机构示例
基本符号	

2. 凸轮机构、槽轮机构和棘轮机构的简图图形符号（表 9 - 20）

表 9 - 20 凸轮机构、槽轮机构和棘轮机构的简图图形符号（摘自 GB/T 4460—2013）

			凸轮机构		
名称	盘形凸轮	移动凸轮	空间凸轮		
			圆柱凸轮	圆锥凸轮	双曲面凸轮
基本符号					
可用符号					

名称	凸轮从动件			
	尖顶从动件	曲面从动件	滚子从动件	平底从动件
基本符号				

	槽轮机构		
名称	一般符号	外啮合	内啮合
基本符号			
可用符号			

	棘轮机构	
名 称	外啮合	内啮合
基本符号		
可用符号		

3. 机械传动机构的简图图形符号（表9-21）

表9-21 机械传动机构的简图图形符号（摘自 GB/T 4460—2013）

	齿轮传动			
名称	齿轮构件			
	不指明齿线		指明齿线	
	圆柱齿轮	锥齿轮	圆柱齿轮	锥齿轮
基本符号			直齿　斜齿　人字齿	直齿　斜齿　弧齿
可用符号			直齿　斜齿　人字齿	直齿　斜齿　人字齿
名称	圆柱齿轮传动	非圆齿轮传动	锥齿轮传动	准双曲面齿轮传动
基本符号				
可用符号				
名称	交错轴圆柱齿轮传动	齿条传动	扇形齿轮传动	圆柱蜗杆传动　球面蜗杆传动
基本符号				
可用符号				
	摩擦传动			
名　称	圆柱轮	圆锥轮	可调圆锥轮	可调冕状轮
基本符号				
可用符号				

续表

带传动				
名称	一般符号			轴上宝塔轮
	不指明类型	指明带的类型		
基本符号	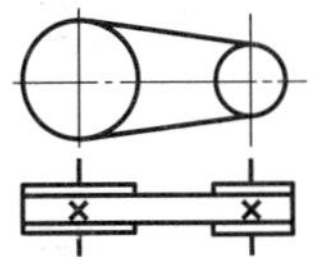	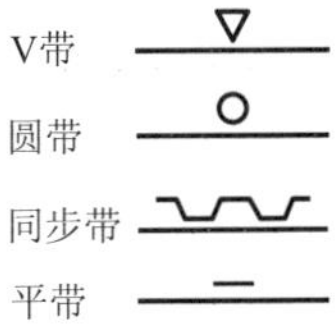 V带　 圆带　 同步带　 平带	例：V带传动 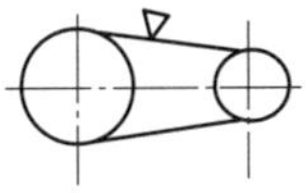 	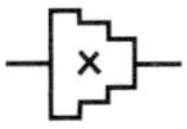

链传动				
名称	不指明类型	指明链条类型		
基本符号	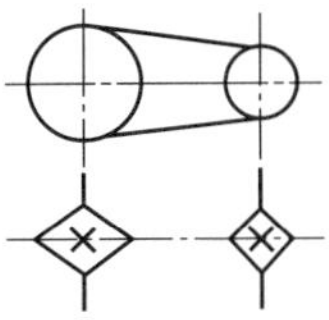	环形链 	滚子链 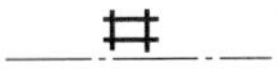	无声链 	例：无声链传动 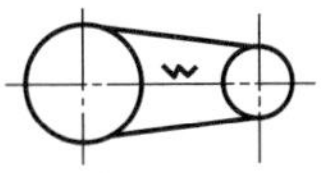

螺杆传动			
名称	整体螺母	开合螺母	滚珠螺母
基本符号	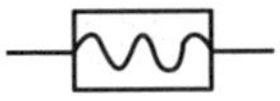	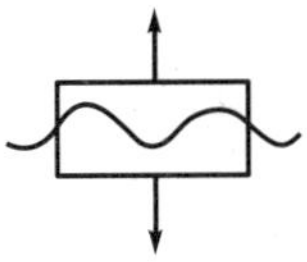	
可用符号		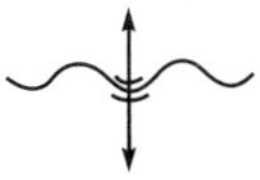	可用符号 

4. 其他常用机械零部件的简图图形符号（表9-22）

表9-22　其他常用机械零部件的简图图形符号（摘自 GB/T 4460—2013）

轴承					
名称	向心轴承		推力轴承		
	向心滑动轴承	向心滚动轴承	单向推力滑动轴承	双向推力滑动轴承	推力滚动轴承
基本符号	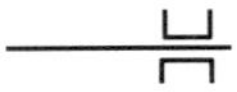	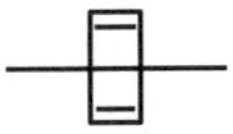	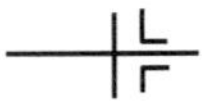	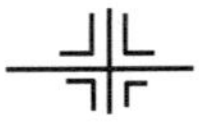	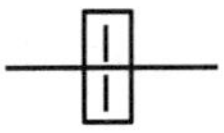
可用符号					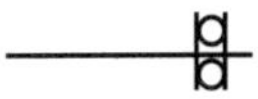

续表

轴承			
名称	向心推力轴承		
	单向向心推力滑动轴承	双向向心推力滑动轴承	向心推力滚动轴承
基本符号			
可用符号			

联轴器			
名称	一般符号	固定联轴器	可移式联轴器	弹性联轴器
基本符号				

离合器				
名称	可控离合器				
	一般符号	啮合式离合器		摩擦离合器	
		单向式	双向式	单项式	双向式
基本符号					
可用符号					

自动离合器				
名称	一般符号	离心摩擦离合器	超越离合器	安全离合器	
				带有易损元件	无易损元件
基本符号					

制动器	
名称	一般符号
基本符号	

第三节　机械设计一般标准规范

一、标准尺寸（表9-23）

表9-23　标准尺寸（直径、长度、高度等）（摘自 GB/T 2822—2005）　　　　mm

R			R′			R			R′			R			R′		
R10	R20	R40	R′10	R′20	R′40	R10	R20	R40	R′10	R′20	R′40	R10	R20	R40	R′10	R′20	R′40
2.50	2.50		2.5	2.5		40.0	40.0	40.0	40	40	40		280	280		280	280
	2.80			2.8				42.5			42*			300			300
3.15	3.15		3.0*	3.0*			45.0	45.0		45	45	315	315	315	320*	320*	320*
	3.55			3.5				47.5			48*			335			340
4.00	4.00		4.0	4.0		50.0	50.0	50.0	50	50	50		355	355		360*	360*
	4.50			4.5				53.0			53			375			380*
5.00	5.00		5.0	5.0			56.0	56.0		56	56	400	400	400	400	400	400
	5.60			5.5*				60.0			60			425			420*
6.30	6.30		6.0*	6.0*		63.0	63.0	63.0	63	63	63		450	450		450	450
	7.10			7.0*				67.0			67			475			480*
8.00	8.00		8.0	8.0			71.0	71.0		71	71	500	500	500	500	500	500
	9.00			9.0				75.0			75			530			530
10.0	10.0		10.0	10.0		80.0	80.0	80.0	80	80	80		560	560		560	560
	11.2			11*				85.0			85			600			600
12.5	12.5	12.5	12*	12*	12*		90.0	90.0		90	90	630	630	630	630	630	630
		13.2			13*			95.0			95			670			670
	14.0	14.0		14	14	100	100	100	100	100	100		710	710		710	710
		15.0			15			106			105*			750			750
16.0	16.0	16.0	16	16	16		112	112		110*	110*	800	800	800	800	800	800
		17.0			17			118			120*			850			850
	18.0	18.0		18	18	125	125	125	125	125	125		900	900		900	900
		19.0			19			132			130*			950			950
20.0	20.0	20.0	20	20	20		140	140		140	140	1 000	1 000	1 000	1 000	1 000	1 000
		21.2			21*			150			150			1 060			
	22.4	22.4		22*	22*	160	160	160	160	160	160		1 120	1 120			
		23.6			24*			170			170			1 180			
25.0	25.0	25.0	25	25	25		180	180		180	180	1 250	1 250	1 250			
		26.5			26*			190			190			1 320			
	28.0	28.0		28	28	200	200	200	200	200	200		1 400	1 400			
		30.0			30			212			210*			1 500			
31.5	31.5	31.5	32*	32*	32*		224	224		220*	220*	1 600	1 600	1 600			
		33.5			34*			236			240*			1 700			
	35.5	35.5		36*	36*	250	250	250	250	250	250		1 800	1 800			
		37.5			38*			265			260*			1 900			

注：（1）R′系列中有"＊"数，为R系列相应各项优先数的化整值。

（2）选择系列及单个尺寸时，应首先在优先数系R系列按照R10、R20、R40的顺序选用。如必须将数值圆整，可在相应的R′系列中选标准尺寸，其优选顺序为R′10、R′20、R′40。

（3）本标准尺寸（直径、长度、高度等）系列，适用于有互换性或系列化要求的主要尺寸。其他结构尺寸也应尽量采用。

二、锥度、锥角及角度、斜度

1. 一般用途圆锥的锥度与锥角（表9-24）

表9-24 一般用途圆锥的锥度与锥角（摘自 GB/T 157—2001）

$$C = \frac{D-d}{L}$$

$$C = 2\tan\frac{\alpha}{2} = 1:\frac{1}{2}\cot\frac{\alpha}{2}$$

基本值		推算值		备注
系列1	系列2	圆锥角 α	锥度 C	
120°		—	—	1:0.288 675	螺纹孔内倒角，填料盒内填料的锥度
90°		—	—	1:0.500 000	沉头螺钉头，螺纹倒角，轴的倒角
	75°	—	—	1:0.651 613	沉头带榫螺栓的螺栓头
60°		—	—	1:0.866 025	车床顶尖，中心孔
45°		—	—	1:1.207 107	用于轻型螺旋管接口的锥形密合
30°		—	—	1:1.866 025	摩擦离合器
1:3		18°55′28.7″	18.924 644°	—	具有极限扭矩的摩擦圆锥离合器
	1:4	14°15′0.1″	14.250 033°	—	
1:5		11°25′16.3″	11.421 186°	—	易拆零件的锥形连接，锥形摩擦离合器
	1:6	9°31′38.2″	9.527 283°	—	
	1:7	8°10′16.4″	8.171 234°	—	重型机床顶尖，旋塞
	1:8	7°9′9.6″	7.152 669°	—	联轴器和轴的圆锥面连接
1:10		5°43′29.3″	5.724 810°	—	受轴向力及横向力的锥形零件的接合面，电机及其他机械的锥形轴端
	1:12	4°46′18.8″	4.771 888°	—	固定球及滚子轴承的衬套
	1:15	3°49′5.9″	3.818 305°	—	受轴向力的锥形零件的接合面，活塞与其杆的连接
1:20		2°51′51.1″	2.864 192°	—	机床主轴的锥度，刀具尾柄，公制锥度铰刀，圆锥螺栓
1:30		1°54′34.9″	1.909 682°	—	装柄的铰刀及扩孔结
1:50		1°8′45.2″	1.145 877°	—	圆锥销，定位销，圆锥销孔的铰刀
1:100		0°34′22.6″	0.572 953°	—	承受陡振及静、变载荷的不需要拆开的连接零件，楔键
1:200		0°17′11.3″	0.286 478°	—	承受陡振及冲击变载荷的需拆开的连接零件，圆锥螺栓
1:500		0°6′52.5″	0.114 591°	—	
注：优先选用系列1，当不能满足需要时选用系列2。					

2. 棱体的角度与斜度系列（表 9 – 25）

表 9 – 25　棱体的角度与斜度系列（摘自 GB/T 4096—2001）

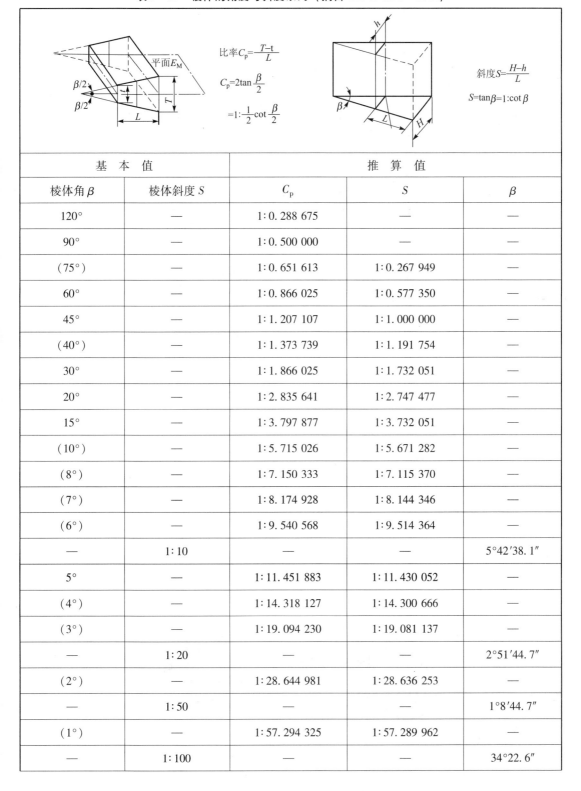

$$比率 C_p = \frac{T-t}{L}$$

$$C_p = 2\tan\frac{\beta}{2}$$

$$= 1 : \frac{1}{2}\cot\frac{\beta}{2}$$

$$斜度 S = \frac{H-h}{L}$$

$$S = \tan\beta = 1 : \cot\beta$$

基　本　值		推　算　值		
棱体角 β	棱体斜度 S	C_p	S	β
120°	—	1 : 0. 288 675	—	—
90°	—	1 : 0. 500 000	—	—
(75°)	—	1 : 0. 651 613	1 : 0. 267 949	—
60°	—	1 : 0. 866 025	1 : 0. 577 350	—
45°	—	1 : 1. 207 107	1 : 1. 000 000	—
(40°)	—	1 : 1. 373 739	1 : 1. 191 754	—
30°	—	1 : 1. 866 025	1 : 1. 732 051	—
20°	—	1 : 2. 835 641	1 : 2. 747 477	—
15°	—	1 : 3. 797 877	1 : 3. 732 051	—
(10°)	—	1 : 5. 715 026	1 : 5. 671 282	—
(8°)	—	1 : 7. 150 333	1 : 7. 115 370	—
(7°)	—	1 : 8. 174 928	1 : 8. 144 346	—
(6°)	—	1 : 9. 540 568	1 : 9. 514 364	—
—	1 : 10	—	—	5°42′38. 1″
5°	—	1 : 11. 451 883	1 : 11. 430 052	—
(4°)	—	1 : 14. 318 127	1 : 14. 300 666	—
(3°)	—	1 : 19. 094 230	1 : 19. 081 137	—
—	1 : 20	—	—	2°51′44. 7″
(2°)	—	1 : 28. 644 981	1 : 28. 636 253	—
—	1 : 50	—	—	1°8′44. 7″
(1°)	—	1 : 57. 294 325	1 : 57. 289 962	—
—	1 : 100	—	—	34°22. 6″

续表

基　本　值		推　算　值		
棱体角 β	棱体斜度 S	C_p	S	β
$(0°30')$	—	1:114.590 832	1:114.588 650	—
—	1:200	—	—	$17'11.3''$
—	1:500	—	—	$6'52.5''$
注：表中棱体角 β，无括号的为第1系列，有括号的为第2系列，优先选用第1系列。				

三、中心孔（表9-26）

表9-26　中心孔（摘自 GB/T 145—2001）　　　　　mm

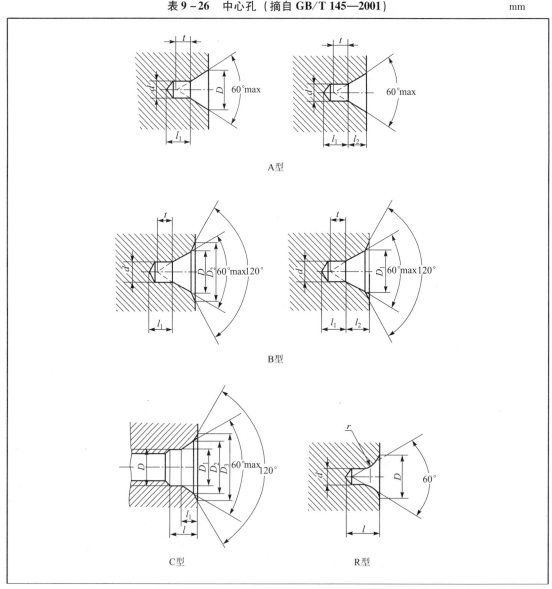

d (A型)	d (B、R型)	D (A型)	D (B型)	D (R型)	l_2 (A型)	l_2 (B型)	t(参考) (A型)	t(参考) (B型)	$l_{\min}$ (R型)	r max	r min	D (C型)	D_1	D_2	D_3	l	l_1(参考)	原料端部最小直径 D_0	轴状原料最大直径 D_c	工件最大质量/t
(0.50)	—	1.06	—	—	0.48	—	0.5	0.5	—	—	—									
(0.63)	—	1.32	—	—	0.60	—	0.6	0.6	—	—	—									
(0.80)	—	1.70	—	—	0.78	—	0.7	0.7	—	—	—									
1.00	1.00	2.12	3.15	2.12	0.97	1.27	0.9	0.9	2.3	3.15	2.50									
(1.25)	(1.25)	2.65	4.00	2.65	1.21	1.60	1.1	1.1	2.8	4.00	3.15									
1.60	1.60	3.35	5.00	3.35	1.52	1.99	1.4	1.4	3.5	5.00	4.00									
2.00	2.00	4.25	6.30	4.25	1.95	2.54	1.8	1.8	4.4	6.30	5.00							8	>10~18	0.12
2.50	2.50	5.30	8.00	5.30	2.42	3.20	2.2	2.2	5.5	8.00	6.30							10	>18~30	0.2
3.15	3.15	6.70	10.00	6.70	3.07	4.03	2.8	2.8	7.0	10.00	8.00	M3	3.2	5.3	5.8	2.6	1.8	12	>30~50	0.5
4.00	4.00	8.50	12.50	8.50	3.90	5.05	3.5	3.5	8.9	12.50	10.00	M4	4.3	6.7	7.4	3.2	2.1	15	>50~80	0.8
(5.00)	(5.00)	10.60	16.00	10.60	4.85	6.41	4.4	4.4	11.2	16.00	12.50	M5	5.3	8.1	8.8	4.0	2.4	20	>80~120	1
6.30	6.30	13.20	18.00	13.20	5.98	7.36	5.5	5.5	14.0	20.00	16.00	M6	6.4	9.6	10.5	5.0	2.8	25	>120~180	1.5
(8.00)	(8.00)	17.00	22.40	17.00	7.79	9.36	7.0	7.0	17.9	25.00	20.00	M8	8.4	12.2	13.2	6.0	3.3	30	>180~220	2
10.00	10.00	21.20	28.00	21.20	9.70	11.66	8.7	8.7	22.5	31.5	25.00	M10	10.5	14.9	16.3	7.5	3.8	35	>180~220	2.5
												M12	13.0	18.1	19.8	9.5	4.4	42	>220~260	3
												M16	17.0	23.0	25.3	12.0	5.2	50	>250~300	5
												M20	21.0	28.4	31.3	15.0	6.4	60	>300 360	7
												M24	25.0	34.2	38.0	18.0	8.0	70	>360	10

注：（1）括号内尺寸尽量不用。
　　（2）选择中心孔的参考数值不属 GB/T 145—2001 内容，仅供参考。
　　（3）A 型和 B 型尺寸 l_1 取决于中心钻的长度 l_1，且 l_1 不应小于 t 值。

四、零件的倒圆、倒角及几何尺寸（表9-27~表9-30）

表9-27 倒圆、倒角形式及尺寸系列（摘自 GB/T 6403.4—2008）　　　　　mm

R、C	0.1	0.2	0.3	0.4	0.5	0.6	0.8	1.0	1.2	1.6	2.0	2.5	3.0
	4.0	5.0	6.0	8.0	10	12	16	20	25	32	40	50	—

注：α 一般采用45°，也可采用30°或60°。

表9-28 内角、外角分别为倒圆、倒角（45°）的四种装配形式（摘自 GB/T 6403.4—2008）

内角倒圆、外角倒角	内角倒圆、外角倒圆	内角倒角、外角倒圆	内角倒角、外角倒角

注：（1）内角倒角，外角倒圆时，C_{max} 与 R_1 的关系见表9-29。

　　（2）按图的形式装配时，内角与外角取值要适当，外角的倒圆或倒角过大会影响零件工作面；内角的倒圆或倒角过小会使应力集中更严重。

表9-29 内角倒角，外角倒圆时 C_{max} 与 R_1 的关系（摘自 GB/T 6403.4—2008）　　　　　mm

	R_1	0.1	0.2	0.3	0.4	0.5	0.6	0.8	1.0	1.2	1.6	2.0
	C_{max}	—	0.1	0.1	0.2	0.2	0.3	0.4	0.5	0.6	0.8	1.0
	R_1	2.5	3.0	4.0	5.0	6.0	8.0	10	12	16	20	25
	C_{max}	1.2	1.6	2.0	2.5	3.0	4.0	5.0	6.0	8.0	10	12

表9-30 与直径 ϕ 相应的倒角 C、倒圆 R 的推荐值（摘自 GB/T 6403.4—2008）　　　　　mm

ϕ	<3	>3~6	>6~10	>10~18	>18~30	>30~50	>50~80	>80~120	>120~180
C 或 R	0.2	0.4	0.6	0.8	1.0	1.6	2.0	2.5	3.0
ϕ	>180~250	>250~320	>320~400	>400~500	>500~630	>630~800	>800~1 000	>1 000~1 250	>1 250~1 600
C 或 R	4.0	5.0	6.0	8.0	10	12	16	20	25

五、越程槽、退刀槽

1. 砂轮越程槽（表9-31~表9-34）

表9-31　回转面及端面砂轮越程槽（摘自 GB/T 6403.5—2008） mm

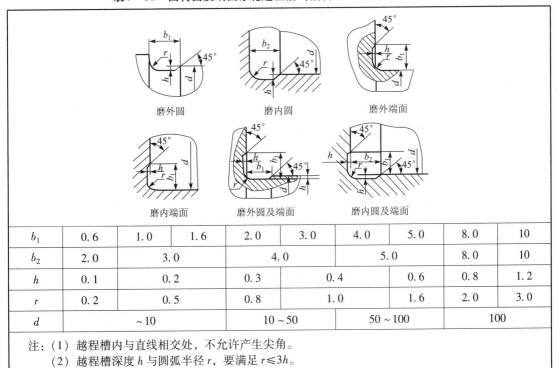

磨外圆　　　磨内圆　　　磨外端面

磨内端面　　磨外圆及端面　　磨内圆及端面

b_1	0.6	1.0	1.6	2.0	3.0	4.0	5.0	8.0	10
b_2	2.0	3.0		4.0		5.0		8.0	10
h	0.1	0.2		0.3	0.4		0.6	0.8	1.2
r	0.2	0.5		0.8	1.0		1.6	2.0	3.0
d	~10			10~50		50~100		100	

注：（1）越程槽内与直线相交处，不允许产生尖角。
　　（2）越程槽深度 h 与圆弧半径 r，要满足 $r \leqslant 3h$。

表9-32　平面砂轮及 V 形砂轮越程槽（摘自 GB/T 6403.5—2008） mm

b	2	3	4	5
r	0.5	1.0	1.2	1.6
h	1.6	2.0	2.5	3.0

表9-33　燕尾导轨砂轮越程槽（摘自 GB/T 6403.5—2008） mm

H	≤5	6	8	10	12	16	20	25	32	40	50	63	80
b	1	2		3			4			5			6
h													
r	0.5			1.0			1.6						2.0

表 9-34　矩形导轨砂轮越程槽（摘自 GB/T 6403.5—2008）　　　　mm

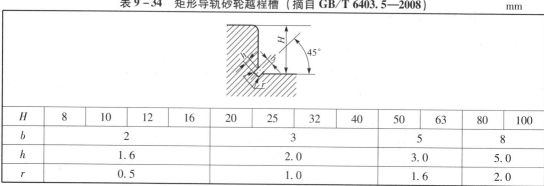

H	8	10	12	16	20	25	32	40	50	63	80	100
b		2				3				5		8
h		1.6				2.0				3.0		5.0
r		0.5				1.0				1.6		2.0

2. 刨切越程槽（表 9-35）

表 9-35　刨切越程槽　　　　mm

名　称	刨　切　越　程
龙门刨	$a + b = 100 \sim 200$
牛头刨床、立刨床	$a + b = 50 \sim 75$

3. 插齿、滚齿退刀槽（表 9-36、表 9-37）

表 9-36　插齿退刀槽　　　　mm

模数	1.5	2	2.25	2.5	3	4	5	6	7	8	9	10	12	14	16
h_{min}	5	5	6	6	6	6	7	7	7	8	8	8	9	9	9
b_{min}	4	5	6	6	7.5	10.5	13	15	16	19	22	24	28	33	38
r		0.5						1.0							

注：（1）表中模数是指直齿齿轮。
（2）插斜齿轮时，螺旋角 β 越大，相应的 b_{min} 和 h_{min} 也越大。

表 9-37　滚人字齿轮退刀槽　　　　mm

法向模数 m_n	螺旋角/(°)				法向模数 m_n	螺旋角/(°)			
	25	30	35	40		25	30	35	40
	b_{min}					b_{min}			
4	46	50	52	54	16	148	158	165	74
5	58	58	62	64	18	164	175	184	192
6	64	66	72	74	20	185	198	208	218
7	70	74	78	82	22	200	212	224	234
8	78	82	86	90	25	215	230	240	250
9	84	90	94	98	28	238	252	266	278
10	94	100	104	108	30	246	260	276	290
12	118	124	130	136	32	264	270	300	312
14	130	138	146	152	36	284	304	322	335

注：退刀槽深度 h 由设计者决定，一般可取 $0.3m_n$。

六、铸件设计规范

1. 铸件最小壁厚（表9-38）

表9-38 铸件最小壁厚 δ mm

铸造方法	铸件尺寸	铸钢	灰铸铁	球墨铸铁	可锻铸铁	铝合金	镁合金	铜合金
砂型	~200×200 >200×200~500×500 >500×500	8 10~12 15~20	~6 >6~10 15~20	6 12	5 8	3 4 6		3~5 6~8
金属型	~70×70 >70×70~150×150 >150×150	5 10	4 5 6		2.5~3.5	2~3 4 5	2.5	3 4~5 6~8

注：（1）一般铸造条件下，各种灰铸铁的最小允许壁厚：

HT100、HT150，$\delta = 4 \sim 6$ mm

HT200，$\delta = 6 \sim 8$ mm

HT250，$\delta = 8 \sim 15$ mm

HT300、HT350，$\delta = 15$ mm

HT400，$\delta \geqslant 20$ mm

（2）如有特殊需要，在改善铸造条件的情况下，灰铸铁最小壁厚可达3 mm，可锻铸铁可小于3 mm。

2. 铸件外壁、内壁与加强筋的厚度（表9-39）

表9-39 铸件外壁、内壁与加强筋的厚度

零件质量 /kg	零件最大外形尺寸 /mm	外壁厚度 /mm	内壁厚度 /mm	加强肋的厚度 /mm	零件举例
~5	300	7	6	5	盖、拨叉、杠杆、端盖、轴套
6~10	500	8	7	5	盖、门、轴套、挡板、支架、箱体
11~60	750	10	8	6	盖、箱体、罩、电动机支架、溜板箱体、支架、托架、门
61~100	1 250	12	10	8	盖、箱体、镗模架、液压缸体、支架、溜板箱体
101~500	1 700	14	12	8	油盘、盖、壁、床鞍箱体、带轮、镗模架
501~800	2 500	16	14	10	镗模架、箱体、床身、轮缘、盖、滑座
801~1 200	3 000	18	16	12	小立柱、箱体、滑座、床身、床鞍、油盘

3. 铸造斜度（表9-40）

表9-40　铸造斜度

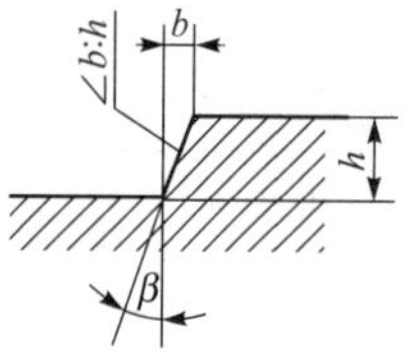

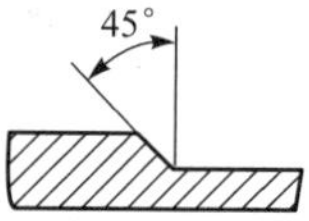

斜度 $b:h$	角度 β	使　用　范　围
1:5	11°30′	$h < 25$ mm 时钢和铁的铸件
1:10	5°30′	$h < 25 \sim 500$ mm 时钢和铁的铸件
1:20	3°	
1:50	1°	$h > 500$ mm 时钢和铁的铸件
1:100	30′	有色金属铸件

注：当设计不同壁厚的铸件时，在转折点处的斜角最大增到 30° ~ 45°。

4. 铸造过渡斜度（表9-41）

表9-41　铸造过渡斜度　　　　　　　　　　mm

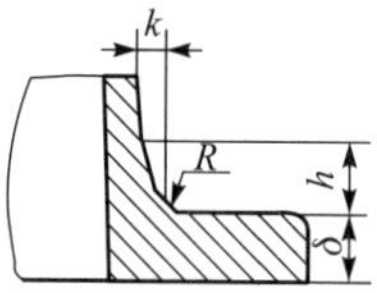

铸铁和铸钢件的壁厚 δ	k	h	R
10 ~ 15	3	15	5
>15 ~ 20	4	20	5
>20 ~ 25	5	25	5
>25 ~ 30	6	30	8
>30 ~ 35	7	35	8
>35 ~ 40	8	40	10
>40 ~ 45	9	45	10
>45 ~ 50	10	50	10
>50 ~ 55	11	55	10
>55 ~ 60	12	60	15
>60 ~ 65	13	65	15
>65 ~ 70	14	70	15
>70 ~ 75	15	75	15

注：本表适用于减速器的机体和机盖、连接管、气缸以及其他连接法兰。

5. 铸造内圆角半径（表9－42）

表9－42　铸造内圆角半径　　　　　　　　　　　　　mm

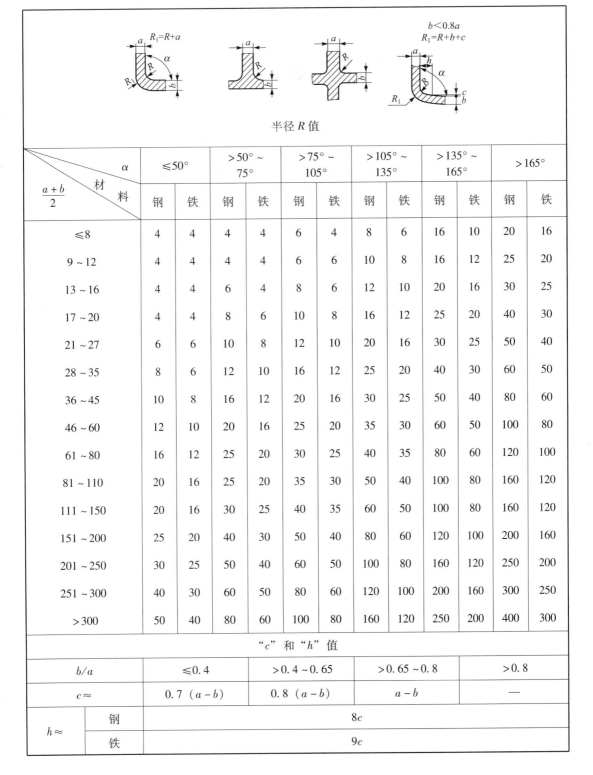

半径 R 值

$\dfrac{a+b}{2}$　　材料	≤50°		>50°~75°		>75°~105°		>105°~135°		>135°~165°		>165°	
	钢	铁	钢	铁	钢	铁	钢	铁	钢	铁	钢	铁
≤8	4	4	4	4	6	4	8	6	16	10	20	16
9~12	4	4	4	4	6	6	10	8	16	12	25	20
13~16	4	4	6	4	8	6	12	10	20	16	30	25
17~20	4	4	8	6	10	8	16	12	25	20	40	30
21~27	6	6	10	8	12	10	20	16	30	25	50	40
28~35	8	6	12	10	16	12	25	20	40	30	60	50
36~45	10	8	16	12	20	16	30	25	50	40	80	60
46~60	12	10	20	16	25	20	35	30	60	50	100	80
61~80	16	12	25	20	30	25	40	35	80	60	120	100
81~110	20	16	25	20	35	30	50	40	100	80	160	120
111~150	20	16	30	25	40	35	60	50	100	80	160	120
151~200	25	20	40	30	50	40	80	60	120	100	200	160
201~250	30	25	50	40	60	50	100	80	160	120	250	200
251~300	40	30	60	50	80	60	120	100	200	160	300	250
>300	50	40	80	60	100	80	160	120	250	200	400	300

"c"和"h"值				
b/a	≤0.4	>0.4~0.65	>0.65~0.8	>0.8
c≈	0.7（a－b）	0.8（a－b）	a－b	—
h≈　钢	8c			
h≈　铁	9c			

6. 铸造外圆角半径（表9－43）

表9－43　铸造外圆角半径　　　　　　　　　　　mm

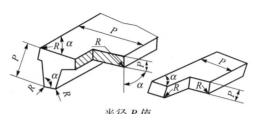

半径R值

P＼α	≤50°	>50°~75°	>75°~105°	>105°~135°	>135°~165°	>165°
≤25	2	2	2	4	6	8
>25~60	2	4	4	6	10	16
>60~160	4	4	6	8	16	25
>160~250	4	6	8	12	20	30
>250~400	6	8	10	16	25	40
>400~600	6	8	12	20	30	50
>600~1 000	8	12	16	25	40	60
>1 000~1 600	10	16	20	30	50	80
>1 600~2 500	12	20	25	40	60	100
>2 500	16	25	30	50	80	120

注：（1）P 为表面的最小边尺寸。
　　（2）如一铸件按表可选出许多不同的圆角"R"时，应尽量减少或只取一适当的"R"值以求
　　　　统一。

第十章

工 程 材 料

第一节 黑色金属材料

一、钢的常用热处理方法及应用（表 10 - 1）

表 10 - 1 钢的常用热处理方法及应用

名称	说 明	应 用
退火（焖火）	退火是将钢件（或钢坯）加热到适当温度，保温一段时间，然后再缓慢冷却下来（一般随炉冷）	用来消除铸、锻、焊零件的内应力，降低硬度，以易于切削加工，细化金属晶粒，改善组织，增加韧度
正火（正常化）	正火是将钢件加热到相变点以上 30 ℃ ~ 50 ℃，保温一段时间，然后在空气中冷却，冷却速度比退火快	用来处理低碳和中碳结构钢材及渗碳零件，使其组织细化，增加强度及韧度，减小内应力，改善切削性能
淬火	淬火是将钢件加热到相变点以上某一温度，保温一段时间，然后放入水、盐水或油中（个别材料在空气中）急剧冷却，使其得到高硬度	用来提高钢的硬度和强度极限。但淬火时会引起内应力使钢变脆，所以淬火后必须回火
回火	回火是将淬硬的钢件加热到相变点以下某一温度，保温一段时间，然后在空气中或油中冷却下来	用来消除淬火后的脆性和内应力，提高钢的塑性和冲击韧度
调质	淬火后高温回火	用来使钢获得高的韧度和足够的强度，很多重要零件都需经过调质处理
表面淬火	仅对零件表层进行淬火，使零件表层有高的硬度和耐磨性，而芯部保持原有的强度和韧度	常用来处理轮齿的表面
时效	将钢加热至 ≤120 ℃ ~ 130 ℃，长时间保温后，随炉或取出在空气中冷却	用来消除或减小淬火后的微观应力，防止变形和开裂，稳定工件形状和尺寸以及消除机械加工的残余应力

二、钢的化学热处理方法及应用（表10－2）

表10－2 钢的化学热处理方法及应用

名称	说　　明	应　　用
渗碳	使表面增碳，渗碳层深度为0.4～6 mm或>6 mm。硬度为56～65 HRC	增加钢件的耐磨性能、表面硬度、抗拉强度及疲劳极限，适用于低碳和中碳（$w_C < 0.40\%$）结构钢的中小型零件和大型的重负荷、受冲击、耐磨的零件
碳氮共渗	使表面增加碳与氮，扩散层深度较浅，为0.02～3.0 mm；硬度高，在共渗层为0.02～0.04 mm时具有66～70 HRC的硬度	增加结构钢、工具钢制件的耐磨性、表面硬度和疲劳极限，提高刀具切削性能和使用寿命，适用于要求硬度高、耐磨的中、小型及薄片的零件和刀具等
渗氮	表面增氮，氮化层为0.025～0.8 mm，而渗氮时间需40～50 h，硬度很高（1 200 HV），耐磨、抗蚀性能高	增加钢件的耐磨性能、表面硬度、疲劳极限及抗蚀能力，适用于结构钢和铸铁件，如气缸套、气门座、机床主轴、丝杠等耐磨零件，以及在潮湿碱水和燃烧气体介质的环境中工作的零件，如水泵轴、排气阀等零件

三、普通碳素结构钢（表10－3）

表10－3 普通碳素结构钢（摘自GB/T 700—2006）

牌号	等级	力　学　性　能													冲击试验		应用举例
		屈服强度 R_{eH}/MPa						抗拉强度 R_m/MPa	断后伸长率 A/%						温度/℃	V型冲击功（纵向）/J	
		钢材厚度（直径）/mm							钢材厚度（直径）/mm								
		≤16	>16～40	>40～60	>60～100	>100～150	>150～200		≤40	>40～60	>60～100	>100～150	>150～200				
		不小于							不小于							不小于	
Q195	—	195	185	—	—	—	—	315～430	33	—	—	—	—	—	—	塑性好，常用其轧制薄板、拉制线材、制钉和焊接钢管
Q215	A	215	205	195	185	175	165	335～450	31	30	29	27	26	—	—	金属结构杆、拉杆、套圈、铆钉、螺栓、短轴、心轴、凸轮（载荷不大的）、垫圈、渗碳零件及焊接件
	B													20	27	

牌号	等级	力学性能												冲击试验		应用举例
		屈服强度 R_{eH}/MPa						抗拉强度 R_m/MPa	断后伸长率 A/%					V 型冲击功（纵向）/J		
		钢材厚度（直径）/mm							钢材厚度（直径）/mm					温度/℃		
		≤16	>16~40	>40~60	>60~100	>100~150	>150~200		≤40	>40~60	>60~100	>100~150	>150~200		不小于	
		不小于							不小于							
Q235	A	235	225	215	215	195	185	370~500	26	25	24	22	21	—	—	金属结构构件，芯部强度要求不高的渗碳或碳氮共渗零件、吊钩、拉杆、套圈、气缸、齿轮、螺栓、螺母、连杆、轮轴、楔、盖及焊接件
	B													20	27	
	C													0		
	D													-20		
Q275	A	275	265	255	245	225	215	410~540	22	21	20	18	17	—	—	轴、轴销、刹车杆、螺母、螺栓、垫圈、连杆、齿轮以及其他强度较高的零件，焊接性尚可
	B													20	27	
	C													0		
	D													-20		

注：表中 A、B、C、D 为 4 种质量等级

四、优质碳素结构钢（表 10－4）

表 10－4　优质碳素结构钢（摘自 GB/T 699—2015）

牌号	试样毛坯尺寸/mm	推荐的热处理制度①			力学性能					交货硬度 HBW		应用举例
		正火	淬火	回火	抗拉强度 R_m/MPa	下屈服强度 R_{eL}②/MPa	断后伸长率 A/%	断面收缩率 Z/%	冲击吸收能量 KU_2/J	未热处理钢	退火钢	
		加热温度/℃			≥					≤		
08	25	930	—	—	325	195	33	60	—	131	—	用于要求塑性高的零件，如管子、垫片、垫圈；芯部强度要求不高的渗碳和碳氮共渗零件，如套筒、短轴、挡块、支架、靠模、离合器盘

续表

牌号	试样毛坯尺寸/mm	推荐的热处理制度①			力学性能					交货硬度 HBW		应用举例
		正火	淬火	回火	抗拉强度 R_m /MPa	下屈服强度 R_{eL}② /MPa	断后伸长率 A/%	断面收缩率 Z/%	冲击吸收能量 KU_2 /J	未热处理钢	退火钢	
		加热温度/℃			≥					≤		
10	25	930	—	—	335	205	31	55	—	137	—	用于制造拉杆、卡头、钢管垫片、垫圈、铆钉。这种钢无回火脆性，焊接性好，用来制造焊接零件
15	25	920	—	—	375	225	27	55	—	143	—	用于受力不大、韧性要求较高的零件、渗碳零件、紧固件、冲模锻件及不需要热处理的低载荷零件，如螺栓、螺钉、拉条、法兰盘及化工储器、蒸汽锅炉
20	25	910	—	—	410	245	25	55	—	156	—	用于不经受很大应力而要求很大韧性的机械零件，如杠杆、轴套、螺钉、起重钩等。也用于制造压力＜6 MPa、温度＜450 ℃、在非腐蚀介质中使用的零件，如管子、导管等。还可用于表面硬度高而芯部强度要求不大的渗碳与氰化零件
25	25	900	870	600	450	275	23	50	71	170	—	用于制造焊接设备，以及经锻造、热冲压和机械加工的不承受高应力的零件，如轴、辊子、连接器、垫圈、螺栓、螺钉及螺母
35	25	870	850	600	530	315	20	45	55	197	—	用于制造曲轴、转轴、轴销、杠杆、连杆、横梁、链轮、圆盘、套筒钩环、垫圈、螺钉和螺母。这种钢多在正火和调质状态下使用，一般不作焊接
40	25	860	840	600	570	335	19	45	47	217	187	用于制造辊子、轴、曲柄销、活塞杆、圆盘

续表

牌号	试样毛坯尺寸/mm	推荐的热处理制度①			力学性能					交货硬度 HBW		应用举例
		正火	淬火	回火	抗拉强度 R_m/MPa	下屈服强度 R_{eL}②/MPa	断后伸长率 A/%	断面收缩率 Z/%	冲击吸收能量 KU_2/J	未热处理钢	退火钢	
		加热温度/℃			≥					≤		
45	25	850	840	600	600	355	16	40	39	229	197	用于制造齿轮、齿条、链轮、轴、键、销、蒸汽透平机的叶轮、压缩机及泵的零件、轧辊等。可代替渗碳钢制作齿轮、轴、活塞销等，但要经高频或火焰表面淬火
50	25	830	830	600	630	375	14	40	31	241	207	用于制造齿轮、拉杆、轧辊、轴、圆盘
55	25	820	—	—	645	380	13	35	—	255	217	用于制造齿轮、连杆、轮缘、扁弹簧及轧辊等
60	25	810	—	—	675	400	12	35	—	255	229	用于制造轧辊、轴、轮箍、弹簧、弹簧垫圈、离合器、凸轮、钢绳等
20Mn	25	910	—	—	450	275	24	50	—	197	—	用于制造凸轮轴、齿轮、联轴器、铰链、托杆等
30Mn	25	880	860	600	540	315	20	45	63	217	187	用于制造螺栓、螺母、螺钉、杠杆及刹车踏板等
40Mn	25	860	840	600	590	355	17	45	47	229	207	用以制造承受疲劳载荷的零件，如轴、万向联轴器、曲轴、连杆及在高应力下工作的螺栓、螺母等
50Mn	25	830	830	600	645	390	13	40	31	255	217	用于制造耐磨性要求很高、在高载荷作用下的热处理零件，如齿轮、齿轮轴、摩擦盘等
65Mn	25	810	—	—	690	410	11	35	—	269	229	适于制造弹簧、弹簧垫圈、弹簧环和片以及冷拔钢丝和发条

①热处理温度允许调整范围：正火 ±30 ℃，淬火 ±20 ℃，回火 ±50 ℃；推荐保温时间：正火不少于 30 min，空冷；淬火不少于 30 min，75、80 和 85 钢油冷，其他钢棒水冷；600 ℃回火不少于 1 h。
②当屈服现象不明显时，可用规定塑性延伸强度 $R_{p0.2}$ 代替。

五、合金结构钢（表 10 – 5）

表 10 – 5　合金结构钢（摘自 GB/T 3077—2015）

牌号	试样毛坯尺寸① /mm	推荐的热处理制度				力学性能					供货状态为退火或高温回火钢棒布氏硬度 HBW	特性及应用举例
		淬火		回火		抗拉强度 R_m /MPa	下屈服强度 R_{eL}② /MPa	断后伸长率 A /%	断面收缩率 Z /%	冲击吸收能量 $KU_2$③ /J		
		加热温度 /℃	冷却剂	加热温度 /℃	冷却剂							
						不小于					不大于	
20Mn2	15	850 880	水、油	200 400	水、空气	785	590	10	40	47	187	截面小时与 20Cr 相当，用于作渗碳小齿轮、小轴、钢套、链板等，渗碳淬火后硬度为 56 ~ 62 HRC
35Mn2	25	840	水	500	水	835	685	12	45	55	207	对于截面较小的零件可代替 40Cr，可作直径 ≤15 mm 的重要用途的冷镦螺栓及小轴等，表面淬火后硬度为 40 ~ 50 HRC
45Mn2	25	840	油	550	水、油	885	735	10	45	47	217	用于制造在较高应力与磨损条件下的零件。在直径 ≤60 mm 时，与 40Cr 相当。可作万向联轴器、齿轮、齿轮轴、蜗杆、曲轴、连杆、花键轴和摩擦盘等，表面淬火后硬度为 45 ~ 55 HRC
35SiMn	25	900	水	570	水、油	885	735	15	45	47	229	除了要求低温（-20 ℃ 以下）及冲击韧性很高的情况外，可全面代替 40Cr 作调质钢，亦可部分代替 40CrNi，可作中小型轴类、齿轮等零件以及在 430 ℃ 以下工作的重要紧固件，表面淬火后硬度为 45 ~ 55 HRC
42SiMn	25	880	水	590	水	885	735	15	40	47	229	与 35SiMn 钢同。可代替 40Cr、34CrMn 钢做大齿圈。适于作表面淬火件，表面淬火后硬度为 45 ~ 55 HRC

续表

牌号	试样毛坯尺寸①/mm	推荐的热处理制度				力学性能					供货状态为退火或高温回火钢棒布氏硬度 HBW	特性及应用举例
		淬火		回火		抗拉强度 R_m /MPa	下屈服强度 R_{eL}② /MPa	断后伸长率 A /%	断面收缩率 Z /%	冲击吸收能量 $KU_2$③ /J		
		加热温度/℃	冷却剂	加热温度/℃	冷却剂	不小于					不大于	
20MnV	15	880	水、油	200	水、空气	785	590	10	40	55	187	相当于 20CrNi 的渗碳钢，渗碳淬火后硬度为 56～62 HRC
40MnB	25	850	油	500	水、油	980	785	10	45	47	207	可代替 40Cr 作重要调质件，如齿轮、轴、连杆、螺栓等
37SiMn2MoV	25	870	水、油	650	水、空气	980	835	12	50	63	269	可代替 34CrNiMo 等作高强度重载荷轴、曲轴、齿轮、蜗杆等零件，表面淬火后硬度为 50～55 HRC
20CrMnTi	15	第一次 880 第二次 870	油	200	水、空气	1080	850	10	45	55	217	强度、韧性均高，是铬镍钢的替代品。用于承受高速、中等或重载荷以及冲击磨损等的重要零件，如渗碳齿轮、凸轮等，渗碳淬火后硬度为 56～62 HRC
20CrMnMo	15	850	油	200	水、空气	1180	885	10	45	55	217	用于要求表面硬度高、耐磨、芯部有较高强度、韧性的零件，如传动齿轮和曲轴等，渗碳淬火后硬度为 56～62 HRC
38CrMoAl	30	940	水、油	640	水、油	980	835	14	50	71	229	用于要求高耐磨性、高疲劳强度和相当高的强度且热处理变形最小的零件，如镗件、主轴、蜗杆、齿轮、套筒、套环等，渗氮后表面硬度为 1100 HV

牌号	试样毛坯尺寸[①]/mm	推荐的热处理制度				力学性能					供货状态为退火或高温回火钢棒布氏硬度HBW	特性及应用举例
		淬火		回火		抗拉强度 R_m /MPa	下屈服强度 R_{eL}[②] /MPa	断后伸长率 A /%	断面收缩率 Z /%	冲击吸收能量 KU_2[③] /J		
		加热温度/℃	冷却剂	加热温度/℃	冷却剂							
						不小于					不大于	
20Cr	15	第一次880 第二次780~820	水、油	200	水、空气	835	540	10	40	47	179	用于要求芯部强度较高、承受磨损、尺寸较大的渗碳零件，如齿轮、齿轮轴、蜗杆、凸轮、活塞销等；也用于速度较大、受中等冲击的调质零件，渗碳淬火后硬度为56~62 HRC
40Cr	25	850	油	520	水、油	980	785	9	45	47	207	用于承受交变载荷、中等速度、中等载荷、强烈磨损而无很大冲击的重要零件，如重要的齿轮、轴、曲轴、连杆、螺栓、螺母等零件，并用于直径大于400 mm、要求低温冲击韧性的轴与齿轮等，表面淬火后硬度为48~55 HRC
20CrNi	25	850	水、油	460	水、油	785	590	10	50	63	197	用于制造承受较高载荷的渗碳零件，如齿轮、轴、花键轴、活塞销等
40CrNi	25	820	油	500	水、油	980	785	10	45	55	241	用于制造要求强度高、韧性高的零件，如齿轮、轴、链条、连杆等
40CrNiMo	25	850	油	600	水、油	980	835	12	55	78	269	用于特大截面的重要调质件，如机床主轴、传动轴、转子轴等

注：（1）表中所列热处理温度允许调整范围：淬火 ±15 ℃，低温回火 ±20 ℃，高温回火 ±50 ℃。

（2）硼钢在淬火前可先经正火，正火温度应不高于其淬火温度，铬锰钛钢第一次淬火可用正火代替。

① 钢棒尺寸小于试样毛坯尺寸时，用原尺寸钢棒进行热处理。

② 当屈服现象不明显时，可用规定塑性延伸强度 $R_{p0.2}$ 代替。

③ 直径小于 16 mm 的圆钢和厚度小于 12 mm 的方钢、扁钢，不做冲击试验。

六、一般工程用铸造碳钢（表 10 - 6）

表 10 - 6　一般工程用铸造碳钢（摘自 GB/T 11352—2009）

| 牌号 | 抗拉强度 R_m/MPa | 屈服强度 R_{eH}($R_{p0.2}$)/MPa | 伸长率 A_5/% | 根据合同选择 | | 硬度 | | 应用举例 |
				断面收缩率 Z/%	冲击吸收功 A_{KV}/J	正火回火 HBW	表面淬火 HRC	
ZG200—400	400	200	25	40	30			各种形状的机件，如机座、变速箱壳等
ZG230—450	450	230	22	32	25	≥131		铸造平坦的零件，如机座、机盖、箱体、铁砧台，工作温度在 450 ℃ 以下的管路附件等。焊接性良好
ZG270—500	500	270	18	25	22	≥143	40 ~ 45	各种形状的机件，如飞轮、机架、蒸汽锤、桩锤、联轴器、水压机工作缸、横梁等。焊接性尚可
ZG310—570	570	310	15	21	15	≥153	40 ~ 50	各种形状的机件，如联轴器、气缸、齿轮、齿轮圈及重负荷机架等
ZG340—640	640	340	10	18	10	169 ~ 229	45 ~ 55	起重运输机的齿轮、联轴器及重要的机件等

注：（1）各牌号铸钢的性能，适用于厚度为 100 mm 以下的铸件，当厚度超过 100 mm 时，表中规定的 R_{eH}（$R_{p0.2}$）屈服强度仅供设计使用。
　　（2）表中冲击吸收功 A_{KV} 的试样缺口为 2 mm。
　　（3）表中硬度值非 GB/T 11352—2009 内容，仅供参考。

七、灰铸铁（表 10 - 7）

表 10 - 7　灰铸铁（摘自 GB/T 9439—2010）

| 牌号 | 铸件壁厚/mm | | 最小抗拉强度 R_m(min) | | 铸件本体预期抗拉强度 R_m(min)/MPa | 硬度 HBW | 应用举例 |
	>	≤	单铸试棒/MPa	附铸试棒或试块/MPa			
HT100	5	40	100	—	—	—	盖、外罩、油盘、手轮、手把、支架等

续表

牌号	铸件壁厚/mm		最小抗拉强度 R_m（min）		铸件本体预期抗拉强度 R_m（min）/MPa	硬度 HBW	应用举例
	>	≤	单铸试棒/MPa	附铸试棒或试块/MPa			
HT150	5	10	150	—	155	135～202	端盖、汽轮泵体、轴承座、阀壳、管子及管路附件、手轮、一般机床底座、床身及其他复杂零件、滑座、工作台等
	10	20		—	130	126～189	
	20	40		120	110	119～178	
	40	80		110	95	113～170	
	80	150		100	80	108～162	
	150	300		90	—	—	
HT200	5	10	200	—	205	152～228	气缸、齿轮、底架、箱体、飞轮、齿条、衬条、一般机床铸有导轨的床身及中等压力（8 MP 以下）液压缸、液压泵和阀的壳体等
	10	20		—	180	143～215	
	20	40		170	155	135～202	
	40	80		150	130	126～189	
	80	150		140	115	120～181	
	150	300		130	—	—	
HT225	5	10	225	—	230	161～241	
	10	20		—	200	150～226	
	20	40		190	170	140～210	
	40	80		170	150	133～199	
	80	150		155	135	128～191	
	150	300		145	—	—	
HT250	5	10	250	—	250	168～252	阀壳、液压缸、气缸、联轴器、箱体、齿轮、齿轮箱外壳、飞轮、衬筒、凸轮和轴承座等
	10	20		—	225	159～239	
	20	40		210	195	149～223	
	40	80		190	170	140～210	
	80	150		170	155	135～202	
	150	300		160	—	—	
HT275	10	20	275	—	250	168～252	
	20	40		230	220	157～236	
	40	80		205	190	147～220	
	80	150		190	175	142～212	
	150	300		175	—	—	

续表

牌号	铸件壁厚/mm		最小抗拉强度 R_m（min）		铸件本体预期抗拉强度 R_m（min）/MPa	硬度 HBW	应用举例
	>	≤	单铸试棒 /MPa	附铸试棒或试块/MPa			
HT300	10	20	300	—	270	175～263	齿轮、凸轮、车床卡盘、剪床、压力机的机身、导板、转塔自动车床及其他重载荷机床铸有导轨的床身、高压液压缸、液压泵和滑阀的壳体等
	20	40		250	240	164～247	
	40	80		220	210	154～231	
	80	150		210	195	149～223	
	150	300		190	—	—	
HT350	10	20	350	—	315	191～286	
	20	40		290	280	179～268	
	40	80		260	250	168～252	
	80	150		230	225	159～239	
	150	300		210	—	—	

注：灰铸铁的硬度，系由经验关系式计算：HBW = RH（100 + 0.44R_m），其中 RH 一般取 0.8～1.2，R_m 取铸件本体预期抗拉强度值。

八、球墨铸铁（表10-8）

表 10-8　球墨铸铁（摘自 GB/T 1348—2009）

材料牌号	抗拉强度 R_m	屈服强度 $R_{p0.2}$	伸长率 A/%	供参考 布氏硬度 HBW	用　途
	MPa				
	最小值				
QT400-18	400	250	18	120～175	减速器箱体、管路、阀体、阀盖、压缩机气缸、拨叉、离合器壳等
QT400-15	400	250	15	120～180	
QT450-10	450	310	10	160～210	油泵齿轮、阀门体、车辆轴瓦、凸轮、犁铧、减速器箱体、轴承座等
QT500-7	500	320	7	170～230	
QT600-3	600	370	3	190～270	曲轴、凸轮轴、齿轮轴、机床主轴、缸体、缸套、连杆、矿车轮、农机零件等
QT700-2	700	420	2	225～305	
QT800-2	800	480	2	245～335	
QT900-2	900	600	2	280～360	曲轴、凸轮轴、连杆、履带式拖拉机链轨板等

注：表中牌号是由单铸试块测定的性能。

第二节 型 钢

一、冷轧钢板和钢带（表10-9）

表10-9 冷轧钢板和钢带（摘自GB/T 708—2006）

公称厚度	公称宽度	公称长度
钢板和钢带的公称厚度为0.30～4.00 mm。公称厚度小于1 mm的钢板和钢带按0.05 mm倍数的任何尺寸；公称厚度不小于1 mm的钢板和钢带按0.1 mm倍数的任何尺寸	钢板和钢带的公称宽度为600～2 050 mm，按10 mm倍数的任何尺寸	钢板和钢带的公称长度为1 000～6 000 mm，按50 mm倍数的任何尺寸

二、热轧钢板（表10-10）

表10-10 热轧钢板（摘自GB/T 709—2006）

公称厚度		公称宽度		公称长度
单轧钢板	钢带（包括连轧钢板）	单轧钢板	钢带（包括连轧钢板）	
单轧钢板公称厚度为3～400 mm。公称厚度小于30 mm的钢板按0.5 mm倍数的任何尺寸；公称厚度不小于30 mm的钢板按1 mm倍数的任何尺寸	钢带（包括连轧钢板）的公称厚度为0.8～25.4 mm，按0.1 mm倍数的任何尺寸	单轧钢板的公称宽度为600～4 800 mm，按10 mm或50 mm倍数的任何尺寸	钢带（包括连轧钢板）的公称宽度为600～2 200 mm，按10 mm倍数的任何尺寸	公称长度为2 000～20 000 mm，按50 mm或100 mm倍数的任何尺寸

三、热轧圆钢和方钢（表10-11）

表10-11 热轧圆钢直径和方钢边长尺寸（摘自GB/T 702—2008）　　　　mm

5.5	6	6.5	7	8	9	10	11	12	13	14	15	16	17	18	19	20	21
22	23	24	25	26	27	28	29	30	31	32	33	34	35	36	38	40	42
45	48	50	53	55	56	58	60	63	65	68	70	75	80	85	90	95	100
105	110	115	120	125	130	135	140	145	150	155	160	165	170	180	190	200	210
220	230	240	250	260	270	280	290	300	310								
注：本标准适用于直径为5.5～310 mm的热轧圆钢和边长为5.5～200 mm的热轧方钢。																	

四、热轧工字钢（表 10 – 12）

表 10 – 12　热轧工字钢（摘自 GB/T 706—2008）

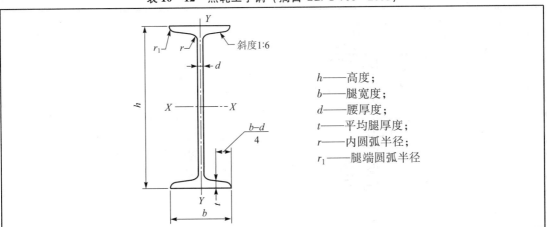

| h——高度；
b——腿宽度；
d——腰厚度；
t——平均腿厚度；
r——内圆弧半径；
r_1——腿端圆弧半径 |

型号	截面尺寸/mm						截面面积/cm²	惯性矩/cm⁴		惯性半径/cm		截面模数/cm³	
	h	b	d	t	r	r_1		I_x	I_y	i_x	i_y	W_x	W_y
10	100	68	4.5	7.6	6.5	3.3	14.345	245	33.0	4.14	1.52	49.0	9.72
12	120	74	5.0	8.4	7.0	3.5	17.818	436	46.9	4.95	1.62	72.7	12.7
12.6	126	74	5.0	8.4	7.0	3.5	18.118	488	46.9	5.20	1.61	77.5	12.7
14	140	80	5.5	9.1	7.5	3.8	21.516	712	64.4	5.76	1.73	102	16.1
16	160	88	6.0	9.9	8.0	4.0	26.131	1 130	93.1	6.58	1.89	141	21.2
18	180	94	6.5	10.7	8.5	4.3	30.756	1 660	122	7.35	2.00	185	26.0
20a	200	100	7.0	11.4	9.0	4.5	35.578	2 370	158	8.15	2.12	237	31.5
20b	200	102	9.0	11.4	9.0	4.5	39.578	2 500	169	7.96	2.05	250	33.1
22a	220	110	7.5	12.3	9.5	4.8	42.128	3 400	225	8.99	2.31	309	40.9
22b	220	112	9.5	12.3	9.5	4.8	46.528	3 570	239	8.78	2.27	325	42.7
24a	240	116	8.0	13.0	10.0	5.0	47.741	4 570	280	9.77	2.42	381	48.4
24b	240	118	10.0	13.0	10.0	5.0	52.541	4 800	297	9.57	2.38	400	50.4
25a	250	116	8.0	13.0	10.0	5.0	48.541	5 020	280	10.2	2.40	402	48.3
25b	250	118	10.0	13.0	10.0	5.0	53.541	5 280	309	9.94	2.40	423	52.4
27a	270	122	8.5	13.7	10.5	5.3	54.554	6 550	345	10.9	2.51	485	56.6
27b	270	124	10.5	13.7	10.5	5.3	59.954	6 870	366	10.7	2.47	509	58.9
28a	280	122	8.5	13.7	10.5	5.3	55.404	7 110	345	11.3	2.50	508	56.6
28b	280	124	10.5	13.7	10.5	5.3	61.004	7 480	379	11.1	2.49	534	61.2
30a	300	126	9.0	14.4	11.0	5.5	61.254	8 950	400	12.1	2.55	597	63.5
30b	300	128	11.0	14.4	11.0	5.5	67.254	9 400	422	11.8	2.50	627	65.9
30c	300	130	13.0	14.4	11.0	5.5	73.254	9 850	445	11.6	2.46	657	68.5

五、热轧槽钢（表 10 – 13）

表 10 – 13　热压槽钢（摘自 GB/T 706—2008）

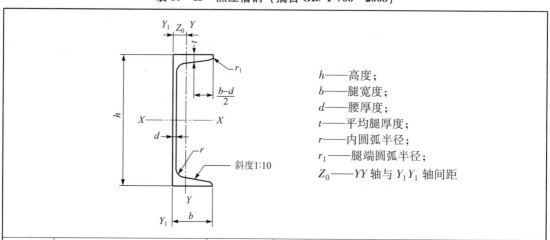

h——高度；
b——腿宽度；
d——腰厚度；
t——平均腿厚度；
r——内圆弧半径；
r_1——腿端圆弧半径；
Z_0——YY 轴与 Y_1Y_1 轴间距

型号	截面尺寸 /mm						截面面积 /cm²	惯性矩 /cm⁴			惯性半径 /cm		截面模数 /cm³		重点距离 /cm
	h	b	d	t	r	r_1		I_x	I_y	I_{y1}	i_x	i_y	W_x	W_y	Z_0
5	50	37	4.5	7.0	7.0	3.5	6.928	26.0	8.30	20.9	1.94	1.10	10.4	3.55	1.35
6.3	63	40	4.8	7.5	7.5	3.8	8.451	50.8	11.9	28.4	2.45	1.19	16.1	4.50	1.36
6.5	65	40	4.3	7.5	7.5	3.8	8.547	55.2	12.0	28.3	2.54	1.19	17.0	4.59	1.38
8	80	43	5.0	8.0	8.0	4.0	10.248	101	16.6	37.4	3.15	1.27	25.3	5.79	1.43
10	100	48	5.3	8.5	8.5	4.2	12.748	198	25.6	54.9	3.95	1.41	39.7	7.80	1.52
12	120	53	5.5	9.0	9.0	4.5	15.362	346	37.4	77.7	4.75	1.56	57.7	10.2	1.62
12.6	126	53	5.5	9.0	9.0	4.5	15.692	391	38.0	77.1	4.95	1.57	62.1	10.2	1.59
14a	140	58	6.0	9.5	9.5	4.8	18.516	564	53.2	107	5.52	1.70	80.5	13.0	1.71
14b	140	60	8.0	9.5	9.5	4.8	21.316	609	61.1	121	5.35	1.69	87.1	14.1	1.67
16a	160	63	6.5	10.0	10.0	5.0	21.962	866	73.3	144	6.28	1.83	108	16.3	1.80
16b	160	65	8.5	10.0	10.0	5.0	25.162	935	83.4	161	6.10	1.82	117	17.6	1.75
18a	180	68	7.0	10.5	10.5	5.2	25.699	1 270	98.6	190	7.04	1.96	141	20.0	1.88
18b	180	70	9.0	10.5	10.5	5.2	29.299	1 370	111	210	6.84	1.95	152	21.5	1.84
20a	200	73	7.0	11.0	11.0	5.5	28.837	1 780	128	244	7.86	2.11	178	24.2	2.01
20b	200	75	9.0	11.0	11.0	5.5	32.837	1 910	144	268	7.64	2.09	191	25.9	1.95
22a	220	77	7.0	11.5	11.5	5.8	31.846	2 390	158	298	8.67	2.23	218	28.2	2.10
22b	220	79	9.0	11.5	11.5	5.8	36.246	2 570	176	326	8.42	2.21	234	30.1	2.03

续表

型号	截面尺寸/mm						截面面积/cm²	惯性矩/cm⁴			惯性半径/cm		截面模数/cm³		重点距离/cm
	h	b	d	t	r	r_1		I_x	I_y	I_{y1}	i_x	i_y	W_x	W_y	Z_0
24a	240	78	7.0	12.0	12.0	6.0	34.217	3 050	174	325	9.45	2.25	254	30.5	2.10
24b	240	80	9.0				39.017	3 280	194	355	9.17	2.23	274	32.5	2.03
24c	240	82	11.0				43.817	3 510	213	388	8.96	2.21	293	34.4	2.00
25a	250	78	7.0				34.917	3 370	176	322	9.82	2.24	270	30.6	2.07
25b	250	80	9.0				39.917	3 530	196	353	9.41	2.22	282	32.7	1.98
25c	250	82	11.0				44.917	3 690	218	384	9.07	2.21	295	35.9	1.92

六、热轨等边角钢（表10-14）

表10-14　热轧等边角钢（摘自 GB/T 706—2008）

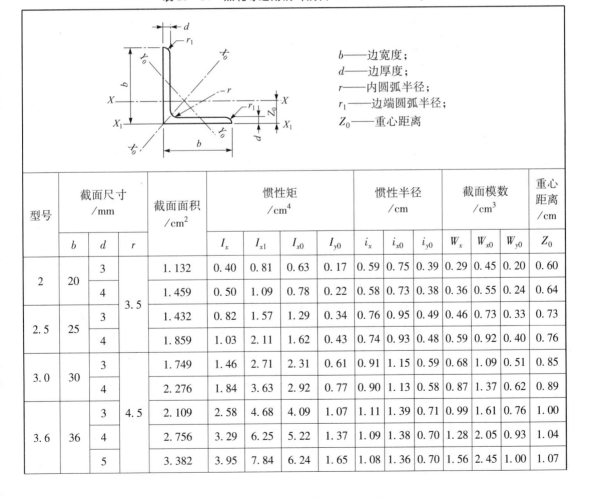

b——边宽度；
d——边厚度；
r——内圆弧半径；
r_1——边端圆弧半径；
Z_0——重心距离

型号	截面尺寸/mm			截面面积/cm²	惯性矩/cm⁴				惯性半径/cm			截面模数/cm³			重心距离/cm
	b	d	r		I_x	I_{x1}	I_{x0}	I_{y0}	i_x	i_{x0}	i_{y0}	W_x	W_{x0}	W_{y0}	Z_0
2	20	3	3.5	1.132	0.40	0.81	0.63	0.17	0.59	0.75	0.39	0.29	0.45	0.20	0.60
		4		1.459	0.50	1.09	0.78	0.22	0.58	0.73	0.38	0.36	0.55	0.24	0.64
2.5	25	3		1.432	0.82	1.57	1.29	0.34	0.76	0.95	0.49	0.46	0.73	0.33	0.73
		4		1.859	1.03	2.11	1.62	0.43	0.74	0.93	0.48	0.59	0.92	0.40	0.76
3.0	30	3	4.5	1.749	1.46	2.71	2.31	0.61	0.91	1.15	0.59	0.68	1.09	0.51	0.85
		4		2.276	1.84	3.63	2.92	0.77	0.90	1.13	0.58	0.87	1.37	0.62	0.89
3.6	36	3	4.5	2.109	2.58	4.68	4.09	1.07	1.11	1.39	0.71	0.99	1.61	0.76	1.00
		4		2.756	3.29	6.25	5.22	1.37	1.09	1.38	0.70	1.28	2.05	0.93	1.04
		5		3.382	3.95	7.84	6.24	1.65	1.08	1.36	0.70	1.56	2.45	1.00	1.07

续表

型号	截面尺寸/mm			截面面积/cm²	惯性矩/cm⁴				惯性半径/cm			截面模数/cm³			重心距离/cm
	b	d	r		I_x	I_{x1}	I_{x0}	I_{y0}	i_x	i_{x0}	i_{y0}	W_x	W_{x0}	W_{y0}	Z_0
4	40	3	5	2.359	3.59	6.41	5.69	1.49	1.23	1.55	0.79	1.23	2.01	0.96	1.09
		4		3.086	4.60	8.56	7.29	1.91	1.22	1.54	0.79	1.60	2.58	1.19	1.13
		5		3.791	5.53	10.74	8.76	2.30	1.21	1.52	0.78	1.96	3.10	1.39	1.17
4.5	45	3	5	2.659	5.17	9.12	8.20	2.14	1.40	1.76	0.89	1.58	2.58	1.24	1.22
		4		3.486	6.65	12.18	10.56	2.75	1.38	1.74	0.89	2.05	3.32	1.54	1.26
		5		4.292	8.04	15.2	12.74	3.33	1.37	1.72	0.88	2.51	4.00	1.81	1.30
		6		5.076	9.33	18.36	14.76	3.89	1.36	1.70	0.8	2.95	4.64	2.06	1.33
5	50	3	5.5	2.971	7.18	12.5	11.37	2.98	1.55	1.96	1.00	1.96	3.22	1.57	1.34
		4		3.897	9.26	16.69	14.70	3.82	1.54	1.94	0.99	2.56	4.16	1.96	1.38
		5		4.803	11.21	20.90	17.79	4.64	1.53	1.92	0.98	3.13	5.03	2.31	1.42
		6		5.688	13.05	25.14	20.68	5.42	1.52	1.91	0.98	3.68	5.85	2.63	1.46
5.6	56	3	6	3.343	10.19	17.56	16.14	4.24	1.75	2.20	1.13	2.48	4.08	2.02	1.48
		4		4.390	13.18	23.43	20.92	5.46	1.73	2.18	1.11	3.24	5.28	2.52	1.53
		5		5.415	16.02	29.33	25.42	6.61	1.72	2.17	1.10	3.97	6.42	2.98	1.57
		6		6.420	18.69	35.26	29.66	7.73	1.71	2.15	1.10	4.68	7.49	3.40	1.61
		7		7.404	21.23	41.23	33.63	8.82	1.69	2.13	1.09	5.36	8.49	3.80	1.64
		8		8.367	23.63	47.24	37.37	9.89	1.68	2.11	1.09	6.03	9.44	4.16	1.68
6	60	5	6.5	5.829	19.89	36.05	31.57	8.21	1.85	2.33	1.19	4.59	7.44	3.48	1.67
		6		6.914	23.25	43.33	36.89	9.60	1.83	2.31	1.18	5.41	8.70	3.98	1.70
		7		7.977	26.44	50.65	41.92	10.96	1.82	2.29	1.17	6.21	9.88	4.45	1.74
		8		9.020	29.47	58.02	46.66	12.28	1.81	2.27	1.17	6.98	11.00	4.88	1.78
6.3	63	4	7	4.978	19.03	33.35	30.17	7.89	1.96	2.46	1.26	4.13	6.78	3.29	1.70
		5		6.143	23.17	41.73	36.77	9.57	1.94	2.45	1.25	5.08	8.25	3.90	1.74
		6		7.288	27.12	50.14	43.03	11.20	1.93	2.43	1.24	6.00	9.66	4.46	1.78
		7		8.412	30.87	58.60	48.95	12.79	1.92	2.41	1.23	6.88	10.99	4.98	1.82
		8		9.515	34.46	67.11	54.56	14.33	1.90	2.40	1.23	7.75	12.25	5.47	1.85
		10		11.657	41.09	84.31	64.85	17.33	1.88	2.36	1.22	9.39	14.56	6.36	1.93

型号	截面尺寸 /mm			截面面积 /cm²	惯性矩 /cm⁴				惯性半径 /cm			截面模数 /cm³			重心距离 /cm
	b	d	r		I_x	I_{x1}	I_{x0}	I_{y0}	i_x	i_{x0}	i_{y0}	W_x	W_{x0}	W_{y0}	Z_0
7	70	4	8	5.570	26.39	45.74	41.80	10.99	2.18	2.74	1.40	5.14	8.44	4.17	1.86
		5		6.875	32.21	57.21	51.08	13.31	2.16	2.73	1.39	6.32	10.32	4.95	1.91
		6		8.160	37.77	68.73	59.93	15.61	2.15	2.71	1.38	7.48	12.11	5.67	1.95
		7		9.424	43.09	80.29	68.35	17.82	2.14	2.69	1.38	8.59	13.81	6.34	1.99
		8		10.667	48.17	91.92	76.37	19.98	2.12	2.68	1.37	9.68	15.43	6.98	2.03
7.5	75	5	9	7.412	39.97	70.56	63.30	16.63	2.33	2.92	1.50	7.32	11.94	5.77	2.04
		6		8.797	46.95	84.55	74.38	19.51	2.31	2.90	1.49	8.64	14.02	6.67	2.07
		7		10.160	53.57	98.71	84.96	22.18	2.30	2.89	1.48	9.93	16.02	7.44	2.11
		8		11.503	59.96	112.97	95.07	24.86	2.28	2.88	1.47	11.20	17.93	8.19	2.15
		9		12.825	66.10	127.30	104.71	27.48	2.87	2.86	1.46	12.43	19.75	8.89	2.18
		10		14.126	71.98	141.71	113.92	30.05	2.26	2.84	1.46	13.64	21.48	9.56	2.22
8	80	5	9	7.912	48.79	85.36	77.33	20.25	2.48	3.13	1.60	8.34	13.67	6.66	2.15
		6		9.397	57.35	102.50	90.98	23.72	2.47	3.11	1.59	9.87	16.08	7.65	2.19
		7		10.860	65.58	119.70	104.07	27.09	2.46	3.10	1.58	11.37	18.40	8.58	2.23
		8		12.303	73.49	136.97	116.60	30.39	2.44	3.08	1.57	12.83	20.61	9.46	2.27
		9		13.725	81.11	154.31	128.60	33.61	2.43	3.06	1.56	14.25	22.73	10.29	2.31
		10		15.126	88.43	171.74	140.09	36.77	2.42	3.04	1.56	15.64	24.76	11.08	2.35
9	70	6	10	10.637	82.77	145.87	131.26	34.28	2.79	3.51	1.80	12.61	20.63	9.95	2.44
		7		12.301	94.83	170.30	150.47	39.18	2.78	3.50	1.78	14.54	23.64	11.19	2.48
		8		13.944	106.47	194.80	168.97	43.97	2.76	3.48	1.78	16.42	26.55	12.35	2.52
		9		15.566	117.72	219.39	186.77	48.66	2.75	3.46	1.77	18.27	29.35	13.46	2.56
		10		17.167	128.58	244.07	203.90	53.26	2.74	3.45	1.76	20.07	32.04	14.52	2.59
		12		20.306	149.22	293.76	236.21	62.22	2.71	3.41	1.75	23.57	37.12	16.49	2.67
10	100	6	12	11.932	114.95	200.07	181.98	47.92	3.10	3.90	2.00	15.68	25.74	12.69	2.67
		7		13.796	131.86	233.54	208.97	54.74	3.09	3.89	1.99	18.10	29.55	14.26	2.71
		8		15.638	148.24	267.09	235.07	61.41	3.08	3.88	1.98	20.47	33.24	15.75	2.76
		9		17.462	164.12	300.73	260.30	67.95	3.07	3.86	1.97	22.79	36.81	17.18	2.80
		10		19.261	179.51	334.48	284.68	74.35	3.05	3.84	1.96	25.06	40.26	18.54	2.84
		12		22.800	208.90	402.34	330.95	86.84	3.03	3.81	1.95	29.48	46.80	21.08	2.91
		14		26.256	236.53	470.75	374.06	99.00	3.00	3.77	1.94	33.73	52.90	23.44	2.99
		16		29.627	262.53	539.80	414.16	110.89	2.98	3.74	1.94	37.82	58.57	25.63	3.06

第三节　有色金属材料

一、铸造铜及铜合金（表10－15）

表10－15　铸造铜及铜合金（摘自 GB/T 1176—2013）

合金牌号	合金名称（或代号）	铸造方法	室温力学性能，不低于				应用举例
			抗拉强度 R_m/MPa	屈服强度 $R_{p0.2}$/MPa	伸长率 A/%	布氏硬度 HBW	
ZCuSn5Pb5Zn5	5-5-5 锡青铜	S、J、R	200	90	13	60*	较高载荷、中等滑动速度下工作的耐磨、耐腐蚀零件，如轴瓦、衬套、缸套及蜗轮等
		Li、La	250	100	13	65*	
ZCuSn10P1	10-1 锡青铜	S、R	220	130	3	80*	高载荷（20 MPa 以下）和高滑动速度（8 m/s）下工作的耐磨零件，如连杆、衬套、轴瓦、齿轮、蜗轮等
		J	310	170	2	90*	
		Li	330	170	4	90*	
		La	360	170	6	90*	
ZCuSn10Pb5	10-5 锡青铜	S	195		10	70	结构材料、耐蚀、耐酸的配件以及破碎机衬套、轴瓦等
		J	245		10	70	
ZCuPb17Sn4Zn4	17-4-4 铅青铜	S	150		5	55	一般耐磨件、高滑动速度的轴承等
		J	175		7	60	
ZCuAl10Fe3	10-3 铝青铜	S	490	180	13	100*	要求强度高、耐磨、耐蚀的重型铸件，如轴套、螺母、蜗轮以及250 ℃以下工作的管配件等
		J	540	200	15	110*	
		Li、La	540	200	15	110*	
ZCuAl10Fe3Mn2	10-3-2 铝青铜	S、R	490		15	110	要求强度高、耐磨、耐蚀的零件，如齿轮、轴承、衬套、管嘴，以及耐热管配件等
		J	540		20	120	
ZCuZn38	38 黄铜	S	295	95	30	60	一般结构件和耐蚀件，如法兰、阀座、支架、手柄和螺母等
		J	295	95	30	70	
ZCuZn40Pb2	40-2 铅黄铜	S、R	220	95	15	80*	一般用途的耐磨、耐蚀零件，如轴套、齿轮等
		J	280	120	20	90*	
ZCuZn38Mn2Pb2	38-2-2 锰黄铜	S	245		10	70	一般用途的结构件，如套筒、衬套、轴瓦、滑块等
		J	345		18	80	
ZCuZn16Si4	16-4 硅黄铜	S、R	345	180	15	90	接触海水工作的管配件以及水泵、叶轮等
		J	390		20	100	

注：（1）铸造方法代号：S—砂型铸造；J—金属型铸造；Li—离心铸造；La—连续铸造；R—熔模铸造。

　　（2）有"*"符号的数据为参考值。

二、铸造铝合金（表 10 – 16）

表 10 – 16 铸造铝合金（摘自 GB/T 1173—2013）

合金牌号	合金名称（或代号）	铸造方法	合金状态	力学性能，≥			应用举例
				抗拉强度 R_m/MPa	伸长率 A/%	布氏硬度 HBW	
ZAlSi12	ZL102 铝硅合金	SB、JB、RB、KB	F	145	4	50	气缸活塞以及高温工作的、承受冲击载荷的复杂薄壁零件
			T2	135	4	50	
		J	F	155	2	50	
			T2	145	3	50	
ZAlSi9Mg	ZL104 铝硅合金	S、J、R、K	F	150	2	50	形状复杂的高温静载荷或受冲击作用的大型零件，如扇风机叶片、水冷气缸头
		J	T1	200	1.5	65	
		SB、RB、KB	T6	230	2	70	
		J、JB	T6	240	2	70	
ZAlMg5Si1	ZL303 铝镁合金	S、J、R、K	F	143	1	55	高耐蚀性或在高温度下工作的零件
ZAlZn11Si7	ZL401 铝锌合金	S、R、K	T1	195	2	80	铸造性能较好，可不进行热处理，用于形状复杂的大型薄壁零件，耐蚀性差
		J	T1	245	1.5	90	

注：（1）铸造方法代号：S—砂型铸造；J—金属型铸造；R—熔模铸造；K—壳型铸造；B—变质处理。
（2）合金状态代号：F—铸态；T1—人工时效；T2—退火；T6—固溶处理加完全人工时效。

三、铸造轴承合金（表 10 – 17）

表 10 – 17 铸造轴承合金（摘自 GB/T 1174—1992）

合金牌号	合金名称（或代号）	铸造方法	合金状态	力学性能（不低于）			布氏硬度 HBW	应用举例
				抗拉强度 σ_b	屈服强度 $\sigma_{0.2}$	伸长率 δ_5		
				MPa		%		
ZSnSb12Pb10Cu4	锡基轴承合金	J					29	汽轮机、压缩机、机车、发电机、球磨机、轧机减速器、发动机等各种机器的滑动轴承衬
ZSnSb11Cu6		J					27	
ZSnSb8Cu4		J					24	
ZPbSb16Sn16Cu2	铅基轴承合金	J					30	
ZPbSb15Sn10		J					24	
ZPbSb15Sn5		J					20	

注：铸造方法代号：J—金属型铸造。

第四节 工 程 塑 料

常用工程塑料的性能见表 10 - 18。

表 10 - 18 常用工程塑料的性能

品种	力 学 性 能							热 性 能				应用举例
	抗拉强度/MPa	抗压强度/MPa	抗弯强度/MPa	伸长率/%	冲击韧度/(MJ·m²)	弹性模量/(10³MPa)	硬度	熔点/℃	马丁耐热/℃	脆化温度/℃	线胀系数/(10⁻⁵·℃⁻¹)	
尼龙6	53 ~ 77	59 ~ 88	69 ~ 98	150 ~ 250	带缺口 0.003 1	0.83 ~ 2.6	85 ~ 114 HRR	215 ~ 223	40 ~ 50	-20 ~ -30	7.9 ~ 8.7	具有优良的机械强度和耐磨性，广泛用作机械、化工及电气零件，例如：轴承、齿轮、凸轮、滚子、辊轴、泵叶轮、风扇叶轮、蜗轮、螺钉、螺母、垫圈、高压密封圈、阀座、输油管、储油容器等。尼龙粉末还可喷涂于各种零件表面，以提高耐磨性能和密封性能
尼龙9	57 ~ 64		79 ~ 84		无缺口 0.25 ~ 0.30	0.97 ~ 1.2		209 ~ 215	12 ~ 48		8 ~ 12	
尼龙66	66 ~ 82	88 ~ 118	98 ~ 108	60 ~ 200	带缺口 0.003 9	1.4 ~ 3.3	100 ~ 118 HRR	265	50 ~ 60	-25 ~ -30	9.1 ~ 10.0	
尼龙610	46 ~ 59	69 ~ 88	69 ~ 98	100 ~ 240	带缺口 0.003 5 ~ 0.005 5	1.2 ~ 2.3	90 ~ 113 HRR	210 ~ 223	51 ~ 56		9.0 ~ 12.0	
尼龙1010	51 ~ 54	108	81 ~ 87	100 ~ 250	带缺口 0.004 0 ~ 0.005 0	1.6	7.1 HBW	200 ~ 210	45	-60	10.5	
MC尼龙（无填充）	90	105	156	20	无缺口 0.520 ~ 0.624	3.6（拉伸）	21.3 HBW		55		8.3	强度高，适于制造大型齿轮、蜗轮、轴套、大型阀门密封面、导向环、导轨、滚动轴承保持架、船尾轴承、起重汽车吊索绞盘蜗轮、柴油发动机燃料泵齿轮、矿山铲掘机轴承、水压机立柱导套、大型轧钢机辊导轴瓦等

续表

品种	力 学 性 能							热 性 能				应用举例
	抗拉强度/MPa	抗压强度/MPa	抗弯强度/MPa	伸长率/%	冲击韧度/(MJ·m²)	弹性模量/(10³MPa)	硬度	熔点/℃	马丁耐热/℃	脆化温度/℃	线胀系数/(10⁻⁵·℃⁻¹)	
聚甲醛（均聚物）	69（屈服）	125	96	15	带缺口0.007 6	2.9（弯曲）	17.2 HBW		60 ~ 64		8.1 ~ 10.0（当温度在0 ℃ ~ 40 ℃时）	具有良好的摩擦磨损性能，尤其是优越的干摩擦性能。用于制造轴承、齿轮、凸轮、滚轮辊子、阀门上的阀杆螺母、垫圈、法兰、垫片、泵叶轮、鼓风机叶片、弹簧、管道等
聚碳酸酯	65 ~ 69	82 ~ 86	104	100	带缺口0.064 ~ 0.075	2.2 ~ 2.5（拉伸）	9.7 ~ 10.4 HBW	220 ~ 230	110 ~ 130	-100	6 ~ 7	具有高的冲击韧性和优异的尺寸稳定性。用于制造齿轮、蜗轮、蜗杆、齿条、凸轮、心轴、轴承、滑轮、铰链、传动链、螺栓、螺母、垫圈、铆钉、泵叶轮、汽车化油器部件、节流阀、各种外壳等

第十一章
极限与配合、几何公差和表面结构

第一节　极限与配合

一、尺寸公差和基本偏差系列

GB/T 1800.1—2009 中，孔（或轴）的公称尺寸、上极限尺寸和下极限尺寸的关系如图 11-1（a）所示。在实际使用中，为了简化起见常不画出孔（或轴），仅用公差带图来表示其公称尺寸、尺寸公差及极限偏差的关系，如图 11-1（b）所示。

基本偏差是确定公差带相对零线位置的那个极限偏差，它可以是上极限偏差或下极限偏差，一般为靠近零线的那个偏差，图 11-1（b）所示为下极限偏差。基本偏差系列及代号见图 11-2。

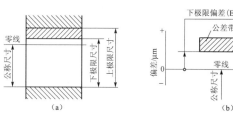

图 11-1　极限与配合部分术语及相应关系

（a）公称尺寸、上极限尺寸、下极限尺寸；（b）公差带图解

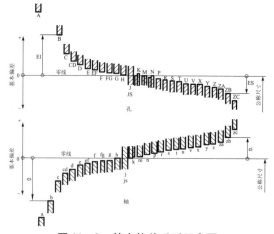

图 11-2　基本偏差系列示意图

二、标准公差数值（表 11 –1）

表 11 –1　公称尺寸至 3 150 mm 的标准公差数值（摘自 GB/T 1800. 1—2009）

公称尺寸 /mm		标准公差等级																
		IT1	IT2	IT3	IT4	IT5	IT6	IT7	IT8	IT9	IT10	IT11	IT12	IT13	IT14	IT15	IT16	IT17	IT18
大于	至	μm											mm						
—	3	0.8	1.2	2	3	4	6	10	14	25	40	60	0.1	0.14	0.25	0.4	0.6	1	1.4
3	6	1	1.5	2.5	4	5	8	12	18	30	48	75	0.12	0.18	0.3	0.48	0.75	1.2	1.8
6	10	1	1.5	2.5	4	6	9	15	22	36	58	90	0.15	0.22	0.36	0.58	0.9	1.5	2.2
10	18	1.2	2	3	5	8	11	18	27	43	70	110	0.18	0.27	0.43	0.7	1.1	1.8	2.7
18	30	1.5	2.5	4	6	9	13	21	33	52	84	130	0.21	0.33	0.52	0.84	1.3	2.1	3.3
30	50	1.5	2.5	4	7	11	16	25	39	62	100	160	0.25	0.39	0.62	1	1.6	2.5	3.9
50	80	2	3	5	8	13	19	30	46	74	120	190	0.3	0.46	0.74	1.2	1.9	3	4.6
80	120	2.5	4	6	10	15	22	35	54	87	140	220	0.35	0.54	0.87	1.4	2.2	3.5	5.4
120	180	3.5	5	8	12	18	25	40	63	100	160	250	0.4	0.63	1	1.6	2.5	4	6.3
180	250	4.5	7	10	14	20	29	46	72	115	185	290	0.46	0.72	1.15	1.85	2.9	4.6	7.2
250	315	6	8	12	16	23	32	52	81	130	210	320	0.52	0.81	1.3	2.1	3.2	5.2	8.1
315	400	7	9	13	18	25	36	57	89	140	230	360	0.57	0.89	1.4	2.3	3.6	5.7	8.9
400	500	8	10	15	20	27	40	63	97	155	250	400	0.63	0.97	1.55	2.5	4	6.3	9.7
500	630	9	11	16	22	32	44	70	110	175	280	440	0.7	1.1	1.75	2.8	4.4	7	11
630	800	10	13	18	25	36	50	80	125	200	320	500	0.8	1.25	2	3.2	5	8	12.5
800	1 000	11	15	21	28	40	56	90	140	230	360	560	0.9	1.4	2.3	3.6	5.6	9	14
1 000	1 250	13	18	24	33	47	66	105	165	260	420	660	1.05	1.65	2.6	4.2	6.6	10.5	16.5
1 250	1 600	15	21	29	39	55	78	125	195	310	500	780	1.25	1.95	3.1	5	7.8	12.5	19.5
1 600	2 000	18	25	35	46	65	92	150	230	370	600	920	1.5	2.3	3.7	6	9.2	15	23
2 000	2 500	22	30	41	55	78	110	175	280	440	700	1 100	1.75	2.8	4.4	7	11	17.5	28
2 500	3 150	26	36	50	68	96	135	210	330	540	860	1 350	2.1	3.3	5.4	8.6	13.5	21	33

注：（1）公称尺寸大于 500 mm 的 IT1～IT5 的标准公差数值为试行的。

　　（2）公称尺寸小于或等于 1 mm 时，无 IT14～IT18。

三、轴、孔的基本偏差数值（表 11 - 2、表 11 - 3）

表 11 - 2　轴的基本偏差数值（摘自 GB/T 1800.1—2009）　　　　μm

公称尺寸 /mm	上极限偏差 es						下极限偏差 ei								
	所有标准公差等级						IT5 和 IT6	IT7	IT4 ~ IT7	> IT7	所有标准公差等级				
	d	e	f	g	h	js	j		k		m	n	p	r	s
>3 - 6	-30	-20	-10	-4			-2	-4	+1		+4	+8	+12	+15	+19
>6 ~ 10	-40	-25	-13	-5			-2	-5	+1		+6	+10	+15	+19	+23
>10 ~ 18	-50	-32	-16	-6			-3	-6	+1		+7	+12	+18	+23	+28
>18 ~ 30	-65	-40	-20	-7			-4	-8	+2		+8	+15	+22	+28	+35
>30 ~ 50	-80	-50	-25	-9			-5	-10	+2		+9	+17	+26	+34	+43
>50 ~ 65	-100	-60	-30	-10			-7	-12	+2		+11	+20	+32	+41	+53
>65 ~ 80														+43	+59
>80 ~ 100	-120	-72	-36	-12			-9	-15	+3		+13	+23	+37	+51	+71
>100 ~ 120														+54	+79
>120 ~ 140	-145	-85	-43	-14	0	偏差 = ± ITn/2, 式中，ITn 为 IT 值数	-11	-18	+3	0	+15	+27	+43	+63	+92
>140 ~ 160														+65	+100
>160 ~ 180														+68	+108
>180 ~ 200	-170	-100	-50	-15			-13	-21	+4		+17	+31	+50	+77	+122
>200 ~ 225														+80	+130
>225 ~ 250														+84	+140
>250 ~ 280	-190	-110	-56	-17			-16	-26	+4		+20	+34	+56	+94	+158
>280 ~ 315														+98	+170
>315 ~ 355	-210	-125	-62	-18			-18	-28	+4		+21	+37	+62	+108	+190
>355 ~ 400														+114	+208
>400 ~ 450	-230	-135	-68	-20			-20	-32	+5		+23	+40	+68	+126	+232
>450 ~ 500														+132	+252

注：IT 值数由表 11 - 1 查出。

表 11－3 孔的基本偏差数值（摘自 GB/T 1800.1—2009）

单位：μm

公称尺寸/mm	下极限偏差 EI（所有标准公差等级） D	E	F	G	H	JS	上极限偏差 ES J IT6	J IT7	J IT8	K IT5	K IT6	K IT7	K IT8	M IT5	M IT6	M IT7	M IT8	N IT5	N IT6	N IT7	N IT8	N ≥IT9	P IT5	P IT6	P IT7	P IT8·IT9	R IT5	R IT6	R IT7	R IT8	S IT5	S IT6	S IT7	S IT8·IT9
>3~6	+30	+20	+10	+4	0	偏差=±ITn/2，式中 ITn 为 IT 值数	+5	+6	+10	0	+2	+3	+5	−3	−1	0	+2	−7	−5	−4	−2	0	−11	−9	−8	−12	−14	−12	−11	−15	−18	−16	−15	−19
>6~10	+40	+25	+13	+5	0		+5	+8	+12	+1	+2	+5	+6	−4	−3		+1	−8	−7	−4	−3		−13	−12	−9	−15	−17	−16	−13	−19	−21	−20	−17	−23
>10~18	+50	+32	+16	+6	0		+6	+10	+15	+2	+2	+6	+8	−4	−4		+2	−9	−9	−5	−3		−15	−15	−11	−18	−20	−20	−16	−23	−25	−25	−21	−28
>18~30	+65	+40	+20	+7	0		+8	+12	+20	+1	+2	+6	+10	−5	−4		+4	−12	−11	−7	−3		−19	−18	−14	−22	−25	−24	−20	−28	−32	−31	−27	−35
>30~50	+80	+50	+25	+9	0		+10	+14	+24	+2	+3	+7	+12	−5	−4		+5	−13	−12	−8	−3		−22	−21	−17	−26	−30	−29	−25	−34	−39	−38	−34	−43
>50~65	+100	+60	+30	+10	0		+13	+18	+28	+3	+4	+9	+14	−6	−5		+5	−15	−14	−9	−4		−27	−26	−21	−32	−36	−35	−30	−41	−48	−47	−42	−53
>65~80	+100	+60	+30	+10	0		+13	+18	+28	+3	+4	+9	+14	−6	−5		+5	−15	−14	−9	−4		−27	−26	−21	−32	−38	−37	−32	−43	−54	−53	−48	−59
>80~100	+120	+72	+36	+12	0		+16	+22	+34	+2	+4	+10	+16	−8	−6		+6	−18	−16	−10	−4		−32	−30	−24	−37	−46	−44	−38	−51	−66	−64	−58	−71
>100~120	+120	+72	+36	+12	0		+16	+22	+34	+2	+4	+10	+16	−8	−6		+6	−18	−16	−10	−4		−32	−30	−24	−37	−49	−47	−41	−54	−74	−72	−66	−79
>120~140	+145	+85	+43	+14	0		+18	+26	+41	+3	+4	+12	+20	−9	−8		+8	−21	−20	−12	−4		−37	−36	−28	−43	−57	−56	−48	−63	−86	−85	−77	−92
>140~160	+145	+85	+43	+14	0		+18	+26	+41	+3	+4	+12	+20	−9	−8		+8	−21	−20	−12	−4		−37	−36	−28	−43	−59	−58	−50	−65	−94	−93	−85	−100
>160~180	+145	+85	+43	+14	0		+18	+26	+41	+3	+4	+12	+20	−9	−8		+8	−21	−20	−12	−4		−37	−36	−28	−43	−62	−61	−53	−68	−102	−101	−93	−108
>180~200	+170	+100	+50	+15	0		+22	+30	+47	+2	+5	+13	+22	−11	−8		+9	−25	−22	−14	−5		−44	−41	−33	−50	−71	−68	−60	−77	−116	−113	−105	−122
>200~225	+170	+100	+50	+15	0		+22	+30	+47	+2	+5	+13	+22	−11	−8		+9	−25	−22	−14	−5		−44	−41	−33	−50	−74	−71	−63	−80	−124	−121	−113	−130
>225~250	+170	+100	+50	+15	0		+22	+30	+47	+2	+5	+13	+22	−11	−8		+9	−25	−22	−14	−5		−44	−41	−33	−50	−78	−75	−67	−84	−134	−131	−123	−140
>250~280	+190	+110	+56	+17	0		+25	+36	+55	+3	+5	+16	+25	−13	−9		+9	−27	−25	−14	−5		−49	−47	−36	−56	−87	−85	−74	−94	−151	−149	−138	−158
>280~315	+190	+110	+56	+17	0		+25	+36	+55	+3	+5	+16	+25	−13	−9		+9	−27	−25	−14	−5		−49	−47	−36	−56	−91	−89	−78	−98	−163	−161	−150	−170
>315~355	+210	+125	+62	18	0		+29	+39	+60	+3	+7	+17	+28	−14	−10		+11	−30	−26	−16	−5		−55	−51	−41	−62	−101	−97	−87	−108	−183	−179	−169	−190
>355~400	+210	+125	+62	18	0		+29	+39	+60	+3	+7	+17	+28	−14	−10		+11	−30	−26	−16	−5		−55	−51	−41	−62	−107	−103	−93	−114	−201	−197	−187	−208
>400~450	+230	+135	+68	+20	0		+33	+43	+66	+2	+8	+18	+29	−16	−10		+11	−33	−27	−17	−6		−61	−55	−45	−68	−119	−113	−103	−126	−225	−219	−209	−232
>450~500	+230	+135	+68	+20	0		+33	+43	+66	+2	+8	+18	+29	−16	−10		+11	−33	−27	−17	−6		−61	−55	−45	−68	−125	−119	−109	−132	−245	−239	−229	−252

注：IT 值数由表 11－1 查出。

四、未注公差的线性尺寸公差（表11-4）

表11-4 未注公差的线性尺寸公差（摘自 GB/T 1804—2000） mm

公差等级	线性尺寸的极限偏差数值								倒圆半径与倒角高度尺寸的极限偏差数值			
	尺寸分段								尺寸分段			
	0.5~3	>3~6	>6~30	>30~120	>120~400	>400~1 000	>1 000~2 000	>2 000~4 000	0.5~3	>3~6	>6~30	>30
f（精密级）	±0.05	±0.05	±0.1	±0.15	±0.2	±0.3	±0.5	—	±0.2	±0.5	±1	±2
m（中等级）	±0.1	±0.1	±0.2	±0.3	±0.5	±0.8	±1.2	±2	±0.2	±0.5	±1	±2
c（粗糙级）	±0.2	±0.3	±0.5	±0.8	±1.2	±2	±3	±4	±0.4	±1	±2	±4
v（最粗级）	—	±0.5	±1	±1.5	±2.5	±4	±6	±8	±0.4	±1	±2	±4

在图样、技术文件或标准中的表示方法示例：GB/T 1804—m（表示选用中等级）

注：本标准适用于金属切削加工的尺寸，也适用于一般冲压加工的尺寸。非金属材料和其他工艺方法加工的尺寸亦可参照采用。

五、优先、常用配合（表11-5、表11-6）

表11-5 基孔制优先、常用配合（摘自 GB/T 1801—2009）

基准孔	轴										
	d	e	f	g	h	js	k	m	n	p	r	s
	间隙配合					过渡配合			过盈配合			
H6			$\frac{H6}{f5}$	$\frac{H6}{g5}$	$\frac{H6}{h5}$	$\frac{H6}{js5}$	$\frac{H6}{k5}$	$\frac{H6}{m5}$	$\frac{H6}{n5}$	$\frac{H6}{p5}$	$\frac{H6}{r5}$	$\frac{H6}{s5}$
H7			$\frac{H7}{f6}$	$\frac{H7}{g6}$	$\frac{H7}{h6}$	$\frac{H7}{js6}$	$\frac{H7}{k6}$	$\frac{H7}{m6}$	$\frac{H7}{n6}$	$\frac{H7}{p6}$	$\frac{H7}{r6}$	$\frac{H7}{s6}$
H8		$\frac{H8}{e7}$	$\frac{H8}{f7}$	$\frac{H8}{g7}$	$\frac{H8}{h7}$	$\frac{H8}{js7}$	$\frac{H8}{k7}$	$\frac{H8}{m7}$	$\frac{H8}{n7}$	$\frac{H8}{p7}$	$\frac{H8}{r7}$	$\frac{H8}{s7}$
H8	$\frac{H8}{d8}$	$\frac{H8}{e8}$	$\frac{H8}{f8}$		$\frac{H8}{h8}$							
H9	$\frac{H9}{d9}$	$\frac{H9}{e9}$	$\frac{H9}{f9}$		$\frac{H9}{h9}$							

注：标注 ◤ 的配合为优先配合。

表 11 −6　基轴制优先、常用配合（摘自 GB/T 1801—2009）

基准轴	孔											
	D	E	F	G	H	JS	K	M	N	P	R	S
	间隙配合					过渡配合			过盈配合			
h5			$\dfrac{F6}{h5}$	$\dfrac{G6}{h5}$	$\dfrac{H6}{h5}$	$\dfrac{JS6}{h5}$	$\dfrac{K6}{h5}$	$\dfrac{M6}{h5}$	$\dfrac{N6}{h5}$	$\dfrac{P6}{h5}$	$\dfrac{R6}{h5}$	$\dfrac{S6}{h5}$
h6			$\dfrac{F7}{h6}$	▼$\dfrac{G7}{h6}$	▼$\dfrac{H7}{h6}$	$\dfrac{JS7}{h6}$	▼$\dfrac{K7}{h6}$	$\dfrac{M7}{h6}$	▼$\dfrac{N7}{h6}$	▼$\dfrac{P7}{h6}$	$\dfrac{R7}{h6}$	▼$\dfrac{S7}{h6}$
h7		$\dfrac{E8}{h7}$	▼$\dfrac{F8}{h7}$		▼$\dfrac{H8}{h7}$	$\dfrac{JS8}{h7}$	$\dfrac{K8}{h7}$	$\dfrac{M8}{h7}$	$\dfrac{N8}{h7}$			
h8	$\dfrac{D8}{h8}$	$\dfrac{E8}{h8}$	$\dfrac{F8}{h8}$		$\dfrac{H8}{h8}$							
h9	▼$\dfrac{D9}{h9}$	$\dfrac{E9}{h9}$	$\dfrac{F9}{h9}$		▼$\dfrac{H9}{h9}$							

注：标注▼的配合为优先配合。

六、极限与配合的应用

1. 基孔制轴的基本偏差的应用（表 11 −7）

表 11 −7　基孔制轴的基本偏差的应用

配合种类	基本偏差	配合特性及应用
间隙配合	a、b	可得到特别大的间隙，很少应用
	c	可得到很大的间隙，一般适用于缓慢、较松的动配合。用于工作条件较差（如农业机械）、受力变形，或为了便于装配而必须保证有较大的间隙时。推荐配合为 H11/c11，其较高级的配合，如 H8/c7 适用于轴在高温工作的紧密动配合，例如内燃机排气阀和导管
	d	一般用于 IT7 ~ IT11，适用于松的转动配合，如密封盖、滑轮、空转带轮等与轴的配合，也适用于大直径滑动轴承配合，如透平机、球磨机、轧滚成形和重型弯曲机及其他重型机械中的一些滑动支承
	e	多用于 IT7 ~ IT9，通常适用于要求有明显间隙、易于转动的支承配合，如大跨距、多支点支承等。高等级的轴适用于大型、高速、重载支承配合，如涡轮发电机、大型电动机、内燃机、凸轮轴及摇臂支承等
	f	多用于 IT6 ~ IT8 的一般转动配合。当温度影响不大时，广泛用于普通润滑油（或润滑脂）润滑的支承，如齿轮箱、小电动机、泵等的转轴与滑动支承的配合
	g	配合间隙很小，制造成本高，除很轻负荷的精密装置外，不推荐用于转动配合。多用于 IT5 ~ IT7，最适合不回转的精密滑动配合，也用于插销等定位配合，如精密连杆轴承、活塞、滑阀及连杆销等
	h	多用于 IT4 ~ IT11，广泛用于无相对转动的零件，作为一般的定位配合。若没有温度、变形影响，也用于精密滑动配合

续表

配合种类	基本偏差	配合特性及应用
过渡配合	js	为完全对称偏差（±IT/2），平均为稍有间隙的配合，多用于IT4～IT7，要求间隙比h轴小，并允许略有过盈的定位配合，如联轴器，可用手或木槌装配
	k	平均为没有间隙的配合，适用于IT4～IT7。推荐用于稍有过盈的定位配合，例如为了消除振动用的定位配合，一般用木槌装配
	m	平均为具有小过盈的过渡配合，适用于IT4～IT7，一般用木槌装配，但在最大过盈时要求相当的压入力
过盈配合	n	平均过盈比m轴稍大，适用于IT4～IT7，用锤子或压力机装配，通常推荐用于紧密的组件配合
	p	与H6孔或H7孔配合时是过盈配合，与H8孔配合时则为过渡配合。对非铁类零件，为较轻的压入配合，易于拆卸；对钢、铸铁或铜、钢组件装配是标准压入配合
	r	对铁类零件为中等打入配合；对非铁类零件，为轻打入配合，可拆卸。与H8孔配合，直径在100 mm以上时为过盈配合，直径小时为过渡配合
	s	用于钢与铁制零件的永久性和半永久性装配，可产生相当大的结合力。当用弹性材料，如轻合金时，配合性质与铁类零件的p轴相当，例如用于套环压装在轴上、阀座与机体等配合。尺寸较大时，为了避免损伤配合表面，需用热胀或冷缩法装配
	t、u、v x、y、z	过盈量依次增大，一般不推荐采用

2. 优先配合特性及应用举例（表11-8）

表11-8　优先配合特性及应用举例

基孔制	基轴制	优先配合特性及应用举例
$\dfrac{H11}{c11}$	$\dfrac{C11}{h11}$	间隙非常大，用于很松的、转动很慢的动配合，或要求大公差与大间隙的外露组件，或要求装配方便的很松的配合
$\dfrac{H9}{d9}$	$\dfrac{D9}{h9}$	间隙很大的自由转动配合，用于精度非主要要求，或有大的温度变动、高转速或大的轴颈压力时
$\dfrac{H8}{f7}$	$\dfrac{F8}{h7}$	间隙不大的转动配合，用于中等转速与中等轴颈压力的精确转动，也用于装配较易的中等定位配合
$\dfrac{H7}{g6}$	$\dfrac{G7}{h6}$	间隙很小的滑动配合，用于不希望自由转动，但可自由移动和滑动并精密定位时，也可用于要求明确的定位配合
$\dfrac{H7}{h6}\ \dfrac{H8}{h7}$ $\dfrac{H9}{h9}\ \dfrac{H11}{h11}$	$\dfrac{H7}{h6}\ \dfrac{H8}{h7}$ $\dfrac{H9}{h9}\ \dfrac{H11}{h11}$	均为间隙定位配合，零件可自由装拆，而工作时一般相对静止不动。在最大实体条件下的间隙为零，在最小实体条件下的间隙由公差等级决定

续表

基孔制	基轴制	优先配合特性及应用举例
$\dfrac{H7}{k6}$	$\dfrac{K7}{h6}$	过渡配合，用于精密定位
$\dfrac{H7}{n6}$	$\dfrac{N7}{h6}$	过盈配合，允许比过渡配合有较大过盈的更精密定位
$\dfrac{H7}{p6}$	$\dfrac{P7}{h6}$	过盈定位配合，即小过盈配合，用于定位精度特别重要时，能以最好的定位精度达到部件的刚性及对中性要求，而对内孔承受压力无特殊要求，不依靠配合的紧固性传递摩擦载荷
$\dfrac{H7}{s6}$	$\dfrac{S7}{h6}$	中等压入配合，适用于一般钢件，或用于薄壁件的冷缩配合，用于铸铁件可得到最紧的配合
$\dfrac{H7}{u6}$	$\dfrac{U7}{h6}$	压入配合，适用于可以承受大压入力的零件或不宜承受大压入力的冷缩配合

3. 公差等级的应用（表 11 - 9）

表 11 - 9　公差等级的应用

应用	公差等级（IT）																		
	1	2	3	4	5	6	7	8	9	10	11	12	13	14	15	16	17	18
量块																		
量规																		
特别精密零件的配合																		
配合尺寸																		
原材料公差																		
非配合尺寸（大制造公差）																		

4. 公差等级与加工方法的关系（表 11 - 10）

表 11 - 10　公差等级与加工方法的关系

加工方法	公差等级（IT）															
	1	2	3	4	5	6	7	8	9	10	11	12	13	14	15	16
研磨																
珩																
金刚石车、金刚石镗																
拉削、磨																
粉末冶金成形																

续表

加工方法	公差等级（IT）															
	1	2	3	4	5	6	7	8	9	10	11	12	13	14	15	16
铰孔						─	─	─	─	─						
粉末冶金烧结						─	─	─								
车、镗							─	─	─	─	─					
铣								─	─	─	─					
刨、插、滚压、挤压								─	─	─	─					
钻孔										─	─	─				
冲压										─	─	─				
压铸											─	─	─			
锻造													─	─	─	
砂型铸造、气割															─	─

第二节　几何公差

一、几何公差符号（表 11 – 11）

表 11 – 11　几何公差符号（摘自 GB/T 1182—2008）

几何特征符号											
公差类型	几何特征	符号	有无基准	公差类型	几何特征	符号	有无基准	公差类型	几何特征	符号	有无基准
形状公差	直线度	—	无	方向公差	垂直度	⊥	有	位置公差	同轴度（用于轴线）	◎	有
	平面度	▱	无		倾斜度	∠	有		对称度	═	有
	圆度	○	无		线轮廓度	⌒	有		线轮廓度	⌒	有
	圆柱度	⌀	无		面轮廓度	⌓	有		面轮廓度	⌓	有
	线轮廓度	⌒	无	位置公差	位置度	⊕	有或无	跳动公差	圆跳动	↗	有
	面轮廓度	⌓	无		同心度（用于中心点）	◎	有		全跳动	↗↗	有
方向公差	平行度	∥	有								

附加符号					
说明	符号	说明	符号	说明	符号
被测要素		最小实体要求	Ⓛ	大径	MD
基准要素	A A	自由状态条件（非刚性零件）	Ⓕ	中径、节径	PD
基准目标	$\dfrac{\phi2}{A1}$	全周（轮廓）		线素	LE
理论正确尺寸	50	包容要求	Ⓔ	不凸起	NC
延伸公差带	Ⓟ	公共公差带	CZ	任意横截面	ACS
最大实体要求	Ⓜ	小径	LD		

公差框格	
说　明	图　例
各格自左至右顺序标注以下内容： ——几何特征符号； ——公差值，以线型尺寸单位表示的量值。如果公差带为圆形或圆柱形，公差值前应加注符号"ϕ"；如果公差带为圆球形，公差值前应加注符号"Sϕ"； ——基准，用一个字母表示单个基准或用几个字母表示基准体系或公共基准	— 0.1　// 0.1 A ⊕ ϕ0.1 A C B ⊕ Sϕ0.1 A B C ◎ ϕ0.1 A-B
当某项公差应用于几个相同要素时，应在公差框格的上方被测要素的尺寸之前注明要素的个数，并在两者之间加上符号"×"	6×　　　6×ϕ12±0.02 □ 0.2　⊕ ϕ0.1
如果需要限制被测要素在公差带内的形状，应在公差框格的下方注明	□ 0.1 NC
如果需要就某个要素给出几种几何特征的公差，可将一个公差框格放在另一个的下面	— 0.01 // 0.06 B
注：GB/T 1182—1996 中规定的基准符号为 A。	

二、几何公差值及应用举例（表11-12～表11-15）

表11-12　直线度、平面度公差（摘自 GB/T 1184—1996）　μm

主参数 L 图例

精度等级	主　参　数　L/mm													应用举例
	≤10	>10 ~16	>16 ~25	>25 ~40	>40 ~63	>63 ~100	>100 ~160	>160 ~250	>250 ~400	>400 ~630	>630 ~1 000	>1 000 ~1 600	>1 600 ~2 500	
5 6	2 3	2.5 4	3 5	4 6	5 8	6 10	8 12	10 15	12 20	15 25	20 30	25 40	30 50	普通精度机床导轨，柴油机进、排气门导杆
7 8	5 8	6 10	8 12	10 15	12 20	15 25	20 30	25 40	30 50	40 60	50 80	60 100	80 120	轴承体的支承面，压力机导轨及滑块，减速器箱体、油泵、轴系支承轴承的接合面
9 10	12 20	15 25	20 30	25 40	30 50	40 60	50 80	60 100	80 120	100 150	120 200	150 250	200 300	辅助机构及手动机械的支承面，液压管件和法兰的连接面
11 12	30 60	40 80	50 100	60 120	80 150	100 200	120 250	150 300	200 400	250 500	300 600	400 800	500 1 000	离合器的摩擦片，汽车发动机缸盖接合面

注：表中"应用举例"非 GB/T 1184—1996 内容，仅供参考。

表 11－13　圆度、圆柱度公差（摘自 GB/T 1184—1996）　　　μm

主参数 d(D) 图例

精度等级	主　参　数 d(D)/mm												应用举例
	>3 ~6	>6 ~10	>10 ~18	>18 ~30	>30 ~50	>50 ~80	>80 ~120	>120 ~180	>180 ~250	>250 ~315	>315 ~400	>400 ~500	
5 6	1.5 2.5	1.5 2.5	2 3	2.5 4	2.5 4	3 5	4 6	5 8	7 10	8 12	9 13	10 15	安装 P6、P0 级滚动轴承的配合面，中等压力下的液压装置工作面（包括泵、压缩机的活塞和气缸），风动绞车曲轴，通用减速器轴颈，一般机床主轴
7 8	4 5	4 6	5 8	6 9	7 11	8 13	10 15	12 18	14 20	16 23	18 25	20 27	发动机的胀圈、活塞销及连杆中装衬套的孔等，千斤顶或压力油缸活塞，水泵及减速器轴颈，液压传动系统的分配机构，拖拉机气缸体与气缸套配合面，炼胶机冷铸轧辊
9 10 11	8 12 18	9 15 22	11 18 27	13 21 33	16 25 39	19 30 46	22 35 54	25 40 63	29 46 72	32 52 81	36 57 89	40 63 97	起重机、卷扬机用的滑动轴承，带软密封的低压泵的活塞和气缸　通用机械杠杆与拉杆、拖拉机的活塞环与套筒孔
12	30	36	43	52	62	74	87	100	115	130	140	155	

注：表中"应用举例"非 GB/T 1184—1996 内容，仅供参考。

表 11-14　平行度、垂直度、倾斜度公差（摘自 GB/T 1184—1996）　μm

主参数 L、$d(D)$ 图例

精度等级	主参数 $d(D)$/mm													应用举例	
	≤10	>10 ~16	>16 ~25	>25 ~40	>40 ~63	>63 ~100	>100 ~160	>160 ~250	>250 ~400	>400 ~630	>630 ~1 000	>1 000 ~1 600	>1 600 ~2 500	平行度	垂直度
5	5	6	8	10	12	15	20	25	30	40	50	60	80	机床主轴孔对基准面要求，重要轴承孔对基准面要求，床头箱体重要孔间要求，一般减速器壳体孔、齿轮泵的轴孔端面等	机床重要支承面，发动机轴和离合器的凸缘，气缸的支承端面，装 P4、P5 级轴承的箱体的凸肩
6	8	10	12	15	20	25	30	40	50	60	80	100	120	一般机床零件的工作面或基准面，压力机和锻锤的工作面，中等精度钻模的工作面，一般刀、量、模具。 机床一般轴承孔对基准面的要求，床头箱一般孔间要求，气缸轴线，变速器箱孔，主轴花键对定心直径，重型机械轴盖的端面，卷扬机、手动传动装置中的传动轴	低精度机床主要基准面和工作面，回转工作台端面跳动，一般导轨，主轴箱体孔，刀架、砂轮架及工作台回转中心，机床轴肩，气缸配合面对其轴线，活塞销孔对活塞中心线以及装 P6、P0 级轴承壳体孔的轴线等
7	12	15	20	25	30	40	50	60	80	100	120	150	200		
8	20	25	30	40	50	60	80	100	120	150	200	250	300		
9	30	40	50	60	80	100	120	150	200	250	300	400	500	低精度零件，重型机械滚动轴承端盖。 柴油机和煤气发动机的曲轴孔、轴颈等	花键轴轴肩、带式输送机法兰盘等端面对称轴心线，手动卷扬机及传动装置中轴承端面、减速壳体平面等
10	50	60	80	100	120	150	200	250	300	400	500	600	800		
11	80	100	120	150	200	250	300	400	500	600	800	1 000	1 200	零件的非工作面，卷扬机、输送机上用的减速器壳体平面	
12	120	150	200	250	300	400	500	600	800	1 000	1 200	1 500	2 000		

注：表中"应用举例"非 GB/T 1184—1996 内容，仅供参考。

表 11-15 同轴度、对称度、圆跳动和全跳动公差（摘自 GB/T 1184—1996） μm

主参数 $d(D)$、B、L 图例

精度等级	主参数 $d(D)$、L、B/mm											应用举例
	>3 ~6	>6 ~10	>10 ~18	>18 ~30	>30 ~50	>50 ~120	>120 ~250	>250 ~500	>500 ~800	>800 ~1 250	>1 250 ~2 000	
5 6	3 5	4 6	5 8	6 10	8 12	10 15	12 20	15 25	20 30	25 40	30 50	6级和7级精度齿轮轴的配合面，较高精度的高速轴，汽车发动机曲轴和分配轴的支承轴颈，较高精度机床的轴套
7 8	8 12	10 15	12 20	15 25	20 30	25 40	30 50	40 60	50 80	60 100	80 120	8级和9级精度齿轮轴的配合面，拖拉机发动机分配轴轴颈，普通精度高速轴（1 000 r/min 以下），长度在 1 m 以下的主传动轴，起重运输机的鼓轮配合孔和导轮的滚动面
9 10	25 50	30 60	40 80	50 100	60 120	80 150	100 200	120 250	150 300	200 400	250 500	10级和11级精度齿轮轴的配合面，发动机气缸套配合面，水泵叶轮，离心泵泵件，摩托车活塞，自行车中轴
11 12	80 150	100 200	120 250	150 300	200 400	250 500	300 600	400 800	500 1 000	600 1 200	800 1 500	用于无特殊要求，一般按尺寸公差等级 IT12 制造的零件

注：表中"应用举例"非 GB/T 1184—1996 内容，仅供参考。

第三节　表　面　结　构

一、表面结构的评定参数

评定表面结构的参数分为轮廓参数（根据 GB/T 3505）、图形参数（根据 GB/T 18618）和支承率曲线参数（基于 GB/T 18778.2 和 GB/T 18778.3）三种。各参数代号见表 11-16 ～ 表 11-18，参数定义参见各相关标准。

目前在生产中主要用 R 轮廓的幅度参数 Ra（a 表示轮廓的算术平均偏差）和 Rz（z 表示轮廓的最大高度）来评定表面结构，其中以 Ra 应用最广。

表 11-16　根据 GB/T 3505 定义的轮廓参数代号

轮廓类型	幅度参数									间距参数	混合参数	曲线和相关参数		
	峰谷值					平均值								
R 轮廓（粗糙度参数）	Rp	Rv	Rz	Rc	Rt	Ra	Rq	Rsk	Rku	Rsm	$R\Delta q$	$Rmr(c)$	$R\delta c$	Rmr
W 轮廓（波纹度参数）	Wp	Wv	Wz	Wc	Wt	Wa	Wq	Wsk	Wku	Wsm	$W\Delta q$	$Wmr(c)$	$W\delta c$	Wmr
P 轮廓（原始轮廓参数）	Pp	Pv	Pz	Pc	Pt	Pa	Pq	Psk	Pku	Psm	$P\Delta q$	$Pmr(c)$	$P\delta c$	Pmr

表 11-17　根据 GB/T 18618 定义的图形参数代号

类　型	参　数
粗糙度轮廓（粗糙度图形参数）	R　Rx　AR
波纹度轮廓（波纹度图形参数）	W　Wx　AW　Wte

表 11-18　基于 GB/T 18778.2 和 GB/T 18778.3 的支承率曲线的参数代号

类　型		参　数
基于线性支承率曲线	根据 GB/T 18778.2 的粗糙度轮廓参数（滤波器根据 GB/T 18778.1 选择）	Rk　Rpk　Rvk　$Mr1$　$Mr2$
	根据 GB/T 18778.2 的粗糙度轮廓参数（滤波器根据 GB/T 18618 选择）	Rke　$Rpke$　$Rvke$　$Mr1e$　$Mr2e$
基于概率支承率曲线	粗糙度轮廓（滤波器根据 GB/T 18778.1 选择）	Rpq　Rvq　Rmq
	原始轮廓滤波 λ_s	Ppq　Pvq　Pmq

二、评定表面结构的表面粗糙度参数规定数值

表面粗糙度参数从轮廓的算术平均偏差 Ra 和轮廓的最大高度 Rz 中选取。在幅度参数常用的参数值范围内（Ra 为 0.025 ～ 6.3 μm，Rz 为 0.1 ～ 25 μm）推荐优先选用 Ra 值。Ra、

Rz 的数值规定见表 11 – 19。根据表面功能和生产的经济合理性，当选用的数值系列不能满足要求时，可选取表 11 – 20 中的补充系列值。

表 11 – 19　轮廓的算术平均偏差 Ra 和轮廓的最大高度 Rz 的数值（摘自 GB/T 1031—2009）　μm

Ra	0.012	0.2	3.2	50	Rz	0.025	0.4	6.3	100	1 600
	0.025	0.4	6.3	100		0.05	0.8	12.5	200	—
	0.05	0.8	12.5	—		0.1	1.6	25	400	—
	0.1	1.6	25	—		0.2	3.2	50	800	—

表 11 – 20　Ra 和 Rz 的补充系列值（摘自 GB/T 1031—2009）　μm

Ra	0.008	0.080	1.00	10.0	Rz	0.032	0.32	4.0	40	500
	0.010	0.125	1.25	16.0		0.040	0.50	5.0	63	630
	0.016	0.160	2.0	20		0.063	0.63	8.0	80	1 000
	0.020	0.25	2.5	32		0.080	1.00	10.0	125	1 250
	0.032	0.32	4.0	40		0.125	1.25	16.0	160	—
	0.040	0.50	5.0	63		0.160	2.0	20	250	—
	0.063	0.63	8.0	80		0.25	2.5	32	320	—

三、表面粗糙度参数的选用

在实践中提供了表面粗糙度参数选取的类比原则（表 11 – 21）；表面粗糙度参数与公差等级、公称尺寸的对应关系（表 11 – 22）；加工方法与表面粗糙度参数的关系（表 11 – 23），供设计参考。

表 11 – 21　表面粗糙度参数选取的类比原则

表　面　类　别	表面粗糙度参数要求（Ra 值）	
	小一些	大一些
工作面或摩擦面	√	
载荷（或比压）大的表面	√	
受变载荷或应力集中部位	√	
尺寸、几何公差精度高或配合性质要求稳定的表面	√	
同一公差等级时，孔比轴的表面		√
配合相同时，大尺寸比小尺寸的结合面		√
间隙配合比过盈配合的表面		√
防腐、密封要求高的表面	√	

表 11 – 22　表面粗糙度参数与公差等级、公称尺寸的对应关系

公差等级 IT	公称尺寸 /mm	Ra /μm	Rz /μm	公差等级 IT	公称尺寸 /mm	Ra /μm	Rz /μm
2	≤10 >10~50 >50~180 >180~500	0.250~0.040 0.050~0.080 0.10~0.16 0.20~0.32	0.16~0.20 0.25~0.40 0.50~0.80 1.0~1.6	6	≤10 >10~80 >80~250 >250~500	0.20~0.32 0.40~0.63 0.80~1.25 1.6~2.5	1.0~1.6 2.0~3.2 4.0~6.3 8.0~10
3	≤18 >18~50 >50~250 >250~500	0.050~0.080 0.10~0.16 0.20~0.32 0.40~0.63	0.25~0.40 0.50~0.80 1.0~1.6 2.0~3.2	7	≤6 >6~50 >50~500	0.40~0.63 0.80~1.25 1.6~2.5	2.0~3.2 4.0~6.3 8.0~10
4	≤6 >6~50 >50~250 >250~500	0.050~0.080 0.10~0.16 0.20~0.32 0.40~0.63	0.25~0.40 0.50~0.80 1.0~1.6 2.0~3.2	8	≤6 >6~120 >120~500	0.40~0.63 0.80~1.25 1.6~2.5	2.0~3.2 4.0~6.3 8.0~10
5	≤6 >60~50 >50~250 250~500	0.10~0.16 0.20~0.32 0.40~0.63 0.80~1.25	0.50~0.80 1.0~1.6 2.0~3.2 4.0~6.3	9	≤10 >10~120 >120~500	0.80~1.25 1.6~2.5 3.2~5.0	4.0~6.3 8.0~10 12.5~20
				10	≤10 >10~120 >120~500	1.6~2.5 3.2~5.0 6.3~10	8.0~10 12.5~20 25~40

表 11 – 23　加工方法与表面粗糙度 Ra 值的关系　　　　μm

加工方法		Ra	加工方法		Ra	加工方法		Ra
砂模铸造		80~20*	铰孔	粗铰	40~20	齿轮加工	插齿	5~1.25*
模型锻造		80~10		半精铰，精铰	2.5~0.32*		液齿	2.5~1.25*
车外圆	粗车	20~10	拉削	半精拉	2.5~0.63		剃齿	1.25~0.32*
	车精车	10~2.5		精拉	0.32~0.16	切螺纹	板牙	10~2.5
	精车	1.25~0.32	刨削	粗刨	20~10		铣	5~1.25*
镗孔	粗镗	40~10		精刨	1.25~0.63		磨削	2.5~0.32*
	半精镗	2.5~0.63*	钳工加工	粗锉	40~10	镗磨		0.32~0.04
	精镗	0.63~0.32		细锉	10~2.5	研磨		0.63~0.16
圆柱铣和端铣	粗铣	20~5*		刮削	2.5~0.63	精研磨		0.08~0.02
	精铣	1.25~0.63*		研磨	1.25~0.08	抛光	一般抛	1.25~0.16
钻孔，扩孔		20~5	插削		40~2.5		精抛	0.08~0.04
锪孔，锪端面		5~1.25	磨削		5~0.01*			

注：（1）表中数据对指钢材加工而言。
　　（2）*为该加工方法可达到的 Ra 极限值。

四、表面结构符号及其参数值的标注方法

给出表面结构要求时，应标注其参数代号和相应数值，并包括要求解释的以下四项重要信息：

——三种轮廓（R、W、P）中的一种

——轮廓特征

——满足评定长度要求的取样长度的个数

——要求的极限值

1. 表面结构的图形符号及其含义（表 11 – 24）

表 11 – 24　表面结构的图形符号及其含义（摘自 GB/T 131—2006）

符号名称	符　　号	含义及说明
基本图形符号		表示未指定工艺方法的表面。仅用于简化代号的标注，当通过一个注释解释时可单独使用，没有补充说明时不能单独使用
扩展图形符号		要求去除材料的图形符号。 表示用去除材料方法获得的表面，如通过机械加工（车、锉、钻、磨……）获得的表面，仅当其含义是"被加工并去除材料的表面"时可单独使用
扩展图形符号		不允许去除材料的图形符号。 表示不去除材料的表面，如铸、锻等。也可用于表示保持上道工序形成的表面，不管这种状况是通过去除材料或不去除材料形成的
完整图形符号	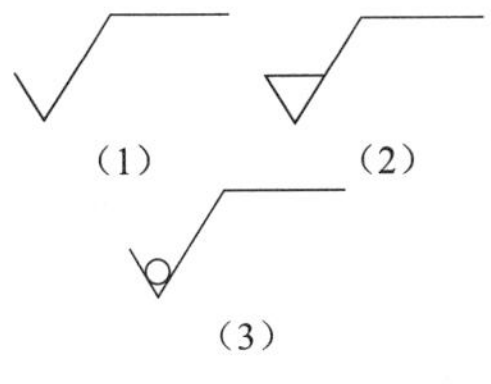 (1)　(2)　(3)	用于标注表面结构特征的补充信息。(1)(2)(3)符号分别用于"允许任何工艺""去除材料"和"不去除材料"方法获得的表面标注
工件轮廓各表面的图形符号	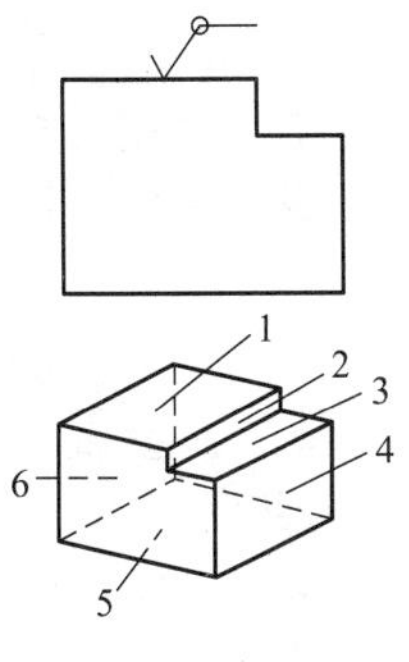 1 2 3 4 5 6	工件轮廓各表面的图形符号。 当在图样某个视图上构成封闭轮廓的各表面有相同的表面结构要求时，应在完整符号上加一圆圈，标注在图样中工件的封闭轮廓线上。如果标注会引起歧义，则各表面应分别标注。上图符号是指对图形中封闭轮廓的六个面的共同要求（不包括前后面）

2. 表面结构完整图形符号的组成

为了明确表面结构要求，除了标注表面结构参数和数值外，必要时应标注补充要求，补充要求包括传输带、取样长度、加工工艺、表面纹理及方向、加工余量等。

在完整符号中对表面结构的单一要求和补充要求应注写在图 11-3 所示的指定位置。

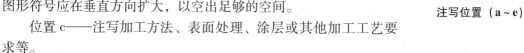

图 11-3 补充要求的注写位置（a ~ e）

位置 a——注写表面结构的单一要求，包括表面结构参数代号、极限值、传输带或取样长度。在参数代号和极限值间应插入空格。

位置 a 和 b——注写两个或多个表面结构要求，如位置不够时，图形符号应在垂直方向扩大，以空出足够的空间。

位置 c——注写加工方法、表面处理、涂层或其他加工工艺要求等。

位置 d——注写所要求的表面纹理和纹理的方向，如 " = " 和 "X" 等。

位置 e——注写所要求的加工余量。

3. 表面结构代号的含义（表 11-25）

表 11-25　表面结构代号含义（摘自 GB/T 131—2006）

No.	符　号	含义/解释
1	$\sqrt{Rz\,0.4}$	表示不允许去除材料，单向上限值，默认传输带，R 轮廓，表面粗糙度的最大高度为 0.4 μm，评定长度为 5 个取样长度（默认），"16% 规则"（默认）
2	$\sqrt{Rz\,\max\,0.2}$	表示去除材料，单向上限值，默认传输带，R 轮廓，表面粗糙度最大高度的最大值为 0.2 μm，评定长度为 5 个取样长度（默认），"最大规则"
3	$\sqrt{0.008-0.8/Ra\,3.2}$	表示去除材料，单向上限值，传输带 0.008 ~ 0.8 mm，R 轮廓，算术平均偏差为 3.2 μm，评定长度为 5 个取样长度（默认），"16% 规则"（默认）
4	$\sqrt{-0.8/Ra\,3\,3.2}$	表示去除材料，单向上限值，传输带：根据 CB/T 6062，取样长度 0.8 μm（λ_s 默认为 0.002 5 mm），R 轮廓：算术平均偏差 3.2 μm，评定长度包含 3 个取样长度，"16% 规则"（默认）
5	$\sqrt{\begin{array}{l}U\,Ra\,\max\,3.2\\L\,Ra\,0.8\end{array}}$	表示不允许去除材料，双向极限值，两极限值均使用默认传输带，R 轮廓，上限值：算术平均偏差 3.2 μm，评定长度为 5 个取样长度（默认），"最大规则"，下限值：算术平均偏差 0.8 μm，评定长度为 5 个取样长度（默认），"16% 规则"（默认）
6	$\sqrt{0.8-25/Wz3\,10}$	表示去除材料，单向上限值，传输带 0.8 ~ 25 mm，W 轮廓，波纹度最大高度为 10 μm，评定长度包含 3 个取样长度，"16% 规则"（默认）

4. 表面结构要求在图样中的注法（表 11 – 26）

表 11 – 26 表面结构要求在图样中的注法（摘自 GB/T 131—2006）

No.	标 注 示 例	解 释
1		应使表面结构的注写和读取方向与尺寸的注写和读取方向一致
2		表面结构要求可标注在轮廓线上，其符号应从材料外指向并接触表面，必要时表面结构符号也可以用带箭头或黑点的指引线引出标注
3		表面结构符号可以用带箭头或黑点的指引线引出标注
4		在不致引起误解时，表面结构要求可以标注在给定的尺寸线上
5		表面结构要求可标注在几何公差框格的上方

No.	标 注 示 例	解 释
6	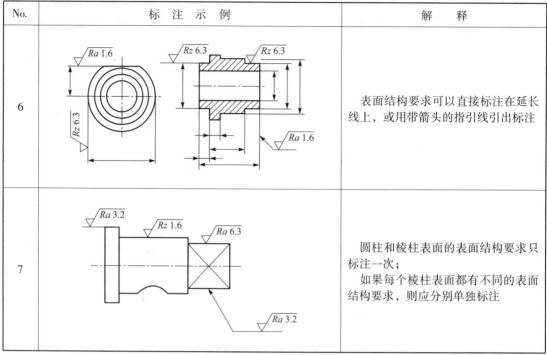	表面结构要求可以直接标注在延长线上，或用带箭头的指引线引出标注
7		圆柱和棱柱表面的表面结构要求只标注一次； 如果每个棱柱表面都有不同的表面结构要求，则应分别单独标注

5. 表面结构的简化注法（表 11－27）

表 11－27　表面结构的简化注法（摘自 GB/T 131—2006）

No.	标 注 示 例	解 释
1	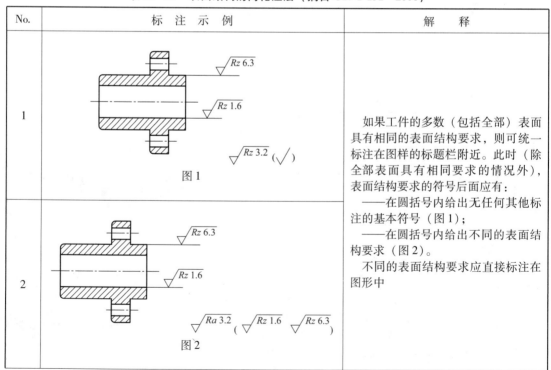 图 1	如果工件的多数（包括全部）表面具有相同的表面结构要求，则可统一标注在图样的标题栏附近。此时（除全部表面具有相同要求的情况外），表面结构要求的符号后面应有： ——在圆括号内给出无任何其他标注的基本符号（图 1）； ——在圆括号内给出不同的表面结构要求（图 2）。 不同的表面结构要求应直接标注在图形中
2	图 2	

续表

No.	标 注 示 例	解 释
3	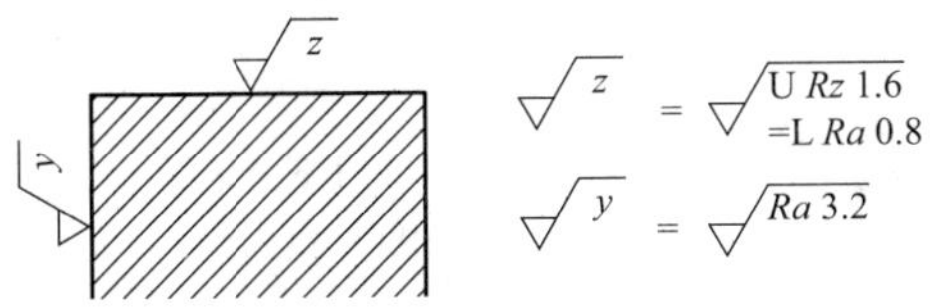 $\sqrt{z} = \sqrt{\begin{array}{l}U\,Rz\,1.6\\=L\,Ra\,0.8\end{array}}$　$\sqrt{y} = \sqrt{Ra\,3.2}$	当多个表面具有的表面结构要求或图纸空间有限时，可用带字母的完整符号，以等式的形式，在图形或标题栏附近，对有相同表面结构要求的表面进行简化标注
4	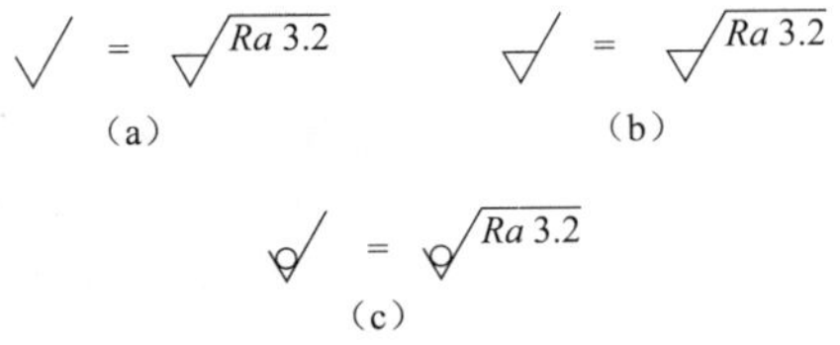 $\sqrt{} = \sqrt{Ra\,3.2}$ (a)　$\sqrt{} = \sqrt{Ra\,3.2}$ (b)　$\sqrt{} = \sqrt{Ra\,3.2}$ (c)	多个表面有共同的要求可以用基本符号、扩展符号以等式的形式给出多个表面共同的表面结构要求
5	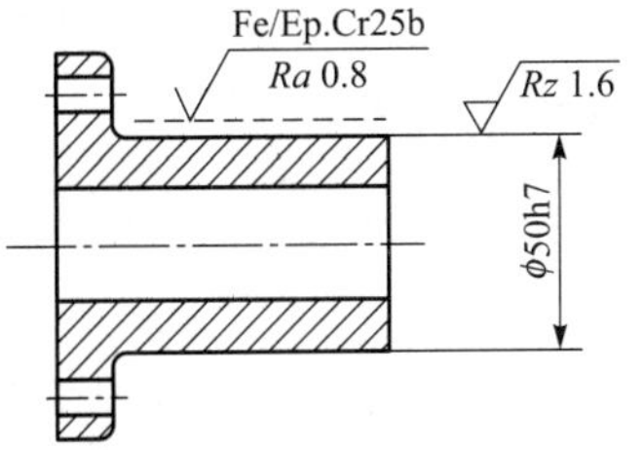 Fe/Ep.Cr25b　$\sqrt{Ra\,0.8}$　$\sqrt{Rz\,1.6}$　$\phi50h7$	由几种不同的工艺方法获得的同一表面，当需要明确每种工艺方法的表面结构要求时，可按图中所示方法标注。如图所示，同时给出了镀覆前后的表面结构要求

6. 表面结构新旧标准在图样标注方法上的变化

表面结构标准 GB/T 131—2006 与 GB/T 131—1993 相比在图样标注方法上有很大的不同。考虑到在新旧标准的过渡时期，采用旧标准的图样还会存在一段时间，故在表 11 - 28 列出了新旧标准在图样标注方法上的变化，供大家参考。

表 11 - 28　表面结构新旧标准在图样标注方法上的变化

GB/T 131—1993	GB/T 131—2006	说　明
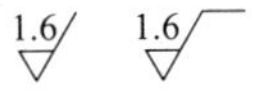 $\sqrt{1.6}$　$\sqrt{1.6}$	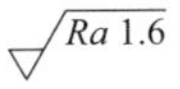 $\sqrt{Ra\,1.6}$	参数代号和数值的标注位置发生变化，且参数代号 Ra 在任何时候都不可以省略
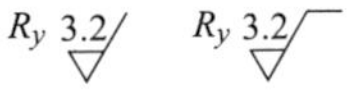 $R_y\,3.2\sqrt{}$　$R_y\,3.2\sqrt{}$	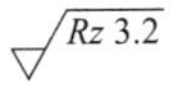 $\sqrt{Rz\,3.2}$	新标准用 Rz 代替了旧标准的 R_y
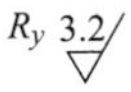 $R_y\,3.2\sqrt{}$	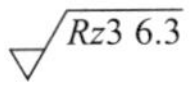 $\sqrt{Rz3\,6.3}$	评定长度中的取样长度个数如果不是5
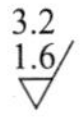 $\sqrt{\begin{array}{l}3.2\\1.6\end{array}}$	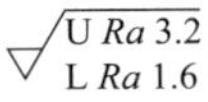 $\sqrt{\begin{array}{l}U\,Ra\,3.2\\L\,Ra\,1.6\end{array}}$	在不致引起歧义的情况下，上、下限符号 U、L 可以省略

续表

GB/T 131—1993	GB/T 131—2006	说　明
		对下面和右面的标注用带箭头的引线引出
		当多数表面有相同结构要求时，旧标准是在右上角用"其余"字样标注，而新标准标注在标题栏附近，圆括号内可以给出无任何其他标注的基本符号，或者给出不同的表面结构要求
		表面结构要求在镀涂（覆）前后应该用粗虚线画出其范围，而不是粗点画线

第十二章
齿轮及蜗杆传动精度

第一节　圆柱齿轮精度

一、精度等级和齿轮的检验与公差

渐开线圆柱齿轮精度包括 GB/T 10095.1 ~ 2—2008 以及四个指导性文件 GB/T 18620.1 ~ 4—2008。国家标准对单个齿轮规定了 13 个精度等级，即 0，1，2，…，12 级，其中 0 级是最高的精度等级，12 级是最低的精度等级。

推荐的圆柱齿轮和齿轮副的检验项目见表 12 – 1。各检验项目的公差和偏差允许值见表 12 – 2 ~ 表 12 – 7。

表 12 – 1　推荐的圆柱齿轮和齿轮副的检验项目

	检验项目	检验项目
齿轮	f_{pt}，F_p，F_α，F_β，F_r，E_{sns}，E_{sni}（或 E_{bns}，E_{bni}）	齿轮毛坯	基准端面的跳动和圆度、圆柱度、平面度
齿轮副	$\pm f_a$，$f_{\Sigma\delta}$，$f_{\Sigma\beta}$，接触斑点		

表 12 – 2　$\pm f_{pt}$、F_p、F_α 偏差允许值（摘自 GB/T 10095.1—2008）

分度圆直径 d/mm	法向模数 m_n/mm	单个齿距偏差 $\pm f_{pt}$/μm				齿距累积总偏差 F_p/μm				齿廓总偏差 F_α/μm			
		精度等级				精度等级				精度等级			
		6	7	8	9	6	7	8	9	6	7	8	9
20 < d ≤ 50	0.5 ≤ m_a ≤ 2	7.0	10.0	14.0	20.0	20.0	29.0	41.0	57.0	7.5	10.0	15.0	21.0
	2 < m_n ≤ 3.5	7.5	11.0	15.0	22.0	21.0	30.0	42.0	59.0	10.0	14.0	20.0	29.0
	3.5 < m_n ≤ 6	8.5	12.0	17.0	24.0	22.0	31.0	44.0	62.0	12.0	18.0	25.0	35.0
50 < d ≤ 125	0.5 ≤ m_n ≤ 2	7.5	11.0	15.0	21.0	26.0	37.0	52.0	74.0	8.5	12.0	17.0	23.0
	2 < m_n ≤ 3.5	8.5	12.0	17.0	23.0	27.0	38.0	53.0	76.0	11.0	16.0	22.0	31.0
	3.5 < m_n ≤ 6	9.0	13.0	18.0	26.0	28.0	39.0	55.0	78.0	13.0	19.0	27.0	38.0
125 < d ≤ 280	0.5 ≤ m_n ≤ 2	8.5	12.0	17.0	24.0	35.0	49.0	69.0	98.0	10.0	14.0	20.0	28.0
	2 < m_n ≤ 3.5	9.0	13.0	18.0	26.0	35.0	50.0	70.0	100.0	13.0	18.0	25.0	36.0
	3.5 < m_n ≤ 6	10.0	14.0	20.0	28.0	36.0	51.0	72.0	102.0	15.0	21.0	30.0	42.0

续表

分度圆直径 d/mm	法向模数 m_n/mm	单个齿距偏差 $\pm f_{pt}$/μm				齿距累积总偏差 F_p/μm				齿廓总偏差 F_α/μm			
		精度等级				精度等级				精度等级			
		6	7	8	9	6	7	8	9	6	7	8	9
$280 < d \leq 560$	$0.5 \leq m_n \leq 2$	9.5	13.0	19.0	27.0	46.0	64.0	91.0	129.0	12.0	17.0	23.0	33.0
	$2 < m_n \leq 3.5$	10.0	14.0	20.0	29.0	46.0	65.0	92.0	131.0	15.0	21.0	29.0	41.0
	$3.5 < m_n \leq 6$	11.0	16.0	22.0	31.0	47.0	66.0	94.0	133.0	17.0	24.0	34.0	48.0

表 12-3　螺旋线总偏差 F_β 允许值（摘自 GB/T 10095.1—2008）

分度圆直径 d/mm	齿宽 b/mm	F_β/μm				分度圆直径 d/mm	齿宽 b/mm	F_β/μm			
		精度等级						精度等级			
		6	7	8	9			6	7	8	9
$20 < d \leq 50$	$10 < b \leq 20$	10.0	14.0	20.0	29.0	$125 < d \leq 280$	$10 < b \leq 20$	11.0	16.0	22.0	32.0
	$20 < b \leq 40$	11.0	16.0	23.0	32.0		$20 < b \leq 40$	13.0	18.0	25.0	36.0
	$40 < b \leq 80$	13.0	19.0	27.0	38.0		$40 < b \leq 80$	15.0	21.0	29.0	41.0
	$80 < b \leq 160$	16.0	23.0	32.0	46.0		$80 < b \leq 160$	17.0	25.0	35.0	49.0
$50 < d \leq 125$	$10 < b \leq 20$	11.0	15.0	21.0	30.0	$280 < d \leq 560$	$10 < b \leq 20$	12.0	17.0	24.0	34.0
	$20 < b \leq 40$	12.0	17.0	24.0	34.0		$20 < b \leq 40$	13.0	19.0	27.0	38.0
	$40 < b \leq 80$	14.0	20.0	28.0	39.0		$40 < b \leq 80$	15.0	22.0	31.0	44.0
	$80 < b \leq 160$	17.0	24.0	33.0	47.0		$80 < b \leq 160$	18.0	26.0	36.0	52.0

表 12-4　径向跳动公差 F_r（摘自 GB/T 10095.2—2008）

分度圆直径 d/mm	法向模数 m_n/mm	F_r/μm				分度圆直径 d/mm	法向模数 m_n/mm	F_r/μm			
		精度等级						精度等级			
		6	7	8	9			6	7	8	9
$20 < d \leq 50$	$0.5 \leq m_n \leq 2$	16	23	32	46	$125 < d \leq 280$	$0.5 \leq m_n \leq 2$	28	39	55	78
	$2 < m_n \leq 3.5$	17	24	34	47		$2 < m_n \leq 3.5$	28	40	56	80
	$3.5 < m_n \leq 6$	17	25	35	49		$3.5 < m_n \leq 6$	29	41	58	82
$50 < d \leq 125$	$0.5 \leq m_n \leq 2$	21	29	42	59	$280 < d \leq 560$	$0.5 \leq m_n \leq 2$	36	51	73	103
	$2 < m_n \leq 3.5$	21	30	43	61		$2 < m_n \leq 3.5$	37	52	74	105
	$3.5 < m_n \leq 6$	22	31	44	62		$3.5 < m_n \leq 6$	38	53	75	106

表 12 – 5　中心距偏差 ±f_a 允许值（供参考）

齿轮精度等级	±f_a	齿轮副的中心距/mm												
		>6 ~10	10 18	18 30	30 50	50 80	80 120	120 180	180 250	250 315	315 400	400 500	500 630	630 800	800 1 000
5 ~ 6	$\frac{1}{2}$IT7/μm	7.5	9	10.5	12.5	15	17.5	20	23	26	28.5	31.5	35	40	45
7 ~ 8	$\frac{1}{2}$IT8/μm	11	13.5	16.5	19.5	28	27	31.5	36	40.5	44.5	48.5	55	62	70
9 ~ 10	$\frac{1}{2}$IT9/μm	18	21.5	26	31	37	43.5	50	57.5	65	70	77.5	87	100	115

表 12 – 6　轴线平行度偏差（摘自 GB/Z 18620.3—2008）

轴线平行度偏差图示	$f_{\Sigma\beta}$ 和 $f_{\Sigma\delta}$ 的推荐最大值/μm
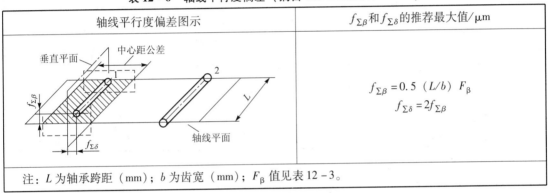	$f_{\Sigma\beta} = 0.5\,(L/b)\,F_{\beta}$ $f_{\Sigma\delta} = 2f_{\Sigma\beta}$

注：L 为轴承跨距（mm）；b 为齿宽（mm）；F_{β} 值见表 12 – 3。

表 12 – 7　齿轮装配后的接触斑点（摘自 GB/Z 18620.4—2008）　　　　%

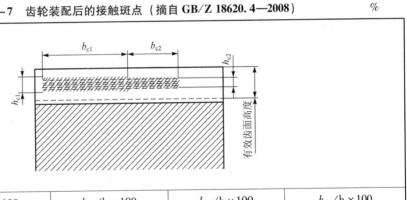

精度等级	$b_{c1}/b \times 100$		$h_{c1}/h \times 100$		$b_{c2}/b \times 100$		$h_{c2}/h \times 100$	
	斜齿轮	直齿轮	斜齿轮	直齿轮	斜齿轮	直齿轮	斜齿轮	直齿轮
4 级及更高	50	50	50	70	40	40	30	50
5 和 6	45	45	40	50	35	35	20	30
7 和 8	35	35	40	50	35	35	20	30
9 ~ 12	25	25	40	50	25	25	20	30

二、齿轮副的侧隙

1. 侧隙

侧隙是装配好的齿轮副中相啮合的轮齿之间的间隙。为了防止齿轮副因制造、安装误差和工作热变形而使齿轮卡住，设计齿轮传动时，必须保证有足够的最小侧隙 j_{bnmin}，其值可按表 12 - 8 推荐的数据查取。

表 12 - 8　对于中、大模数齿轮最小侧隙 j_{bnmin} 的推荐数据（摘自 GB/Z 18620.2—2008） mm

m_n	最小中心距 a_i					
	50	100	200	400	800	1 600
1.5	0.09	0.11	—	—	—	—
2	0.10	0.12	0.15	—	—	—
3	0.12	0.14	0.17	0.24	—	—
5	—	0.18	0.21	0.28	—	—
8	—	0.24	0.27	0.34	0.47	—
12	—	—	0.35	0.42	0.55	—
18	—	—	—	0.54	0.67	0.94

2. 齿厚偏差

侧隙是通过减薄齿厚的方法实现的。

（1）齿厚上偏差。

通常取两齿轮的齿厚上偏差相等，则齿厚上偏差

$$E_{sns1} = E_{sns2} = -\left(f_a \tan \alpha_n + \frac{j_{bnmin} + J_n}{2\cos \alpha_n} \right)$$

式中，E_{sns1}，E_{sns2}——小齿轮和大齿轮的齿厚上偏差；

　　　　f_a——中心距偏差，查表 12 - 5；

　　　　J_n——齿轮和齿轮副的加工、安装误差对侧隙减小的补偿量，按下式计算

$$J_n = \sqrt{ f_{pb1}^2 + f_{pb2}^2 + 2F_\beta^2 + (f_{\Sigma\delta}\sin \alpha_n)^2 + (f_{\Sigma\beta}\cos \alpha_n)^2 }$$

式中，f_{pb1}，f_{pb2}——小齿轮和大齿轮的基圆齿距偏差，查表 12 - 2；

　　　　F_β——小齿轮和大齿轮的螺旋线总偏差，查表 12 - 3；

　　　　$f_{\Sigma\delta}$，$f_{\Sigma\beta}$——齿轮副轴线平行度公差，查表 12 - 6；

　　　　α_n——法向压力角。

（2）齿厚公差。

齿厚公差按下式确定：

$$T_{sn} = \left(\sqrt{F_r^2 + b_r^2} \right) 2\tan \alpha_n$$

式中，F_r——径向跳动公差，见表 12 - 4；

　　　　b_r——切齿径向进刀公差，可按表 12 - 9 选用。

表 12 - 9 切齿径向进刀公差

齿轮精度等级	6	7	8	9
b_r	1.26IT8	IT9	1.26IT9	IT10
注：IT 值大小根据齿轮分度圆直径确定。				

（3）齿厚下偏差。

齿厚下偏差为：

$$E_{sni} = E_{sns} - T_{sn}$$

3. 公法线长度

实际中常用公法线长度偏差控制齿厚偏差，其关系如下：

$$E_{bns} = E_{sns} \cos \alpha_n$$

$$E_{bni} = E_{sni} \cos \alpha_n$$

公法线长度的计算公式见表 12 - 10。公法线长度 W'（$m = 1$ mm，$\alpha = 20°$）见表 12 - 11。

表 12 - 10 公法线长度计算公式

项 目		代号	直 齿 轮	斜 齿 轮
标准齿轮	跨测齿数	k	$k = \dfrac{\alpha z}{180°} + 0.5$ 四舍五入成整数	$k = \dfrac{\alpha_n z'}{180°} + 0.5$ $z' = z \dfrac{\text{inv } \alpha_t}{\text{inv } \alpha_n}$ 四舍五入成整数
	公法线长度	W (W_n)	$W = W'm$ $W' = \cos \alpha [\pi (k - 0.5) + z\text{inv } \alpha]$	$W_n = W'm_n$ $W' = \cos \alpha_n [\pi (k - 0.5) + z'\text{inv } \alpha_n]$
变位齿轮	跨测齿数	k	$k = \dfrac{\alpha z}{180°} + 0.5 + \dfrac{2x}{\pi \tan \alpha}$ 四舍五入成整数	$k = \dfrac{\alpha_n z'}{180°} + 0.5 + \dfrac{2x_n}{\pi \tan \alpha_n}$ $z' = z \dfrac{\text{inv } \alpha_t}{\text{inv } \alpha_n}$ 四舍五入成整数
	公法线长度	W (W_n)	$W = (W' + \Delta W')\, m$ $W' = \cos \alpha [\pi (k - 0.5) + z\text{inv } \alpha]$ $\Delta W' = 2x\sin \alpha$	$W_n = (W' + \Delta W')\, m_n$ $W' = \cos \alpha_n [\pi (k - 0.5) + z'\text{inv } \alpha_n]$ $z' = z \dfrac{\text{inv } \alpha_t}{\text{inv } \alpha_n}$ $\Delta W' = 2x_n \sin \alpha_n$
注：$\alpha = 20°$标准圆柱齿轮的跨测齿数 k 和公法线长度 W' 可在表 12 - 11 中查出。				

表 12-11　公法线长度 W'（$m=1$mm，$\alpha=20°$）

齿轮齿数 z	跨测齿数 k	公法线长度 W'/mm	齿轮齿数 z	跨测齿数 k	公法线长度 W'/mm	齿轮齿数 z	跨测齿数 k	公法线长度 W'/mm	齿轮齿数 z	跨测齿数 k	公法线长度 W'/mm	齿轮齿数 z	跨测齿数 k	公法线长度 W'/mm
			26	3	7.744 5	51	6	16.951 0	76	9	26.157 5	101	12	35.364 1
			27	4	10.710 6	52	6	16.965 0	77	9	26.171 5	102	12	35.378 1
			28	4	10.724 6	53	6	16.979 0	78	9	26.185 5	103	12	35.392 1
4	2	4.484 2	29	4	10.738 6	54	7	19.945 2	79	9	26.199 6	104	12	35.406 1
5	2	4.498 2	30	4	10.752 6	55	7	19.959 2	80	9	26.213 6	105	12	35.420 1
6	2	4.512 2	31	4	10.766 6	56	7	19.973 2	81	10	29.179 7	106	12	35.434 1
7	2	4.526 2	32	4	10.780 6	57	7	19.987 2	82	10	29.193 7	107	12	35.448 1
8	2	4.540 2	33	4	10.794 6	58	7	20.001 2	83	10	29.207 7	108	13	38.414 2
9	2	4.554 2	34	4	10.808 6	59	7	20.015 2	84	10	29.221 7	109	13	38.428 2
10	2	4.568 3	35	4	10.822 7	60	7	20.029 2	85	10	29.235 7	110	13	38.442 3
11	2	4.582 3	36	5	13.788 8	61	7	20.043 2	86	10	29.249 7	111	13	38.456 3
12	2	4.596 3	37	5	13.802 8	62	7	20.057 2	87	10	29.263 7	112	13	38.470 3
13	2	4.610 3	38	5	13.816 8	63	8	23.023 3	88	10	29.277 7	113	13	38.484 3
14	2	4.624 3	39	5	13.830 8	64	8	23.037 3	89	10	29.291 7	114	13	38.498 3
15	2	4.638 3	40	5	13.844 8	65	8	23.051 3	90	11	32.257 9	115	13	38.512 3
16	2	4.652 3	41	5	13.858 8	66	8	23.065 4	91	11	32.271 9	116	13	38.526 3
17	2	4.666 3	42	5	13.872 8	67	8	23.079 4	92	11	32.285 9	117	14	41.492 4
18	3	7.632 4	43	5	13.886 8	68	8	23.093 4	93	11	32.299 9	118	14	41.506 4
19	3	7.646.4	44	5	13.900 8	69	8	23.107 4	94	11	32.313 9	119	14	41.520 4
20	3	7.660 4	45	6	16.867 0	70	8	23.121 4	95	11	32.327 9	120	14	41.534 4
21	3	7.674 4	46	6	16.881 0	71	8	23.135 4	96	11	32.341 9	121	14	41.548 4
22	3	7.688 5	47	6	16.895 0	72	9	26.101 5	97	11	32.355 9	122	14	41.562 5
23	3	7.702 5	48	6	16.909 0	73	9	26.115 5	98	11	32.369 9	123	14	41.576 5
24	3	7.716 5	49	6	16.923 0	74	9	26.129 5	99	12	35.336 1	124	14	41.590 5
25	3	7.730 5	50	6	16.937 0	75	9	26.143 5	100	12	35.350 1	125	14	41.604 5

续表

齿轮齿数 z	跨测齿数 k	公法线长度 W'/mm	齿轮齿数 z	跨测齿数 k	公法线长度 W'/mm	齿轮齿数 z	跨测齿数 k	公法线长度 W'/mm	齿轮齿数 z	跨测齿数 k	公法线长度 W'/mm	齿轮齿数 z	跨测齿数 k	公法线长度 W'/mm
126	15	44.570 6	141	16	47.732 8	156	18	53.847 2	171	20	59.961 4	186	21	63.123 7
127	15	44.584 6	142	16	47.746.8	157	18	53.861 2	172	20	59.975 4	187	21	63.137 7
128	15	44.598 6	143	16	47.760 8	158	18	53.875 2	173	20	59.989 4	188	21	63.151 7
129	15	44.612 6	144	17	50.727 0	159	18	53.889 2	174	20	60.003 4	189	22	66.117 9
130	15	44.626 6	145	17	50.741 0	160	18	53.903 2	175	20	60.017 4	190	22	66.131 9
131	15	44.640 6	146	17	50.755 0	161	18	53.917 2	176	20	60.031 4	191	22	66.145 9
132	15	44.654 6	147	17	50.769 0	162	19	56.883 3	177	20	60.045 5	192	22	66.159 9
133	15	44.668 6	148	17	50.783 0	163	19	56.897.3	178	20	60.059 6	193	22	66.173 9
134	15	44.682 6	149	17	50.797 0	164	19	56.911 3	179	20	60.073 6	194	22	66.187 9
135	16	47.648 8	150	17	50.811 0	165	19	56.925 3	180	21	63.039 7	195	22	66.201 9
136	16	47.662 8	151	17	50.825 0	166	19	56.939 4	181	21	63.053 7	196	22	66.215 9
137	16	47.676 8	152	17	50.839 0	167	19	56.953 4	182	21	63.067 7	197	22	66.229 9
138	16	47.690 8	153	18	53.805 2	168	19	56.967 4	183	21	63.081 7	198	23	69.196 1
139	16	47.704 8	154	18	53.819 2	169	19	56.981 4	184	21	63.095 7	199	23	69.210 1
140	16	47.718 8	155	18	53.833 2	170	19	56.995 4	185	21	63.109 7	200	23	69.224 1

注：对标准直齿圆柱齿轮，公法线长度 $W = W'm$；W' 为 $m = 1$ mm、$\alpha = 20°$ 时的公法线长度。

三、齿坯检验与公差

齿坯公差包括轴和孔的尺寸、形状和位置公差以及基准面的跳动，各项公差值见表 12 – 12。

表 12 – 12　齿坯公差[1]

齿轮精度等级	孔		轴		齿顶圆直径公差		基准面的径向跳动[2]和端面圆跳动/μm			
	尺寸公差	形状公差	尺寸公差	形状公差	作测量基准	不作测量基准	分度圆直径/mm			
							≤125	>125～400	>400～800	>800～1 000
6	IT6		IT5		IT8	按 IT11 给定但不大于 $0.1m_n$	11	14	20	28
7, 8	IT7		IT6				18	22	32	45
9, 10	IT8		IT7		IT9		28	36	50	71

[1] 本表不属于标准内容，可作为课程设计的参考。
[2] 当以顶圆作基准面时，基准面的径向跳动指顶圆的径向圆跳动。

四、图样标注

若齿轮的各检验项目为同一精度等级，可标注精度等级和标准号。例如，齿轮各检验项目同为 7 级精度，则标注为

7　GB/T 10095.1—2008　或　7　GB/T 10095.2—2008

若齿轮各检验项目的精度等级不同，例如齿廓总偏差 F_α 为 6 级精度，单个齿距偏差 f_{pt}、齿距累积总偏差 F_p、螺旋线总偏差 F_β 均为 7 级精度，则标注为

$6(F_\alpha)$，$7(f_{pt}$，F_p，$F_\beta)$ GB/T 10095.1—2008

第二节　锥齿轮精度

一、精度等级和齿轮的检验与公差

锥齿轮精度标准（GB/T 11365—1989）对锥齿轮及锥齿轮副规定了 12 个精度等级，其中第 1 级的精度最高，第 12 级的精度最低。按照误差特性及其对齿轮传动性能的主要影响，将齿轮和齿轮副的公差项目分成三个公差组。根据使用要求，允许各公差组选用不同的精度等级，但对齿轮副中大、小轮的同一公差组，应规定同一精度等级。

根据锥齿轮的工作要求和生产规模，在各公差组中任选一个检验组评定和验收齿轮的精度，推荐的锥齿轮和锥齿轮副的检验项目见表 12-13，锥齿轮与锥齿轮副检验项目的公差值和极限偏差值见表 12-14～表 12-17。

表 12-13　推荐的锥齿轮和锥齿轮副的检验项目

项　　目			精　度　等　级		
			7	8	9
锥齿轮	公差组	I	F_p		F_r
		II	$\pm f_{pt}$		
		III	接触斑点		
锥齿轮副	对齿轮		$E_{\bar{s}s}$，$E_{\bar{s}i}$		
	对箱体		$\pm f_a$		
	对传动		$\pm f_{AM}$，$\pm f_a$，$\pm E_\Sigma$，j_{nmin}		
齿轮毛坯			齿坯顶锥母线跳动公差，基准端面跳动公差，外径尺寸极限偏差，齿坯轮冠距和顶锥角极限偏差		

表 12-14　锥齿轮的 F_r、$\pm f_{pt}$ 值（摘自 GB/T 11365—1989）　　　　μm

中点分度圆直径 /mm		中点法向模数 /mm	齿圈径向跳动公差 F_r			齿距极限偏差 $\pm f_{pt}$		
			第 I 组精度等级			第 II 组精度等级		
>	到		7	8	9	7	8	9
—	125	≥1～3.5	36	45	56	14	20	28
		>3.5～6.3	40	50	63	18	25	36
		>6.3～10	45	56	71	20	28	40

续表

中点分度圆直径 /mm		中点法向模数 /mm	齿圈径向跳动公差 F_r			齿距极限偏差士f_{pt}		
			第Ⅰ组精度等级			第Ⅱ组精度等级		
			7	8	9	7	8	9
125	400	≥1～3.5	50	63	80	16	22	32
		>3.5～6.3	56	71	90	20	28	40
		>6.3～10	63	80	100	22	32	45
400	800	≥1～3.5	63	80	100	18	25	36
		>3.5～6.3	71	90	112	20	28	40
		>6.3～10	80	100	125	25	36	50

表 12-15 锥齿轮的齿距累积公差 F_p 值（摘自 GB/T 11365—1989） μm

中点分度圆弧长 L/mm		第Ⅰ组精度等级			中点分度圆弧长 L/mm		第Ⅰ组精度等级		
>	到	7	8	9	>	到	7	8	9
32	50	32	45	63	315	630	90	125	180
50	80	36	50	71	630	1000	112	160	224
80	160	45	63	90	1 000	1 600	140	200	280
160	315	63	90	125	1 600	2 500	160	224	315

注：F_p 按中点分度圆弧长 L（mm）查表，$L = \dfrac{\pi d_m}{2} = \dfrac{\pi m_{mn} z}{2\cos\beta}$

式中：β——锥齿轮螺旋角，m_{mn}——中点法向模数；d_m——齿宽中点分度圆直径。

表 12-16 锥齿轮副的 $\pm f_a$、$\pm f_{AM}$、$\pm E_\Sigma$ 值（摘自 GB/T 11365—1989） μm

中点锥距/mm		轴间距极限偏差 $\pm f_a$			齿圈轴向位移极限偏差 $\pm f_{AM}$										轴交角极限偏差 $\pm E_\Sigma$				
		第Ⅱ组精度等级			分锥角 /(°)		第Ⅱ组精度等级									小轮分锥角 /(°)		最小法向间隙种类		
							7			8			9							
							中点法向模数/mm													
>	到	7	8	9	>	到	≥1～3.5	>3.5～6.3	>6.3～10	≥1～3.5	>3.5～6.3	>6.3～10	≥1～3.5	>3.5～6.3	>6.3～10	>	到	d	c	b
—	50	18	28	36	— 20 45	20 45 —	20 17 71	11 9.5 4	— — —	28 24 10	16 13 5.6	— — —	40 34 14	22 19 8	— — —	— 15 25	15 25 —	11 16 19	18 26 30	30 42 50

中点锥距/mm		轴间距极限偏差 ±f_a/μm			齿圈轴向位移极限偏差 ±f_{AM}											轴交角极限偏差 ±E_Σ				
		第Ⅱ组精度等级			分锥角/(°)		第Ⅱ组精度等级									小轮分锥角/(°)		最小法向间隙种类		
							7			8			9							
							中点法向模数/mm													
>	到	7	8	9	>	到	≥1~3.5	>3.5~6.3	>6.3~10	≥1~3.5	>3.5~6.3	>6.3~10	≥1~3.5	>3.5~6.3	>6.3~10	>	到	d	c	b
50	100	20	30	45	—	20	67	38	24	95	53	34	140	75	50	—	15	16	26	42
					20	45	56	32	21	80	45	30	120	63	42	15	25	19	30	50
					45	—	24	13	8.5	34	17	12	48	26	17	25	—	22	32	60
100	200	25	36	55	—	20	150	80	53	200	120	75	300	160	105	—	15	19	30	50
					20	45	130	71	45	180	100	63	260	140	90	15	25	26	45	71
					45	—	53	30	19	75	40	26	105	60	38	25	—	32	50	80
200	400	30	45	75	—	20	340	180	120	480	250	170	670	360	240	—	15	22	32	60
					20	45	280	150	100	400	210	140	560	300	200	15	25	36	56	90
					45	—	120	63	40	170	90	60	240	130	85	25	—	40	63	100

表 12 - 17　接触斑点（摘自 GB/T 11365—1989）

第Ⅱ公差组精度等级	6 ~ 7	8 ~ 9
沿齿长方向	50% ~70%	35% ~65%
沿齿高方向	55% ~75%	40% ~70%
注：表中数值范围用于齿面修形的齿轮，对齿面不作修形的齿轮，其接触斑点的大小应不小于其平均值。		

二、齿轮副的侧隙

标准规定齿轮副的最小法向侧隙种类为 6 种：a、b、c、d、e 和 h；最小法向侧隙的种类与精度等级无关。

最小法向侧隙的种类确定后，按表 12 - 18 选取齿厚上偏差 $E_{\bar{s}s}$，最小法向侧隙 $j_{n\min}$ 按表 12 - 19 选取。

最大法向侧隙应按下式计算

$$j_{n\max} = (\mid E_{\bar{s}s1} + E_{\bar{s}s2} \mid + T_{\bar{s}1} + T_{\bar{s}2} + E_{\bar{s}\Delta 1} + E_{\bar{s}\Delta 2}) \cos \alpha_n$$

式中，$E_{\bar{s}\Delta}$ 为齿轮制造误差的补偿部分，由表 12 - 20 查取。$T_{\bar{s}}$ 为齿厚公差，按表 12 - 21 选取。

标准规定齿轮副法向侧隙公差种类为 5 种：A、B、C、D 和 H，推荐法向侧隙公差种类与最小侧隙种类的对应关系如图 12 - 1 所示。

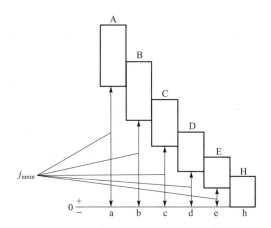

图 12 − 1　推荐法向侧隙公差种类与最小侧隙种类的对应关系

表 12 − 18　齿厚上偏差 $E_{\bar{s}s}$ 值（摘自 GB/T 11365—1989）　　　　　　μm

<table>
<tr><td rowspan="5">基本值</td><td rowspan="4">中点法向模数
/mm</td><td colspan="9">中点分度圆直径/mm</td></tr>
<tr><td colspan="3">≤125</td><td colspan="3">>125 ~ 400</td><td colspan="3">>400 ~ 800</td></tr>
<tr><td colspan="9">分锥角/(°)</td></tr>
<tr><td>≤20</td><td>> 20
~ 45</td><td>>45</td><td>≤20</td><td>> 20
~ 45</td><td>>45</td><td>≤20</td><td>> 20
~ 45</td><td>>45</td></tr>
<tr><td>≥1 ~ 3.5</td><td>− 20</td><td>− 20</td><td>− 22</td><td>− 28</td><td>− 32</td><td>− 30</td><td>− 36</td><td>− 50</td><td>− 45</td></tr>
<tr><td></td><td>> 3.5 ~ 6.3</td><td>− 22</td><td>− 22</td><td>− 25</td><td>− 32</td><td>− 32</td><td>− 30</td><td>− 38</td><td>− 55</td><td>− 45</td></tr>
<tr><td></td><td>> 6.3 ~ 10</td><td>− 25</td><td>− 25</td><td>− 28</td><td>− 36</td><td>− 36</td><td>− 34</td><td>− 40</td><td>− 55</td><td>− 50</td></tr>
<tr><td rowspan="4">系数</td><td colspan="2">最小法向
侧隙种类</td><td colspan="2">h</td><td colspan="2">e</td><td>d</td><td>c</td><td>b</td><td>a</td></tr>
<tr><td rowspan="3">第Ⅱ公
差组精
度等级</td><td>7</td><td colspan="2">1.0</td><td colspan="2">1.6</td><td>2.0</td><td>2.7</td><td>3.8</td><td>5.5</td></tr>
<tr><td>8</td><td colspan="2">—</td><td colspan="2">—</td><td>2.2</td><td>3.0</td><td>4.2</td><td>6.0</td></tr>
<tr><td>9</td><td colspan="2">—</td><td colspan="2">—</td><td>—</td><td>3.2</td><td>4.6</td><td>6.6</td></tr>
<tr><td colspan="11">注：各最小法向侧隙种类和各精度等级齿轮的 $E_{\bar{s}s}$ 值，由基本值栏查出的数值乘以系数得出。</td></tr>
</table>

表 12 − 19　最小法向侧隙 $j_{n\min}$ 值（摘自 GB/T 11365—1989）　　　　　　μm

<table>
<tr><td colspan="2">中点锥距/mm</td><td colspan="2">小轮分锥角/(°)</td><td colspan="6">最小法向侧隙种类</td></tr>
<tr><td>大于</td><td>至</td><td>大于</td><td>至</td><td>h</td><td>e</td><td>d</td><td>c</td><td>b</td><td>a</td></tr>
<tr><td rowspan="3">—</td><td rowspan="3">50</td><td>—</td><td>5</td><td>0</td><td>15</td><td>22</td><td>36</td><td>58</td><td>90</td></tr>
<tr><td>15</td><td>25</td><td>0</td><td>21</td><td>33</td><td>52</td><td>84</td><td>130</td></tr>
<tr><td>25</td><td>—</td><td>0</td><td>25</td><td>39</td><td>62</td><td>100</td><td>160</td></tr>
</table>

续表

中点锥距/mm		小轮分锥角/(°)		最小法向侧隙种类					
大于	至	大于	至	h	e	d	C	b	a
50	100	—	15	0	21	33	52	84	130
		15	25	0	25	39	62	100	160
		25	—	0	30	46	74	120	190
100	200	—	15	0	25	39	62	100	160
		15	25	0	35	54	87	140	220
		25	—	0	40	63	100	160	250
200	400	—	15	0	30	46	74	120	190
		15	25	0	46	72	115	185	290
		25	—	0	52	81	130	210	320

表 12 - 20 最大法向侧隙 j_{nmax} 的制造误差补偿部分 $E_{\bar{s}\Delta}$ 值（摘自 GB/T 11365—1989） μm

第Ⅱ公差组精度等级	中点法向模数/mm	中点分度圆直径/mm								
		≤125			>125 ~ 400			>400 ~ 800		
		分锥角/(°)								
		≤20	>20 ~45	>45	≤20	>20 ~45	>45	≤20	>20 ~45	>45
7	≥1 ~3.5	20	20	22	28	32	30	36	50	45
	>3.5 ~6.3	22	22	25	32	32	30	38	55	45
	>6.3 ~10	25	25	28	36	36	34	40	55	50
8	≥1 ~3.5	22	22	24	30	36	32	40	55	50
	>3.5 ~6.3	24	24	28	36	36	32	42	60	50
	>6.3 ~10	28	28	30	40	40	38	45	60	55
9	≥1 ~3.5	24	24	25	32	38	36	45	65	55
	>3.5 ~6.3	25	25	30	38	38	36	45	65	55
	>6.3 ~10	30	30	32	45	45	40	48	65	60

表 12 - 21 齿厚公差 $T_{\bar{s}}$ 值（摘自 GB/T 11365—1989） μm

齿圈径向跳动公差 F_r		法向侧隙公差种类				
大于	至	H	D	C	B	A
32	40	42	55	70	85	110
40	50	50	65	80	100	130
50	60	60	75	95	120	150

续表

齿圈径向跳动公差 F_r		法向侧隙公差种类				
大于	至	H	D	C	B	A
60	80	70	90	110	130	180
80	100	90	110	140	170	220
100	125	110	130	170	200	260
125	160	130	160	200	250	320

齿宽中点分度圆弦齿厚

$$\overline{S}_m = \frac{\pi m_m}{2} - \frac{\pi^3 m_m}{48z^2}$$

齿宽中点分度圆弦齿高

$$\overline{h}_m = m_m + \frac{\pi^2 m_m}{16z}\cos\delta$$

式中，m_m 为中点模数，$m_m = (1 - 0.5\varphi_R)m$；$\varphi_R$ 为齿宽系数；δ 为分锥角；z 为齿数。

三、齿坯检验与公差

齿轮在加工、检验和安装时的定位基准面应尽量一致，并在齿轮零件图上予以标注。各项齿坯公差见表 12 - 22。

表 12 - 22　齿坯公差值（摘自 GB/T 11365—1989）

齿坯尺寸公差						齿坯轮冠距和顶锥角极限偏差			
精度等级	6	7	8	9	10	中点法向模数/mm	≤1.2	>1.2 ~10	>10
轴径尺寸公差	IT5	IT6		IT7		轮冠距极限偏差/μm	0 - 50	0 - 75	0 - 100
孔径尺寸公差	IT6	IT7		IT8					
外径尺寸极限偏差	0 - IT8			0 - IT9		顶锥角极限偏差/(′)	+ 15 0	+ 8 0	+ 8 0

齿坯顶锥母线跳动公差/μm						基准端面跳动公差/μm					
精度等级		6	7	8	9	10	精度等级		6	7	8	9	10
外径 /mm	≤30	15	25		50		基准端面直径/mm	≤30	6	10		15
	>30 ~ 50	20	30		60			>30 ~ 50	8	12		20
	>50 ~ 120	25	40		80			>50 ~ 120	10	15		25
	>120 ~ 250	30	50		100			>120 ~ 250	12	20		30
	>250 ~ 500	40	60		120			>250 ~ 500	15	25		40
	>500 ~ 800	50	80		150			>500 ~ 800	20	30		50
	>800 ~ 1 250	60	100		200			>800 ~ 1 250	25	40		60

注：（1）当三个公差组精度等级不同时，公差值按最高的精度等级查取。
（2）IT5 ~ IT9 值见表 11 - 1。

四、图样标注

在齿轮工作图上应标注齿轮的精度等级和最小法向侧隙种类及法向侧隙公差种类的数字（字母）代号。

标注示例：

（1）锥齿轮的三个公差组精度同为 7 级，最小法向侧隙种类为 b，法向侧隙公差种类为 B，标注为：

（2）锥齿轮的三个公差组精度同为 7 级，最小法向侧隙为 400 μm，法向侧隙公差种类为 B，标注为：

（3）锥齿轮的第 I 公差组精度为 8 级，第 II、III 公差组精度为 7 级，最小法向侧隙种类为 c，法向侧隙公差种类为 B，标注为：

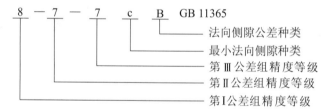

第三节　蜗杆、蜗轮精度

一、精度等级和蜗杆、蜗轮的检验与公差

圆柱蜗杆、蜗轮精度标准（GB/T 10089—1988）对蜗杆、蜗轮和蜗杆传动规定了 12 个精度等级，其中第 1 级的精度最高，第 12 级的精度最低。按照公差的特性对传动性能的主要保证作用，将蜗杆、蜗轮和蜗杆传动的公差（或极限偏差）分成三个公差组。根据使用要求不同，允许各公差组选用不同的精度等级组合，但在同一公差组中，各项公差与极限偏差应保持相同的精度等级。蜗杆和配对蜗轮的精度等级一般取成相同，也允许取成不相同。

根据蜗杆传动的工作要求和生产规模，在各公差组中选定一个检验组评定和验收蜗杆、蜗轮的精度，对于动力传动的一般圆柱蜗杆传动推荐的检验项目见表 12 – 23，各检验项目的公差值和极限偏差值见表 12 – 24 ~ 表 12 – 26。

表 12 - 23 推荐的圆柱蜗杆、蜗轮和蜗杆传动的检验项目

项目		蜗杆、蜗轮的公差组						蜗杆副				毛坯公差
		I		II		III		对蜗杆	对蜗轮	对箱体	对传动	
		蜗杆	蜗轮	蜗杆	蜗轮	蜗杆	蜗轮					
精度等级	7	—	F_p	$\pm f_{px}$、f_{pxL}、f_r	$\pm f_{pt}$	f_{f1}	f_{f2}	ES_{al} EI_{al}	$\pm f_{ao}$、f_{xo}、$f_{\Sigma o}$、ES_{a2}、EI_{s2}	$\pm f_a$、$\pm f_x$、$\pm f_\Sigma$	接触斑点，$\pm f_a$，j_{nmin}	蜗杆、蜗轮齿坯尺寸公差，形状公差，基准面径向和端面跳动公差
	8											
	9	F_r										

注：（1）$\pm f_{ao}$：加工时的中心距极限偏差，可取 $\pm f_{ao} = \pm 0.75 f_a$；

  $\pm f_{xo}$：加工时的中间平面极限偏差，可取 $\pm f_{xo} = \pm 0.75 f_x$；

  $\pm f_{\Sigma o}$：加工时的轴交角极限偏差，可取 $\pm f_{\Sigma o} = \pm 0.75 f_{\Sigma o}$。

（2）当蜗杆副的接触斑点有要求时，蜗轮的齿形误差 f_{f2} 可不检验。

表 12 - 24 蜗杆的公差和极限偏差值（摘自 GB/T 10089—1988）

第 II 公差组												第 III 公差组		
蜗杆齿槽径向跳动公差 f_r[①]/μm					模数 m/mm	蜗杆轴向齿距极限偏差 $\pm f_{px}$/μm			蜗杆轴向齿距螺积公差 f_{pxL}/μm			蜗杆齿形公差 f_{f1}/μm		
分度圆直径 d_1/mm	模数 m/mm	精度等级				精度等级								
		7	8	9		7	8	9	7	8	9	7	8	9
>31.5~50	≥1~10	17	23	32	≥1~3.5	11	14	20	18	25	36	16	22	32
>50~80	≥1~16	18	25	36	>3.5~6.3	14	20	25	24	34	48	22	32	45
>80~125	≥1~16	20	28	40	>6.3~10	17	25	32	32	45	63	28	40	53
>125~180	≥1~25	25	32	45	>10~16	22	32	46	40	56	80	36	53	75

① 当蜗杆齿形角 $\alpha \neq 20°$ 时，f_r 值为本表公差值乘以 $\sin 20°/\sin \alpha$。

表 12 - 25 蜗轮的公差和极限偏差值（摘自 GB/T 10089—1988）

第 I 公差组						第 II 公差组						第 III 公差组		
分度圆弧长 L/mm	蜗轮齿距累积公差 F_p 及 k 个齿距累积公差 F_{pk}/μm			分度圆直径 d_2/mm	模数 m/mm	蜗轮齿圈径向跳动公差 F_r/μm			蜗轮齿距极限偏差 $\pm f_{pt}$/μm			蜗轮齿形公差 f_{f2}/μm		
	精度等级					精度等级								
	7	8	9			7	8	9	7	8	9	7	8	9
>11.2~20	22	32	45	125	≥1~3.5	40	50	63	14	20	28	11	14	22
>20~32	28	40	56		>3.5~6.3	50	63	80	18	25	36	14	20	32
>32~50	32	45	63		>6.3~10	56	71	90	20	28	40	17	22	36

续表

分度圆弧长 L/mm	蜗轮齿距累积公差 F_p 及 k 个齿距累积公差 F_{pk}/μm 精度等级			分度圆直径 d_2/mm	模数 m/mm	蜗轮齿圈径向跳动公差 F_r/μm 精度等级			蜗轮齿距极限偏差 $\pm f_{pt}$/μm 精度等级			蜗轮齿形公差 f_{f2}/μm 精度等级		
	7	8	9			7	8	9	7	8	9	7	8	9
>50~80	36	50	71	>125~400	≥1~3.5	45	56	71	16	22	32	13	18	28
>80~160	45	63	90		>3.5~6.3	56	71	90	20	28	40	16	22	36
>160~315	63	90	125		>6.3~10	63	80	100	22	32	45	19	28	45
>315~630	90	125	180		>10~16	71	90	112	25	36	50	22	32	50

注：（1）查 F_p 时，取 $L = \pi d_2/2 = \pi m z_2/2$；查 F_{pk} 时，取 $L = k\pi m$（k 为 2 到小于 $z_2/2$ 的整数）。除特殊情况外，对于 F_{pk}，k 值规定取为小于 $z_2/6$ 的最大整数。

（2）当蜗杆齿形角 $\alpha \neq 20°$ 时，F_r 的值为本表对应的公差值乘以 $\sin 20°/\sin \alpha$。

表 12-26　传动接触斑点的要求和 $\pm f_a$、$\pm f_x$、$\pm f_\Sigma$ 值（摘自 GB/T 10089—1988）

传动接触斑点的要求					传动中心距 a/mm	传动中心距极限偏差 $\pm f_a$/μm 第Ⅲ公差组精度等级			传动中间平面极限偏差 $\pm f_x$/μm 第Ⅲ公差组精度等级			传动轴交角极限偏差 $\pm f_\Sigma$/μm			
		第Ⅲ公差组精度等级										蜗轮齿宽 b_2/mm	第Ⅲ公差组精度等级		
		7	8	9		7	8	9	7	8	9		7	8	9
接触面积的百分比	沿齿高不小于	55%		45%	>30~50	31	50		25	40		≤30	12	17	24
	沿齿长不小于	50%		40%	>50~80	37	60		30	48		>30~50	14	9	28
接触位置	接触斑点痕迹应偏于啮出端，但不允许在齿顶与啮入、啮出端的棱边接触				>80~120	44	70		36	56		>50~80	16	22	32
					>120~180	50	80		40	64		>80~120	19	24	36
					>180~250	58	92		47	74		>120~180	22	28	42
					>250~315	65	105		52	85		>180~250	25	32	48
					>315~400	70	115		56	92					

二、蜗杆传动的侧隙

标准按蜗杆传动的最小法向侧隙大小，将侧隙种类分为 8 种：a、b、c、d、e、f、g 和 h，其中以 a 为最大，h 为零，其他依次减小，如图 12-2 所示。侧隙种类与精度等级无关。

通常根据工作条件和使用要求来选择传动的侧隙种类，各种侧隙的最小法向侧隙 j_{nmin} 可由表 12-27 选取。

传动的最小法向侧隙由蜗杆齿厚的减薄量来保证，即取蜗杆齿厚上偏差 $E_{ss1} = -(j_{nmin}/$

$\cos \alpha_n + E_{s\Delta}$），$E_{s\Delta}$ 为制造误差的补偿部分，见表 12-28。蜗杆齿厚下偏差 $E_{si1} = E_{ss1} - T_{s1}$，$T_{s1}$ 为蜗杆齿厚公差，见表 12-29。蜗轮齿厚上偏差 $E_{ss2} = 0$，蜗轮齿厚下偏差 $E_{si2} = -T_{s2}$，T_{s2} 为蜗轮齿厚公差，见表 12-29。

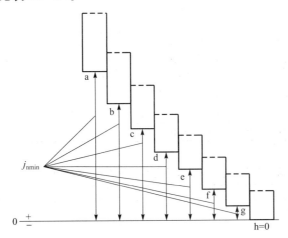

图 12-2　蜗杆副的最小法向侧隙种类

表 12-27　传动的最小法向侧隙 j_{nmin} 值（摘自 GB/T 10089—1988）　　μm

传动中心距 a/mm	侧隙种类							
	h	g	f	e	d	c	b	a
>30~50	0	11	16	25	39	62	100	160
>25~80	0	13	19	30	46	74	120	190
>80~120	0	15	22	35	54	87	140	220
>120~180	0	18	25	40	63	100	160	250
>180~250	0	20	29	46	72	115	185	290
>250~315	0	23	32	52	81	130	210	320
>315~400	0	25	36	57	89	140	230	360
注：传动的最小圆周侧隙 $j_{tmin} \approx j_{nmin}/(\cos \gamma' \cos \alpha_n)$，式中 γ' 为蜗杆节圆柱导程角；a_n 为蜗杆法向齿形角。								

表 12-28　蜗杆齿厚上偏差 E_{ss1} 中的误差补偿部分 $E_{s\Delta}$ 值（摘自 GB/T 10089—1988）　　μm

传动中心距 a/mm	蜗杆第 II 公差组精度等级											
	7				8				9			
	模数 m/mm											
	≥1 ~3.5	>3.5 ~6.3	>6.3 ~10	>10 ~16	≥1 ~3.5	>3.5 ~6.3	>6.3 ~10	>10 ~16	≥1 ~3.5	>3.5 ~6.3	>6.3 ~10	>10 ~16
>30~50	48	56	63	—	56	71	85	—	80	95	115	—
>50~80	50	58	65	—	58	75	90	—	90	100	120	—
>80~120	56	63	71	80	63	78	90	110	95	105	125	160

续表

传动中心距 a/mm	蜗杆第Ⅱ公差组精度等级											
	7				8				9			
	模数 m/mm											
	≥1 ~3.5	>3.5 ~6.3	>6.3 ~10	>10 ~16	≥1 ~3.5	>3.5 ~6.3	>6.3 ~10	>10 ~16	≥1 ~3.5	>3.5 ~6.3	>6.3 ~10	>10 ~16
>120~180	60	68	75	85	68	80	95	115	100	110	130	165
>180~250	71	75	80	90	75	85	100	115	110	120	140	170
>250~315	75	80	85	95	80	90	100	120	120	130	145	180
>315~400	80	85	90	100	85	95	105	125	130	140	155	185

表 12 – 29　蜗杆齿厚公差 T_{s1} 和蜗轮齿厚公差 T_{s2} 值（摘自 GB/T 10089—1988）

第Ⅱ公差组精度等级	蜗杆齿厚公差 $T_{a1}/\mu m$				蜗轮齿厚公差 $T_{a2}/\mu m$									
	模数 m/mm				蜗轮分度圆直径 d_2/mm									
					≤125			>125~400				>400~800		
					模数 m/mm									
	≥1 ~3.5	>3.5 ~6.3	>6.3 ~10	>10 ~16	≥1 ~3.5	>3.5 ~6.3	>6.3 ~10	≥1 ~3.5	>3.5 ~6.3	>6.3 ~10	>10 ~16	>3.5 ~6.3	>6.3 ~10	>10 ~16
7	45	56	71	95	90	110	120	100	120	130	140	120	130	160
8	53	71	90	120	110	130	140	120	140	160	170	140	160	190
9	67	90	110	150	130	160	170	140	170	190	210	170	190	230

三、齿坯检验与公差

蜗杆、蜗轮齿坯的尺寸、形状公差以及基准面的径向和端面圆跳动公差见表 12 – 30。

表 12 – 30　齿坯公差值（摘自 GB/T 10089—1988）

蜗杆、蜗轮齿坯尺寸和形状公差						蜗杆、蜗轮齿坯基准面径向和端面跳动公差/μm			
精度等级		6	7	8	9	10	基准面直径 d/mm	精度等级	
								6	7~8	9~10
孔	尺寸公差	IT6	IT7		IT8		≤31.5	4	7	10
	形状公差	IT5		IT6		IT7	>31.5~63	6	10	16
轴	尺寸公差	IT6	IT7		IT8		>63~125	8.5	14	22
	形状公差	IT4		IT5		IT6	>124~400	11	18	28
齿顶圆直径	作测量基准	IT8			IT9		>400~800	14	22	36
	不作测量基准	尺寸公差按 IT11 确定，但不大于 0.1 mm					>800~1 600	20	32	50

注：（1）当三个公差组的精度等级不同时，按最高精度等级确定公差。
　　（2）当以齿顶圆作为测量基准时，也即为蜗杆、蜗轮的齿坯基准面。
　　（3）IT4～IT11 值见表 11 – 1。

四、图样标注

在蜗杆、蜗轮工作图上，应分别标注其精度等级、齿厚极限偏差或相应的侧隙种类代号和标准代号。

标注示例：

（1）蜗杆第Ⅱ、Ⅲ公差组的精度等级为 5 级，齿厚极限偏差为标准值，相配的侧隙种类为 f，标注为：

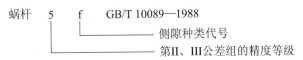

（2）蜗杆的齿厚极限偏差为非标准值，上偏差为 – 0.27 mm，下偏差为 – 0.4 mm，其余条件与（1）相同，标注为：

$$蜗杆 \quad 5 \binom{-0.27}{-0.4} \quad GB/T\ 10089—1988$$

（3）蜗轮的第Ⅰ公差组的精度等级为 5 级，第Ⅱ、Ⅲ公差组的精度等级为 6 级，齿厚极限偏差为标准值，相配的侧隙种类为 f，标注为：

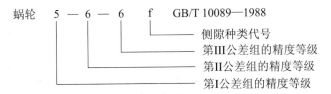

（4）蜗杆传动的第Ⅰ公差组的精度等级为 5 级，第Ⅱ、Ⅲ公差组的精度等级为 6 级，齿厚极限偏差为标准值，相配的侧隙种类为 f，标注为：

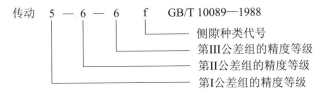

第十三章
螺纹和紧固件

第一节　螺　纹

一、普通螺纹（表 13 – 1）

表 13 – 1　普通螺纹直径与螺距系列、基本尺寸

（摘自 GB/T 193—2003、GB/T 196—2003）

mm

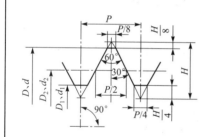

$H = 0.866P$

$d_2 = d - 0.6495P$

$d_1 = d - 1.0825P$

D、d—内、外螺纹基本大径（公称直径）

D_2、d_2—内、外螺纹基本中径

D_1、d_1—内、外螺纹基本小径

P—螺距

标记示例：

　　M20 – 6H（公称直径 20 粗牙右旋内螺纹，中径和大径的公差带均为 6H）

　　M20 – 6g（公称直径 20 粗牙右旋外螺纹，中径和大径的公差带均为 6g）

　　M20 – 6H/6g（上述规格的螺纹副）

　　M20 × 2 左 – 5g6g – S（公称直径 20、螺距 2 的细牙左旋外螺纹，中径、大径的公差带分别为 5g、6g，短旋合长度）

公称直径 D、d		螺距 P	中径 D_2、d_2	小径 D_1、d_1	公称直径 D、d		螺距 P	中径 D_2、d_2	小径 D_1、d_1	公称直径 D、d		螺距 P	中径 D_2、d_2	小径 D_1、d_1
第一系列	第二系列				第一系列	第二系列				第一系列	第二系列			
3		**0.5**	2.675	2.459		3.5	**0.6**	3.110	2.850	4		**0.7**	3.545	3.242
		0.35	2.773	2.621			0.35	3.273	3.121			0.5	3.675	3.459

续表

公称直径 D、d		螺距 P	中径 D_2、d_2	小径 D_1、d_1	公称直径 D、d		螺距 P	中径 D_2、d_2	小径 D_1、d_1	公称直径 D、d		螺距 P	中径 D_2、d_2	小径 D_1、d_1
第一系列	第二系列				第一系列	第二系列				第一系列	第二系列			
	4.5	**0.75**	4.013	3.688	20		1.5	19.026	18.376			**4.5**	39.077	37.129
		0.5	4.175	3.959			1	19.350	18.917	42		4	39.402	37.670
5		**0.8**	4.480	4.134		22	**2.5**	20.376	19.294			3	40.051	38.752
		0.5	4.675	4.459			2	20.701	19.835			2	40.701	39.835
6		**1**	5.350	4.917			1.5	21.026	20.376			1.5	41.026	40.376
		0.75	5.513	5.188			1	21.350	20.917			**4.5**	42.077	40.129
	7	**1**	6.350	5.917			**3**	22.051	20.752		45	4	42.402	40.670
		0.75	6.513	6.188	24		2	22.701	21.835			3	43.051	41.752
8		**1.25**	7.188	6.647			1.5	23.026	22.376			2	43.701	42.835
		1	7.350	6.917			1	23.350	22.917			1.5	44.026	43.376
		0.75	7.513	7.188			**3**	25.051	23.752			**5**	44.752	42.587
10		**1.5**	9.026	8.376		27	2	25.701	24.835	48		4	45.402	43.670
		1.25	9.188	8.647			1.5	26.026	25.376			3	46.051	44.752
		1	9.350	8.917			1	26.350	25.917			2	46.701	45.835
		0.75	9.513	9.188			**3.5**	27.727	26.211			1.5	47.026	46.376
12		**1.75**	10.863	10.106	30		(3)	28.051	26.752			**5**	48.752	46.587
		1.5	11.026	10.376			2	28.701	27.835		52	4	49.402	47.670
		1.25	11.188	10.647			1.5	29.026	28.376			3	50.051	48.752
		1	11.350	10.917			1	29.350	28.917			2	50.701	49.835
	14	**2**	12.701	11.835			**3.5**	30.727	29.211			1.5	51.026	50.376
		1.5	13.026	12.376		33	(3)	31.051	29.752			**5.5**	52.428	50.046
		1	13.350	12.917			2	31.701	30.835	56		4	53.402	51.670
16		**2**	14.701	13.835			1.5	32.026	31.376			3	54.051	52.752
		1.5	15.026	14.376	36		**4**	33.402	31.670			2	54.701	53.835
		1	15.305	14.917			3	34.051	32.752			1.5	55.026	54.376
	18	**2.5**	16.376	15.294			2	34.701	33.835			**5.5**	56.428	54.046
		2	16.701	15.835			1.5	35.026	34.376		60	4	57.402	55.670
		1.5	17.026	16.376		39	**4**	36.402	34.670			3	58.051	56.752
		1	17.350	16.917			3	37.051	35.752			2	58.701	57.835
20		**2.5**	18.376	17.294			2	37.701	36.835			1.5	59.026	58.376
		2	18.701	17.835			1.5	38.026	37.376	64		**6**	60.103	57.505
												4	61.402	59.670
												3	62.051	60.752

注：(1)"螺距 P"栏中第一个数值（黑体字）为粗牙螺距，其余为细牙螺距。

(2)优先选用第一系列，其次第二系列，第三系列（表中未列出）尽可能不用。

(3)括号内尺寸尽可能不用。

二、梯形螺纹（表 13 -2 ~ 表 13 -4）

表 13 -2　梯形螺纹设计牙形尺寸（摘自 GB/T 5796.1—2005）　　mm

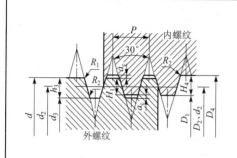

标记示例：

Tr40×7 -7H（梯形内螺纹，公称直径 40、螺距 $P=7$、精度等级 7H）

Tr40×14（$P7$）LH -7e（多线左旋梯形外螺纹，公称直径 40、导程 =14、螺距 $P=7$、精度等级 7e）

Tr40×7 -7H/7e（梯形螺旋副、公称直径 $d=40$、螺距 $P=7$、内螺纹精度等级 7H、外螺纹精度等级 7e）

螺距 P	a_c	$H_4 = h_3$	R_{1max}	R_{2max}	螺距 P	a_c	$H_4 = h_3$	R_{1max}	R_{2max}	螺距 P	a_c	$H_4 = h_3$	R_{1max}	R_{2max}
1.5	0.15	0.9	0.075	0.15	9 10 12	0.5	5 5.5 6.5	0.25	0.5	24 28 32 36 40 44	1	13 15 17 19 21 23	0.5	1
2 3 4 5	0.25	1.25 1.75 2.25 2.75	0.125	0.25	14 16 18 20 22	1	8 9 10 11 12	0.5	1					
6 7 8	0.5	3.5 4 4.5	0.25	0.5										

表 13 -3　梯形螺纹直径与螺距系列（摘自 GB/T 5796.2—2005）　　mm

公称直径 d		螺距 P	公称直径 d		螺距 P	公称直径 d		螺距 P	公称直径 d		螺距 P
第一系列	第二系列		第一系列	第二系列		第一系列	第二系列		第一系列	第二系列	
8 10	9	1.5 * 2 *, 1.5	28	26 30	8, 5 *, 3 10, 6 *, 3	52	50 55	12, 8 *, 3 14, 9 *, 3	120	110 130	20, 12 *, 4 22, 14 *, 6
12	11	3, 2 * 3 *, 2	32 36	34	10, 6 *, 3	60 70	65	14, 9 *, 3 16, 10 *, 4	140 160	150	24, 14 *, 6 24, 16 *, 6
16	14 18	3 *, 2 4 *, 2	40	38 42	10, 7 *, 3	80	75 85	16, 10 *, 4 18, 12 *, 4			28, 16 *, 6
20 24	22	4 *, 2 8, 5 *, 3	44 48	46	12, 7 *, 3 12, 8 *, 3	90 100	95	18, 12 *, 4 20, 12 *, 4	180	170 190	28, 16 *, 6 28, 18 *, 8 32, 18 *, 8

注：优先选用第一系列的直径，带 * 者为对应直径优先选用的螺距。

表 13 - 4　梯形螺纹基本尺寸（摘自 GB/T 5796. 3 —2005）　　　　　mm

螺距 P	外螺纹小径 d_3	内、外螺纹中径 D_2、d_2	内螺纹大径 D_4	内螺纹小径 D_1	螺距 P	外螺纹小径 d_3	内、外螺纹中径 D_2、d_2	内螺纹大径 D_4	内螺纹小径 D_1
1. 5	$d-1.8$	$d-0.75$	$d+0.3$	$d-1.5$	8	$d-9$	$d-4$	$d+1$	$d-8$
2	$d-2.5$	$d-1$	$d+0.5$	$d-2$	9	$d-10$	$d-4.5$	$d+1$	$d-9$
3	$d-3.5$	$d-1.5$	$d+0.5$	$d-3$	10	$d-11$	$d-5$	$d+1$	$d-10$
4	$d-4.5$	$d-2$	$d+0.5$	$d-4$	12	$d-13$	$d-6$	$d+1$	$d-12$
5	$d-5.5$	$d-2.5$	$d+0.5$	$d-5$	14	$d-16$	$d-7$	$d+2$	$d-14$
6	$d-7$	$d-3$	$d+1$	$d-6$	16	$d-18$	$d-8$	$d+2$	$d-16$
7	$d-8$	$d-3.5$	$d+1$	$d-7$	18	$d-20$	$d-9$	$d+2$	$d-18$

注：（1）d 为公称直径（即外螺纹大径）。
　　（2）表中所列的数值是按下式计算的：$d_3 = d - P - 2a_c$；D_2、$d_2 = d - 0.5P$；$D_4 = d + 2a_c$；$D_1 = d - P$。

第二节　螺栓与螺柱

一、六角头螺栓、六角头螺栓—全螺纹（表 13 -5）

表 13 -5　六角头螺栓（摘自 GB/T 5782—2016）、
六角头螺栓—全螺纹（摘自 GB/T 5783—2016）　　　　　mm

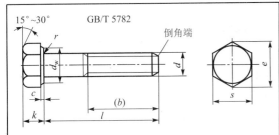

标记示例：
　　螺纹规格 d = M12、公称长度 l = 80 mm、性能等级为 8.8 级、表面不经处理、产品等级为 A 级的六角螺栓的标记为
　　螺栓　GB/T 5782　M12 ×80

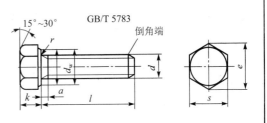

标记示例：
　　螺纹规格 d = M12、公称长度 l = 80 mm、全螺纹、性能等级为 8.8 级、表面不经处理、产品等级为 A 级的六角螺栓的标记为
　　螺栓　GB/T 5783　M12 ×80

螺纹规格 d		M3	M4	M5	M6	M8	M10	M12	(M14)	M16	(M18)	M20	(M22)	M24	(M27)	M30	M36
b 参考	$l \leq 125$	12	14	16	18	22	26	30	34	38	42	46	50	54	60	66	
	$125 < l \leq 200$	18	20	22	24	28	32	36	40	44	48	52	56	60	66	72	84
	$l > 200$	31	33	35	37	41	45	49	53	57	61	65	69	73	79	85	97
a	max	1. 50	2. 10	2. 40	3. 00	4. 00	4. 50	5. 30	6. 00	6. 00	7. 50	7. 50	7. 50	9. 00	9. 00	10. 50	12. 00

续表

螺纹规格 d		M3	M4	M5	M6	M8	M10	M12	(M14)	M16	(M18)	M20	(M22)	M24	(M27)	M30	M36
c	max	0.40	0.40	0.50	0.50	0.60	0.60	0.60	0.60	0.80	0.80	0.80	0.80	0.80	0.80	0.80	0.80
	min	0.15	0.15	0.15	0.15	0.15	0.15	0.15	0.15	0.20	0.20	0.20	0.20	0.20	0.20	0.20	0.20
d_w min	A	4.57	5.88	6.88	8.88	11.63	14.63	16.63	19.64	22.49	25.34	28.19	31.71	33.61	—	—	—
	B	4.45	5.74	6.74	8.74	11.47	14.47	16.47	19.15	22.00	24.85	27.70	31.35	33.25	38.00	42.75	51.11
e min	A	6.01	7.66	8.79	11.05	14.38	17.77	20.03	23.36	26.75	30.14	33.53	37.72	39.98	—	—	—
	B	5.88	7.50	8.63	10.89	14.20	17.59	19.85	22.78	26.17	29.56	32.95	37.29	39.55	45.20	50.85	60.79
k	公称	2	2.8	3.5	4	5.3	6.4	7.5	8.8	10	11.5	12.5	14	15	17	18.7	22.5
r	min	0.10	0.20	0.20	0.25	0.40	0.40	0.60	0.60	0.60	0.60	0.80	0.80	0.80	1.00	1.00	1.00
s	公称	5.5	7	8	10	13	16	18	21	24	27	30	34	36	41	46	55
公称长度 l 范围		20~30	25~40	25~50	30~60	40~80	45~100	50~120	60~140	65~160	70~180	80~200	90~220	90~240	100~260	110~300	140~360
公称长度 l 范围（全螺纹）		6~30	8~40	10~50	12~60	16~80	20~100	25~120	30~140	30~150	35~150	40~150	45~150	50~150	55~200	60~200	70~200
公称长度 l 系列		6, 8, 10, 12, 16, 20~70（5 进位），80~160（10 进位），180~360（20 进位）															

技术条件	材料	机械性能等级	螺纹公差	公差产品等级	表面处理
	钢	3 mm ≤ l ≤ 36 mm： 5.6、8.8、10.9； 3 mm ≤ l ≤ 16 mm：9.8	6 g	$d \leq 24$ mm 和 $l \leq 10d$ 或 $l \leq 150$ mm（按较小值）：A； $d > 24$ mm 或 $l > 10 d$ 或 $l > 150$ mm（按较小值）：B	不经处理；电镀；非电解锌片涂层；热浸镀锌层

注：括号内的螺纹规格 d 为非优选的规格。

二、六角头加强杆螺栓（表 13-6）

表 13-6　六角头加强杆螺栓（摘自 GB/T 27—2013）　　　　　　　　mm

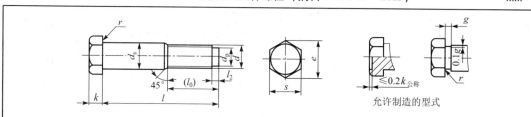

标记示例：

螺纹规格 d = M12，d_s 见表 13-6，公称长度 l = 80 mm、机械性能等级为 8.8 级、表面氧化处理、产品等级为 A 级的六角头加强杆螺栓的标记：

螺栓　GB/T 27　M12×80

当 d_s 按 m6 制造，其余条件同上时，应标记为

螺栓　GB/T 27　M12m6×80

螺纹规格 d		M6	M8	M10	M12	(M14)	M16	(M18)	M20	(M22)	M24	(M27)	M30	M36
d_s (h9)	max	7	9	11	13	15	17	19	21	23	25	28	32	38
s	max	10	13	16	18	21	24	27	30	34	36	41	46	55

螺纹规格 d		M6	M8	M10	M12	(M14)	M16	(M18)	M20	(M22)	M24	(M27)	M30	M36
k	公称	4	5	6	7	8	9	10	11	12	13	15	17	20
r	min	0.25	0.4	0.4	0.6	0.6	0.6	0.6	0.8	0.8	0.8	1	1	1
d_p		4	5.5	7	8.5	10	12	13	15	17	18	21	23	28
l_2		1.5		2		3			4			5		6
e min	A	11.05	14.38	17.77	20.03	23.35	26.75	30.14	33.53	37.72	39.98	—	—	—
	B	10.89	14.20	17.59	19.85	22.78	26.17	29.56	32.95	37.29	39.55	45.20	50.85	60.79
g		2.5						3.5				5		
l_0		12	15	18	22	25	28	30	32	35	38	42	50	55
通用长度 l 规格范围		25~65	25~80	30~120	35~180	40~180	45~200	50~200	55~200	60~200	65~200	75~200	80~230	90~300

通用长度 l 规格系列	25，(28)，30，(32)，35，(38)，40，45，50，(55)，60，(65)，70，(75)，80，(85)，90，(95)，100~260（10 进位），280，300

技术条件	材料	螺纹公差	机械性能等级	公差产品等级	表面处理
	钢	6 g	8.8	A 用于 $d \leqslant 24$ mm 和 $l \leqslant 10d$ 或 $l \leqslant 150$ mm（按较小值）； B 用于 $d > 24$ mm 和 $l > 10d$ 或 $l > 150$ mm（按较小值）	氧化

注：（1）括号内的螺纹规格 d 为非优选的规格。

（2）尽可能不采用括号内的通用长度 l 规格。

（3）根据使用要求，无螺纹部分杆径（d_s）允许按 m6 或 u8 制造，但应在标记中注明。

三、双头螺柱（表 13 -7）

表 13 -7 双头螺柱 $b_m = d$（摘自 GB/T 897—1988）、$b_m = 1.25d$（摘自 GB/T 898—1988）、

$b_m = 1.5d$（摘自 GB/T 899—1988） mm

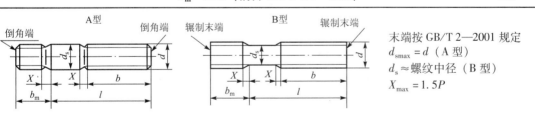

末端按 GB/T 2—2001 规定
$d_{smax} = d$（A 型）
$d_s \approx$ 螺纹中径（B 型）
$X_{max} = 1.5P$

标记示例：

两端均为粗牙普通螺纹，$d = 10$、$l = 50$、性能等级为 4.8 级、不经表面处理、B 型、$b_m = 1.25d$ 的双头螺柱的标记为

螺柱 GB/T 898 M10×50

旋入机体一端为粗牙普通螺纹，旋入螺母一端为螺距 $P = 1$ 的细牙普通螺纹，$d = 10$、$l = 50$、性能等级为 4.8 级、不经表面处理、A 型、$b_m = 1.25d$ 的双头螺柱的标记为 螺柱 GB/T 898 AM10 - M10 × 1 × 50

旋入机体一端为过渡配合螺纹的第一种配合，旋入螺母一端为粗牙普通螺纹，$d = 10$、$l = 50$、性能等级为 8.8 级、镀锌钝化、B 型、$b_m = 1.25d$ 的双头螺柱的标记为 螺柱 GB/T 898 GM10 - M10 × 50 - 8.8 - Zn·D

续表

螺纹规格 d		M5	M6	M8	M10	M12	（M14）	M16
b_m （公称）	$b_m = d$	5	6	8	10	12	14	16
	$b_m = 1.25d$	6	8	10	12	15	18	20
	$b_m = 1.5d$	8	10	12	15	18	21	24
$\dfrac{l（公称）}{b}$		$\dfrac{16\sim22}{10}$	$\dfrac{20\sim22}{10}$	$\dfrac{20\sim22}{12}$	$\dfrac{25\sim28}{14}$	$\dfrac{25\sim30}{16}$	$\dfrac{30\sim35}{18}$	$\dfrac{30\sim38}{20}$
		$\dfrac{25\sim50}{16}$	$\dfrac{25\sim30}{14}$	$\dfrac{25\sim30}{16}$	$\dfrac{30\sim38}{16}$	$\dfrac{32\sim40}{20}$	$\dfrac{38\sim45}{25}$	$\dfrac{40\sim55}{30}$
			$\dfrac{32\sim75}{18}$	$\dfrac{32\sim90}{22}$	$\dfrac{40\sim120}{26}$	$\dfrac{45\sim120}{30}$	$\dfrac{50\sim120}{34}$	$\dfrac{60\sim120}{38}$
					$\dfrac{130}{32}$	$\dfrac{130\sim180}{36}$	$\dfrac{130\sim180}{40}$	$\dfrac{130\sim200}{44}$

螺纹规格 d		（M18）	M20	（M22）	M24	（M27）	M30	M36
b_m （公称）	$b_m = d$	18	20	22	24	27	30	36
	$b_m = 1.25d$	22	25	28	30	35	38	45
	$b_m = 1.5d$	27	30	33	36	40	45	54
$\dfrac{l（公称）}{b}$		$\dfrac{35\sim40}{22}$	$\dfrac{35\sim40}{25}$	$\dfrac{40\sim45}{30}$	$\dfrac{45\sim50}{30}$	$\dfrac{50\sim60}{35}$	$\dfrac{60\sim65}{40}$	$\dfrac{65\sim75}{45}$
		$\dfrac{45\sim60}{35}$	$\dfrac{45\sim65}{35}$	$\dfrac{50\sim70}{40}$	$\dfrac{55\sim75}{45}$	$\dfrac{65\sim85}{50}$	$\dfrac{70\sim90}{50}$	$\dfrac{80\sim110}{60}$
		$\dfrac{65\sim120}{42}$	$\dfrac{70\sim120}{46}$	$\dfrac{75\sim120}{50}$	$\dfrac{80\sim120}{54}$	$\dfrac{90\sim120}{60}$	$\dfrac{95\sim120}{66}$	$\dfrac{120}{78}$
		$\dfrac{130-200}{48}$	$\dfrac{130\sim200}{52}$	$\dfrac{130\sim200}{56}$	$\dfrac{130\sim200}{60}$	$\dfrac{130\sim200}{66}$	$\dfrac{130\sim200}{72}$	$\dfrac{130\sim200}{84}$
							$\dfrac{210\sim250}{85}$	$\dfrac{210\sim300}{97}$

公称长度 l 系列	16，（18），20，（22），25，（28），30，（32），35，（38），40，45，50，（55），60，（65），70，（75），80，（85），90，（95），100～260（10进位），280，300

注：（1）尽可能不采用括号内的规格。GB/T 897 中的 M24、M30 为括号内的规格。

（2）GB/T 898 为商品紧固件品种，应优先选用。

（3）当 $b - b_m \leqslant 5$ mm 时，旋入螺母一端应制成倒圆端。

四、地脚螺栓（表 13 – 8）

表 13 – 8　地脚螺栓（摘自 GB/T 799—1988）　　　　　　　　　　mm

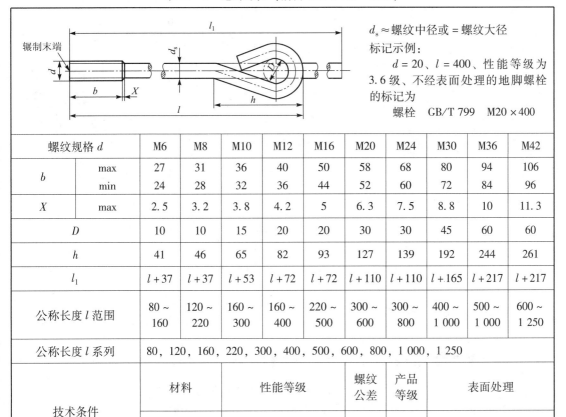

$d_s \approx$ 螺纹中径或 = 螺纹大径

标记示例：

$d = 20$、$l = 400$、性能等级为 3.6 级、不经表面处理的地脚螺栓的标记为

螺栓　GB/T 799　M20×400

螺纹规格 d		M6	M8	M10	M12	M16	M20	M24	M30	M36	M42
b	max	27	31	36	40	50	58	68	80	94	106
	min	24	28	32	36	44	52	60	72	84	96
X	max	2.5	3.2	3.8	4.2	5	6.3	7.5	8.8	10	11.3
D		10	10	15	20	20	30	30	45	60	60
h		41	46	65	82	93	127	139	192	244	261
l_1		$l+37$	$l+37$	$l+53$	$l+72$	$l+72$	$l+110$	$l+110$	$l+165$	$l+217$	$l+217$
公称长度 l 范围		80 ~ 160	120 ~ 220	160 ~ 300	160 ~ 400	220 ~ 500	300 ~ 600	300 ~ 800	400 ~ 1 000	500 ~ 1 000	600 ~ 1 250
公称长度 l 系列		80，120，160，220，300，400，500，600，800，1 000，1 250									

技术条件	材料	性能等级		螺纹公差	产品等级	表面处理
	钢	$d<39$，3.6 级；$d>39$，按协议		8g	C	1. 不处理；2. 氧化；3. 镀锌

第三节　螺　钉

一、内六角圆柱头螺钉（表 13 – 9）

表 13 – 9　内六角圆柱头螺钉（摘自 GB/T 70.1—2008）　　　　mm

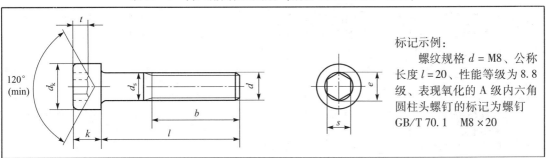

标记示例：

螺纹规格 $d = $ M8、公称长度 $l = 20$、性能等级为 8.8 级、表现氧化的 A 级内六角圆柱头螺钉的标记为螺钉

GB/T 70.1　M8×20

续表

螺纹规格 d	M5	M6	M8	M10	M12	M16	M20	M24	M30	M36
b（参考）	22	24	28	32	36	44	52	60	72	84
d_k（max）	8.5	10	13	16	18	24	30	36	45	54
e（min）	4.58	5.72	6.86	9.15	11.43	16	19.44	21.73	25.15	30.85
k（max）	5	6	8	10	12	16	20	24	30	36
s（公称）	4	5	6	8	10	14	17	19	22	27
t（min）	2.5	3	4	5	6	8	10	12	15.5	19
l 范围（公称）	8~50	10~60	12~80	16~100	20~120	25~160	30~200	40~200	45~200	55~200
制成全螺纹时 $l \leqslant$	25	30	35	40	50	60	70	80	100	110
l 系列（公称）	8, 10, 12, 16, 20~50（5 进位），（55），60，（65），70~160（10 进位），180，200								

技术条件	材料	性能等级	螺纹公差	产品等级	表面处理
	钢	8.8, 10.9, 12.9	12.9 级为 5 g 或 6 g，其他等级为 6 g	A	氧化

注：括号内规格尽可能不采用。

二、十字槽盘头螺钉、十字槽沉头螺钉（表 13-10）

表 13-10　十字槽盘头螺钉（摘自 GB/T 818—2016）、
十字槽沉头螺钉（摘自 GB/T 819.1—2016）　　　　　mm

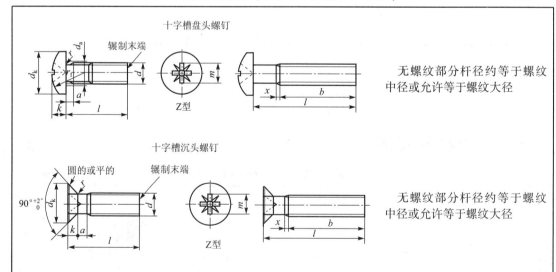

标记示例：

螺纹规格 d = M5、公称长度 l = 20 mm、性能等级为 4.8 级、表面不经处理的 A 级十字槽盘头螺钉（或十字槽沉头螺钉）的标记为

螺钉　GB/T 818　M5×20（或 GB/T 819.1　M5×20）

续表

螺纹规格 d			M1.6	M2	M2.5	M3	M4	M5	M6	M8	M10
a		max	0.7	0.8	0.9	1	1.4	1.6	2	2.5	3
b		min	25	25	25	25	38	38	38	38	38
x		max	0.9	1	1.1	1.25	1.75	2	2.5	3.2	3.8
十字槽盘头螺钉	d_a	max	2	2.6	3.1	3.6	4.7	5.7	6.8	9.2	11.2
	d_k	公称 max	3.2	4.0	5.0	5.6	8.00	9.50	12.00	16.00	20.00
	k	公称 max	1.30	1.60	2.10	2.40	3.10	3.70	4.60	6.0	7.50
	r	min	0.1	0.1	0.1	0.1	0.2	0.2	0.25	0.4	0.4
	r_f	≈	2.5	3.2	4	5	6.5	8	10	13	16
	m	参考	1.6	2.1	2.6	2.8	4.3	4.7	6.7	8.8	9.9
	l	公称长度范围	3～16	3～20	3～25	4～30	5～40	6～45	8～60	10～60	12～60
十字槽沉头螺钉	d_k	公称 max	3.0	3.8	4.7	5.5	8.40	9.30	11.30	15.80	18.30
	k	公称 max	1	1.2	1.5	1.65	2.7	2.7	3.3	4.65	5
	r	min	0.4	0.5	0.6	0.8	1	1.3	1.5	2	2.5
	m	参考	1.6	1.9	2.8	3	4.4	4.9	6.6	8.8	9.8
	l	公称长度范围	3～16	3～20	3～25	4～30	5～40	6～50	8～60	10～60	12～60
公称长度 l 的系列			3，4，5，6，8，10，12，(14)，16，20～60（5 进位）								

技术条件	材料	机械性能等级	螺纹公差	公差产品等级	表面处理
	钢	$d<3$ m：按协议； $d≥3$ m：4.8	6g	A	不经处理；电镀； 非电解锌片涂层

注：(1) 尽可能不采用公称长度 l 中的 14 和 55 规格。

(2) 对于十字槽盘头螺钉，$d≤M3$、$l≤25$ mm 或 $d>M4$、$l≤40$ mm 时，制出全螺纹（$b=l-a$）。对于十字槽沉头螺钉，$d≤M3$、$l≤30$ mm 或 $d>M4$、$l≤45$ mm 时，制出全螺纹［$b=l-(k+a)$］。

三、开槽盘头螺钉、开槽沉头螺钉（表13–11）

表13–11　开槽盘头螺钉（摘自 GB/T 67—2016）、

开槽沉头螺钉（摘自 GB/T 68—2016）　　　　　　　mm

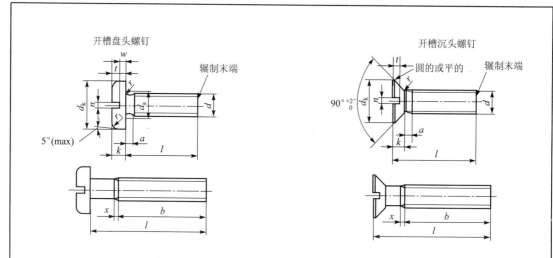

无螺纹部分杆径约等于螺纹中经或允许等于螺纹大经

标记示例：

螺纹规格 d = M5、公称长度 l = 20 mm、性能等级为 4.8 级、表面不经处理的 A 级开槽盘头螺钉（或开槽沉头螺钉）的标记为

螺钉　GB/T 67　M5×20（或 GB/T 68　M5×20）

螺纹规格 d			M1.6	M2	M2.5	M3	M4	M5	M6	M8	M10
a		max	0.7	0.8	0.9	1	1.4	1.6	2	2.5	3
b		min	25	25	25	25	38	38	38	38	38
n		公称	0.4	0.5	0.6	0.8	1.2	1.2	1.6	2	2.5
x		max	0.9	1	1.1	1.25	1.75	2	2.5	3.2	3.8
开槽盘头螺钉	d_k	公称 max	3.2	4.0	5.0	5.6	8.00	9.50	12.00	16.00	20.00
	d_a	max	2	2.6	3.1	3.6	4.7	5.7	6.8	9.2	11.2
	k	公称 max	1.00	1.30	1.50	1.80	2.40	3.00	3.60	4.8	6.0
	r	min	0.1	0.1	0.1	0.1	0.2	0.2	0.25	0.4	0.4
	r_1	参考	0.5	0.6	0.8	0.9	1.2	1.5	1.8	2.4	3
	t	min	0.35	0.5	0.6	0.7	1	1.2	1.4	1.9	2.4
	w	min	0.3	0.4	0.5	0.7	1	1.2	1.4	1.9	2.4
	l	公称长度范围	2~16	2.5~20	3~25	4~30	5~40	6~50	8~60	10~80	12~80

续表

螺纹规格 d			M1.6	M2	M2.5	M3	M4	M5	M6	M8	M10
开槽沉头螺钉	d_k	公称 max	3.0	3.8	4.7	5.5	8.40	9.30	11.30	15.80	18.30
	k	公称 max	1	1.2	1.5	1.65	2.7	2.7	3.3	4.65	5
	r	max	0.4	0.5	0.6	0.8	1	1.3	1.5	2	2.5
	t	min	0.32	0.4	0.5	0.6	1.0	1.1	1.2	1.8	2
	l	公称长度范围	2.5~16	3~20	4~25	5~30	6~40	8~50	8~60	10~80	12~80
公称长度 l 的系列			2、2.5、3、4、5、6、8、10、12、(14)、16、20~80（5 进位）								

技术条件	材料	机械性能等级	螺纹公差	公差产品等级	表面处理
	钢	$d<3$ mm：按协议； $d\geqslant3$ mm：4.8、5.8	6 g	A	不经处理；电镀； 非电解锌片涂层

注：(1) 尽可能不采用公称长度 l 中的 14、55、65、75 规格。
　　(2) 对于开槽盘头螺钉，$d\leqslant$M3、$l\leqslant$30 mm 或 $d>$M4、$l\leqslant$40 mm 时，制出全螺纹（$b=l-a$）。
　　对于开槽沉头螺钉，$d\leqslant$M3、$l\leqslant$30 mm 或 $d>$M4、$l\leqslant$45 mm 时，制出全螺纹 $[b=l-(k+a)]$。

四、紧定螺钉（表 13-12）

表 13-12　紧定螺钉

mm

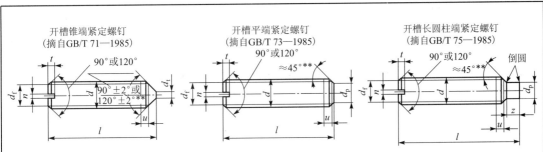

标记示例：
　　螺纹规格 $d=$M5、公称长度 $l=12$、性能等级为 14H 级、表面氧化的开槽锥端紧定螺钉（或开槽平端，或开槽长圆柱端紧定螺钉）的标记为
　　螺钉 GB/T 71　M5×12（或 GB/T 73　M5×12，或 GB/T 75　M5×12）

螺纹规格 d		M3	M4	M5	M6	M8	M10	M12
螺距 P		0.5	0.7	0.8	1	1.25	1.5	1.75
$d_f\approx$		螺纹小径						
d_t	max	0.3	0.4	0.5	1.5	2	2.5	3
d_p	max	2	2.5	3.5	4	5.5	7	8.5
n	公称	0.4	0.6	0.8	1	1.2	1.6	2

续表

螺纹规格 d		M3	M4	M5	M6	M8	M10	M12
t	min	0.8	1.12	1.28	1.6	2	2.4	2.8
z	max	1.75	2.25	2.75	3.25	4.3	5.3	6.3
不完整螺纹的长度 u					$\leqslant 2P$			
公称长度 l 范围（商品规格）	GB/T 71—1985	4~16	6~20	8~25	8~30	10~40	12~50	14~60
	GB/T 73—1985	3~16	4~20	5~25	6~30	8~40	10~50	12~60
	GB/T 75—1985	5~16	6~20	8~25	8~30	10~40	12~50	14~60
短螺钉 GB/T 73—1985		3	4	5	6	—	—	—
短螺钉 GB/T 75—1985		5	6	8	8、10	10, 12, 14	12, 14, 16	14, 16, 20
公称长度 l 的系列		3, 4, 5, 6, 8, 10, 12, (14), 16, 20, 25, 30, 35, 40, 45, 50, (55), 60						

技术条件	材料	性能等级	螺纹公差	公差产品等级	表面处理
	钢	14H, 22H	6 g	A	氧化或镀锌钝化

注：（1）尽可能不采用括号内的规格。
　　（2）＊公称长度在表中 l 范围内的短螺钉应制成 120°。
　　　　＊＊90°或 120°和 45°仅适用于螺纹小径以内的末端部分。

五、吊环螺钉（表13-13）

表13-13　吊环螺钉（摘自 GB/T 825—1988）　　　　　　　　　　mm

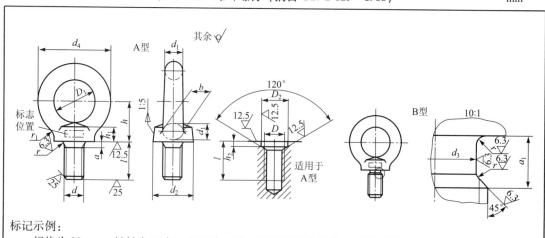

标记示例：
　　规格为 20 mm、材料为 20 钢、经正火处理、不经表面处理的 A 型吊环螺钉的标记为
　　螺钉　GB/T 825　M20

续表

螺纹规格（d）		M8	M10	M12	M16	M20	M24	M30	M36	M42	M48
d_1	max	9.1	11.1	13.1	15.2	17.4	21.4	25.7	30	34.4	40.7
D_1	公称	20	24	28	34	40	48	56	67	80	95
d_2	max	21.1	25.1	29.1	35.2	41.4	49.4	57.7	69	82.4	97.7
h_1	max	7	9	11	13	15.1	19.1	23.2	27.4	31.7	36.9
l	公称	16	20	22	28	35	40	45	55	65	70
d_4	参考	36	44	52	62	72	88	104	123	144	171
h		18	22	26	31	36	44	53	63	74	87
r_1		4	4	6	6	8	12	15	18	20	22
r	min	1	1	1	1	1	2	2	3	3	3
a_1	max	3.75	4.5	5.25	6	7.5	9	10.5	12	13.5	15
d_3	公称（max）	6	7.7	9.4	13	16.4	19.6	25	30.8	35.6	41
a	max	2.5	3	3.5	4	5	6	7	8	9	10
b		10	12	14	16	19	24	28	32	38	46
D_2	公称（min）	13	15	17	22	28	32	38	45	52	60
h_2	公称（min）	2.5	3	3.5	4.5	5	7	8	9.5	10.5	11.5
最大起吊重量 /kN	单螺钉起吊	1.6	2.5	4	6.3	10	16	25	40	63	80
	双螺钉起吊 45°(max)	0.8	1.25	2	3.2	5	8	12.5	20	32	40

减速器类型	一级圆柱齿轮减速器						二级圆柱齿轮减速器				
中心距 a	100	125	160	200	250	315	100×110	140×200	180×250	200×280	250×355
重量 W/kN	0.26	0.52	1.05	2.1	4	8	1	2.6	4.8	6.8	12.5

注：（1）材料为 20 或 25 钢。
　　（2）"减速器重量 W" 非 GB/T 825 内容，仅供课程设计参考用。

第四节 螺 母

一、1 型六角螺母、六角薄螺母（表 13－14）

表 13－14　1 型六角螺母（摘自 GB/T 6170—2015）、

六角薄螺母（摘自 GB/T 6172.1—2016）　　　　mm

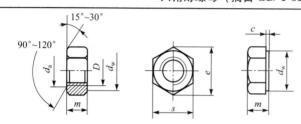

允许制造形式（GB/T 6170）

标记示例：

螺纹规格 D = M12、性能等级为 8 级、表面不经处理、产品等级为 A 级的 1 型六角螺母的标记为

螺母　GB/T 6170　M12

螺纹规格 D = M12、性能等级为 04 级、不经表面处理、产品等级为 A 级的六角薄螺母的标记为

螺母　GB/T 6172.1　M12

螺纹规格 D		M3	M4	M5	M6	M8	M10	M12	(M14)	M16	(M18)	M20	(M22)	M24	(M27)	M30	M36
d_a	max	3.45	4.60	5.75	6.75	8.75	10.80	13.00	15.10	17.30	19.50	21.60	23.70	25.90	29.10	32.40	38.90
d_w	min	4.60	5.90	6.90	8.90	11.60	14.60	16.60	19.60	22.50	24.90	27.70	31.40	33.30	38.00	42.80	51.10
e	min	6.01	7.66	8.79	11.05	14.38	17.77	20.03	23.36	26.75	29.56	32.95	37.29	39.55	45.20	50.85	60.79
s	max	5.50	7.00	8.00	10.00	13.00	16.00	18.00	21.00	24.00	27.00	30.00	34.00	36.00	41.00	46.00	55.00
c	max	0.40	0.40	0.50	0.50	0.60	0.60	0.60	0.60	0.80	0.80	0.80	0.80	0.80	0.80	0.80	0.80
m max	六角螺母	2.40	3.20	4.70	5.20	6.80	8.40	10.80	12.80	14.80	15.80	18.00	19.40	21.50	23.80	25.60	31.00
	薄螺母	1.80	2.20	2.70	3.20	4.00	5.00	6.00	7.00	8.00	9.00	10.00	11.00	12.00	13.50	15.00	18.00

技术条件	材料	机械性能等级	螺纹公差	公差产品等级	表面处理
	钢	六角螺母：6、8、10；薄螺母：04、05	6H	$D \leqslant$ M16：A；$D >$ M16：B	不经处理；电镀；非电解锌片涂层；热浸镀锌层

注：括号内的螺纹规格 D 为非优选的规格。

二、圆螺母（表 13－15）

表 13－15　圆螺母（摘自 GB/T 812—1988）、小圆螺母（摘自 GB/T 810—1988）　　mm

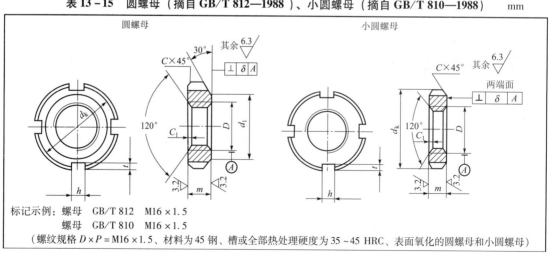

标记示例：螺母　GB/T 812　M16×1.5
螺母　GB/T 810　M16×1.5

（螺纹规格 $D \times P$ = M16×1.5、材料为 45 钢、槽或全部热处理硬度为 35～45 HRC、表面氧化的圆螺母和小圆螺母）

圆螺母（GB/T 812—1988）

螺纹规格 $D \times P$	d_k	d_1	m	h max	h min	t max	t min	C	C_1
M10×1	22	16	8	4.3	4	2.6	2	0.5	0.5
M12×1.25	25	19							
M14×1.5	28	20							
M16×1.5	30	22							
M18×1.5	32	24		5.3	5	3.1	2.5		
M20×1.5	35	27							
M22×1.5	38	30							
M24×1.5	42	34							
M25×1.5*									
M27×1.5	45	37							
M30×1.5	48	40							
M33×1.5	52	43	10	6.3	6	3.6	3	1	
M35×1.5*									
M36×1.5	55	46							
M39×1.5	58	49							
M40×1.5*									
M42×1.5	62	53							
M45×1.5	68	59							
M48×1.5	72	61	12	8.36	8	4.25	3.5		
M50×1.5*									
M52×1.5	78	67							
M55×2*									
M56×2	85	74						1.5	1
M60×2	90	79							
M64×2	95	84							
M65×2*									
M68×2	100	88							
M72×2	105	93	15	10.36	10	4.75	4		
M75×2*									
M76×2	110	98							
M80×2	115	103							
M85×2	120	108							
M90×2	125	112	18	12.43	12	5.75	5		
M95×2	130	117							
M100×2	135	122							
M105×2	140	127							

小圆螺母（GB/T 810—1988）

螺纹规格 $D \times P$	d_k	m	h max	h min	t max	t min	C	C_1
M10×1	20	6	4.3	4	2.6	2	0.5	0.5
M12×1.25	22							
M14×1.5	25							
M16×1.5	28							
M18×1.5	30							
M20×1.5	32							
M22×1.5	35		5.3	5	3.1	2.5		
M24×1.5	38							
M27×1.5	42							
M30×1.5	45	8						
M33×1.5	48							
M36×1.5	52		6.3	6	3.6	3	1	
M39×1.5	55							
M42×1.5	58							
M45×1.5	62							
M48×1.5	68							
M52×1.5	72							
M56×2	78	10	8.36	8	4.25	3.5		1
M60×2	80							
M64×2	85							
M68×2	90							
M72×2	95							
M76×2	100							
M80×2	105							
M85×2	110	12	10.36	10	4.75	4	1.5	
M90×2	115							
M95×2	120							
M100×2	125							
M105×2	130	15	12.43	12	5.75	5		

注：(1) 槽数 n：当 $D \leqslant$ M100×2 时，$n=4$；当 $D \geqslant$ M105×2 时，$n=6$。

(2) *仅用于滚动轴承锁紧装置。

第五节　垫圈、挡圈

一、小垫圈、平垫圈（表 13 – 16）

表 13 – 16　小垫圈—A 级（摘自 GB/T 848—2002）、平垫圈—A 级（摘自 GB/T 97.1—2002）、

平垫圈—倒角型—A 级（摘自 GB/T 97.2—2002）　　　　　　　　mm

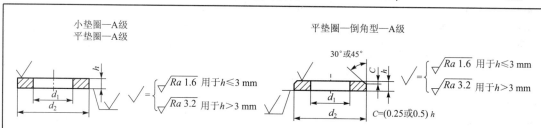

标记示例：

小系列（或标准系列）、公称规格 8 mm、由钢制造的硬度等级为 200 HV 级、不经表面处理、产品等级为 A 级的平垫圈的标记为

垫圈　GB/T 848　8（或 GB/T 97.1　8 或 GB/T 97.2　8）

公称尺寸（螺纹规格 d）		1.6	2	2.5	3	4	5	6	8	10	12	(14)	16	20	24	30	36
d_1	GB/T 848—2002	1.7	2.2	2.7	3.2	4.3	5.3	6.4	8.4	10.5	13	15	17	21	25	31	37
	GB/T 97.1—2002																
	GB/T 97.2—2002	—	—	—	—	—											
d_2	GB/T 848—2002	3.5	4.5	5	6	8	9	11	15	18	20	24	28	34	39	50	60
	GB/T 97.1—2002	4	5	6	7	9	10	12	16	20	24	28	30	37	44	56	66
	GB/T 97.2—2002	—	—	—	—	—											
h	GB/T 848—2002	0.3	0.3	0.5	0.5	0.5	1	1.6	1.6	1.6	2	2.5	2.5	3	4	4	5
	GB/T 97.1—2002					0.8				2	2.5						
	GB/T 97.2—2002	—	—	—	—	—						3					

二、弹簧垫圈（表 13 – 17）

表 13 – 17　标准型弹簧垫圈（摘自 GB/T 93—1987）、轻型弹簧垫圈（摘自 GB/T 859—1987）

mm

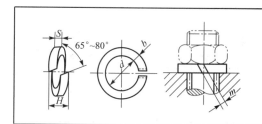

标记示例：

规格为 16、材料为 65Mn、表面氧化的标准型（或轻型）垫圈的标记为

垫圈　GB/T 93　16

（或 GB/T 859　16）

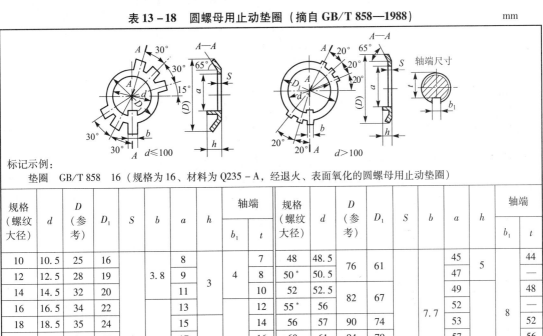

続表

规格（螺纹大径）		3	4	5	6	8	10	12	(14)	16	(18)	20	(22)	24	(27)	30	(33)	36
GB/T 93—1987	S(b) 公称	0.8	1.1	1.3	1.6	2.1	2.6	3.1	3.6	4.1	4.5	5.0	5.5	6.0	6.8	7.5	8.5	9
	H min	1.6	2.2	2.6	3.2	4.2	5.2	6.2	7.2	8.2	9	10	11	12	13.6	15	17	18
	H max	2	2.75	3.25	4	5.25	6.5	7.75	9	10.25	11.25	12.5	13.75	15	17	18.75	21.25	22.5
	m ≤	0.4	0.55	0.65	0.8	1.05	1.3	1.55	1.8	2.05	2.25	2.5	2.75	3	3.4	3.75	4.25	4.5
GB/T 859—1987	S 公称	0.6	0.8	1.1	1.3	1.6	2	2.5	3	3.2	3.6	4	4.5	5	5.5	6	—	—
	b 公称	1	1.2	1.5	2	2.5	3	3.5	4	4.5	5	5.5	6	7	8	9	—	—
	H min	1.2	1.6	2.2	2.6	3.2	4	5	6	6.4	7.2	8	9	10	11	12	—	—
	H max	1.5	2	2.75	3.25	4	5	6.25	7.5	8	9	10	11.25	12.5	13.75	15	—	—
	m ≤	0.3	0.4	0.55	0.65	0.8	1.0	1.25	1.5	1.6	1.8	2.0	2.25	2.5	2.75	3.0	—	—

注：尽可能不采用括号内的规格。

三、圆螺母用止动垫圈（表13-18）

表13-18　圆螺母用止动垫圈（摘自 GB/T 858—1988）　　　　　　　　mm

标记示例：

　垫圈 GB/T 858 16（规格为16、材料为Q235-A，经退火、表面氧化的圆螺母用止动垫圈）

规格（螺纹大径）	d	D（参考）	D_1	S	b	a	h	轴端 b_1	轴端 t
10	10.5	25	16	1	3.8	8	3	4	7
12	12.5	28	19			9			8
14	14.5	32	20			11			10
16	16.5	34	22			13			12
18	18.5	35	24		4.8	15	4		14
20	20.5	38	27			17			16
22	22.5	42	30			19		5	18
24	24.5	45	34			21			20
25*	25.5					22	5		—
27	27.5	48	37			24			23
30	30.5	52	40			27			26
33	33.5	56	43			30			29
35*	35.5					32			—
36	36.5	60	46			33			32
39	39.5	62	49	1.5	5.7	36	6	6	35
40*	40.5					37			—
42	42.5	66	53			39			38
45	45.5	72	59			42			41
48	48.5	76	61	1.5	7.7	45	8	5	44
50*	50.5					47			—
52	52.5	82	67			49			48
55*	56					52			—
56	57	90	74			53			52
60	61	94	79			57		6	56
64	65	100	84			61	10		60
65*	66					62			—
68	69	105	88		9.6	65			64
72	73	110	93			69			68
75*	76					71			—
76	77	115	98			72		7	70
80	81	120	103			76	12		74
85	86	125	108			81			79
90	91	130	112			86			84
95	96	135	117	2	11.6	91			89
100	101	140	122			96			94
105	106	145	127			101			99

注：* 仅用于滚动轴承锁紧装置。

四、孔用弹性挡圈—A 型（表 13 - 19）

表 13 - 19　孔用弹性挡圈—A 型（摘自 GB/T 893.1—1986）　　mm

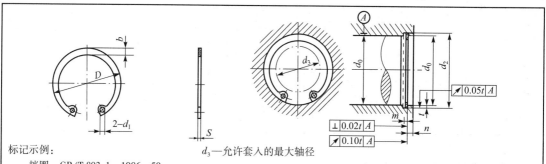

标记示例：

挡圈　GB/T 893.1—1986　50

（孔径 d_0 = 50、材料 65Mn、热处理硬度 44 ~ 51 HRC、经表面氧化处理的 A 型孔用弹性挡圈）

d_3—允许套入的最大轴径

孔径 d_0	挡圈				沟槽（推荐）						轴 d_3 ≤	孔径 d_0	挡圈				沟槽（推荐）						轴 d_3 ≤
					d_2		m										d_2		m				
	D	S	$b ≈$	d_1	基本尺寸	极限偏差	基本尺寸	极限偏差	$n ≥$				D	S	$b ≈$	d_1	基本尺寸	极限偏差	基本尺寸	极限偏差	$n ≥$	
8	8.7	0.6	1/1.2	1	8.4	+0.09 0	0.7		0.6	2		48	51.5	1.5			50.5		1.7		3.8	33
9	9.8				9.4							50	54.2		4.7		53					36
10	10.8				10.4							52	56.2				55					38
11	11.8	0.8	1.7	1.5	11.4		0.9			3		55	59.2				58					40
12	13				12.5							56	60.2		5.2		59		2.2			41
13	14.1				13.6	+0.11 0			0.9	4		58	62.2				61					43
14	15.1				14.6					5		60	64.2				63	+0.30 0				44
15	16.2			1.7	15.7					6		62	66.2				65					45
16	17.3		2.1		16.8				1.2	7		63	67.2				66					46
17	18.3				17.8					8		65	69.2				68					48
18	19.5	1			19		1.1			9		68	72.5				71					50
19	20.5				20					10		70	74.5		5.7	3	73					53
20	21.5				21				1.5			72	76.5				75				4.5	55
21	22.5		2.5		22	+0.13 0				11		75	79.5				78					56
22	23.5				23					12		78	82.5		6.3		81					60
24	25.9			2	25.2					13		80	85.5				83.5					63
25	26.9		2.8		26.2				1.8	14		82	87.5	2.5	6.8		85.5		2.7			65
26	27.9				27.2	+0.21 0				15		85	90.5				88.5					68
28	30.1	1.2			29.4		1.3			17		88	93.5				91.5	+0.35 0				70
30	32.1		3.2		31.4				2.1	18		90	95.5		7.3		93.5					72
31	33.4				32.7					19		92	97.5				95.5					73
32	34.4				33.7				2.6	20		95	100.5		7.7		98.5					75
34	36.5				35.7					22		98	103.5				101.5					78
35	37.8		2.5		37					23		100	105.5				103.5					80
36	38.8		3.6		38					24		102	108		8.1		106					82
37	39.8				39	+0.25 0			3	25		105	112				109					83
38	40.8	1.5			40		1.7			26		108	115		8.8		112	+0.54 0				86
40	43.5		4		42.5					27		110	117	3		4	114		3.2	+0.18 0	6	88
42	45.5				44.5					29		112	119				116					89
45	48.5		4.7	3	47.5				3.8	31		115	122		9.3		119					90
47	50.5				49.5					32		120	127				124	+0.63 0				95

五、轴用弹性挡圈—A 型（表 13 – 20）

表 13 – 20　轴用弹性挡圈—A 型（摘自 GB/T 894.1—1986）　　mm

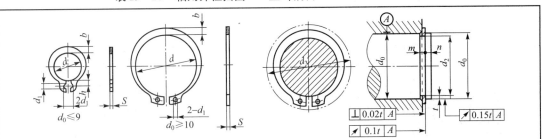

标记示例：　　　　　　　　　　d_3—允许套入的最大孔径

挡圈　GB/T 894.1—1986　50

（轴径 $d_0 = 50$、材料 65Mn、热处理 44～51 HRC、经表面氧化处理的 A 型轴用弹性挡圈）

轴径 d_0	挡圈 d	S	$b\approx$	d_1	沟槽（推荐）d_2 基本尺寸	d_2 极限偏差	m 基本尺寸	m 极限偏差	$n\geq$	孔 $d_3\leq$
3	2.7	0.4	0.8	1	2.8	0 -0.04	0.5			7.2
4	3.7		0.88		3.8	0 -0.048			0.3	8.8
5	4.7		1.12		4.8					10.7
6	5.6	0.6			5.7		0.7			12.2
7	6.5		1.32	1.2	6.7				0.5	13.8
8	7.4	0.8			7.6	0 -0.058				15.2
9	8.4		1.44		8.6		0.9		0.6	16.4
10	9.3				9.6					17.6
11	10.2		1.52	1.5	10.5					18.6
12	11		1.72		11.5				0.8	19.6
13	11.9		1.88		12.4					20.8
14	12.9				13.4				0.9	22
15	13.8		2.00	1.7	14.3	0 -0.11				23.2
16	14.7	1	2.32		15.2		1.1		1.1	24.4
17	15.7				16.2				1.2	25.6
18	16.5		2.48		17			+0.14 0		27
19	17.5				18					28
20	18.5				19	0 -0.13			1.5	29
21	19.5		2.68		20					31
22	20.5				21					32
24	22.2			2	22.9					34
25	23.2		3.32		23.9				1.7	35
26	24.2				24.9	0 -0.21				36
28	25.9	1.2	3.60		26.6		1.3			38.4
29	26.9		3.72		27.6				2.1	39.8
30	27.9				28.6					42
32	29.6		3.92		30.3					44
34	31.5		4.32		32.3				2.6	46
35	32.2			2.5	33	0 -0.25	1.7			48
36	33.2	1.5	4.52		34					49
37	34.2				35				3	50

轴径 d_0	挡圈 d	S	$b\approx$	d_1	沟槽（推荐）d_2 基本尺寸	d_2 极限偏差	m 基本尺寸	m 极限偏差	$n\geq$	孔 $d_3\leq$
38	35.2			2.5	36		1.7	+0.14 0	3	51
40	36.5				37.5					53
42	38.5	1.5	5.0		39.5	0 -0.25			3.8	56
45	41.5				42.5					59.4
48	44.5				45.5					62.8
50	45.8				47					64.8
52	47.8		5.48		49					67
55	50.8				52					70.4
56	51.8	2			53	0 -0.30	2.2			71.7
58	53.8				55					73.6
60	55.8		6.12		57				4.5	75.8
62	57.8				59					79
63	58.8				60					79.6
65	60.8				62					81.6
68	63.5			3	65					85
70	65.5				67					87.2
72	67.5		6.32		69					89.4
75	70.5				72					92.8
78	73.5				75					96.2
80	74.5	2.5			76.5		2.7			98.2
82	76.5				78.5					101
85	79.5		7.0		81.5				5.3	104
88	82.5				84.5	0 -0.35				107.3
90	84.5		7.6		86.5					110
95	89.5		9.2		91.5					115
100	94.5				96.5					121
105	98		10.7		101					132
110	103		11.3		106	0 -0.54		+0.18 0		136
115	108	3			111				6	142
120	113		12	4	116		3.2			145
125	118		12.6		121	0 -0.63				151

六、轴端挡圈（表13－21）

表 13 – 21　轴端挡圈　　　　　　　mm

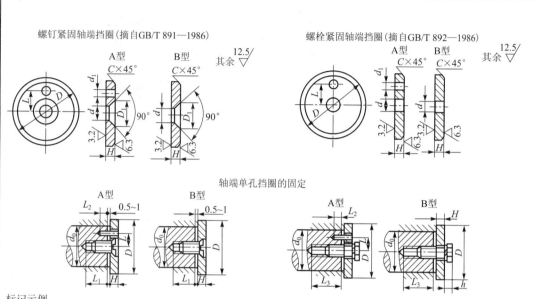

标记示例：

挡圈　GB/T 891—1986　45（公称直径 D = 45 mm、材料为 Q235—A、不经表面处理的 A 型螺钉紧固轴端挡圈）

挡圈　GB/T 891—1986　B45（公称直径 D = 45 mm、材料为 Q235—A、不经表面处理的 B 型螺钉紧固轴端挡圈）

轴径 $d_0 \leqslant$	公称直径 D	H	L	d	d_1	C	螺钉紧固轴端挡圈		螺栓紧固轴端挡圈			安装尺寸（参考）			
							螺钉 GB/T 819.1—2016（推荐）D_1	圆柱销 GB/T 119.1—2000（推荐）	螺栓 GB/T 5783—2016（推荐）	圆柱销 GB/T 119.1—2000（推荐）	垫圈 GB/T 93—1987（推荐）	L_1	L_2	L_3	h
14	20	4	—												
16	22	4	—												
18	25	4	—	5.5	2.1	0.5	11　M5×12	A2×10	M5×16	A2×10	5	14	6	16	4.8
20	28	4	7.5												
22	30	4	7.5												
25	32	5	10												
28	35	5	10												
30	38	5	10	6.6	3.2	1	13　M6×16	A3×12	M6×20	A3×12	6	18	7	20	5.6
32	40	5	12												
35	45	5	12												
40	50	5	12												

续表

轴径 $d_0 \leqslant$	公称直径 D	H	L	d	d_1	C	螺钉紧固轴端挡圈 D_1	螺钉 GB/T 819.1—2016（推荐）	圆柱销 GB/T 119.1—2000（推荐）	螺栓 GB/T 5783—2016（推荐）	圆柱销 GB/T 119.1—2000（推荐）	垫圈 GB/T 93—1987（推荐）	安装尺寸（参考）L_1	L_2	L_3	h
45	55	6	16													
50	60	6	16													
55	65	6	16	9	4.2	1.5	17	M8×20	A4×14	M8×25	A4×14	8	22	8	24	7.4
60	70	6	20													
65	75	6	20													
70	80	6	20													
75	90	8	25	13	5.2	2	25	M12×25	A5×16	M12×30	A5×16	12	26	10	28	10.6
85	100	8	25													

注：（1）当挡圈装在带螺纹孔轴端时，紧固用螺钉允许加长。
　　（2）材料为 Q235—A、35 钢、45 钢。
　　（3）"轴端单孔挡圈的固定"不属于 GB/T 891—1986、GB/T 892—1986，仅供参考。

第六节　螺纹连接的结构要素

一、螺纹的收尾、肩距、退刀槽、倒角（表 13 – 22）

表 13 – 22　普通螺纹收尾、肩距、退刀槽、倒角（摘自 GB/T 3—1997）　　　　mm

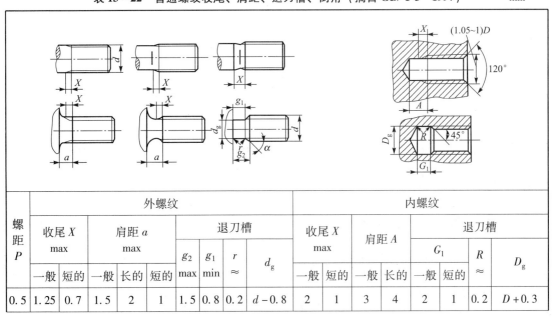

螺距 P	外螺纹 收尾 X max 一般	收尾 X max 短的	肩距 a max 一般	肩距 a max 长的	肩距 a max 短的	退刀槽 g_2 max	退刀槽 g_1 min	退刀槽 r ≈	退刀槽 d_g	内螺纹 收尾 X max 一般	收尾 X max 短的	肩距 A 一般	肩距 A 长的	退刀槽 G_1 一般	退刀槽 G_1 短的	退刀槽 R ≈	退刀槽 D_g
0.5	1.25	0.7	1.5	2	1	1.5	0.8	0.2	$d-0.8$	2	1	3	4	2	1	0.2	$D+0.3$

螺距 P	外螺纹 收尾 X max 一般	短的	肩距 a max 一般	长的	短的	退刀槽 g_2 max	g_1 min	r ≈	d_g	内螺纹 收尾 X max 一般	短的	肩距 A 一般	长的	退刀槽 G_1 一般	短的	R ≈	D_g
0.6	1.5	0.75	1.8	2.4	1.2	1.8	0.9	0.4	$d-1$	2.4	1.2	3.2	4.8	2.4	1.2	0.3	$D+0.3$
0.7	1.75	0.9	2.1	2.8	1.4	2.1	1.1		$d-1.1$	2.8	1.4	3.5	5.6	2.8	1.4	0.4	
0.75	1.9	1	2.25	3	1.5	2.25	1.2		$d-1.2$	3	1.5	3.8	6	3	1.5	0.4	
0.8	2	1	2.4	3.2	1.6	2.4	1.3		$d-1.3$	3.2	1.6	4	6.4	3.2	1.6	0.4	
1	2.5	1.25	3	4	2	3	1.6	0.6	$d-1.6$	4	2	5	8	4	2	0.5	$D+0.5$
1.25	3.2	1.6	4	5	2.5	3.75	2		$d-2$	5	2.5	6	10	5	2.5	0.6	
1.5	3.8	1.9	4.5	6	3	4.5	2.5	0.8	$d-2.3$	6	3	7	12	6	3	0.8	
1.75	4.3	2.2	5.3	7	3.5	5.25	3	1	$d-2.6$	7	3.5	9	14	7	3.5	0.9	
2	5	2.5	6	8	4	6	3.4		$d-3$	8	4	10	16	8	4	1	
2.5	6.3	3.2	7.5	10	5	7.5	4.4	1.2	$d-3.6$	10	5	12	18	10	5	1.2	
3	7.5	3.8	9	12	6	9	5.2	1.6	$d-4.4$	12	6	14	22	12	6	1.5	
3.5	9	4.5	10.5	14	7	10.5	6.2		$d-5$	14	7	16	24	14	7	1.8	
4	10	5	12	16	8	12	7	2	$d-5.7$	16	8	18	26	16	8	2	
4.5	11	5.5	13.5	18	9	13.5	8	2.5	$d-6.4$	18	9	21	29	18	9	2.2	
5	12.5	6.3	15	20	10	15	9		$d-7$	20	10	23	32	20	10	2.5	
5.5	14	7	16.5	22	11	17.5	11	3.2	$d-7.7$	22	11	25	35	22	11	2.8	
6	15	7.5	18	24	12	18	11		$d-8.3$	24	12	28	38	24	12	3	

注：（1）外螺纹倒角一般为45°，也可采用60°或30°倒角；倒角深度应大于或等于牙形高度，过渡角 α 应不小于30°。内螺纹入口端面的倒角一般为120°，也可采用90°倒角。端面倒角直径为 $(1.05\sim1)\ D$（D 为螺纹公称直径）。

（2）应优先选用"一般"长度的收尾和肩距。

二、螺栓和螺钉通孔及沉孔尺寸（表 13－23）

表 13－23 螺栓和螺钉通孔及沉孔尺寸 mm

螺纹规格	螺栓和螺钉通孔（摘自 GB/T 5277－1985）			沉头螺钉用沉孔（摘自 GB/T 152.2－2014）			圆柱头螺钉用沉孔（摘自 GB/T 152.3－1988）				六角头螺栓和六角螺母用沉孔（摘自 GB/T 152.4－1988）			
	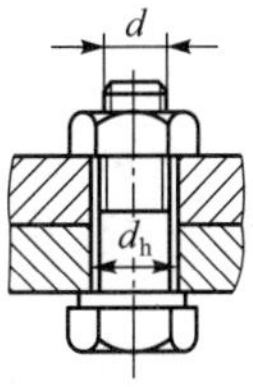			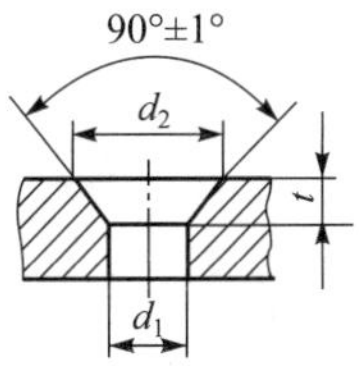			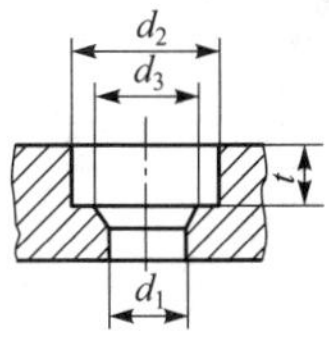				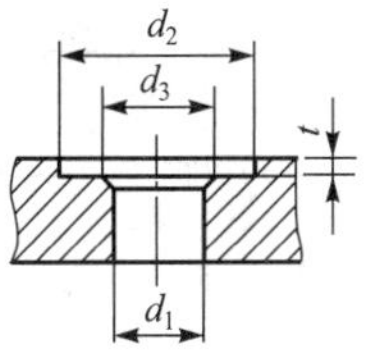			
	d_h			d_h	D_c									
d	精装配	中等装配	粗装配	min（公称）	min（公称）	t ≈	d_2	t	d_3	d_1	d_2	d_3	d_1	t
M3	3.2	3.4	3.6	3.40	6.3	1.55	6.0	3.4	—	3.4	9	—	3.4	只要能制出与通孔轴线垂直的圆平面即可
M4	4.3	4.5	4.8	4.50	9.4	2.55	8.0	4.6	—	4.5	10	—	4.5	
M5	5.3	5.5	5.8	5.50	10.40	2.58	10.0	5.7	—	5.5	11	—	5.5	
M6	6.4	6.6	7	6.60	12.60	3.13	11.0	6.8	—	6.6	13	—	6.6	
M8	8.4	9	10	9.00	17.30	4.28	15.0	9.0	—	9.0	18	—	9.0	
M10	10.5	11	12	11.00	20.0	4.65	18.0	11.0	—	11.0	22	—	11.0	
M12	13	13.5	14.5	—	—	—	20.0	13.0	16	13.5	26	16	13.5	
M14	15	15.5	16.5	—	—	—	24.0	15.0	18	15.5	30	18	13.5	
M16	17	17.5	18.5	—	—	—	26.0	17.5	20	17.5	33	20	17.5	
M18	19	20	21	—	—	—	—	—	—	—	36	22	20.0	
M20	21	22	24	—	—	—	33.0	21.5	24	22.0	40	24	22.0	
M22	23	24	26	—	—	—	—	—	—	—	43	26	24	
M24	25	26	28	—	—	—	40.0	25.5	28	26.0	48	28	26	
M27	28	30	32	—	—	—	—	—	—	—	53	33	30	
M30	31	33	35	—	—	—	48.0	32.0	36	33.0	61	36	33	
M36	37	39	42	—	—	—	57.0	38.0	42	39.0	71	42	39	

三、普通粗牙螺纹的余留长度、钻孔余留深度（表13-24）

表13-24　普通粗牙螺纹的余留长度、钻孔余留深度，螺栓突出螺母的末端长度　　mm

螺纹直径 d	余留长度			末端长度 a
	内螺纹 l_1	外螺纹 l	钻孔 l_2	
5	1.5	2.5	6	2~3
6 8	2 2.5	3.5 4	7 9	2.5~4
10 12	3 3.5	4.5 5.5	10 13	3.5~5
14，16 18，20，22	4 5	6 7	14 17	4.5~6.5
24、27 30	6 7	8 10	20 23	5.5~8
36 42	8 9	11 12	26 30	7~11
48 56	10 11	13 16	33 36	10~15

拧入深度 L 参见表13-25或由设计者决定；
钻孔深度 $L_2 = L + l_2$；螺孔深度 $L_1 = L + l_1$

四、粗牙螺栓、螺钉拧入深度和螺纹孔尺寸（表13-25）

表13-25　粗牙螺栓、螺钉拧入深度和螺纹孔尺寸（参考）　　mm

d	d_0	用于钢或青铜		用于铸铁		用于铝	
		h	L	h	L	h	L
6	5	8	6	12	10	15	12
8	6.8	10	8	15	12	20	16
10	8.5	12	10	18	15	24	20
12	10.2	15	12	22	28	28	24
16	14	20	16	28	24	36	32
20	17.5	25	20	35	30	45	40
24	21	30	24	42	35	55	48
30	26.5	36	30	50	45	70	60
36	32	45	36	65	55	80	72
42	37.5	50	42	75	65	95	85

注：h 为内螺纹通孔长度；L 为双头螺栓或螺钉拧入深度；d_0 为攻螺纹前的钻孔直径。

五、扳手空间（表 13 – 26）

表 13 – 26　扳手空间（参考）　　　　　　　　　　　　　　　　　mm

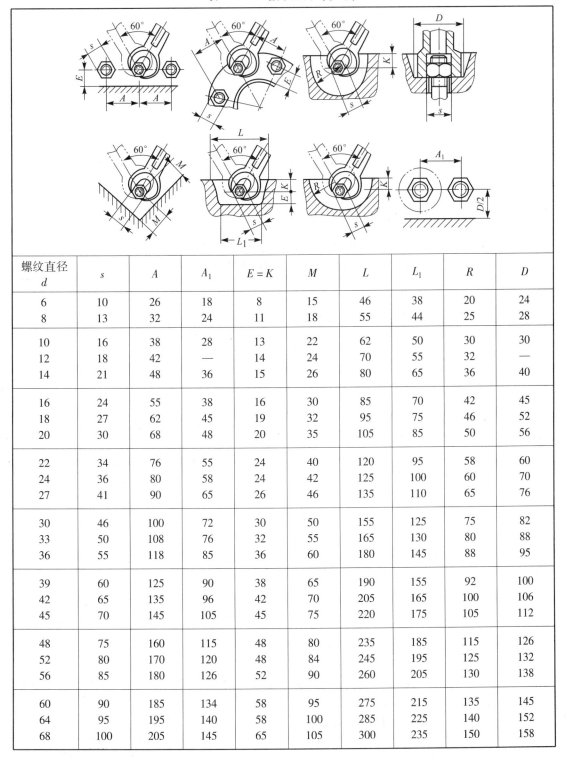

螺纹直径 d	s	A	A_1	E = K	M	L	L_1	R	D
6	10	26	18	8	15	46	38	20	24
8	13	32	24	11	18	55	44	25	28
10	16	38	28	13	22	62	50	30	30
12	18	42	—	14	24	70	55	32	—
14	21	48	36	15	26	80	65	36	40
16	24	55	38	16	30	85	70	42	45
18	27	62	45	19	32	95	75	46	52
20	30	68	48	20	35	105	85	50	56
22	34	76	55	24	40	120	95	58	60
24	36	80	58	24	42	125	100	60	70
27	41	90	65	26	46	135	110	65	76
30	46	100	72	30	50	155	125	75	82
33	50	108	76	32	55	165	130	80	88
36	55	118	85	36	60	180	145	88	95
39	60	125	90	38	65	190	155	92	100
42	65	135	96	42	70	205	165	100	106
45	70	145	105	45	75	220	175	105	112
48	75	160	115	48	80	235	185	115	126
52	80	170	120	48	84	245	195	125	132
56	85	180	126	52	90	260	205	130	138
60	90	185	134	58	95	275	215	135	145
64	95	195	140	58	100	285	225	140	152
68	100	205	145	65	105	300	235	150	158

第十四章
键连接及销连接

第一节　键　连　接

一、平键（表14-1、表14-2）

表14-1　平键连接的剖面和键槽尺寸（摘自 GB/T 1095—2003）、
普通平键的形式和尺寸（摘自 GB/T 1096—2003）

mm

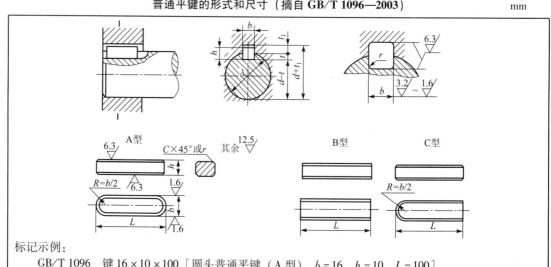

标记示例：

GB/T 1096　键 16×10×100［圆头普通平键（A 型）、$b=16$、$h=10$、$L=100$］

GB/T 1096　键 B16×10×100［平头普通平键（B 型）、$b=16$、$h=10$、$L=100$］

GB/T 1096　键 C16×10×100［单圆头普通平键（C 型）、$b=16$、$h=10$、$L=100$］

轴	键	键　槽										
		宽度 b					深度				半径 r	
			极限偏差				轴 t		毂 t_1			
公称直径① d	公称尺寸 $b×h$	公称尺寸 b	松连接		正常连接		紧密连接	公称尺寸	极限偏差	公称尺寸	极限偏差	最小	最大
			轴 H9	毂 D10	轴 N9	毂 JS9	轴和毂 P9						
自 6~8	2×2	2	+0.025 0	+0.060 +0.020	−0.004 −0.029	±0.012 5	−0.006 −0.031	1.2	+0.1 0	1	+0.1 0	0.08	0.16
>8~10	3×3	3						1.8		1.4			

续表

轴	键	键槽											
		宽　度 b						深　度				半径 r	
			极限偏差					轴 t		t₁			
			松连接		正常连接		紧密连接						
公称直径① d	公称尺寸 b×h	公称尺寸 b	轴 H9	毂 D10	轴 N9	毂 JS9	轴和毂 P9	公称尺寸	极限偏差	公称尺寸	极限偏差	最小	最大
>10~12	4×4	4	+0.030 0	+0.078 +0.030	0 -0.030	±0.015	-0.012 -0.042	2.5	+0.1 0	1.8	+0.1 0	0.08	0.16
>12~17	5×5	5						3.0		2.3		0.16	0.25
>17~22	6×6	6						3.5		2.8			
>22~30	8×7	8	+0.036 0	+0.098 +0.040	0 -0.036	±0.018	-0.015 -0.051	4.0		3.3		0.25	0.40
>30~38	10×8	10						5.0		3.3			
>38~44	12×8	12						5.0		3.3			
>44~50	14×9	14	+0.043 0	+0.120 +0.050	0 -0.043	±0.021 5	-0.018 -0.061	5.5	+0.2 0	3.8	+0.2 0		
>50~58	16×10	16						6.0		4.3			
>58~65	18×11	18						7.0		4.4			
>65~75	20×12	20	+0.052 0	+0.149 +0.065	0 -0.052	±0.026	-0.022 -0.074	7.5		4.9		0.40	0.60
>75~85	22×14	22						9.0		5.4			
>85~95	25×14	25						9.0		5.4			
>95~100	28×16	28						10.0		6.4			
键的长度系列	6，8，10，12，14，16，18，20，22，25，28，32，36，40，45，50，56，63，70，80，90，100，110，125，140，160，180，200，220，250，280，320，360												

注：（1）在工作图中，轴槽深用 t 或（$d-t$）标注，轮毂槽深用（$d+t_1$）标注。

（2）（$d-t$）和（$d+t_1$）两组组合尺寸的极限偏差按相应的 t 和 t_1 极限偏差选取，但（$d-t$）极限偏差值应取负号（－）。

（3）键尺寸的极限偏差 b 为 h8，h 为 h8（$b=h$ 时）或 h11（$b \neq h$ 时），L 为 h14。键槽长度极限偏差为 H14。

（4）键材料的抗拉强度应不小于 590 MPa。

① 非标准内容，仅供设计参考。

表 14 - 2　导向平键的形式和尺寸（摘自 GB/T 1097—2003）　　　　mm

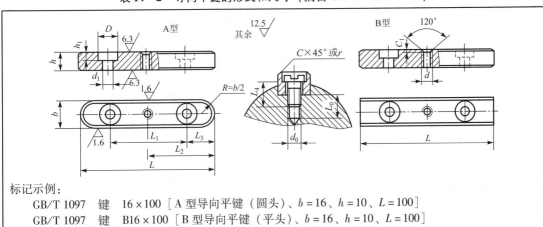

标记示例：

　　GB/T 1097　键　16×100［A 型导向平键（圆头）、$b=16$、$h=10$、$L=100$］

　　GB/T 1097　键　B16×100［B 型导向平键（平头）、$b=16$、$h=10$、$L=100$］

续表

b	8	10	12	14	16	18	20	22	25	28	32
h	7	8	8	9	10	11	12	14	14	16	18
C 或 r	0.25 ~ 0.4	0.40 ~ 0.60					0.60 ~ 0.80				
h_1	2.4		3	3.5		4.5		6			7
d	M3		M4	M5		M6			M8		M10
d_1	3.4		4.5	5.5		6.6			9		11
D	6		8.5	10		12			15		18
C_1	0.3					0.5					
L_0	7	8	10			12		15			18
螺钉 $(d_0 \times L_4)$	M3×8	M3×10	M4×10	M5×10		M6×12		M6×16	M8×16		M10×20
L	25~90	25~110	28~140	36~160	45~180	50~200	56~220	63~250	70~280	80~320	90~360

L，L_1，L_2，L_3 对应长度系列

L	25	28	32	36	40	45	50	56	63	70	80	90	100	110	125	140	160	180	200	220	250	280	320	360
L_1	13	14	16	18	20	23	26	30	35	40	48	54	60	66	75	80	90	100	110	120	140	160	180	200
L_2	12.5	14	16	18	20	22.5	25	28	31.5	35	40	45	50	55	62	70	80	90	100	110	125	140	160	180
L_3	6	7	8	9	10	11	12	13	14	15	16	18	20	22	25	30	35	40	45	50	55	60	70	80

注：（1）固定用螺钉应符合 GB/T 822 或 GB/T 65 的规定。
　　（2）键的截面尺寸（$b \times h$）的选取及键槽尺寸见表 14 - 1。
　　（3）导向平键常用材料为 45 钢。
　　（4）键和键槽的尺寸公差同表 14 - 1。

二、矩形花键（表 14 - 3）

表 14 - 3　矩形花键的尺寸、公差（摘自 GB/T 1144—2001）　　　　mm

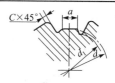

标记示例：花键，$N = 6$、$d = 23 \dfrac{\text{H7}}{\text{f7}}$、$D = 26 \dfrac{\text{H10}}{\text{a11}}$、$B = 6 \dfrac{\text{H11}}{\text{d10}}$ 的标记为

花键规格：$N \times d \times D \times B$
　　　　$6 \times 23 \times 26 \times 6$

花键副：$6 \times 23 \dfrac{\text{H7}}{\text{f7}} \times 26 \dfrac{\text{H10}}{\text{a11}} \times 6 \dfrac{\text{H11}}{\text{d10}}$　GB/T 1144—2001

内花键：$6 \times 23\text{H}7 \times 26\text{H}10 \times 6\text{H}11$　GB/T 1144—2001

外花键：$6 \times 23\text{f}7 \times 26\text{a}11 \times 6\text{d}10$　GB/T 1144—2001

续表

小径 d	轻系列					中系列				
	规格 N×d×D×B	C	r	参考		规格 N×d×D×B	C	r	参考	
				d_{1min}	a_{min}				d_{1min}	a_{min}
18						6×18×22×5	0.3	0.2	16.6	1.0
21						6×21×25×5			19.5	2.0
23	6×23×26×6	0.2	0.1	22	3.5	6×23×28×6			21.2	1.2
26	6×26×30×6			24.5	3.8	6×26×32×6			23.6	1.2
28	6×28×32×7			26.6	4.0	6×28×34×7			25.8	1.4
32	8×32×36×6	0.3	0.2	30.3	2.7	8×32×38×6	0.4	0.3	29.4	1.0
36	8×36×40×7			34.4	3.5	8×36×42×7			33.4	1.0
42	8×42×46×8			40.5	5.0	8×42×48×8			39.4	2.5
46	8×46×50×9			44.6	5.7	8×46×54×9			42.6	1.4
52	8×52×58×10			49.6	4.8	8×52×60×10	0.5	0.4	48.6	2.5
56	8×56×62×10			53.5	6.5	8×56×65×10			52.0	2.5
62	8×62×68×12	0.4	0.3	59.7	7.3	8×62×72×12			57.7	2.4
72	10×72×78×12			69.6	5.4	10×72×82×12			67.7	1.0
82	10×82×88×12			79.3	8.5	10×82×92×12	0.6	0.5	77.0	2.9
92	10×92×98×14			89.6	9.9	10×92×102×14			87.3	4.5
102	10×102×108×16			99.6	11.3	10×102×112×16			97.7	6.2

内、外花键的尺寸公差带

内花键				外花键			装配形式
d	D	B		d	D	B	
		拉削后不热处理	拉削后热处理				
一般用公差带							
H7	H10	H9	H11	f7	d10	d10	滑动
				g7	a11	f9	紧滑动
				h7		h10	固定
精密传动用公差带							
H5		H7、H9		f5	a11	d8	滑动
				g5		f7	紧滑动
	H10			h5		h8	固定
				f6		d8	滑动
H6				g6		f7	紧滑动
				h6		d8	固定

注：（1）精密传动用的内花键，当需要控制键侧配合间隙时，槽宽可选用 H7，一般情况不可选用 H9。
　　（2）d 为 H6 和 H7 的内花键，允许与提高一级的外花键配合。

第二节　销　连　接

一、圆柱销、圆锥销（表14-4）

表14-4　圆柱销（摘自 GB/T 119.1—2000）、圆锥销（摘自 GB/T 117—2000）　　mm

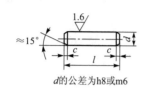

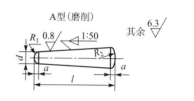

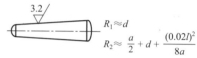

公差 m6：表面粗糙度 $Ra \leqslant 0.8$ μm
公差 h8：表面粗糙度 $Ra \leqslant 1.6$ μm
标记示例：
　　公称直径 $d=6$、公差为 m6、公称长度 $l=30$、材料为钢、不经淬火、不经表面处理的圆柱销的标记为
　　销　GB/T 119.1　6　m6×30
　　公称直径 $d=6$、长度 $l=30$、材料为 35 钢、热处理硬度 28~38 HRC、表面氧化处理的 A 型圆锥销的标记为
　　销　GB/T 117　6×30

	公称直径 d		3	4	5	6	8	10	12	16	20	25
圆柱销	dh8 或 m6		3	4	5	6	8	10	12	16	20	25
	$c\approx$		0.5	0.63	0.8	1.2	1.6	2.0	2.5	3.0	3.5	4.0
	l（公称）		8~30	8~40	10~50	12~60	14~80	18~95	22~140	26~180	35~200	50~200
圆锥销	dh10	min max	2.96 3	3.95 4	4.95 5	5.95 6	7.94 8	9.94 10	11.93 12	15.93 16	19.92 20	24.92 25
	$a\approx$		0.4	0.5	0.63	0.8	1.0	1.2	1.6	2.0	2.5	3.0
	l（公称）		12~45	14~55	18~60	22~90	22~120	26~160	32~180	40~200	45~200	50~200
l（公称）系列			12~32（2 进位），35~100（5 进位），100~200（20 进位）									

二、内螺纹圆柱销、内螺纹圆锥销（表 14 – 5）

表 14 – 5　内螺纹圆柱销（摘自 GB/T 120.1—2000）、内螺纹圆锥销（摘自 GB/T 118—2000）

mm

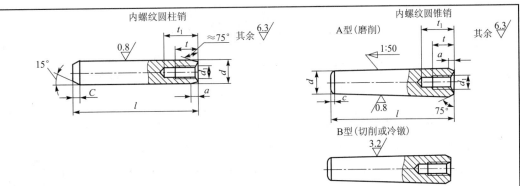

标记示例：

公称直径 $d = 6$、公差为 m6、公称长度 $l = 30$、材料为钢、不经淬火、不经表面处理的内螺纹圆柱销标记为

销　GB/T 120.1　6 × 30

公称直径 $d = 10$、长度 $l = 60$、材料为 35 钢、热处理硬度 28 ~ 38 HRC、表面氧化处理的 A 型内螺纹圆锥销的标记为

销　GB/T 118　10 × 60

公称直径 d		6	8	10	12	16	20	25	30	40	50
$a \approx$		0. 8	1	1. 2	1. 6	2	2. 5	3	4	5	6. 3
内螺纹圆柱销	dm6　min	6. 004	8. 006	10. 006	12. 007	16. 007	20. 008	25. 008	30. 008	40. 009	50. 009
	dm6　max	6. 012	8. 015	10. 015	12. 018	16. 018	20. 021	25. 021	30. 021	40. 025	50. 025
	$c \approx$	1. 2	1. 6	2	2. 5	3	3. 5	4	5	6. 3	8
	d_1	M4	M5	M6	M6	M8	M10	M16	M20	M20	M24
	t　min	6	8	10	12	16	18	24	30	30	36
	t_1	10	12	16	20	25	28	35	40	40	50
	l（公称）	16 ~ 60	18 ~ 80	22 ~ 100	26 ~ 120	32 ~ 160	40 ~ 200	50 ~ 200	60 ~ 200	80 ~ 200	100 ~ 200
内螺纹圆锥销	dh10　min max	5. 952 6	7. 942 8	9. 942 10	11. 93 12	15. 93 16	19. 916 20	24. 916 25	29. 916 30	39. 9 40	49. 9 50
	d_1	M4	M5	M6	M8	M10	M12	M16	M20	M20	M24
	t	6	8	10	12	16	18	24	30	30	36
	t_1　min	10	12	16	20	25	28	35	40	40	50
	$c \approx$	0. 8	1	1. 2	1. 6	2	2. 5	3	4	5	6. 3
	l（公称）	16 ~ 60	18 ~ 80	22 ~ 100	26 ~ 120	32 ~ 160	40 ~ 200	50 ~ 200	60 ~ 200	80 ~ 200	100 ~ 200
l（公称）系列		16 ~ 32（2 进位），35 ~ 100（5 进位），100 ~ 200（20 进位）									

三、开口销（表14-6）

表14-6 开口销（摘自 GB/T 91—2000）　　　　mm

标记示例:

公称直径 $d=5$、长度 $l=50$、材料为低碳钢、不经表面处理的开口销标记为

销　GB/T 91　5×50

公称直径 d		0.6	0.8	1	1.2	1.6	2	2.5	3.2	4	5	6.3	8	10	13
a	max	1.6				2.5			3.2	4				6.3	
c	max	1	1.4	1.8	2	2.8	3.6	4.6	5.8	7.4	9.2	11.8	15	19	24.8
	min	0.9	1.2	1.6	1.7	2.4	3.2	4	5.1	6.5	8	10.3	13.1	16.6	21.7
$b \approx$		2	2.4	3	3	3.2	4	5	6.4	8	10	12.6	16	20	26
l（公称）		4~12	5~16	6~20	8~25	8~32	10~40	12~50	14~63	18~80	22~100	32~125	40~160	45~200	71~250
l（公称）系列		4, 5, 6~22（2 进位）, 25, 28, 32, 36, 40, 45, 50, 56, 63, 71, 80, 90, 100, 112, 125, 140, 160, 180, 200, 224, 250													

注：销孔的公称直径等于销的公称直径 d。

第十五章

滚 动 轴 承

第一节　常用滚动轴承尺寸及性能

一、深沟球轴承（表15 – 1）

表 15 – 1　深沟球轴承（外形尺寸摘自 GB/T 276—2013）

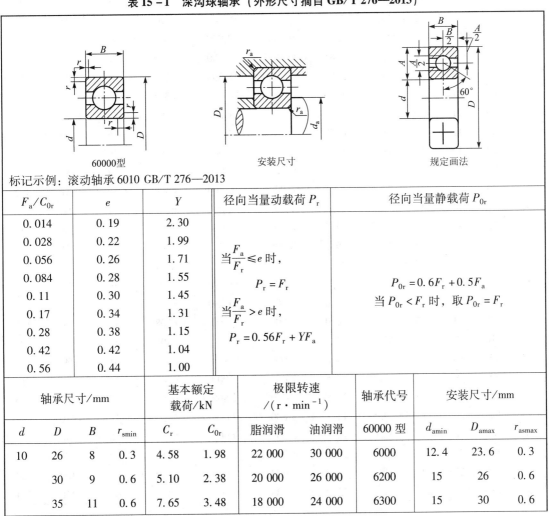

60000型　　　　　　　安装尺寸　　　　　　　规定画法

标记示例：滚动轴承 6010 GB/T 276—2013

F_a/C_{0r}	e	Y	径向当量动载荷 P_r	径向当量静载荷 P_{0r}
0.014	0.19	2.30		
0.028	0.22	1.99	当 $\dfrac{F_a}{F_r} \leqslant e$ 时，	
0.056	0.26	1.71		
0.084	0.28	1.55	$P_r = F_r$	$P_{0r} = 0.6F_r + 0.5F_a$
0.11	0.30	1.45		当 $P_{0r} < F_r$ 时，取 $P_{0r} = F_r$
0.17	0.34	1.31	当 $\dfrac{F_a}{F_r} > e$ 时，	
0.28	0.38	1.15		
0.42	0.42	1.04	$P_r = 0.56F_r + YF_a$	
0.56	0.44	1.00		

轴承尺寸/mm				基本额定载荷/kN		极限转速/(r·min⁻¹)		轴承代号	安装尺寸/mm		
d	D	B	r_{smin}	C_r	C_{0r}	脂润滑	油润滑	60000 型	d_{amin}	D_{amax}	r_{asmax}
10	26	8	0.3	4.58	1.98	22 000	30 000	6000	12.4	23.6	0.3
	30	9	0.6	5.10	2.38	20 000	26 000	6200	15	26	0.6
	35	11	0.6	7.65	3.48	18 000	24 000	6300	15	30	0.6

续表

轴承尺寸/mm				基本额定载荷/kN		极限转速/(r·min⁻¹)		轴承代号	安装尺寸/mm		
d	D	B	r_{smin}	C_r	C_{0r}	脂润滑	油润滑	60000 型	d_{amin}	D_{amax}	r_{asmax}
12	28	8	0.3	5.10	2.38	20 000	26 000	6001	14.4	25.6	0.3
	32	10	0.6	6.82	3.05	19 000	24 000	6201	17	28	0.6
	37	12	1	9.72	5.08	17 000	22 000	6301	18	32	1
15	32	9	0.3	5.58	2.85	19 000	24 000	6002	17.4	29.6	0.3
	35	11	0.6	7.65	3.72	18 000	22 000	6202	20	32	0.6
	42	13	1	11.5	5.42	16 000	20 000	6302	21	37	1
17	35	10	0.3	6.00	3.25	17 000	21 000	6003	19.4	32.6	0.3
	40	12	0.6	9.58	4.78	16 000	20 000	6203	22	36	0.6
	47	14	1	13.5	6.58	15 000	18 000	6303	23	41	1
	62	17	1.1	22.7	10.8	11 000	15 000	6403	24	55	1
20	42	12	0.6	9.38	5.02	16 000	19 000	6004	25	38	0.6
	47	14	1	12.8	6.65	14 000	18 000	6204	26	42	1
	52	15	1.1	15.8	7.88	13 000	16 000	6304	27	45	1
	72	19	1.1	31.0	15.2	9 500	13 000	6404	27	65	1
25	47	12	0.6	10.0	5.85	13 000	17 000	6005	30	43	0.6
	52	15	1	14.0	7.88	12 000	15 000	6205	31	47	1
	62	17	1.1	22.2	11.5	10 000	14 000	6305	32	55	1
	80	21	1.5	38.2	19.2	8 500	11 000	6405	34	71	1.5
30	55	13	1	13.2	8.30	11 000	14 000	6006	36	50	1
	62	16	1	19.5	11.5	9 500	13 000	6206	36	56	1
	72	19	1.1	27.0	15.2	9 000	11 000	6306	37	65	1
	90	23	1.5	47.5	24.5	8 000	10 000	6406	39	81	1.5
35	62	14	1	16.2	10.5	9 500	12 000	6007	41	56	1
	72	17	1.1	25.5	15.2	8 500	11 000	6207	42	65	1
	80	21	1.5	33.4	19.2	8 000	9 500	6307	44	71	1.5
	100	25	1.5	56.8	29.5	6 700	8 500	6407	44	91	1.5
40	68	15	1	17.0	11.8	9 000	11 000	6008	46	62	1
	80	18	1.1	29.5	18.0	8 000	10 000	6208	47	73	1
	90	23	1.5	40.8	24.0	7 000	8 500	6308	49	81	1.5
	110	27	2	65.5	37.5	6 300	8 000	6408	50	100	2
45	75	16	1	21.0	14.8	8 000	10 000	6009	51	69	1
	85	19	1.1	31.5	20.5	7 000	9 000	6209	52	78	1
	100	25	1.5	52.8	31.8	6 300	7 500	6309	54	91	1.5
	120	29	2	77.5	45.5	5 600	7 000	6409	55	110	2
50	80	16	1	22.0	16.2	7 000	9 000	6010	56	74	1
	90	20	1.1	35.0	23.2	6 700	8 500	6210	57	83	1
	110	27	2	61.8	38.0	6 000	7 000	6310	60	100	2
	130	31	2.1	92.2	55.2	5 300	6 300	6410	62	118	2.1

续表

轴承尺寸/mm				基本额定载荷/kN		极限转速/(r·min⁻¹)		轴承代号	安装尺寸/mm		
d	D	B	r_{smin}	C_r	C_{0r}	脂润滑	油润滑	60000 型	d_{amin}	D_{amax}	r_{asmax}
55	90	18	1.1	30.2	21.8	7 000	8 500	6011	62	83	1
	100	21	1.5	43.2	29.2	6 000	7 500	6211	64	91	1.5
	120	29	2	71.5	44.8	5 600	6 700	6311	65	110	2
	140	33	2.1	100	62.5	4 800	6 000	6411	67	128	2.1
60	95	18	1.1	31.5	24.2	6 300	7 500	6012	67	89	1
	110	22	1.5	47.8	32.8	5 600	7 000	6212	69	101	1.5
	130	31	2.1	81.8	51.8	5 000	6 000	6312	72	118	2.1
	150	35	2.1	109	70.0	4 500	5 600	6412	72	138	2.1
65	100	18	1.1	32.0	24.8	6 000	7 000	6013	72	93	1
	120	23	1.5	57.2	40.0	5 000	6 300	6213	74	111	1.5
	140	33	2.1	93.8	60.5	4 500	5 300	6313	77	128	2.1
	160	37	2.1	118	78.5	4 300	5 300	6413	77	148	2.1
70	110	20	1.1	38.5	30.5	5 600	6 700	6014	77	103	1
	125	24	1.5	60.8	45.0	4 800	6 000	6214	79	116	1.5
	150	35	2.1	105	68.0	4 300	5 000	6314	82	138	2.1
	180	42	3	140	99.5	3 800	4 500	4114	84	166	2.5
75	115	20	1.1	40.2	33.2	5 300	6 300	6015	82	108	1
	130	25	1.5	66.0	49.5	4 500	5 600	6215	84	121	1.5
	160	37	2.1	113	76.8	4 000	4 800	6315	87	148	2.1
	190	45	3	154	115	3 600	4 300	6415	89	176	2.5
80	125	22	1.1	47.5	39.8	5 000	6 000	6016	87	118	1
	140	26	2	71.5	54.2	4 300	5 300	6216	90	130	2
	170	39	2.1	123	86.5	3 800	4 500	6316	92	158	2.1
	200	48	3	163	125	3 400	4 000	6416	94	186	2.5
85	130	22	1.1	50.8	42.8	4 500	5 600	6017	92	123	1
	150	28	2	83.2	63.8	4 000	5 000	6217	95	140	2
	180	41	3	132	96.5	3 600	4 300	6317	99	166	2.5
	210	52	4	175	138	3 200	3 800	6417	103	192	3
90	140	24	1.5	58.0	49.8	4 300	5 300	6018	99	131	1.5
	160	30	2	95.8	71.5	3 800	4 800	6218	100	150	2
	190	43	3	145	108	3 400	4 000	6318	104	176	2.5
	225	54	4	192	158	2 800	3 600	6418	108	207	3
95	145	24	1.5	57.8	50.0	4 000	5 000	6019	104	136	1.5
	170	32	2.1	110	82.8	3 600	4 500	6219	107	158	2.1
	200	45	3	157	122	3 200	3 800	6319	109	186	2.5
100	150	24	1.5	64.5	56.2	3 800	4 800	6020	109	141	1.5
	180	34	2.1	122	92.8	3 400	4 300	6220	112	168	2.1
	215	47	3	173	140	2 800	3 600	6320	114	201	2.5
	250	58	4	223	195	2 400	3 200	6420	118	232	3

轴承尺寸/mm				基本额定载荷/kN		极限转速/(r·min⁻¹)		轴承代号	安装尺寸/mm		
d	D	B	r_{smin}	C_r	C_{0r}	脂润滑	油润滑	60000 型	d_{amin}	D_{amax}	r_{asmax}
105	160	26	2	71.8	63.2	3 600	4 500	6021	115	150	2
	190	36	2.1	133	105	3 200	4 000	6221	117	178	2.1
	225	49	3	184	153	2 600	3 200	6321	119	211	2.5
110	170	28	2	81.8	72.8	3 400	4 300	6022	120	160	2
	200	38	2.1	144	117	3 000	3 800	6222	122	188	2.1
	240	50	3	205	178	2 400	3 000	6322	124	226	2.5
	280	65	4	225	238	2 000	2 800	6422	128	262	3
120	180	28	2	87.5	79.2	3 000	3 800	6024	130	170	2
	215	40	2.1	155	131	2 600	3 400	6224	132	203	2.1
	260	55	3	228	208	2 200	2 800	6324	134	246	2.5
130	200	33	2	105	96.8	2 800	3 600	6026	140	190	2
	230	40	3	165	148	2 400	3 200	6226	144	216	2.5
	280	58	4	253	242	2 000	2 600	6326	148	262	3
140	210	33	2	116	108	2 400	3 200	6028	150	200	2
	250	42	3	179	167	2 000	2 800	6228	154	236	2.5
	300	62	4	275	272	1 900	2 400	6328	158	282	3
150	225	35	2.1	132	125	2 200	3 000	6030	162	213	2.1
	270	45	3	203	199	1 900	2 600	6230	164	256	2.5
	320	65	4	288	295	1 700	2 200	6330	168	302	3
160	240	38	2.1	145	138	2 000	2 800	6032	172	228	2.1
	290	48	3	215	218	1 800	2 400	6232	174	276	2.5
	340	68	4	313	340	1 600	2 000	6332	178	322	3
170	260	42	2.1	170	170	1 900	2 600	6034	182	248	2.1
	310	52	4	245	260	1 700	2 200	6234	188	292	3
	360	72	4	335	378	1 500	1 900	6334	188	342	3
180	280	46	2.1	188	198	1 800	2 400	6036	192	268	2.1
	320	52	4	262	285	1 600	2 000	6236	198	302	3
190	290	46	2.1	188	200	1 700	2 200	6038	202	278	2.1
	340	55	4	285	322	1 500	1 900	6238	208	322	3
200	310	51	2.1	205	225	1 600	2 000	6040	212	298	2.1
	360	58	4	288	332	1 400	1 800	6240	218	342	3

注：（1）轴承性能摘自 2012 年出版的《滚动轴承产品样本》第 2 版（洛阳轴研科技股份有限公司编）。

（2）安装尺寸摘自 GB/T 5868—2003。

二、角接触球轴承（表 15 -2）

表 15 - 2　角接触球轴承（外形尺寸摘自 GB/T 292—2007）

70000C 型
70000AC 型
70000B 型

安装尺寸

规定画法

标记示例：滚动轴承 7210AC GB/T 292—2007

接触角 α = 15°（70000C 型）			接触角 α = 25°（70000AC 型）	接触角 α = 40°（70000B 型）
$\dfrac{F_a}{C_{0r}}$	e	Y	径向当量动载荷	径向当量动载荷
0.015	0.38	1.47	当 $F_a/F_r \leq e$ 时，$P_r = F_r$	当 $F_a/F_r \leq 0.68$ 时，$P_r = F_r$
0.029	0.40	1.40	当 $F_a/F_r > e$ 时，	当 $F_a/F_r > 0.68$ 时，
0.058	0.43	1.30	$P_r = 0.44F_r + YF_a$	$P_r = 0.41F_r + 0.87F_a$
0.087	0.46	1.23		
0.12	0.47	1.19		
0.17	0.50	1.12	径向当量静载荷	径向当量静载荷
0.29	0.55	1.02	$P_{0r} = 0.5F_r + 0.46F_a$	$P_{0r} = 0.5F_r + 0.38F_a$
0.44	0.56	1.00	当 $P_{0r} < F_r$ 时，$P_{0r} = F_r$	当 $P_{0r} < F_r$ 时，$P_{0r} = F_r$
0.58	0.56	1.00		

接触角 α = 40°（70000B 型）
径向当量动载荷
当 $F_a/F_r \leq 1.14$ 时，$P_r = F_r$
当 $F_a/F_r > 1.14$ 时，
$P_r = 0.35F_r + 0.57F_a$

径向当量静载荷
$P_{0r} = 0.5F_r + 0.26F_a$
当 $P_{0r} < F_r$ 时，$P_{0r} = F_r$

轴承尺寸/mm						基本额定载荷/kN		极限转速/(r·min⁻¹)		轴承代号	安装尺寸/mm		
d	D	B	a	r_{smin}	r_{1smin}	C_r	C_{0r}	脂润滑	油润滑		d_{amin}	D_{smax}	r_{asmax}
10	26	8	6.4	0.3	0.1	4.92	2.25	19 000	28 000	7000C	12.4	23.6	0.3
	26	8	8.2	0.3	0.1	4.75	2.12	19 000	28 000	7000AC	12.4	23.6	0.3
	30	9	7.2	0.6	0.3	5.82	2.95	18 000	26 000	7 200C	15	25	0.6
	30	9	9.2	0.6	0.3	5.58	2.82	18 000	26 000	7 200AC	15	25	0.6

续表

d	D	B	a	r_{smin}	r_{1smin}	C_r	C_{0r}	脂润滑	油润滑	轴承代号	d_{amin}	D_{smax}	r_{asmax}
12	28	8	6.7	0.3	0.1	5.42	2.65	18 000	26 000	7001C	14.4	25.6	0.3
	28	8	8.7	0.3	0.1	5.20	2.55	18 000	26 000	7001AC	14.4	25.6	0.3
	32	10	8	0.6	0.3	7.35	3.52	17 000	24 000	7201C	17	27	0.6
	32	10	10.2	0.6	0.3	7.10	3.35	17 000	24 000	7201AC	17	27	0.6
15	32	9	7.6	0.3	0.1	6.25	3.42	17 000	24 000	7002C	17.4	29.6	0.3
	32	9	10	0.3	0.1	5.95	3.25	17 000	24 000	7002AC	17.4	29.6	0.3
	35	11	8.9	0.6	0.3	8.68	4.62	16 000	22 000	7202C	20	30	0.6
	35	11	11.4	0.6	0.3	8.35	4.40	16 000	22 000	7202AC	20	30	0.6
17	35	10	8.5	0.3	0.1	6.60	3.85	16 000	22 000	7003C	19.4	32.6	0.3
	35	10	11.1	0.3	0.1	6.30	3.68	16 000	22 000	7003AC	19.4	32.6	0.3
	40	12	9.9	0.6	0.3	10.8	5.95	15 000	20 000	7203C	22	35	0.6
	40	12	12.8	0.6	0.3	10.5	5.65	15 000	20 000	7203AC	22	35	0.6
20	42	12	10.2	0.6	0.3	10.5	6.08	14 000	19 000	7004C	25	37	0.6
	42	12	13.2	0.6	0.3	10.0	5.78	14 000	19 000	7004AC	25	37	0.6
	47	14	11.5	1	0.3	14.5	8.22	13 000	18 000	7204C	26	41	1
	47	14	14.9	1	0.3	14.0	7.82	13 000	18 000	7204AC	26	41	1
	47	14	21.1	1	0.6	14.0	7.85	13 000	18 000	7204B	26	41	1
25	47	12	10.8	0.6	0.3	11.5	7.45	12 000	17 000	7005C	30	42	0.6
	47	12	14.4	0.6	0.3	11.2	7.08	12 000	17 000	7005AC	30	42	0.6
	52	15	12.7	1	0.3	16.5	10.5	11 000	16 000	7205C	31	46	1
	52	15	16.4	1	0.3	15.8	9.88	11 000	16 000	7205AC	31	46	1
	52	15	23.7	1	0.6	15.8	9.45	9 500	14 000	7205B	31	46	1
	62	17	26.8	1.1	0.6	26.2	15.2	8 500	12 000	7305B	32	55	1

续表

d	轴承尺寸/mm					基本额定载荷/kN		极限转速/(r·min⁻¹)		轴承代号	安装尺寸/mm		
	D	B	a	r_{smin}	r_{1smin}	C_r	C_{0r}	脂润滑	油润滑		d_{amin}	D_{smax}	r_{asmax}
30	55	13	12.2	1	0.3	15.2	10.2	9 500	14 000	7006C	36	49	1
	55	13	16.4	1	0.3	14.5	9.85	9 500	14 000	7006AC	36	49	1
	62	16	14.2	1	0.3	23.0	15.0	9 000	13 000	7206C	36	56	1
	62	16	18.7	1	0.3	22.0	14.2	9 000	13 000	7206AC	36	56	1
	62	16	27.4	1	0.6	20.5	13.8	8 500	12 000	7206B	36	56	1
	72	19	31.1	1.1	0.6	31.0	19.2	7 500	10 000	7306B	37	65	1
35	62	14	13.5	1	0.3	19.5	14.2	8 500	12 000	7007C	41	56	1
	62	14	18.3	1	0.3	18.5	13.5	8 500	12 000	7007AC	41	56	1
	72	17	15.7	1.1	0.3	30.5	20.0	8 000	11 000	7207C	42	65	1
	72	17	21	1.1	0.3	29.0	19.2	8 000	11 000	7207AC	42	65	1
	72	17	30.9	1.1	0.6	27.0	18.8	7 500	10 000	7207B	42	65	1
	80	21	34.6	1.5	1	38.2	24.5	7 000	9 500	7307B	44	71	1.5
40	68	15	14.7	1	0.3	20.0	15.2	8 000	11 000	7008C	46	62	1
	68	15	20.1	1	0.3	19.0	14.5	8 000	11 000	7008AC	46	62	1
	80	18	17	1.1	0.6	36.8	25.8	7 500	10 000	7208C	47	73	1
	80	18	23	1.1	0.6	35.2	24.5	7 500	10 000	7208AC	47	73	1
	80	18	34.5	1.1	0.6	32.5	23.5	6 700	9 000	7208B	47	73	1
	90	23	38.8	1.5	1	46.2	30.5	6 300	8 500	7308B	49	81	1.5
	110	27	38.7	2	1	67.0	47.5	6 000	8 000	7408B	50	100	2
45	75	16	16	1	0.3	25.8	20.5	7 500	10 000	7009C	51	69	1
	75	16	21.9	1	0.3	25.8	19.5	7 500	10 000	7009AC	51	69	1
	85	19	18.2	1.1	0.6	38.5	28.5	6 700	9 000	7209C	52	78	1
	85	19	24.7	1.1	0.6	36.8	27.2	6 700	9 000	7209AC	52	78	1
	85	19	36.8	1.1	0.6	36.0	26.2	6 300	8 500	7209B	52	78	1
	100	25	42.0	1.5	1	59.5	39.8	6 000	8 000	7309B	54	91	1.5

续表

d	轴承尺寸/mm					基本额定载荷/kN		极限转速/(r·min⁻¹)		轴承代号	安装尺寸/mm		
	D	B	a	r_{smin}	r_{1smin}	C_r	C_{0r}	脂润滑	油润滑		d_{amin}	D_{smax}	r_{asmax}
50	80	16	16.7	1	0.3	26.5	22.0	6700	9000	7010C	56	74	1
	80	16	23.2	1	0.3	25.2	21.0	6700	9000	7010AC	56	74	1
	90	20	19.4	1.1	0.6	42.8	32.0	6300	8500	7210C	57	83	1
	90	20	26.3	1.1	0.6	40.8	30.5	6300	8500	7210AC	57	83	1
	90	20	39.4	1.1	0.6	37.5	29.0	5600	7500	7210B	57	83	1
	110	27	47.5	2	1	68.2	48.0	5000	6700	7310B	60	100	2
	130	31	46.2	2.1	1.1	95.2	64.2	5000	6700	7410B	62	118	2.1
55	90	18	18.7	1.1	0.6	37.2	30.5	6000	8000	7011C	62	83	1
	90	18	25.9	1.1	0.6	35.2	29.2	6000	8000	7011AC	62	83	1
	100	21	20.9	1.5	0.6	52.8	40.5	5600	7500	7211C	64	91	1.5
	100	21	28.6	1.5	0.6	50.5	38.5	5600	7500	7211AC	64	91	1.5
	100	21	43	1.5	1	46.2	36.0	5300	7000	7211B	64	91	1.5
	120	29	51.4	2	1	78.8	56.5	4500	6000	7311B	65	110	2
60	95	18	19.4	1.1	0.6	38.2	32.8	5600	7500	7012C	67	88	1
	95	18	27.1	1.1	0.6	36.2	31.5	5600	7500	7012AC	67	88	1
	110	22	22.4	1.5	0.6	61.0	48.5	5300	7000	7212C	69	101	1.5
	110	22	30.8	1.5	0.6	58.2	46.2	5300	7000	7212AC	69	101	1.5
	110	22	46.7	1.5	1	56.0	44.5	4800	6300	7212B	69	101	1.5
	130	31	55.4	2.1	1.1	90.0	66.3	4300	5600	7312B	72	118	2.1
	150	35	55.7	2.1	1.1	118	85.5	4300	5600	7412B	72	138	2.1
65	100	18	20.1	1.1	0.6	40.0	35.5	5300	7000	7013C	72	93	1
	100	18	28.2	1.1	0.6	38.0	33.8	5300	7000	7013AC	72	93	1
	120	23	24.2	1.5	0.6	69.8	55.2	4800	6300	7213C	74	111	1.5
	120	23	33.5	1.5	0.6	66.5	52.5	4800	6300	7213AC	74	111	1.5
	120	23	51.1	1.5	1	62.5	53.2	4300	5600	7213B	74	111	1.5
	140	33	59.5	2.1	1.1	102	77.8	4000	5300	7313B	77	128	2.1

续表

d	\multicolumn{5}{c	}{轴承尺寸/mm}						\multicolumn{2}{c	}{基本额定载荷/kN}		\multicolumn{2}{c	}{极限转速/(r·min⁻¹)}	轴承代号	\multicolumn{3}{c}{安装尺寸/mm}	
	D	B	a	r_{smin}	r_{1smin}				C_r	C_{0r}	脂润滑	油润滑		d_{amin}	D_{smax}	r_{asmax}	
70	110	20	22.1	1.1	0.6				48.2	43.5	5 000	6 700	7014C	77	103	1	
	110	20	30.9	1.1	0.6				45.8	41.5	5 000	6 700	7014AC	77	103	1	
	125	24	25.3	1.5	0.6				70.2	60.0	4 500	6 700	7214C	79	116	1.5	
	125	24	35.1	1.5	0.6				69.2	57.5	4 500	6 700	7214AC	79	116	1.5	
	125	24	52.9	1.5	1				70.2	57.2	4 300	5 600	7214B	79	116	1.5	
	150	35	63.7	2.1	1.1				115	87.2	3 600	4 800	7314B	82	138	2.1	
75	115	20	22.7	1.1	0.6				49.5	46.5	4 800	6 300	7015C	82	108	1	
	115	20	32.2	1.1	0.6				46.8	44.2	4 800	6 300	7015AC	82	108	1	
	130	25	26.4	1.5	0.6				79.2	65.8	4 300	5 600	7215C	84	121	1.5	
	130	25	36.6	1.5	0.6				75.2	63.0	4 300	5 600	7215AC	84	121	1.5	
	130	25	55.5	1.5	1				72.8	62.0	4 000	5 300	7215B	84	121	1.5	
	160	37	68.4	2.1	1.1				125	98.5	3 400	4 500	7315B	87	148	2.1	
80	125	22	24.7	1.1	0.6				58.5	55.8	4 500	6 000	7016C	87	118	1	
	125	22	34.9	1.1	0.6				55.5	53.2	4 500	6 000	7016AC	87	118	1	
	140	26	27.7	2	1				89.5	78.2	4 000	5 300	7216C	90	130	2	
	140	26	38.9	2	1				85.0	74.5	4 000	5 300	7216AC	90	130	2	
	140	26	59.2	2	1				80.2	69.5	3 600	4 800	7216B	90	130	2	
	170	39	71.9	2.1	1.1				135	110	3 600	4 800	7316B	92	158	2.1	
85	130	22	25.4	1.1	0.6				62.5	60.2	4 300	5 600	7017C	92	123	1	
	130	22	36.1	1.1	0.6				59.2	57.2	4 300	5 600	7017AC	92	123	1	
	150	28	29.9	2	1				99.8	85.0	3 800	5 000	7217C	95	140	2	
	150	28	41.6	2	1				94.8	81.5	3 800	5 000	7217AC	95	140	2	
	150	28	63.3	2	1				93.0	81.5	3 400	4 500	7217B	95	140	2	
	180	41	76.1	3	1.1				148	122	3 000	4 000	7317B	99	166	2.5	

续表

d	\multicolumn{5}{轴承尺寸/mm}					基本额定载荷/kN		极限转速/(r·min⁻¹)		轴承代号	安装尺寸/mm		
	D	B	a	r_{smin}	r_{1smin}	C_r	C_{0r}	脂润滑	油润滑		d_{amin}	D_{smax}	r_{asmax}

d	D	B	a	r_{smin}	r_{1smin}	C_r	C_{0r}	脂润滑	油润滑	轴承代号	d_{amin}	D_{smax}	r_{asmax}
90	140	24	27.4	1.5	0.6	71.5	69.8	4 000	5 300	7018C	99	131	1.5
	140	24	38.8	1.5	0.6	67.5	66.5	4 000	5 300	7018AC	99	131	1.5
	160	30	31.7	2	1	122	105	3 600	4 800	7218C	100	150	2
	160	30	44.2	2	1	118	100	3 600	4 800	7218AC	100	150	2
	160	30	67.9	2	1	105	94.5	3 200	4 300	7218B	100	150	2
	190	43	80.2	3	1.1	158	138	2 800	3 800	7318B	104	176	2.5
95	145	24	28.1	1.5	0.6	73.5	73.2	3 800	5 000	7019C	104	136	1.5
	145	24	40	1.5	0.6	69.5	69.8	3 800	5 000	7019AC	104	136	1.5
	170	32	33.8	2.1	1.1	135	115	3 400	4 500	7219C	107	158	2.1
	170	32	46.9	2.1	1.1	128	108	3 400	4 500	7219AC	107	158	2.1
	170	32	72.5	2.1	1.1	120	108	3 000	4 000	7219B	107	158	2.1
	200	45	84.4	3	1.1	172	155	2 800	3 800	7319B	109	186	2.5
100	150	24	28.7	1.5	0.6	79.2	78.5	3 800	5 000	7020C	109	141	1.5
	150	24	41.2	1.5	0.6	75	74.8	3 800	5 000	7020AC	109	141	1.5
	180	34	35.8	2.1	1.1	148	128	3 200	4 300	7220C	112	168	2.1
	180	34	49.7	2.1	1.1	142	122	3 200	4 300	7220AC	112	168	2.1
	180	34	75.7	2.1	1.1	130	115	2 600	3 600	7220B	112	168	2.1
	215	47	89.6	3	1.1	188	180	2 400	3 400	7320B	114	201	2.5

注：（1）轴承性能摘自 2012 年出版的《滚动轴承产品样本》第 2 版（洛阳轴研科技股份有限公司编）。
（2）安装尺寸摘自 GB/T 5868—2003。

三、圆锥滚子轴承（表15-3）

表15-3 圆锥滚子轴承（外形尺寸摘自 GB/T 297—2015）

30000型

径向当量动载荷 P_r	当 $\dfrac{F_a}{F_r} \le e$ 时，$P_r = F_r$ 当 $\dfrac{F_a}{F_r} > e$ 时，$P_r = 0.4F_r + YF_a$
径向当量静载荷 P_{0r}	$P_{0r} = 0.5F_r + Y_0F_a$ 当 $P_{0r} < F_r$ 时，$P_{0r} = F_r$

标记示例：滚动轴承 32220 GB/T 297—2015

\(d\)	\(D\)	\(T\)	\(B\)	\(C\)	\(a\approx\)	\(r_{smin}\)	\(r_{1smin}\)	\(C_r\)	\(C_{0r}\)	脂润滑	油润滑	轴承代号	\(d_{amin}\)	\(d_{bmax}\)	\(D_{amin}\)	\(D_{amax}\)	\(D_{bmin}\)	\(a_{1min}\)	\(a_{2min}\)	\(r_{asmax}\)	\(r_{bsmax}\)	\(e\)	\(Y\)	\(Y_0\)
15	42	14.25	13	11	9.6	1	1	23.8	21.5	9 000	12 000	30302	21	22	36	36	38	2	3.5	1	1	0.29	2.1	1.2
17	40	13.25	12	11	9.9	1	1	21.8	21.8	9 000	12 000	30203	23	23	34	34	37	2	2.5	1	1	0.35	1.7	1
	47	15.25	14	12	10.4	1	1	29.5	27.2	8 500	11 000	30303	23	25	40	41	43	3	3.5	1	1	0.29	2.1	1.2
	47	20.25	19	16	12.3	1	1	36.8	36.2	8 500	11 000	32303	23	24	39	41	43	3	4.5	1	1	0.29	2.1	1.2
20	47	15.25	14	12	11.2	1	1	29.5	30.5	8 000	10 000	30204	26	27	40	45	43	3	3.5	1	1	0.35	1.7	1
	52	16.25	15	13	11.1	1.5	1.5	34.5	33.2	7 500	9 500	30304	27	28	44	45	48	3	3.5	1.5	1.5	0.3	2	1.1
	52	22.25	21	18	13.6	1.5	1.5	44.8	46.2	7 500	9 500	32304	27	26	43	45	48	3	4.5	1.5	1.5	0.3	2	1.1
25	52	16.25	15	13	12.5	1	1	33.8	37.0	7 000	9 000	30205	31	31	44	46	48	2	3.5	1	1	0.37	1.6	0.9
	62	18.25	17	15	13.0	1.5	1.5	49.0	48.0	6 300	8 000	30305	32	34	54	55	58	3	3.5	1.5	1.5	0.3	2	1.1
	62	18.25	17	13	20.1	1.5	1.5	42.5	46.0	6 300	8 000	31305	32	31	47	55	49	3	5.5	1.5	1.5	0.83	0.7	0.4
	62	25.25	24	20	15.9	1.5	1.5	64.5	68.8	6 300	8 000	32305	32	32	52	55	58	3	5.5	1.5	1.5	0.3	2	1.1
30	62	17.25	16	14	13.8	1	1	45.2	50.5	6 000	7 500	30206	36	37	53	56	58	3	3.5	1	1	0.37	1.6	0.9
	62	21.25	20	17	15.6	1	1	54.2	63.8	6 000	7 500	32206	36	36	52	56	58	3	4.5	1	1	0.37	1.6	0.9
	72	20.75	19	16	15.3	1.5	1.5	61.8	63.0	5 600	7 000	30306	37	40	62	65	66	3	5	1.5	1.5	0.31	1.9	1.1
	72	20.75	19	14	23.1	1.5	1.5	55.0	60.5	5 600	7 000	31306	37	37	55	65	68	3	7	1.5	1.5	0.83	0.7	0.4
	72	28.75	27	23	18.9	1.5	1.5	85.5	96.5	5 600	7 000	32306	37	38	59	65	66	4	6	1.5	1.5	0.31	1.9	1.1

安装尺寸 · 轴承尺寸/mm · 基本额定载荷/kN · 极限转速/(r·min⁻¹) · 安装尺寸/mm · 计算系数 · 规定画法

续表

d	D	轴承尺寸/mm						基本额定载荷/kN		极限转速/(r·min⁻¹)		轴承代号	安装尺寸/mm									计算系数		
		T	B	C	$a\approx$	r_{smin}	r_{1smin}	C_r	C_{0r}	脂润滑	油润滑		d_{amin}	d_{bmax}	D_{amin}	D_{amax}	D_{bmin}	a_{1min}	a_{2min}	r_{asmax}	r_{1bsmax}	e	Y	Y_0
35	72	18.25	17	15	15.3	1.5	1.5	56.8	63.5	5 300	6 700	30207	42	44	62	65	67	3	3.5	1.5	1.5	0.37	1.6	0.9
	72	24.25	23	19	17.9	1.5	1.5	73.8	89.5	5 300	6 700	32207	42	42	61	65	68	3	5.5	1.5	1.5	0.37	1.6	0.9
	80	22.75	21	18	16.8	2	1.5	78.8	82.5	5 000	6 300	30307	44	45	70	71	74	3	5	2	1.5	0.31	1.9	1.1
	80	22.75	21	15	25.8	2	1.5	69.0	76.8	5 000	6 300	31307	44	42	62	71	76	4	8	2	1.5	0.83	0.7	0.4
	80	32.75	31	25	20.4	2	1.5	105	118	5 000	6 300	32307	44	43	66	71	74	4	8.5	2	1.5	0.31	1.9	1.1
40	80	19.75	18	16	16.9	1.5	1.5	66.0	74.0	5 000	6 300	30208	47	49	69	73	75	3	4	1.5	1.5	0.37	1.6	0.9
	80	24.75	23	19	18.9	1.5	1.5	81.5	97.2	5 000	6 300	32208	47	48	68	73	75	3	6	2	1.5	0.37	1.6	0.9
	90	25.25	23	20	19.5	2	1.5	95.2	108	4 500	5 600	30308	49	52	77	81	84	3	5.5	2	1.5	0.35	1.7	1
	90	25.25	23	17	29.0	2	1.5	85.5	96.5	4 500	5 600	31308	49	48	71	81	87	4	8.5	2	1.5	0.83	0.7	0.4
	90	35.25	33	27	23.3	2	1.5	120	148	4 500	5 600	32308	49	49	73	81	83	4	8.5	2	1.5	0.35	1.7	1
45	85	20.75	19	16	18.6	1.5	1.5	71.0	83.5	4 500	5 600	30209	52	53	74	78	80	3	5	1.5	1.5	0.4	1.5	0.8
	85	24.75	23	19	20.1	1.5	1.5	84.5	105	4 500	5 600	32209	52	53	73	78	81	3	6	1.5	1.5	0.4	1.5	0.8
	100	27.25	25	22	21.3	2	1.5	113	130	4 000	5 000	30309	54	59	86	91	94	3	5.5	2	1.5	0.35	1.7	1
	100	27.25	25	18	31.7	2	1.5	100	115	4 000	5 000	31309	54	54	79	91	96	4	9.5	2.0	1.5	0.83	0.7	0.4
	100	38.25	36	30	25.6	2	1.5	152	188	4 000	5 000	32309	54	56	82	91	93	4	8.5	2.0	1.5	0.35	1.7	1
50	90	21.75	20	17	20.0	1.5	1.5	76.8	92.0	4 300	5 300	30210	57	58	79	83	86	3	5	1.5	1.5	0.42	1.4	0.8
	90	24.75	23	19	21.0	1.5	1.5	86.8	108	4 300	5 300	32210	57	57	78	83	86	3	6	1.5	1.5	0.42	1.4	0.8
	110	29.25	27	23	23.0	2.5	2	135	158	3 800	4 800	30310	60	65	95	100	103	4	6.5	2	2	0.35	1.7	1
	110	29.25	27	19	34.8	2.5	2	113	128	3 800	4 800	31310	60	58	87	100	105	4	10.5	2	2	0.83	0.7	0.4
	110	42.25	40	33	28.2	2.5	2	185	235	3 800	4 800	32310	60	61	90	100	102	5	9.5	2	2	0.35	1.7	1

续表

d	D	T	B	C	$a\approx$	r_{smin}	r_{1smin}	C_r	C_{0r}	脂润滑	油润滑	轴承代号	d_{amin}	d_{bmin}	D_{amin}	D_{amax}	D_{bmin}	a_{1min}	a_{2min}	r_{asmax}	r_{bsmax}	e	Y	Y_0
				轴承尺寸/mm				基本额定载荷/kN		极限转速/(r·min⁻¹)			安装尺寸/mm									计算系数		
55	100	22.75	21	18	21.0	2	1.5	95.2	115	3 800	4 800	30211	64	64	88	91	95	4	5	2	1.5	0.4	1.5	0.8
	100	26.75	25	21	22.8	2	1.5	112	142	3 800	4 800	32211	64	62	87	91	96	4	6	2	1.5	0.4	1.5	0.8
	120	31.5	29	25	24.9	2.5	2	160	188	3 400	4 300	30311	65	70	104	110	112	4	6.5	2.5	2	0.35	1.7	1
	120	31.5	29	21	37.5	2.5	2	135	158	3 400	4 300	31311	65	63	94	110	114	4	10.5	2.5	2	0.83	0.7	0.4
	120	45.5	43	35	30.4	2.5	2	212	270	3 400	4 300	32311	65	66	99	110	111	5	10	2.5	2	0.35	1.7	1
60	110	23.75	22	19	22.3	2	1.5	108	130	3 600	4 500	30212	69	69	96	101	103	4	5	2	1.5	0.4	1.5	0.8
	110	29.75	28	24	25.0	2	1.5	138	180	3 600	4 500	32212	69	68	95	101	105	4	6	2	1.5	0.4	1.5	0.8
	130	33.5	31	26	26.6	3	2.5	178	210	3 200	4 000	30312	72	76	112	118	121	5	7.5	2.2	2.1	0.35	1.7	1
	130	33.5	31	22	40.4	3	2.5	152	178	3 200	4 000	31312	72	69	103	118	124	5	11.5	2.2	2.1	0.83	0.7	0.4
	130	48.5	46	37	32.0	3	2.5	238	302	3 200	4 000	32312	72	72	107	118	122	6	11.5	2.5	2.1	0.35	1.7	1
65	120	24.75	23	20	23.8	2	1.5	125	152	3 200	4 000	30213	74	77	106	111	114	4	5	2	1.5	0.4	1.5	0.8
	120	32.75	31	27	27.3	2	1.5	168	222	3 200	4 000	32213	74	75	104	111	115	4	6	2	1.5	0.4	1.5	0.8
	140	36	33	28	28.7	3	2.5	205	242	2 800	3 600	30313	77	83	122	128	131	5	8	2.5	2.1	0.35	1.7	1
	140	36	33	23	44.2	3	2.5	172	202	2 800	3 600	31313	77	75	111	128	134	5	13	2.5	2.1	0.83	0.7	0.4
	140	51	48	39	34.3	3	2.5	272	350	2 800	3 600	32313	77	79	117	128	131	6	12	2.5	2.1	0.35	1.7	1
70	125	26.25	24	21	25.8	2	1.5	138	175	3 000	3 800	30214	79	81	110	116	119	4	5.5	2	1.5	0.42	1.4	0.8
	125	33.25	31	27	28.8	2	1.5	175	238	3 000	3 800	32214	79	79	108	116	120	4	6.5	2	1.5	0.42	1.4	0.8
	150	38	35	30	30.7	3	2.5	228	272	2 600	3 400	30314	82	89	130	138	141	5	8	2.5	2.1	0.35	1.7	1
	150	38	35	25	46.8	3	2.5	198	230	2 600	3 400	31314	82	80	118	138	143	5	13	2.5	2.1	0.83	0.7	0.4
	150	54	51	42	36.5	3	2.5	312	408	2 600	3 400	32314	82	84	125	138	141	6	12	2.5	2.1	0.35	1.7	1

续表

d	轴承尺寸/mm D	T	B	C	a≈	r_{smin}	r_{1smin}	基本额定载荷/kN C_r	C_{0r}	极限转速/(r·min⁻¹) 脂润滑	油润滑	轴承代号	安装尺寸/mm d_{amin}	d_{bmax}	D_{amin}	D_{amax}	D_{bmin}	a_{1min}	a_{2min}	r_{asmax}	r_{bsmax}	计算系数 e	Y	Y_0
75	130	27.25	25	22	27.4	2	1.5	145	185	2 800	3 600	30215	84	85	115	121	125	4	5.5	2	1.5	0.44	1.4	0.8
	130	33.25	31	27	30.0	2	1.5	178	242	2 800	3 600	32215	84	84	115	121	126	4	6.5	2	1.5	0.44	1.4	0.8
	160	40	37	31	32.0	3	2.5	265	318	2 400	3 200	30315	87	95	139	148	150	5	9	2.5	2.1	0.35	1.7	1
	160	40	37	26	49.7	3	2.5	218	258	2 400	3 200	31315	87	86	127	148	153	6	14	2.5	2.1	0.83	0.7	0.4
	160	58	55	45	39.4	3	2.5	365	482	2 400	3 200	32315	87	91	133	148	150	7	13	2.5	2.1	0.35	1.7	1
80	140	28.25	26	22	28.1	2.5	2	168	212	2 600	3 400	30216	90	90	124	130	133	4	6	2.1	2	0.42	1.4	0.8
	140	35.25	33	28	31.4	2.5	2	208	278	2 600	3 400	32216	90	89	122	130	135	5	7.5	2.1	2	0.42	1.4	0.8
	170	42.5	39	33	34.4	3	2.5	292	352	2 200	3 000	30316	92	102	148	158	160	5	9.5	2.5	2.1	0.35	1.7	1
	170	42.5	39	27	52.8	3	2.5	242	288	2 200	3 000	31316	92	91	134	158	161	6	15.5	2.5	2.1	0.83	0.7	0.4
	170	61.5	58	48	42.1	3	2.5	408	542	2 200	3 000	32316	92	97	142	158	160	7	13.5	2.5	2.1	0.35	1.7	1
85	150	30.5	28	24	30.3	2.5	2	185	238	2 400	3 200	30217	95	96	132	140	142	5	6.5	2.1	2	0.42	1.4	0.8
	150	38.5	36	30	33.9	2.5	2	238	325	2 400	3 200	32217	95	95	130	140	143	5	8.5	2.1	2	0.42	1.4	0.8
	180	44.5	41	34	35.9	4	3	320	388	2 000	2 800	30317	99	107	156	166	168	6	10.5	3	2.5	0.35	1.7	1
	180	44.5	41	28	55.6	4	3	268	318	2 000	2 800	31317	99	96	143	166	171	6	16.5	3	2.5	0.83	0.7	0.4
	180	63.5	60	49	43.5	4	3	442	592	2 000	2 800	32317	99	102	150	166	168	8	14.5	3	2.5	0.35	1.7	1
90	160	32.5	30	26	32.3	2.5	2	210	270	2 200	3 000	30218	100	102	140	150	151	5	6.5	2.1	2	0.42	1.4	0.8
	160	42.5	40	34	36.8	2.5	2	282	395	2 200	3 000	32218	100	101	138	150	153	5	8.5	2.1	2	0.42	1.4	0.8
	190	46.5	43	36	37.5	4	3	358	440	1 900	2 600	30318	104	113	165	176	178	6	10.5	3	2.5	0.35	1.7	1
	190	46.5	43	30	58.5	4	3	295	358	1 900	2 600	31318	104	102	151	176	181	6	16.5	3	2.5	0.83	0.7	0.4
	190	67.5	64	53	46.2	4	3	502	682	1 900	2 600	32318	104	107	157	176	178	8	14.5	3	2.5	0.35	1.7	1

续表

d	轴承尺寸/mm							基本额定载荷/kN		极限转速/(r·min⁻¹)		轴承代号	安装尺寸/mm									计算系数		
	D	T	B	C	$a\approx$	r_{smin}	r_{1smin}	C_r	C_{0r}	脂润滑	油润滑		d_{amin}	d_{bmax}	D_{amin}	D_{amax}	D_{bmin}	a_{1min}	a_{2min}	r_{asmax}	r_{bsmax}	e	Y	Y_0
95	170	34.5	32	27	34.2	3	2.5	238	308	2 000	2 800	30219	107	108	149	158	160	5	7.5	2.5	2.1	0.42	1.4	0.8
	170	45.5	43	37	39.2	3	2.5	318	448	2 000	2 800	32219	107	106	145	158	163	5	8.5	2.5	2.1	0.42	1.4	0.8
	200	49.5	45	38	40.1	4	3	388	478	1 800	2 400	30319	109	118	172	186	185	6	11.5	3	2.5	0.35	1.7	1
	200	49.5	45	32	61.2	4	3	325	400	1 800	2 400	31319	109	107	157	186	189	6	17.5	3	2.5	0.83	0.7	0.4
	200	71.5	67	55	49.0	4	3	540	738	1 800	2 400	32319	109	114	166	186	187	8	16.5	3	2.5	0.35	1.7	1
100	180	37	34	29	36.4	3	2.5	268	350	1 900	2 600	30220	112	114	157	168	169	5	8	2.5	2.1	0.42	1.4	0.8
	180	49	46	39	41.9	3	2.5	355	512	1 900	2 600	32220	112	113	154	168	172	5	10	2.5	2.1	0.42	1.4	0.8
	215	51.5	47	39	42.2	4	3	425	525	1 600	2 000	30320	114	127	184	201	199	6	12.5	3	2.5	0.35	1.7	1
	215	56.5	51	35	68.4	4	3	390	488	1 600	2 000	31320	114	115	168	201	204	7	21.5	3	2.5	0.83	0.7	0.4
	215	77.5	73	60	52.9	4	3	628	872	1 600	2 000	32320	114	122	177	201	201	8	17.5	3	2.5	0.35	1.7	1

注：(1) 轴承性能摘自 2012 年出版的《滚动轴承产品样本》第 2 版（洛阳轴研科技股份有限公司编）。

(2) 安装尺寸摘自 GB/T 5868—2003。

四、圆柱滚子轴承（表15–4）

表15–4　单列圆柱滚子轴承（外形尺寸摘自 GB/T 283—2007）

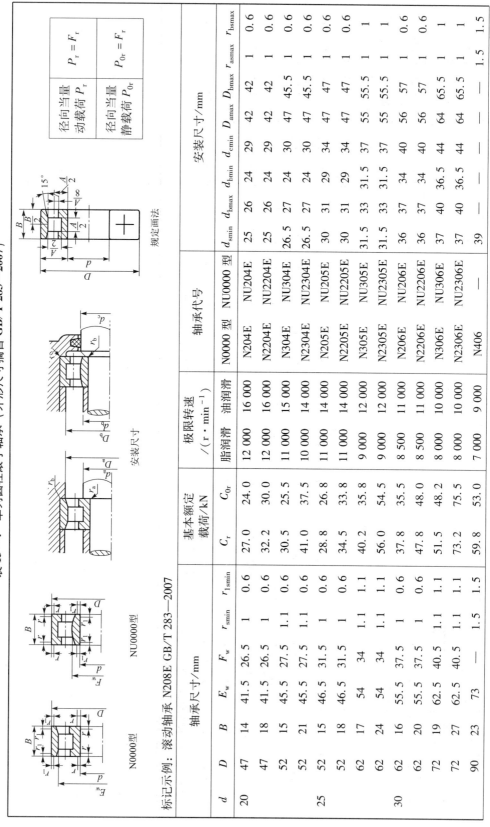

标记示例：滚动轴承 N208E GB/T 283—2007

			径向当量动载荷 P_r	$P_r = F_r$
			径向当量静载荷 P_{0r}	$P_{0r} = F_r$

d	D	B	轴承尺寸/mm E_w	F_w	r_{smin}	r_{1smin}	基本额定载荷/kN C_r	C_{0r}	极限转速/(r·min⁻¹) 脂润滑	油润滑	轴承代号 N0000型	NU0000型	安装尺寸/mm d_{smin}	d_{bmax}	d_{bmin}	d_{cmin}	D_{amax}	D_{bmax}	r_{asmax}	r_{bsmax}
20	47	14	41.5	26.5	1	0.6	27.0	24.0	12 000	16 000	N204E	NU204E	25	26	24	29	42	42	1	0.6
	47	18	41.5	26.5	1	0.6	32.2	30.0	12 000	16 000	N2204E	NU2204E	25	26	24	29	42	42	1	0.6
	52	15	45.5	27.5	1.1	0.6	30.5	25.5	11 000	15 000	N304E	NU304E	26.5	27	24	30	47	45.5	1	0.6
	52	21	45.5	27.5	1.1	0.6	41.0	37.5	10 000	14 000	N2304E	NU2304E	26.5	27	24	30	47	45.5	1	0.6
25	52	15	46.5	31.5	1	0.6	28.8	26.8	11 000	14 000	N205E	NU205E	30	31	29	34	47	47	1	0.6
	52	18	46.5	31.5	1	0.6	34.5	33.8	11 000	14 000	N2205E	NU2205E	30	31	29	34	47	47	1	0.6
	62	17	54	34	1.1	1.1	40.2	35.8	9 000	12 000	N305E	NU305E	31.5	33	31.5	37	55	55.5	1	1
	62	24	54	34	1.1	1.1	56.0	54.5	9 000	12 000	N2305E	NU2305E	31.5	33	31.5	37	55	55.5	1	1
30	62	16	55.5	37.5	1	0.6	37.8	35.5	8 500	11 000	N206E	NU206E	36	37	34	40	56	57	1	0.6
	62	20	55.5	37.5	1	0.6	47.8	48.0	8 500	11 000	N2206E	NU2206E	36	37	34	40	56	57	1	0.6
	72	19	62.5	40.5	1.1	1.1	51.5	48.2	8 000	10 000	N306E	NU306E	37	40	36.5	44	64	65.5	1	1
	72	27	62.5	40.5	1.1	1.1	73.2	75.5	8 000	10 000	N2306E	NU2306E	37	40	36.5	44	64	65.5	1	1
	90	23	73	—	1.5	1.5	59.8	53.0	7 000	9 000	N406		39	—	—	—	—	—	1.5	1.5

N0000型　　NU0000型

规定画法

安装尺寸

续表

d	D	B	E_w	F_w	r_{smin}	r_{1smin}	C_r	C_{0r}	脂润滑	油润滑	N0000 型	NU0000 型	d_{smin}	d_{bmax}	d_{bmin}	d_{cmin}	D_{amax}	D_{bmax}	r_{asmax}	r_{bsmax}
	轴承尺寸/mm						基本额定载荷/kN		极限转速/(r·min⁻¹)		轴承代号		安装尺寸/mm							
35	72	17	64	44	1.1	0.6	48.8	48.0	7 500	9 500	N207E	NU207E	42	43	39	46	64	65.5	1	0.6
	72	23	64	44	1.1	0.6	60.2	63.0	7 500	9 500	N2207E	NU2207E	42	43	39	46	64	65.5	1	0.6
	80	21	70.2	46.2	1.5	1.1	65.0	63.2	7 000	9 000	N307E	NU307E	44	45	41.5	48	71	72	1.5	1
	80	31	70.2	46.2	1.5	1.1	91.8	98.2	7 000	9 000	N2307E	NU2307E	44	45	41.5	48	71	72	1.5	1
	100	25	83	—	1.5	1.5	74.2	68.2	6 000	7 500	N407	—	44	—	—	—	—	—	1.5	1.5
40	80	18	71.5	49.5	1.1	1.1	54.0	53.0	7 000	9 000	N208E	NU208E	47	49	46.5	52	72	73.5	1	1
	80	23	71.5	49.5	1.1	1.1	70.8	75.2	7 000	9 000	N2208E	NU2208E	47	49	46.5	52	72	73.5	1	1
	90	23	80	52	1.5	1.5	80.5	77.8	6 300	8 000	N308E	NU308E	49	51	48	55	80	82	1.5	1.5
	90	33	80	52	1.5	1.5	110	118	6 300	8 000	N2308E	NU2308E	49	51	48	55	80	82	1.5	1.5
	110	27	92	—	2	2	94.8	89.8	5 600	7 000	N408	—	50	—	—	—	—	—	2	2
45	85	19	76.5	54.5	1.1	1.1	61.2	63.8	6 300	8 000	N209E	NU209E	52	54	51.5	57	77	78.5	1	1
	85	23	76.5	54.5	1.1	1.1	74.5	82.0	6 300	8 000	N2209E	NU2209E	52	54	51.5	57	77	78.5	1	1
	100	25	88.5	58.5	1.5	1.5	97.5	98.0	5 600	7 000	N309E	NU309E	54	57	53	60	89	92	1.5	1.5
	100	36	88.5	58.5	1.5	1.5	135	152	5 600	7 000	N2309E	NU2309E	54	57	53	60	89	92	1.5	1.5
	120	29	100.5	64.5	2	2	108	100	5 000	6 300	N409	NU409	55	63	54	66	—	111	2	2
50	90	20	81.5	59.5	1.1	1.1	64.2	69.2	6 000	7 500	N210E	NU210E	57	58	56.5	62	83	83.5	1	1
	90	23	81.5	59.5	1.1	1.1	77.8	88.8	6 000	7 500	N2210E	NU2210E	57	58	56.5	62	83	83.5	1	1
	110	27	97	65	2	2	110	112	5 300	6 700	N310E	NU310E	60	63	59	67	98	101	2	2
	110	40	97	65	2	2	162	185	5 300	6 700	N2310E	NU2310E	60	63	59	67	98	101	2	2
	130	31	110.8	70.8	2.1	2.1	125	120	4 800	6 000	N410	NU410	62	69	61	73	—	119	2.1	2.1

续表

d	D	轴承尺寸/mm					基本额定载荷/kN		极限转速/(r·min^{-1})		轴承代号		安装尺寸/mm							
		B	E_w	F_w	r_{smin}	r_{1smin}	C_r	C_{0r}	脂润滑	油润滑	N0000型	NU0000型	d_{smin}	d_{bmax}	d_{bmin}	d_{cmin}	D_{amax}	D_{bmax}	r_{asmax}	r_{bsmax}
55	100	21	90	66	1.5	1.1	84.0	95.5	5 300	6 700	N211E	NU211E	64	65	61.5	68	91	92	1.5	1
	100	25	90	66	1.5	1.1	99.2	118	5 300	6 700	N2211E	NU2211E	64	65	61.5	68	91	92	1.5	1
	120	29	106.5	70.5	2	2	135	138	4 800	6 000	N311E	NU311E	65	69	64	72	107	111	2	2
	120	43	106.5	70.5	2	2	198	228	4 800	6 000	N2311E	NU2311E	65	69	64	72	107	111	2	2
	140	33	—	77.2	2.1	2.1	135	132	4 300	5 300	—	NU411	—	76	66	79	—	129	2.1	2.1
60	110	22	100	72	1.5	1.5	94.0	102	5 000	6 300	N212E	NU212E	69	71	68	75	100	102	1.5	1.5
	110	28	100	72	1.5	1.5	128	152	5 000	6 300	N2212E	NU2212E	69	71	68	75	100	102	1.5	1.5
	130	31	115	77	2.1	2.1	148	155	4 500	5 600	N312E	NU312E	72	75	71	79	116	119	2.1	2.1
	130	46	115	77	2.1	2.1	222	260	4 500	5 600	N2312E	NU2312E	72	75	71	79	116	119	2.1	2.1
	150	35	127	83	2.1	2.1	162	162	4 000	5 000	N412	NU412	72	82	71	85	—	139	2.1	2.1
65	120	23	108.5	78.5	1.5	1.5	108	118	4 500	5 600	N213E	NU213E	74	77	73	81	108	112	1.5	1.5
	120	31	108.5	78.5	1.5	1.5	148	180	4 500	5 600	N2213E	NU2213E	74	77	73	81	108	112	1.5	1.5
	140	33	124.5	82.5	2.1	2.1	178	188	4 000	5 000	N313E	NU313E	77	81	76	85	125	129	2.1	2.1
	140	48	124.5	82.5	2.1	2.1	245	285	4 000	5 000	N2313E	NU2313E	77	81	76	85	125	129	2.1	2.1
	160	37	135.3	89.3	2.1	2.1	178	178	3 800	4 800	N413	NU413	77	88	76	91	—	149	2.1	2.1
70	125	24	113.5	83.5	1.5	1.5	118	135	4 300	5 300	N214E	NU214E	79	82	78	86	114	117	1.5	1.5
	125	31	113.5	83.5	1.5	1.5	155	192	4 300	5 300	N2214E	NU2214E	79	82	78	86	114	117	1.5	1.5
	150	35	133	89	2.1	2.1	205	220	3 800	4 800	N314E	NU314E	82	87	81	92	134	139	2.1	2.1
	150	51	133	89	2.1	2.1	272	320	3 800	4 800	N2314E	NU2314E	82	87	81	92	134	139	2.1	2.1
	180	42	152	100	3	3	225	232	3 400	4 300	N414	NU414	84	99	83	102	—	167	2.5	2.5

续表

d	D	B	E_w	F_w	r_{smin}	r_{1smin}	C_r	C_{0r}	脂润滑	油润滑	N0000型	NU0000型	d_{smin}	d_{bmax}	d_{bmin}	d_{cmin}	D_{amax}	D_{bmax}	r_{asmax}	r_{bsmax}
75	130	25	118.5	88.5	1.5	1.5	130	155	4 000	5 000	N215E	NU215E	84	87	83	90	120	122	1.5	1.5
	130	31	118.5	88.5	1.5	1.5	162	205	4 000	5 000	N2215E	NU2215E	84	87	83	90	120	122	1.5	1.5
	160	37	143	95	2.1	2.1	238	260	3 600	4 500	N315E	NU315E	87	93	86	97	143	149	2.1	2.1
	160	55	139.5	95.5	2.1	2.1	258	308	3 600	4 500	N2315	NU2315	87	93	86	98	143	149	2.1	2.1
	190	45	160.5	104.5	3	3	262	272	3 200	4 000	N415	NU415	89	103	88	107	—	177	2.5	2.5
80	140	26	127.3	95.3	2	2	138	165	3 800	4 800	N216E	NU216E	90	94	89	97	128	131	2	2
	140	33	127.3	95.3	2	2	185	242	3 800	4 800	N2216E	NU2216E	90	94	89	97	128	131	2	2
	170	39	151	101	2.1	2.1	258	282	3 400	4 300	N316E	NU316E	92	99	91	105	151	159	2.1	2.1
	170	58	147	103	2.1	2.1	270	328	3 400	4 300	N2316	NU2316	92	99	91	106	151	159	2.1	2.1
	200	48	170	110	3	3	298	315	3 000	3 800	N416	NU416	94	109	93	112	—	187	2.5	2.5
85	150	28	136.5	100.5	2	2	165	192	3 600	4 500	2217E	NU217E	95	99	94	104	137	141	2	2
	150	36	136.5	100.5	2	2	215	272	3 600	4 500	2517E	NU2217E	95	99	94	104	137	141	2	2
	180	41	160	108	3	3	292	332	3 200	4 000	2317E	NU317E	99	106	98	110	160	167	2.5	2.5
	180	60	156	108	3	3	308	380	3 200	4 000	2617	NU2317	99	106	98	111	160	167	2.5	2.5
	210	52	179.5	113	4	4	328	345	2 800	3 600	2417	NU417	103	111	101	115	—	194	3	3
90	160	30	145	107	2	2	180	215	3 400	4 300	N218E	NU218E	100	105	99	109	146	151	2	2
	160	40	145	107	2	2	240	312	3 400	4 300	N2218E	NU2218E	100	105	99	109	146	151	2	2
	190	43	169.5	113.5	3	3	312	348	3 000	3 800	N318E	NU318E	104	111	103	117	169	177	2.5	2.5
	190	64	165	115	3	3	325	395	3 000	3 800	N2318	NU2318	104	111	103	118	169	177	2.5	2.5
	225	54	191.5	123.5	4	4	368	392	2 400	3 200	N418	NU418	108	122	106	125	—	209	3	3

续表

d	D	B	E_w	F_w	r_{smin}	r_{1smin}	C_r	C_{0r}	脂润滑	油润滑	N0000 型	NU0000 型	d_{smin}	d_{bmax}	d_{bmin}	d_{cmin}	D_{amax}	D_{bmax}	r_{asmax}	r_{bsmax}
95	170	32	154.5	112.5	2.1	2.1	218	262	3 200	4 000	N219E	NU219E	107	111	106	116	155	159	2.1	2.1
	170	43	154.5	112.5	2.1	2.1	288	368	3 200	4 000	N2219E	NU2219E	107	111	106	116	155	159	2.1	2.1
	200	45	177.5	121.5	3	3	330	380	2 800	3 600	N319E	NU319E	109	119	108	124	178	187	2.5	2.5
	200	67	173.5	121.5	3	3	388	500	2 800	3 600	N2319	NU2319	109	119	108	124	178	187	2.5	2.5
	240	55	201.5	133.5	4	4	395	428	2 200	3 000	N419	NU419	113	132	111	136	—	224	3	3
100	180	34	163	119	2.1	2.1	245	302	3 000	3 800	N220E	NU220E	112	117	111	122	164	169	2.1	2.1
	180	46	163	119	2.1	2.1	332	440	3 000	3 800	N2220E	NU2220E	112	117	111	122	164	169	2.1	2.1
	215	47	191.5	127.5	3	3	382	425	2 600	3 200	N320E	NU320E	114	125	113	132	190	202	2.5	2.5
	215	73	185.5	129.5	3	3	435	558	2 600	3 200	N2320	NU2320	114	125	113	132	190	202	2.5	2.5
	250	58	211	139	4	4	438	480	2 000	2 800	N420	NU420	118	137	116	141	—	234	3	3

注：(1) 轴承性能摘自 2012 年出版的《滚动轴承产品样本》第 2 版（洛阳轴研科技股份有限公司编）。
(2) 安装尺寸摘自 GB/T 5868—2003。

五、推力球轴承（表15-5）

表15-5　推力球轴承（外形尺寸摘自 GB/T 301—2015）

51000型　52000型

安装尺寸

规定画法

轴向当量动载荷 $P_a = F_a$
轴向当量静载荷 $P_{0a} = F_a$

标记示例：滚动轴承 51214 GB/T 301—2015

d	d_2	D	T	T_1	d_{1min}	B	r_{rmin}	r_{1smin}	C_a	C_{0s}	脂润滑	油润滑	51000型	52000型	d_{amin}	d_{bmax}	D_{amax}	D_{bmin}	r_{asmax}	r_{1asmax}
20	15	40	14	26	22	6	0.6	0.3	22.2	37.5	3 800	5 300	51204	52204	32	20	28	28	0.6	0.3
	—	47	18	—	22	—	1	—	35.0	55.8	3 600	4 500	51304	—	36	—	31	—	1	—
25	20	47	15	28	27	7	0.6	0.3	27.8	50.5	3 400	4 800	51205	52205	38	25	34	34	0.6	0.3
	20	52	18	34	27	8	1	0.3	35.5	61.5	3 000	4 300	51305	52305	41	25	36	36	1	0.3
	15	60	24	45	27	11	1	0.6	55.5	89.2	2 200	3 400	51405	52405	46	25	39	39	1	0.6
30	25	52	16	29	32	7	0.6	0.3	28.0	54.2	3 200	4 500	51206	52206	43	30	39	39	0.6	0.3
	25	60	21	38	32	9	1	0.3	42.8	78.5	2 400	3 600	51306	52306	48	30	42	42	1	0.3
	20	70	28	52	32	12	1	0.6	72.5	125	1 900	3 000	51406	52406	54	30	46	46	1	0.6
35	30	62	18	34	37	8	1	0.3	39.2	78.2	2 800	4 000	51207	52207	51	35	46	46	1	0.3
	30	68	24	44	37	10	1	0.3	55.2	105	2 000	3 200	51307	52307	55	35	48	48	1	0.3
	25	80	32	59	37	14	1.1	0.6	86.8	155	1 700	2 600	51407	52407	62	35	53	53	1	0.6

轴承尺寸/mm ｜ 基本额定载荷/kN ｜ 极限转速/(r·min⁻¹) ｜ 轴承代号 ｜ 安装尺寸/mm

续表

d	轴承尺寸/mm								基本额定载荷/kN		极限转速/(r·min⁻¹)		轴承代号		安装尺寸/mm					
	d_2	D	T	T_1	d_{1min}	B	r_{min}	r_{1smin}	C_a	C_{0s}	脂润滑	油润滑	51000型	52000型	d_{amin}	d_{bmax}	D_{amax}	D_{bmin}	r_{asmax}	r_{1asmax}
40	30	68	19	36	42	9	1	0.6	47.0	98.2	2 400	3 600	51208	52208	57	40	51	51	1	0.6
	30	78	26	49	42	12	1	0.6	69.2	135	1 900	3 000	51308	52308	63	40	55	55	1	0.6
	30	90	36	65	42	15	1.1	0.6	112	205	1 500	2 200	51408	52408	70	40	60	60	1	0.6
45	35	73	20	37	47	9	1	0.6	47.8	105	2 200	3 400	51209	52209	62	45	56	56	1	0.6
	35	85	28	52	47	12	1	0.6	75.8	150	1 700	2 600	51309	52309	69	45	61	61	1	0.6
	35	100	39	72	47	17	1.1	0.6	140	262	1 400	2 000	51409	52409	78	45	67	67	1	0.6
50	40	78	22	39	52	9	1	0.6	48.5	112	2 000	3 200	51210	52210	67	50	61	61	1	0.6
	40	95	31	58	52	14	1.1	0.6	96.5	202	1 600	2 400	51310	52310	77	50	68	68	1	0.6
	40	110	43	78	52	18	1.5	0.6	160	302	1 300	1 900	51410	52410	86	50	74	74	1.5	0.6
55	45	90	25	45	57	10	1	0.6	67.5	158	1 900	3 000	51211	52211	76	55	69	69	1	0.6
	45	105	35	64	57	15	1.1	0.6	115	242	1 500	2 200	51311	52311	85	55	75	75	1	0.6
	45	120	48	87	57	20	1.5	0.6	182	355	1 100	1 700	51411	52411	94	55	81	81	1.5	0.6
60	50	95	26	46	62	10	1	0.6	73.5	178	1 800	2 800	51212	52212	81	60	74	74	1	0.6
	50	110	35	64	62	15	1.1	0.6	118	262	1 400	2 000	51312	52312	90	60	80	80	1	0.6
	50	130	51	93	62	21	1.5	0.6	200	395	1 000	1 600	51412	52412	102	60	88	88	1.5	0.6
65	55	100	27	47	67	10	1	0.6	74.8	188	1 700	2 600	51213	52213	86	65	79	79	1	0.6
	55	115	36	65	67	15	1.1	0.6	115	262	1 300	1 900	51313	52313	95	65	85	85	1	0.6
	50	140	56	101	68	23	2	1	215	448	900	1 400	51413	52413	110	65	95	95	2	1
70	55	105	27	47	72	10	1	0.6	73.5	188	1 600	2 400	51214	52214	91	70	84	84	1	1
	55	125	40	72	72	16	1.1	1	148	340	1 200	1 800	51314	52314	103	70	92	92	1	1
	55	150	60	107	73	24	2	1	255	560	850	1 300	51414	52414	118	70	102	102	2	1

续表

轴承尺寸/mm									基本额定载荷/kN		极限转速/(r·min⁻¹)		轴承代号		安装尺寸/mm					
d	d_2	D	T	T_1	d_{1min}	B	r_{min}	r_{1smin}	C_a	C_{0s}	脂润滑	油润滑	51000 型	52000 型	d_{amin}	d_{bmin}	D_{amax}	D_{bmin}	r_{asmax}	r_{1asmax}
75	60	110	27	47	77	10	1	1	74.8	198	1 500	2 200	51215	52215	96	75	89	89	1	1
	60	135	44	79	77	18	1.5	1	162	380	1 100	1 700	51315	52315	111	75	99	99	1.5	1
	60	160	65	115	78	26	2	1	268	615	800	1 200	51415	52415	125	75	110	110	2	1
80	65	115	28	48	82	10	1	1	83.8	222	1 400	2 000	51216	52216	101	80	94	94	1	1
	65	140	44	79	82	18	1.5	1	160	380	1 000	1 600	51316	52316	116	80	104	104	1.5	1
	65	170	68	120	83	27	2.1	1	292	692	750	1 100	51416	52416	133	80	117	117	2.1	1
85	70	125	31	55	88	12	1	1	102	280	1 300	1 900	51217	52217	109	85	101	109	1	1
	70	150	49	87	88	19	1.5	1	208	495	950	1 500	51317	52317	124	85	111	114	1.5	1
	65	180	72	128	88	29	2.1	1.1	318	782	700	1 000	51417	52417	141	85	124	124	2.1	1
90	75	135	35	62	93	14	1.1	1	115	315	1 200	1 800	51218	52218	117	90	108	108	1	1
	75	155	50	88	93	19	1.5	1	205	495	900	1 400	51318	52318	129	90	116	116	1.5	1
	70	190	77	135	93	30	2.1	1.1	325	825	670	950	51418	52418	149	90	131	131	2.1	1
100	85	150	38	67	103	15	1.1	1	132	375	1 100	1 700	51220	52220	130	100	120	120	1	1
	85	170	55	97	103	21	1.5	1	235	595	800	1 200	51320	52320	142	100	128	128	1.5	1
	80	210	85	150	103	33	3	1.1	400	1 080	600	850	51420	52420	165	100	145	145	2.5	1

注：(1) 轴承性能摘自 2012 年出版的《滚动轴承产品样本》第 2 版（洛阳轴研科技股份有限公司编）。
(2) 安装尺寸摘自 GB/T 5868—2003。

第二节　滚动轴承的配合与游隙

一、向心轴承和轴的配合（表15-6）

表15-6　向心轴承和轴的配合——轴公差带（摘自 GB/T 275—2015）

圆柱孔轴承						
载荷情况		举例	深沟球轴承、调心球轴承和角接触球轴承	圆柱滚子轴承和圆锥滚子轴承	调心滚子轴承	公差带
			轴承公称内径/mm			
内圈承受旋转载荷或方向不定载荷	轻载荷	输送机、轻载齿轮箱	≤18 >18~100 >100~200 —	— ≤40 >40~140 >140~200	— ≤40 >40~100 >100~200	h5 j6① k6① m6①
	正常载荷	一般通用机械、电动机、泵、内燃机、正齿轮传动装置	≤18 >18~100 >100~140 >140~200 >200~280 — —	— ≤40 >40~100 >100~140 >140~200 >200~400 —	— ≤40 >40~65 >65~100 >100~140 >140~280 >280~500	j5 js5 k5② m5② m6 n6 p6 r6
	重载荷	铁路机车车辆轴箱、牵引电动机、破碎机等	— —	>50~140 >140~200 >200 —	>50~100 >100~140 >140~200 >200	n6③ p6③ r6③ r7③
内圈承受固定载荷	所有载荷	内圈需在轴向易移动	非旋转轴上的各种轮子	所有尺寸		f6 g6
		内圈不需在轴向易移动	张紧轮、绳轮			h6 j6
仅有轴向载荷			所有尺寸			j6、js6
圆锥孔轴承						
所有载荷	铁路机车车辆轴箱		装在退卸套上	所有尺寸		h8（IT6）④、⑤
	一般机械传动		装在紧定套上	所有尺寸		h9（IT7）④、⑤

①凡精度要求较高的场合，应用 j5、k5、m5 代替 j6、k6、m6。
②圆锥滚子轴承、角接触球轴承配合对游隙影响不大，可用 k6、m6 代替 k5、m5。
③重载荷下轴承游隙应选大于 N 组。
④凡精度要求较高或转速要求较高的场合，应选用 h7（IT5）代替 h8（IT6）等。
⑤IT6、IT7 表示圆柱度公差数值。

二、向心轴承和轴承座孔的配合（表 15-7）

表 15-7　向心轴承和轴承座孔的配合——孔公差带（摘自 GB/T 275—2015）

载荷情况		举例	其他状况	公差带[1]	
				球轴承	滚子轴承
外圈承受固定载荷	轻、正常、重	一般机械、铁路机车车辆轴箱	轴向易移动，可采用剖分式轴承座	H7、G7[2]	
	冲击		轴向能移动，可采用整体或剖分式轴承座	J7、JS7	
方向不定载荷	轻、正常	电动机、泵、曲轴主轴承		K7	
	正常、重			M7	
	重、冲击	牵引电动机		M7	
外圈承受旋转载荷	轻	皮带张紧轮	轴向不移动，采用整体式轴承座	J7	K7
	正常	轮毂轴承		M7	N7
	重			—	N7、P7

① 并列公差带随尺寸的增大从左至右选择。对旋转精度有较高要求时，可相应提高一个公差等级。
② 不适用于剖分式轴承座。

三、推力轴承和轴的配合（表 15-8）

表 15-8　推力轴承和轴的配合——轴公差带（摘自 GB/T 275—2015）

载荷情况		轴承类型	轴承公称内径/mm	公差带
仅有轴向载荷		推力球和推力圆柱滚子轴承	所有尺寸	j6、js6
径向和轴向联合载荷	轴圈承受固定载荷	推力调心滚子轴承、推力角接触球轴承、推力圆锥滚子轴承	≤250	j6
			>250	js6
	轴圈承受旋转载荷或方向不定载荷		≤200	k6[1]
			>200~400	m6
			>400	n6

① 要求较小过盈时，可分别用 j6、k6、m6 代替 k6、m6、n6。

四、推力轴承和轴承座孔的配合（表 15 – 9）

表 15 – 9　推力轴承和轴承座孔的配合——孔公差带（摘自 GB/T 275—2015）

载荷情况		轴承类型	公差带
仅有轴向载荷		推力球轴承	H8
		推力圆柱、圆锥滚子轴承	H7
		推力调心滚子轴承	—①
径向和轴向联合载荷	座圈承受固定载荷	推力角接触球轴承、推力调心滚子轴承、推力圆锥滚子轴承	H7
	座圈承受旋转载荷或方向不定载荷		K7②
			M7③

① 轴承座孔与座圈间间隙为 0.001D（D 为轴承公称外径）。
② 一般工作条件。
③ 有较大径向载荷时。

五、轴和轴承座孔的几何公差（表 15 – 10）

表 15 – 10　轴和轴承座孔的几何公差（摘自 GB/T 275—2015）

公称尺寸 /mm		圆柱度 t/mm				轴向圆跳动 t_1/mm			
		轴颈		轴承座孔		轴肩		轴承座孔肩	
		轴承公差等级							
>	≤	0	6(6X)	0	6(6X)	0	6(6X)	0	6(6X)
—	6	2.5	1.5	4	2.5	5	3	8	5
6	10	2.5	1.5	4	2.5	6	4	10	6
10	18	3	2	5	3	8	5	12	8
18	30	4	2.5	6	4	10	6	15	10
30	50	4	2.5	7	4	12	8	20	12
50	80	5	3	8	5	15	10	25	15
80	120	6	4	10	6	15	10	25	15
120	180	8	5	12	8	20	12	30	20
180	250	10	7	14	10	20	12	30	20
250	315	12	8	16	12	25	15	40	25
315	400	13	9	18	13	25	15	40	25
400	500	15	10	20	15	25	15	40	25

续表

公称尺寸 /mm		圆柱度 t/mm				轴向圆跳动 t_1/mm			
		轴颈		轴承座孔		轴肩		轴承座孔肩	
		轴承公差等级							
>	≤	0	6(6X)	0	6(6X)	0	6(6X)	0	6(6X)
500	630	—	—	22	16	—	—	50	30
630	800	—	—	25	18	—	—	50	30
800	1 000	—	—	28	20	—	—	60	40
1 000	1 250	—	—	33	24	—	—	60	40

六、配合表面及端面的表面粗糙度（表15-11）

表15-11　配合表面及端面的表面粗糙度（摘自 GB/T 275—2015）

轴或轴承座孔直径 /mm		轴或轴承座孔配合表面直径公差等级					
		IT7		IT6		IT5	
		表面粗糙度 Ra/μm					
>	≤	磨	车	磨	车	磨	车
–	80	1.6	3.2	0.8	1.6	0.4	0.8
80	500	1.6	3.2	1.6	3.2	0.8	1.6
500	1250	3.2	6.3	1.6	3.2	1.6	3.2
端面		3.2	6.3	6.3	6.3	6.3	3.2

七、角接触向心轴承和推力轴承的轴向游隙（表15-12）

表15-12　角接触向心轴承和推力轴承的轴向游隙

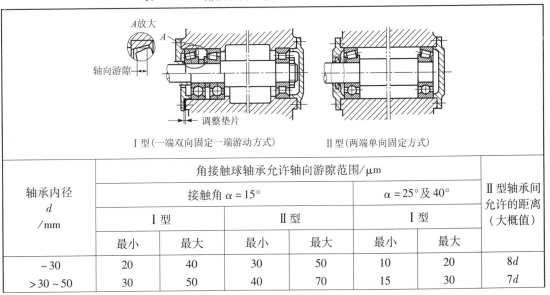

轴承内径 d /mm		角接触球轴承允许轴向游隙范围/μm						Ⅱ型轴承间允许的距离（大概值）
		接触角 $\alpha = 15°$				$\alpha = 25°$ 及 $40°$		
		Ⅰ型		Ⅱ型		Ⅰ型		
		最小	最大	最小	最大	最小	最大	
~30		20	40	30	50	10	20	$8d$
>30~50		30	50	40	70	15	30	$7d$

轴承内径 d /mm	角接触球轴承允许轴向游隙范围/μm						Ⅱ型轴承间允许的距离（大概值）
	接触角 α = 15°				α = 25°及40°		
	Ⅰ型		Ⅱ型		Ⅰ型		
	最小	最大	最小	最大	最小	最大	
>50~80	40	70	50	100	20	40	6d
>80~120	50	100	60	150	30	50	5d
>120~180	80	150	100	200	40	70	4d
>180~260	120	200	150	250	50	100	(2~3)d
~30	20	40	40	70	—	—	14d
>30~50	40	70	50	100	20	40	12d
>50~80	50	100	80	150	30	50	11d
>80~120	80	150	120	200	40	70	10d
>120~180	120	200	200	300	50	100	9d
>180~260	160	250	250	350	80	150	6.5d

轴承内径 d /mm	推力球轴承允许轴向游隙的范围/μm					
	轴承系列					
	51100		51200及51300		51400	
	最小	最大	最小	最大	最小	最大
~50	10	20	20	40	—	—
>50~120	20	40	40	60	60	80
>120~140	40	60	60	80	80	120

第十六章

联　轴　器

第一节　联轴器轴孔和连接形式与尺寸

联轴器轴孔和连接形式与尺寸见表 16-1。

表 16-1　联轴器轴孔和连接形式与尺寸（摘自 GB/T 3852—1997）

	长圆柱形轴孔 （Y 型）	有沉孔的短圆柱形轴孔 （J 型）	无沉孔的短圆柱形轴孔 （J₁ 型）	有沉孔的长圆锥形轴孔 （Z 型）
轴孔				
键槽		A 型　　B 型	b、t 尺寸见 GB/T 1095—2003 （表 14-1）	C 型

轴孔和 C 型键槽尺寸/mm															
直径	轴孔长度			沉孔		C 型键槽		直径	轴孔长度			沉孔		C 型键槽	
	L						t_2			L					t_2（长系列）	
d、d_z	Y 型	J、J₁、Z 型	L_1	d_1	R	b	公称尺寸	极限偏差	d、d_z	Y 型	J、J₁、Z 型	L_1	d_1	R	b	公称尺寸	极限偏差
16						3	8.7		55	112	84	112	95		14	29.2	
18	42	30	42				10.1		56							29.7	
19				38		4	10.6		60				105		16	31.7	
20							10.9		63							32.2	
22	52	38	52		1.5		11.9		65	142	107	142		2.5		34.2	
24							13.4	±0.1	70							36.8	
25	62	44	62	48		5	13.7		71				120		18	37.3	±0.2
28							15.2		75							39.3	
30							15.8		80				140		20	41.6	
32	82	60	82	55			17.3		85	172	132	172				44.1	
35						6	18.8		90				160		22	47.1	
38				65			20.3		95					3		49.6	
40					2	10	21.2		100				180		25	51.3	
42				80			22.2		110	212	167	212				56.3	
45	112	84	112				23.7	±0.2	120				210		28	62.3	
48				95		12	25.2		125					4		64.8	
50							26.2		130	252	202	252	235			66.4	

续表

d、d_z/mm	圆柱形轴孔与轴伸的配合	圆锥形轴孔的直径偏差	键槽宽度 b 的极限偏差
	轴孔与轴伸的配合、键槽宽度 b 的极限偏差		
6～30	H7/j6		
>30～50	H7/k6	根据使用要求也可选用 H7/p6 和 H7/r6	H8（圆锥角度及圆锥形状公差应小于直径公差）	P9 （或 JS9）
>50	H7/m6		
注：无沉孔的圆锥形轴孔（Z_1 型）和 B_1 型、D 型键槽尺寸，详见 GB/T 3852—1997。			

第二节　常用联轴器

一、凸缘联轴器（表16-2）

表16-2　凸缘联轴器（摘自 GB/T 5843—2003）

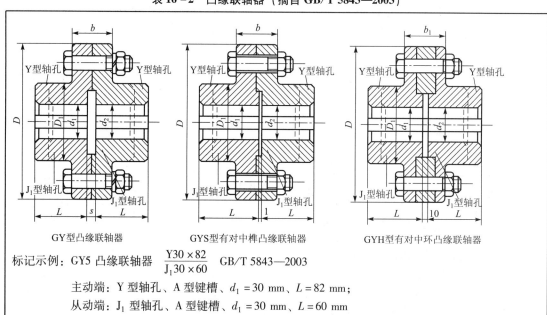

GY型凸缘联轴器　　GYS型有对中榫凸缘联轴器　　GYH型有对中环凸缘联轴器

标记示例：GY5 凸缘联轴器 $\dfrac{Y30 \times 82}{J_1 30 \times 60}$ GB/T 5843—2003

主动端：Y 型轴孔、A 型键槽、$d_1 = 30$ mm、$L = 82$ mm；

从动端：J_1 型轴孔、A 型键槽、$d_1 = 30$ mm、$L = 60$ mm

型号	公称转矩 /（N·m）	许用转速 /(r·min^{-1})	轴孔直径 d_1、d_2/mm	轴孔长度 L /mm		D/ mm	D_1/ mm	b/ mm	b_1/ mm	s/ mm	转动惯量/ (kg·m^2)	质量/ kg
				Y 型	J_1 型							
GY1 GYS1 GYH1	25	12 000	12，14	32	27	80	30	26	42	6	0.000 8	1.16
			16，18，19	42	30							
GY2 GYS2 GYH2	63	10 000	16，18，19	42	30	90	40	28	44	6	0.001 5	1.72
			20，22，24	52	38							
			25	62	44							

续表

型号	公称转矩/（N·m）	许用转速/(r·min⁻¹)	轴孔直径 d_1、d_2/mm	轴孔长度 L/mm		D/mm	D_1/mm	b/mm	b_1/mm	s/mm	转动惯量/（kg·m²）	质量/kg
				Y 型	J₁型							
GY3 GYS3 GYH3	112	9 500	20，22，24	52	38	100	45	30	46	6	0.002 5	2.38
			25，28	62	44							
GY4 GYS4 GYH4	224	9 000	25，28	62	44	105	55	32	48	6	0.003	3.15
			30，32，35	82	60							
GY5 GYS5 GYH5	400	8 000	30，32，35，38	82	60	120	68	36	52	8	0.007	5.43
			40，42	112	84							
GY6 GYS6 GYH6	900	6 800	38	82	60	140	80	40	56	8	0.015	7.59
			40，42，45，48，50	112	84							
GY7 GYS7 GYH7	1 600	6 000	48，50，55，56	112	84	160	100	40	56	8	0.031	13.1
			60，63	142	107							
GY8 GYS8 GYH8	3 150	4 800	60，63，65，70，71，75	142	107	200	130	50	68	10	0.103	27.5
			80	172	132							
GY9 GYS9 GYH9	6 300	3 600	75	142	107	260	160	66	84	10	0.319	47.8
			80，85，90，95	172	132							
			100	212	167							

注：（1）A 型键槽—平键单键槽；B 型键槽—120°布置平键双键槽；B₁型键槽—180°布置平键双键槽；C 型键槽—圆锥形轴孔平键单键槽。

（2）本联轴器不具备径向、轴向和角向的补偿性能，刚性好，传递转矩大，结构简单，工作可靠，维护简便，适用于两轴对中精度良好的一般轴系传动。

二、GICL 型鼓形齿式联轴器（表 16 -3）

表 16 -3 GICL 型鼓形齿式联轴器（摘自 JB/T 8854.3—2001）

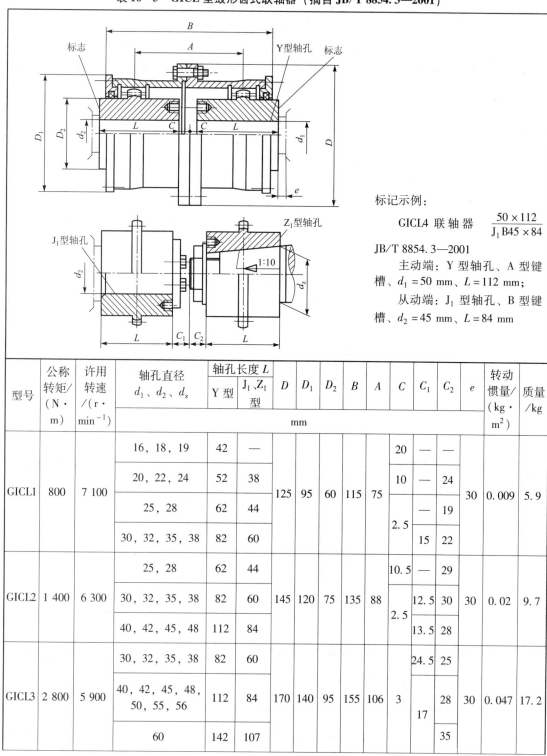

标记示例:

GICL4 联轴器 $\dfrac{50 \times 112}{J_1 B45 \times 84}$

JB/T 8854.3—2001

主动端：Y 型轴孔、A 型键槽、$d_1 = 50$ mm、$L = 112$ mm；

从动端：J_1 型轴孔、B 型键槽、$d_2 = 45$ mm、$L = 84$ mm

型号	公称转矩/ (N· m)	许用转速 /(r· min^{-1})	轴孔直径 d_1、d_2、d_z	轴孔长度 L Y 型	轴孔长度 L J_1、Z_1 型	D	D_1	D_2	B	A	C	C_1	C_2	e	转动惯量/ (kg· m^2)	质量 /kg
									mm							
GICL1	800	7 100	16, 18, 19	42	—	125	95	60	115	75	20	—	—	30	0.009	5.9
			20, 22, 24	52	38						10	—	24			
			25, 28	62	44						2.5	—	19			
			30, 32, 35, 38	82	60							15	22			
GICL2	1 400	6 300	25, 28	62	44	145	120	75	135	88	10.5		29	30	0.02	9.7
			30, 32, 35, 38	82	60						2.5	12.5	30			
			40, 42, 45, 48	112	84							13.5	28			
GICL3	2 800	5 900	30, 32, 35, 38	82	60	170	140	95	155	106	24.5		25	30	0.047	17.2
			40, 42, 45, 48, 50, 55, 56	112	84						3	17	28			
			60	142	107								35			

型号	公称转矩/（N·m）	许用转速/（r·min⁻¹）	轴孔直径 d_1、d_2、d_z	轴孔长度 L Y型	轴孔长度 L J_1、Z_1型	D	D_1	D_2	B	A	C	C_1	C_2	e	转动惯量/（kg·m²）	质量/kg
								mm								
GICL4	5 000	5 400	32, 35, 38	82	60	195	165	115	178	125	14	37	32	30	0.091	24.9
			40, 42, 45, 48, 50, 55, 56	112	84						3	17	28			
			60, 63, 65, 70	142	107								35			
GICL5	8 000	5 000	40, 42, 45, 48, 50, 55, 56	112	84	225	183	130	198	142	3	25	28	30	0.167	38
			60, 63, 65, 70, 71, 75	142	107							20	35			
			80	172	132							22	43			
GICL6	11 200	4 800	48, 50, 55, 56	112	84	240	200	145	218	160	6	35	35	30	0.267	48.2
			60, 63, 65, 70, 71, 75	142	107						4	20	35			
			80, 85, 90	172	132							22	43			
GICL7	15 000	4 500	60, 63, 65, 70, 71, 75	142	107	260	230	160	244	180	4	35	35	30	0.453	68.9
			80, 85, 90, 95	172	132							22	43			
			100	212	167						4		48			
GICL8	21 200	4 000	65, 70, 71, 75	142	107	280	245	175	264	193	5	35	35	30	0.646	83.3
			80, 85, 90, 95	172	132							22	43			
			100, 110	212	167								48			

注：（1）J_1 型轴孔根据需要也可以不使用轴端挡圈。

（2）本联轴器具有良好的补偿两轴综合位移的能力，外形尺寸小，承载能力高，能在高转速下可靠地工作，适用于重型机械及长轴连接，但不宜用于立轴的连接。

三、滚子链联轴器（摘自 GB/T 6069—2002）（表16－4）

表 16－4 滚子链联轴器（摘自 GB/T 6069—2002）

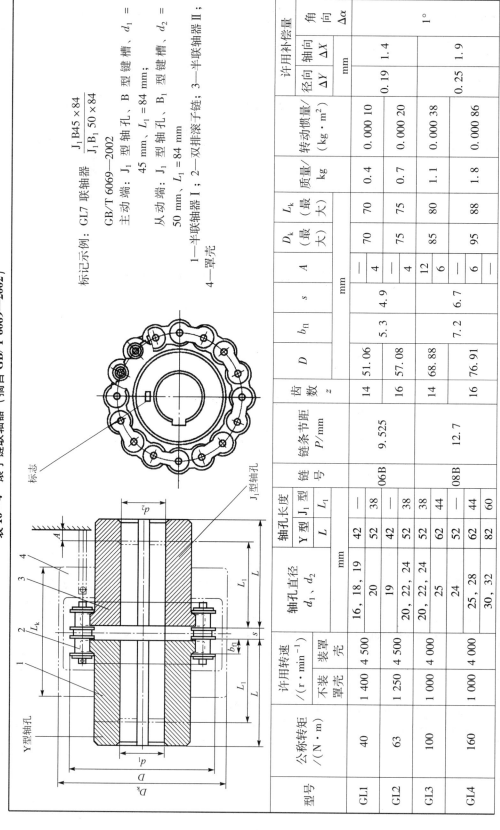

标记示例：GL7 联轴器 $\dfrac{J_1 B45 \times 84}{J_1 B_1\, 50 \times 84}$ GB/T 6069—2002

主动端：J_1 型轴孔、B 型键槽，$d_1 = 45$ mm、$L_1 = 84$ mm；
从动端：J_1 型轴孔、B_1 型键槽，$d_2 = 50$ mm、$L_1 = 84$ mm

1—半联轴器Ⅰ；2—双排滚子链；3—半联轴器Ⅱ；4—罩壳

型号	公称转矩 /(N·m)	许用转速 /(r·min⁻¹) 不装罩壳	装罩壳	轴孔直径 d_1, d_2 /mm	轴孔长度 Y型 L	J_1型 L_1	链号	链条节距 P/mm	齿数 z	D	b_{f1}	s	A	D_k(最大)	L_k(最大)	质量 /kg	转动惯量 /(kg·m²)	许用补偿量 径向 ΔY	轴向 ΔX	角向 $\Delta\alpha$
GL1	40	1 400	4 500	16, 18, 19	42	—	06B	9.525	14	51.06	5.3	4.9	—	70	70	0.4	0.000 10	0.19	1.4	1°
				20	52	38							4							
GL2	63	1 250	4 500	19	42	—			16	57.08			—	75	75	0.7	0.000 20			
				20, 22, 24	52	38							4							
GL3	100	1 000	4 000	20, 22, 24	52	38	08B	12.7	14	68.88	7.2	6.7	12	85	80	1.1	0.000 38	0.25	1.9	
				25	62	44							6							
GL4	160	1 000	4 000	24	52	—			16	76.91			—	95	88	1.8	0.000 86			
				25, 28	62	44							6							
				30, 32	82	60							—							

续表

型号	公称转矩/(N·m)	许用转速/(r·min⁻¹) 不装罩壳	许用转速/(r·min⁻¹) 装罩壳	轴孔直径 d_1, d_2/mm	轴孔长度 Y型 L/mm	轴孔长度 J_1型 L_1/mm	链号	链条节距 P/mm	齿数 z	D/mm	b_{f1}/mm	s/mm	A/mm	D_k(最大)/mm	L_k(最大)/mm	质量/kg	转动惯量/(kg·m²)	许用补偿量 径向 ΔY/mm	许用补偿量 轴向 ΔX/mm	许用补偿量 角向 $\Delta\alpha$
GL5	250	800	3 150	28	62	—	10 A	15.875	16	94.46	8.9	9.2	—	112	100	3.2	0.002 5	0.32	2.3	1°
GL5	250	800	3 150	30, 32, 35, 38	82	60	10 A	15.875	16	94.46	8.9	9.2	—	112	100	3.2	0.002 5	0.32	2.3	1°
GL6	400	630	2 500	32, 35, 38	82	60	10 A	15.875	20	116.57	8.9	9.2	—	140	105	5.0	0.005 8	0.32	2.3	1°
GL6	400	630	2 500	40, 42, 45, 48, 50	112	84	10 A	15.875	20	116.57	8.9	9.2	—	140	105	5.0	0.005 8	0.32	2.3	1°
GL7	630	630	2 500	40, 42, 45, 48	112	84	12A	19.05	18	127.78	11.9	10.9	—	150	122	7.4	0.012	0.38	2.8	1°
GL7	630	630	2 500	50, 55	112	84	12A	19.05	18	127.78	11.9	10.9	—	150	122	7.4	0.012	0.38	2.8	1°
GL7	630	630	2 500	60	142	107	12A	19.05	18	127.78	11.9	10.9	—	150	122	7.4	0.012	0.38	2.8	1°
GL8	1 000	500	2 240	45, 48, 50, 55	112	84	16A	25.40	16	154.33	15	14.3	12	180	135	11.1	0.025	0.38	2.8	1°
GL8	1 000	500	2 240	60, 65, 70	142	107	16A	25.40	16	154.33	15	14.3	12	180	135	11.1	0.025	0.38	2.8	1°
GL9	1 600	400	2 000	50, 55	112	84	16A	25.40	20	186.50	15	14.3	12	215	145	20	0.061	0.50	3.8	1°
GL9	1 600	400	2 000	60, 65, 70, 75	142	107	16A	25.40	20	186.50	15	14.3	12	215	145	20	0.061	0.50	3.8	1°
GL9	1 600	400	2 000	80	172	132	16A	25.40	20	186.50	15	14.3	12	215	145	20	0.061	0.50	3.8	1°
GL10	2 500	315	1 600	60, 65, 70, 75	142	107	20A	31.75	18	213.02	18	17.8	6	245	165	26.1	0.079	0.63	4.7	1°
GL10	2 500	315	1 600	80, 85, 90	172	132	20A	31.75	18	213.02	18	17.8	6	245	165	26.1	0.079	0.63	4.7	1°

注:（1）有罩壳时，在型号后加 "F"，例如 GL5 型联轴器，有罩壳时改为 GL5F。
（2）本联轴器可补偿两轴相对径向位移和角向位移，结构简单，重量较轻，装拆维护方便，可用于高温、潮湿和多尘环境，但不宜于立轴的连接。

四、弹性套柱销联轴器（表 16 – 5）

表 16 – 5　弹性套柱销联轴器（摘自 GB/T 4323—2002）

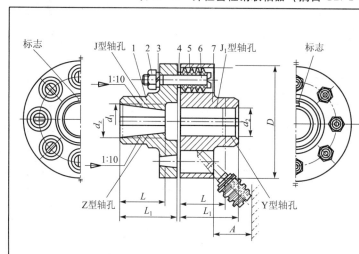

标记示例：LT5 联轴器 $\dfrac{J_1\ 30\times50}{J_1\ 35\times50}$

GB/T 4323—2002

主动端：J_1 型轴孔、A 型键槽、$d = 30$ mm，$L = 50$ mm；

从动端：J_1 型轴孔、A 型键槽、$d = 35$ mm、$L = 50$ mm

1，7—半联轴器；2—螺母；3—垫圈；4—挡圈；5—弹性套；6—柱销

型号	公称转矩/（N·m）	许用转速/（r·min⁻¹）	轴孔直径 d_1、d_2、d_z mm	轴孔长度/mm Y 型 L	轴孔长度/mm J、J_1、Z 型 L	轴孔长度/mm J、J_1、Z 型 L_1	$L_{推荐}$	D mm	A mm	质量/kg	转动惯量/（kg·m²）	许用补偿量 径向 ΔY/mm	许用补偿量 角向 Δα
LT1	6.3	8 800	9	20	14	—		25	71	18	0.82	0.000 5	0.2	1°30′
			10，11	25	17									
			12，14	32	20									
LT2	16	7 600	12，14			42		35	80		1.20	0.000 8		
			16，18，19	42	30									
LT3	31.5	6 300	16，18，19					38	95	35	2.2	0.002 3		
			20，22	52	38	52								
LT4	63	5 700	20，22，24					40	106		2.84	0.003 7		
			25，28	62	44	62								
LT5	125	4 600	25，28					50	130	45	6.05	0.012	0.3	
			30，32，35	82	60	82								
LT6	250	3 800	32，35，38					55	160		9.57	0.028		
			40，42											
LT7	500	3 600	40，42，45，48	112	84	112		65	190		14.01	0.055		1°
LT8	710	3 000	45，48，50，55，56					70	224		23.12	0.134		
			60，63	142	107	142				65			0.4	
LT9	1 000	2 850	50，55，56	112	84	112		80	250		30.69	0.213		
			60，63，65，70，71	142	107	142								

续表

型号	公称转矩/（N·m）	许用转速/（r·min⁻¹）	轴孔直径 d_1、d_2、d_z	轴孔长度/mm			D	A	质量/kg	转动惯量/（kg·m²）	许用补偿量	
				Y 型	J、J_1、Z 型						径向 ΔY/mm	角向 $\Delta\alpha$
						$L_{推荐}$						
			mm	L	L	L_1	mm					
LT10	2 000	2 300	63, 65, 70, 71, 75	142	107	142	100	315	80	61.4	0.66	0.4	1°
			80, 85, 90, 95	172	132	172							
LT11	4 000	1 800	80, 85, 90, 95				115	400	100	120.7	2.112		
			100, 110									0.5	
LT12	8 000	1 450	100, 110, 120, 125	212	167	212	135	475	130	210.34	5.39		0°30′
			130	252	202	252							
LT13	16 000	1 150	120, 125	212	167	212	160	600	180	419.36	17.58	0.6	
			130, 140, 150	252	202	252							
			160, 170	302	242	302							

注：（1）质量、转动惯量按材料为铸钢。

（2）本联轴器具有一定补偿两轴线相对偏移和减振缓冲能力，适用于安装底座刚性好，冲击载荷不大的中、小功率轴系传动，可用于经常正反转、启动频繁的场合，工作温度为 -20 ℃ ~ +70 ℃。

五、弹性柱销联轴器（表16-6）

表16-6　弹性柱销联轴器（摘自 GB/T 5014—2003）

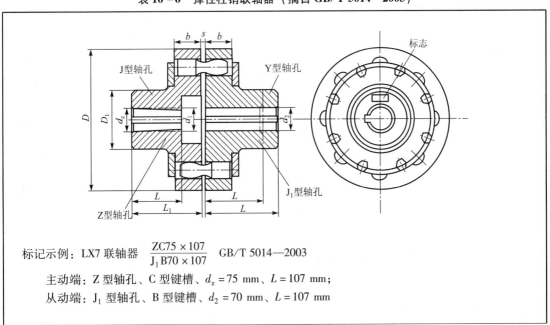

标记示例：LX7 联轴器 $\dfrac{ZC75\times107}{J_1B70\times107}$ GB/T 5014—2003

主动端：Z 型轴孔、C 型键槽、$d_z = 75$ mm、$L = 107$ mm；

从动端：J_1 型轴孔、B 型键槽、$d_2 = 70$ mm、$L = 107$ mm

型号	公称转矩 /(N·m)	许用转速 /(r·min⁻¹)	轴孔直径 d_1、d_2、d_z/mm	轴孔长度/mm			D/mm	D_1/mm	b/mm	s/mm	转动惯量 /(kg·m²)	质量 /kg
				Y型	J、J₁、Z型							
				L	L	L_1						
LX1	250	8 500	12, 14	32	27	—	90	40	20	2.5	0.002	2
			16, 18, 19	42	30	42						
			20, 22, 24	52	38	52						
LX2	560	6 300	20, 22, 24	52	38	52	120	55	28	2.5	0.009	5
			25, 28	62	44	62						
			30, 32, 35	82	60	82						
LX3	1 250	4 700	30, 32, 35, 38	82	60	82	160	75	36	2.5	0.026	8
			40, 42, 45, 48	112	84	112						
LX4	2 500	3 870	40, 42, 45, 48, 50, 55, 56	112	84	112	195	100	45	3	0.109	22
			60, 63	142	107	142						
LX5	3 150	3 450	50, 55, 56	112	84	112	220	120	45	3	0.191	30
			60, 63, 65, 70, 71, 75	142	107	142						
LX6	6 300	2 720	60, 63, 65, 70, 71, 75	142	107	142	280	140	56	4	0.543	53
			80, 85	172	132	172						
LX7	11 200	2 360	70, 71, 75	142	107	142	320	170	56	4	1.314	98
			80, 85, 90, 95	172	132	172						
			100, 110	212	167	212						
LX8	16 000	2 120	80, 85, 90, 95	172	132	172	360	200	56	5	2.023	119
			100, 110, 120, 125	212	167	212						
LX9	22 500	1 850	100, 110, 120, 125	212	167	212	410	230	63	5	4.386	197
			130, 140	252	202	252						
LX10	35 500	1 600	110, 120, 125	212	167	212	480	280	75	6	9.760	322
			130, 140, 150	252	202	252						
			160, 170, 180	302	242	302						

注：本联轴器适用于连接两同轴线的传动轴系，并具有补偿两轴相对位移和一般减振性能，工作温度为 −20 ℃ ~ +70 ℃。

六、梅花弹性联轴器（表16-7）

表16-7　梅花弹性联轴器（摘自GB/T 5272—2002）

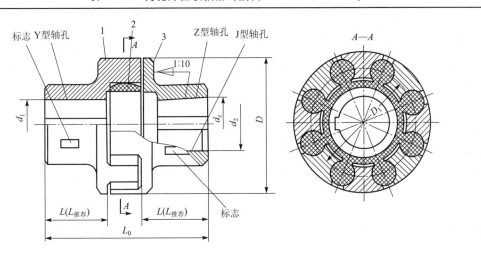

标记示例：LM3型联轴器 $\dfrac{ZA30 \times 40}{YB25 \times 40}$ MT3-a GB/T 5272—2002

　　主动端：Z型轴孔、C型键槽、轴孔直径 $d_z = 30$ mm、轴孔长度 $L_{推荐} = 40$ mm；

　　从动端：Y型轴孔、B型键槽、轴孔直径 $d_1 = 25$ mm、轴孔长度 $L_{推荐} = 40$ mm；

MT3型弹性件为a

1、3—半联轴器；2—梅花形弹性体

型号	公称转矩 /(N·m) 弹性件硬度 a/HA 80±5	b/HD 60±5	许用转速 /(r·min⁻¹)	轴孔直径 d_1, d_2, d_z /mm	轴孔长度 L/mm Y型	Z、J型	$L_{推荐}$	L_0 /mm	D /mm	弹性件型号	质量 /kg	转动惯量/ (kg·m²)	许用补偿量 径向 ΔY	轴向 ΔX mm	角向 $\Delta \alpha$
LM1	25	45	15 300	12, 14	32	27	35	86	50	MT1$_{-b}^{-a}$	0.66	0.000 2	0.5	1.2	
				16, 18, 19	42	30									
				20, 22, 24	52	38									
				25	62	44									
LM2	50	100	12 000	16, 18, 19	42	30	38	95	60	MT2$_{-b}^{-a}$	0.93	0.000 4	0.6	1.3	2°
				20, 22, 24	52	38									
				25, 28	62	44									
				30	82	60									
LM3	100	200	10 900	20, 22, 24	52	38	40	103	70	MT3$_{-b}^{-a}$	1.41	0.000 9	0.8	1.5	
				25, 28	62	44									
				30, 32	82	60									

续表

型号	公称转矩/(N·m) 弹性件硬度		许用转速/(r·min⁻¹)	轴孔直径 d_1、d_2、d_z /mm	轴孔长度 L/mm			L_0 /mm	D /mm	弹性件型号	质量 /kg	转动惯量/(kg·m²)	许用补偿量		角向 $\Delta\alpha$
	a/HA	b/HD			Y型	Z、J型	$L_{推荐}$						径向 ΔY	轴向 ΔX	
	80±5	60±5											mm		
LM4	140	280	9 000	22，24	52	38	45	114	85	MT4$^{-a}_{-b}$	2.18	0.002 0	0.8	2.0	2°
				25，28	62	44									
				30，32，35，38	82	60									
				40	112	84									
LM5	350	400	7 300	25，28	62	44	50	127	105	MT5$^{-a}_{-b}$	3.60	0.005 0	0.8	2.5	
				30，32，35，38	82	60									
				40，42，45	112	84									
LM6	400	710	6 100	30，32，35，38	82	60	55	143	125	MT6$^{-a}_{-b}$	6.07	0.011 4	1.0	3.0	
				40，42，45，48	112	84									
LM7	630	1 120	5 300	35*，38*	82	60	60	159	145	MT7$^{-a}_{-b}$	9.09	0.023 2	1.0	3.0	
				40*，42*，45，48，50，55	112	84									1.5°
LM8	1 120	2 240	4 500	45*，48*，50，55，56	112	84	70	181	170	MT8$^{-a}_{-b}$	13.56	0.046 8	1.0	3.5	
				60，63，65*	142	107									
LM9	1 800	3 550	3 800	50*，55*，56*	112	84	80	208	200	MT9$^{-a}_{-b}$	21.40	0.104 1	1.5	4.0	
				60，63，65，70，71，75	142	107									
				80	172	132									

注：（1）带"＊"者轴孔直径可用于 Z 型轴孔。

（2）表中 a、b 为弹性件硬度代号。

（3）本联轴器补偿两轴的位移量较大，有一定弹性和缓冲性，常用于中、小功率，中、高速，启动频繁，正、反转变化和要求工作可靠的部位，由于安装时需轴向移动两半联轴器，故不适宜用于大型、重型设备上，工作温度为 −35 ℃ ~80 ℃。

第十七章

润滑与密封

第一节　润　滑　剂

一、常用润滑油的主要性质和用途（表17-1）

表17-1　常用润滑油的主要性质和用途

名称	代号	运动黏度 /(mm² · s⁻¹) 40 ℃	倾点 /℃ ≤	闪点（开口）/℃ ≥	主　要　用　途
全损耗系统用油 (GB 443—1989)	L-AN5	4.14 ~ 5.06	-5	80	主要适用于对润滑油无特殊要求的全损耗润滑系统，不适用于循环润滑系统
	L-AN7	6.12 ~ 7.46		110	
	L-AN10	9.00 ~ 11.0		130	
	L-AN15	13.5 ~ 16.5		150	
	L-AN22	19.8 ~ 24.2			
	L-AN32	28.8 ~ 35.2			
	L-AN46	41.4 ~ 50.6		160	
	L-AN68	61.2 ~ 74.8			
	L-AN100	90.0 ~ 110		180	
	L-AN150	135 ~ 165			
工业闭式齿轮油 (GB 5903—2011)	L-CKC32	28.8 ~ 35.2	-12	180	适用于工业闭式齿轮传动装置的润滑
	L-CKC46	41.4 ~ 50.6			
	L-CKC68	61.2 ~ 74.8			
	L-CKC100	90.0 ~ 110			
	L-CKC150	135 ~ 165	-9	200	
	L-CKC220	198 ~ 242			
	L-CKC320	288 ~ 352			
	L-CKC460	414 ~ 506			
	L-CKC680	612 ~ 748	-5		
	L-CKC1000	900 ~ 1 100			
	L-CKC1500	1 350 ~ 1 650			

续表

名称	代号	运动黏度 /(mm²·s⁻¹) 40 ℃	倾点 /℃ ≤	闪点（开口）/℃ ≥	主　要　用　途
蜗轮蜗杆油 （SH/T 0094—1991）	L－CKE220	198～242	-6	200	主要用于铜－钢配对的圆柱形和双包络等类型的承受轻载荷、传动中平稳无冲击的蜗杆副，包括该设备的齿轮及滑动轴承、气缸、离合器等部件的润滑，及在潮湿环境下工作的其他机械设备的润滑，在使用过程中应防止局部过热和油温在100℃以上时长期工作
	L－CKE320	288～352		220	
	L－CKE460	414～506			
	L－CKE680	612～748			
	L－CKE1000	900～1 100			
轴承油 （SH/T 0017—1990）	L－FC2	1.98～2.42	-18	70 闭口	适用于锭子、轴承、液压系统、齿轮和汽轮机等工业机械设备，还可适用于有关离合器
	L－FC3	2.88～3.52		80 闭口	
	L－FC5	4.14～5.06		90 闭口	
	L－FC7	6.12～7.48		115	
	L－FC10	9.00～11.0		140	
	L－FC15	13.5～16.5			
	L－FC22	19.8～24.2	-12		
	L－FC32	28.8～35.2		160	
	L－FC46	41.4～50.6		180	
	L－FC68	61.2～74.8			
	L－FC100	90.0～110	-6		
导轨油 （SH/T 0361—1998）	L－G32	28.8～35.2	-9	150	主要适用于机床滑动导轨的润滑
	L－G46	41.4～50.6		160	
	L－G68	61.2～74.8		180	
	L－G100	90.0～110			
	L－G150	135～165	-3		
	L－G220	198～242			
	L－G320	288～352	-5	200	
10号仪表油 （SH/T 0138—1994）		9～11	-52	130	适用于控制测量仪表（包括低温下操作）的润滑

二、常用润滑脂的主要性质和用途（表 17 - 2）

表 17 - 2　常用润滑脂的主要性质和用途

名称	代号	滴点/℃ 不低于	工作锥入度 (25℃，150 g) /0.1 mm	主　要　用　途
钙基润滑脂 (GB/T 491—2008)	1 号	80	310 ~ 340	适用于汽车、拖拉机、冶金、纺织等机械设备的润滑。使用温度范围为 -10 ℃ ~ 60 ℃
	2 号	85	265 ~ 295	
	3 号	90	220 ~ 250	
	4 号	95	175 - 205	
钠基润滑脂 (GB/T 492—1989)	2 号	140	265 ~ 295	适用于 -10 ℃ ~ 110 ℃ 温度范围，一般中等载荷机械设备的润滑；不适用于与水相接触的润滑部位
	3 号	140	220 ~ 250	
	4 号	150	175 ~ 205	
钙钠基润滑脂 (SH/T 0368—1992)	2 号	120	250 ~ 290	适用于铁路机车和列车的滚动轴承、小电动机和发电机的滚动轴承以及其他高温轴承等的润滑。上限工作温度为 100 ℃，在低温情况下不适用
	3 号	135	200 ~ 240	
通用锂基润滑脂 (GB/T 7324—2010)	1 号	170	310 ~ 340	适用于工作温度在 -20 ℃ ~ 120 ℃ 范围内各种机械设备的滚动轴承和滑动轴承及其他摩擦部位的润滑
	2 号	175	265 ~ 295	
	3 号	180	220 ~ 250	
7407 号齿轮润滑脂 (SH/T 0469—1994)		160	(1/4 锥入度) 75 ~ 90	适用于各种低速，中、重载荷齿轮、链轮和联轴节等部位的润滑，适宜采用涂刷润滑方式。使用温度范围为 -10 ℃ ~ 120 ℃
精密机床主轴润滑脂 (SH/T 0382—1992)	2 号	180	265 ~ 295	主要用于精密机床、磨床和高速磨头主轴的长期润滑
	3 号		220 ~ 250	

第二节　油杯、油标、油塞

一、直通式压注油杯（表17-3）

表17-3　直通式压注油杯（摘自 JB/T 7940.1—1995）　　　　　mm

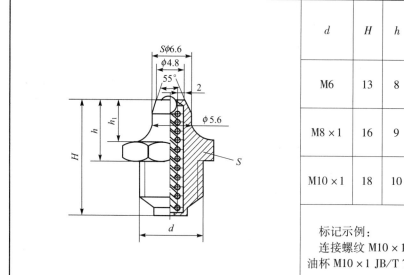

d	H	h	h_1	S	钢球（按 GB/T 308）
M6	13	8	6	8	
M8×1	16	9	6.5	10	3
M10×1	18	10	7	11	

标记示例：
连接螺纹 M10×1、直通式压注油杯的标记：
油杯 M10×1 JB/T 7940.1

二、接头式压注油杯（表17-4）

表17-4　接头式压注油杯（摘自 JB/T 7940.2—1995）　　　　　mm

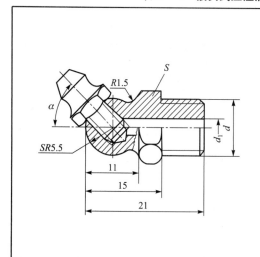

d	d_1	α	S	直通式压注油杯（按 JB/T 7940.1）
M6	3			
M8×1	4	45°，90°	11	M6
M10×1	5			

标记示例：
连接螺纹 M10×1、45°接头式压注油杯的标记：油杯 45°M10×1 JB/T 7940.2

三、压配式压注油杯（表 17 – 5）

表 17 – 5　压配式压注油杯（摘自 JB/T 7940.4—1995）　　　　mm

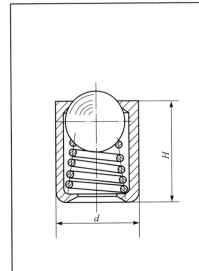

| d | | H | 钢球 |
基本尺寸	极限偏差		（按 GB/T 308）
6	+0.040 +0.028	6	4
8	+0.049 +0.034	10	5
10	+0.058 +0.040	12	6
16	+0.063 +0.045	20	11
25	+0.085 +0.064	30	12

标记示例：
$d = 6$、压配式压注油杯的标记：油杯 6 JB/T 7940.4

四、旋盖式油杯（表 17 – 6）

表 17 – 6　旋盖式油杯（摘自 JB/T 7940.3—1995）　　　　mm

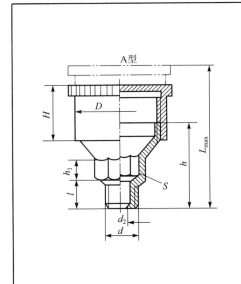

A型

最小容量/ cm^3	d	l	H	h	h_1	d_1	D	L_{max}	S
1.5	M8 × 1	8	14	22	7	3	16	33	10
3	M10 × 1		15	23	8	4	20	35	13
6			17	26			26	40	
12	M14 × 1.5	12	20	30	10	5	32	47	18
18			22	32			36	50	
25			24	34			41	55	
50	M16 × 1.5		30	44			51	70	21
100			38	52			68	85	

标记示例：最小容量 25 cm^3、A 型旋盖式油杯的标记：
油杯　A25　JB/T 7940.3

注：B 型旋盖式油杯见 JB/T 7940.3—1995。

五、压配式圆形油标（表 17-7）

表 17-7 压配式圆形油标（摘自 JB/T 7941.1—1995）
mm

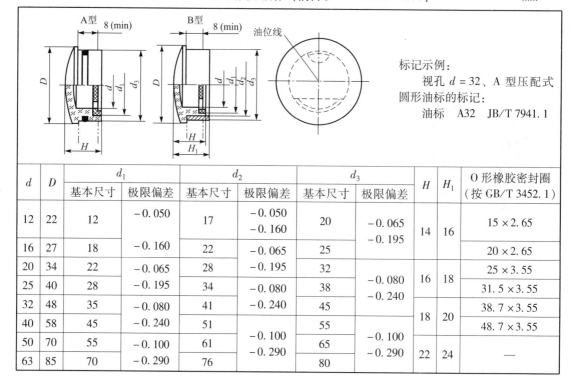

标记示例：

视孔 $d = 32$、A 型压配式圆形油标的标记：

油标 A32 JB/T 7941.1

d	D	d_1		d_2		d_3		H	H_1	O 形橡胶密封圈（按 GB/T 3452.1）
		基本尺寸	极限偏差	基本尺寸	极限偏差	基本尺寸	极限偏差			
12	22	12	−0.050	17	−0.050 −0.160	20	−0.065 −0.195	14	16	15 × 2.65
16	27	18	−0.160	22	−0.065 −0.195	25				20 × 2.65
20	34	22	−0.065 −0.195	28		32		16	18	25 × 3.55
25	40	28		34	−0.080 −0.240	38	−0.080 −0.240			31.5 × 3.55
32	48	35	−0.080 −0.240	41		45		18	20	38.7 × 3.55
40	58	45		51		55				48.7 × 3.55
50	70	55	−0.100 −0.290	61	−0.100 −0.290	65	−0.100 −0.290	22	24	—
63	85	70		76		80				

六、长形油标（表 17-8）

表 17-8 长形油标（摘自 JB/T 7941.3—1995）
mm

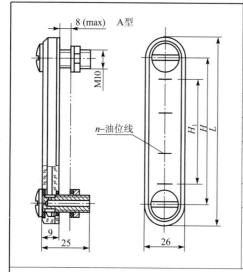

H		H_1	L	n（条数）
基本尺寸	极限偏差			
80	±0.17	40	110	2
100		60	130	3
125	±0.20	80	155	4
160		120	190	4

O 形橡胶密封圈（按 GB/T 3452.1）	六角螺母（按 GB/T 6172）	弹性垫圈（按 GB/T 861）
10 × 2.65	M10	10

标记示例：

$H = 80$、A 型长形油标的标记：

油标 A80 JB/T 7941.3

注：B 型长形油标见 JB/T 7941.3—1995。

七、管状油标（表17-9）

表17-9　管状油标（摘自 JB/T 7941.4—1995）　　　　mm

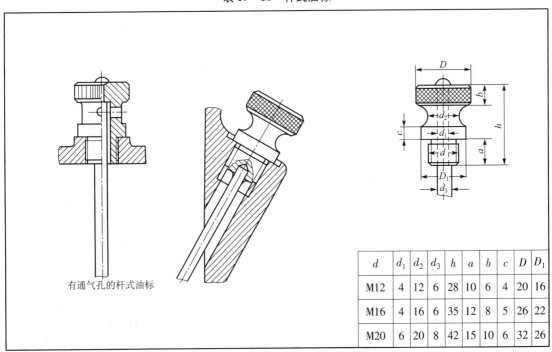

 A型	H	O 形橡胶密封圈 （按 GB/T 3452.1）	六角薄螺母 （按 GB/T 6172）	弹性势圈 （按 GB/T 861）
	80，100， 125，160， 200	11.8×2.65	M12	12
	标记示例： $H=200$、A 型管状油标的标记：油标　A200　JB/T 7941.4			

注：B 型管状油标尺寸见 JB/T 7941.4—1995。

八、杆式油标（表17-10）

表17-10　杆式油标　　　　mm

有通气孔的杆式油标

d	d_1	d_2	d_3	h	a	b	c	D	D_1
M12	4	12	6	28	10	6	4	20	16
M16	4	16	6	35	12	8	5	26	22
M20	6	20	8	42	15	10	6	32	26

九、油塞及封油垫圈（表17-11）

表17-11 油塞及封油垫圈 mm

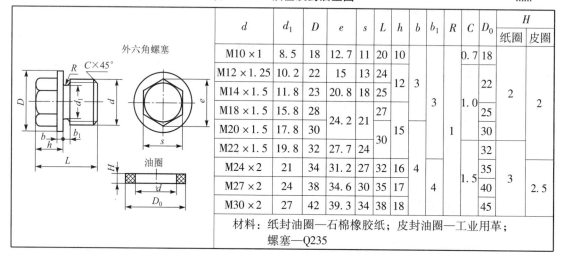

d	d_1	D	e	s	L	h	b	b_1	R	C	D_0	H 纸圈	H 皮圈
M10×1	8.5	18	12.7	11	20	10				0.7	18		
M12×1.25	10.2	22	15	13	24		3				22	2	2
M14×1.5	11.8	23	20.8	18	25	12	3	3		1.0			
M18×1.5	15.8	28	24.2	21	27						25		
M20×1.5	17.8	30			30	15			1		30		
M22×1.5	19.8	32	27.7	24							32		
M24×2	21	34	31.2	27	32	16	4			1.5	35	3	2.5
M27×2	24	38	34.6	30	35	17		4			40		
M30×2	27	42	39.3	34	38	18					45		
材料：纸封油圈—石棉橡胶纸；皮封油圈—工业用革；螺塞—Q235													

第三节 密封件

一、毡圈油封（表17-12）

表17-12 毡圈油封 mm

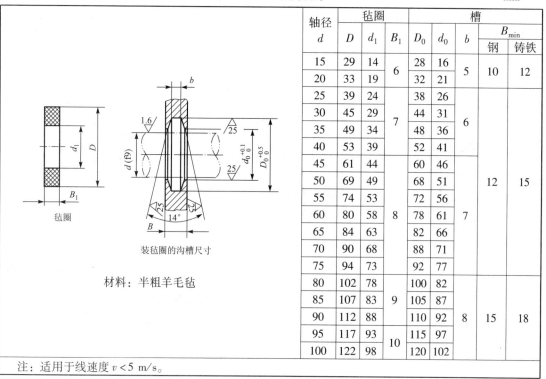

材料：半粗羊毛毡

轴径 d	毡圈 D	毡圈 d_1	毡圈 B_1	槽 D_0	槽 d_0	槽 b	B_{min} 钢	B_{min} 铸铁
15	29	14	6	28	16	5	10	12
20	33	19		32	21			
25	39	24	7	38	26	6		
30	45	29		44	31			
35	49	34		48	36			
40	53	39		52	41			
45	61	44		60	46		12	15
50	69	49		68	51			
55	74	53		72	56			
60	80	58	8	78	61	7		
65	84	63		82	66			
70	90	68		88	71			
75	94	73		92	77			
80	102	78		100	82		15	18
85	107	83	9	105	87			
90	112	88		110	92	8		
95	117	93	10	115	97			
100	122	98		120	102			

注：适用于线速度 $v < 5$ m/s。

二、液压气动用 O 形橡胶密封圈（表 17 –13）

表 17 –13　液压气动用 O 形橡胶密封圈（摘自 GB/T 3452.1—2005）　　mm

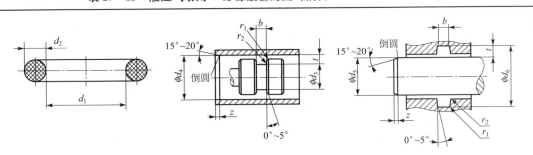

标记示例：

O 形圈内径 d_1 = 50 mm，

截面直径 d_2 = 1.8 mm，

G 系列，S 级：

O 形圈 50×1.8 – G – S

GB/T 3452.1—2005

$d_{3max} = d_{4min} - 2t$

径向密封的活塞密封沟槽形式

$d_{6min} = d_{5max} + 2t$

径向密封的活塞杆密封沟槽形式

内径 d_1		截面直径 d_2			内径 d_1		截面直径 d_2				内径 d_1		截面直径 d_2			内径 d_1		截面直径 d_2			
尺寸	公差 ±	1.8 ± 0.08	2.65 ± 0.09	3.55 ± 0.10	尺寸	公差 ±	1.8 ± 0.08	2.65 ± 0.09	3.55 ± 0.10	5.3 ± 0.13	尺寸	公差 ±	2.65 ± 0.09	3.55 ± 0.10	5.3 ± 0.13	尺寸	公差 ±	2.65 ± 0.09	3.55 ± 0.10	5.3 ± 0.13	7 ± 0.15
13.2	0.21	×	×		28	0.32	×	×	×		51.5	0.49	×	×	×	92.5	0.77	×	×	×	
14	0.22	×	×		29	0.33	×	×	×		53	0.50	×	×	×	95	0.79	×	×	×	
14.5	0.22	×	×		30	0.34	×	×	×		54.5	0.51	×	×	×	97.5	0.81	×	×	×	
15	0.22	×	×		31.5	0.35	×	×	×		56	0.52	×	×	×	100	0.82	×	×	×	
15.5	0.23	×	×		32.5	0.36	×	×	×		58	0.54	×	×	×	103	0.85	×	×	×	
16	0.23	×	×		33.5	0.36	×	×	×		60	0.55	×	×	×	106	0.87	×	×	×	
17	0.24	×	×		34.5	0.37	×	×	×		61.5	0.56	×	×	×	109	0.89	×	×	×	×
18	0.25	×	×	×	35.5	0.38	×	×	×		63	0.57	×	×	×	112	0.91	×	×	×	×
19	0.25	×	×	×	36.5	0.38	×	×	×		65	0.58	×	×	×	115	0.93	×	×	×	×
20	0.26	×	×	×	37.5	0.39	×	×	×		67	0.60	×	×	×	118	0.95	×	×	×	×
20.6	0.26	×	×	×	38.7	0.40	×	×	×		69	0.61	×	×	×	122	0.97	×	×	×	×
21.2	0.27	×	×	×	40	0.41	×	×	×	×	71	0.63	×	×	×	125	0.99	×	×	×	×
22.4	0.28	×	×	×	41.2	0.42	×	×	×	×	73	0.64	×	×	×	128	1.01	×	×	×	×
23	0.29	×	×	×	42.5	0.43	×	×	×	×	75	0.65	×	×	×	132	10.4	×	×	×	×
23.6	0.29	×	×	×	43.7	0.44	×	×	×	×	77.5	0.67	×	×	×	136	1.07	×	×	×	×
24.3	0.30	×	×	×	45	0.44	×	×	×	×	80	0.69	×	×	×	140	1.09	×	×	×	×
25	0.30	×	×	×	46.2	0.45	×	×	×	×	82.5	0.71	×	×	×	142.5	1.11	×	×	×	×
25.8	0.31	×	×	×	47.5	0.46	×	×	×	×	85	0.72	×	×	×	145	1.13	×	×	×	×
26.5	0.31	×	×	×	48.7	0.47	×	×	×	×	87.5	0.74	×	×	×	147.5	1.14	×	×	×	×
27.3	0.32	×	×	×	50	0.48	×	×	×	×	90	0.76	×	×	×	150	1.16	×	×	×	×

续表

<table>
<tr><td colspan="3" align="center">径向密封沟槽尺寸（摘自 GB/T 3452.3—2005）</td><td>1.80</td><td>2.65</td><td>3.55</td><td>5.30</td><td>7.00</td></tr>
<tr><td colspan="3" align="center">O 形圈截面直径 d_2</td><td>1.80</td><td>2.65</td><td>3.55</td><td>5.30</td><td>7.00</td></tr>
</table>

			1.80	2.65	3.55	5.30	7.00
沟槽宽度 b	气动密封		2.2	3.4	4.6	6.9	9.3
	液压动密封或静密封		2.4	3.6	4.8	7.1	9.5
沟槽深度 t	计算 d_3 或 d_6 用	液压动密封	1.35	2.10	2.85	4.35	5.85
		气动动密封	1.4	2.15	2.95	4.5	6.1
		静密封	1.32	2.0	2.9	4.31	5.85
最小倒角长度 z_{min}			1.1	1.5	1.8	2.7	3.6
沟槽底圆角半径 r_1			0.2～0.4		0.4～0.8		0.8～1.2
沟槽棱圆角半径 r_2			0.1～0.3				

注：（1）表中"×"表示包括的规格。
（2）本表所列为一般应用的 O 形圈（G 系列）。

三、密封元件为弹性体材料的旋转轴唇形密封圈（表 17 – 14）

表 17 – 14 密封元件为弹性体材料的旋转轴唇形密封圈（摘自 GB/T 13871.1—2007） mm

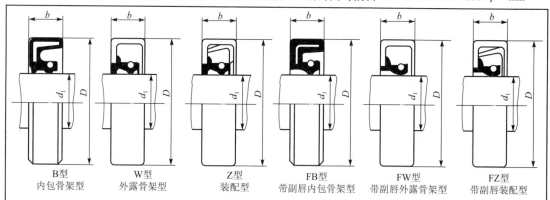

| B型
内包骨架型 | W型
外露骨架型 | Z型
装配型 | FB型
带副唇内包骨架型 | FW型
带副唇外露骨架型 | FZ型
带副唇装配型 |

标记示例：

FB 070090 GB/T 13871.1—2007

（带副唇内包骨架型旋转轴唇形密封圈，$d_1 = 70$、$D = 90$）

d_1	D	b	d_1	D	b	d_1	D	b
6	16, 22		25	40, 47, 52		60	80, 85	
7	22		28	40, 47, 52	7	65	85, 90	
8	22, 24		30	42, 47, (50), 52		70	90, 95	10
9	22		32	45, 47, 52		75	95, 100	
10	22, 25		35	50, 52, 55		80	100, 110	
12	24, 25, 30	7	38	52, 58, 62		85	110, 120	
15	26, 30, 35		40	55, (60), 62		90	(115), 120	
16	30, (35)		42	55, 62	8	95	120	12
18	30, 35		45	62, 65		100	125	
20	35, 40, (45)		50	68, (70), 72		105	(130)	
22	35, 40, 47		55	72, (75), 80		110	140	

续表

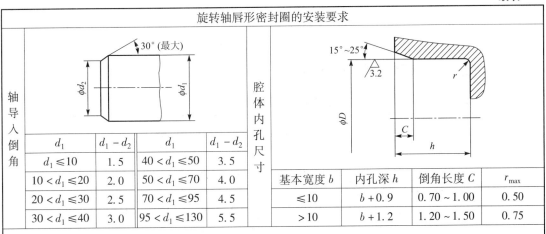

旋转轴唇形密封圈的安装要求				
轴导入倒角	d_1	$d_1 - d_2$	d_1	$d_1 - d_2$
	$d_1 \leq 10$	1.5	$40 < d_1 \leq 50$	3.5
	$10 < d_1 \leq 20$	2.0	$50 < d_1 \leq 70$	4.0
	$20 < d_1 \leq 30$	2.5	$70 < d_1 \leq 95$	4.5
	$30 < d_1 \leq 40$	3.0	$95 < d_1 \leq 130$	5.5

腔体内孔尺寸	基本宽度 b	内孔深 h	倒角长度 C	r_{max}
	≤ 10	$b + 0.9$	$0.70 \sim 1.00$	0.50
	> 10	$b + 1.2$	$1.20 \sim 1.50$	0.75

注：（1）括号内为国内用到而 ISO 6194 – 1:1982 中没有的规格。
　　（2）若轴端采用倒圆倒入导角，则倒圆的圆角半径不小于表中的 $d_1 - d_2$ 之值。

四、油沟式密封槽（表 17 – 15）

表 17 – 15　油沟式密封槽 mm

轴径 d	25 ~ 80	>80 ~ 120	>120 ~ 180	油沟数 n
R	1.5	2	2.5	
t	4.5	6	7.5	2 ~ 3（使用3个较多）
b	4	5	6	
d_1	$d + 1$			
a_{min}	$nt + R$			

五、迷宫密封槽（表 17 – 16）

表 17 – 16　迷宫密封槽 mm

轴径 d	10 ~ 50	50 ~ 80	80 ~ 100	110 ~ 180
e	0.2	0.3	0.4	0.5
f	1	1.5	2	2.5

第四节 通 气 器

一、简易式通气器（表17－17）

表17－17 简易式通气器 mm

d	D	D_1	S	L	l	a	d_1
M12 × 1. 25	18	16. 5	14	19	10	2	4
M16 × 1. 5	22	19. 6	17	23	12	2	5
M20 × 1. 5	30	25. 4	22	28	15	4	6
M22 × 1. 5	32	25. 4	22	29	15	4	7
M27 × 1. 5	38	31. 2	27	34	18	4	8

二、有过滤网式通气器（表17－18）

表17－18 有过滤网式通气器 mm

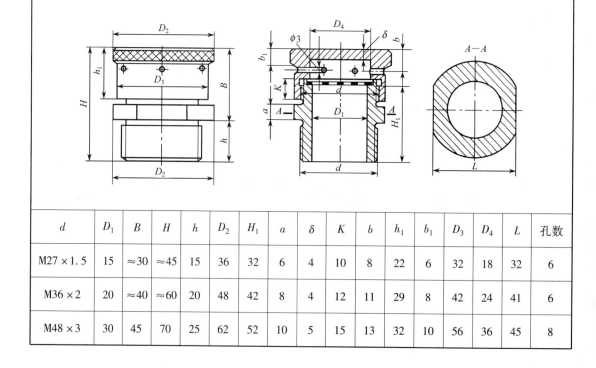

d	D_1	B	H	h	D_2	H_1	a	δ	K	b	h_1	b_1	D_3	D_4	L	孔数
M27 × 1. 5	15	≈30	≈45	15	36	32	6	4	10	8	22	6	32	18	32	6
M36 × 2	20	≈40	≈60	20	48	42	8	4	12	11	29	8	42	24	41	6
M48 × 3	30	45	70	25	62	52	10	5	15	13	32	10	56	36	45	8

第五节　轴承端盖、套杯

一、凸缘式轴承盖（表17-19）

表17-19　凸缘式轴承盖　　　　　　　　　　　　mm

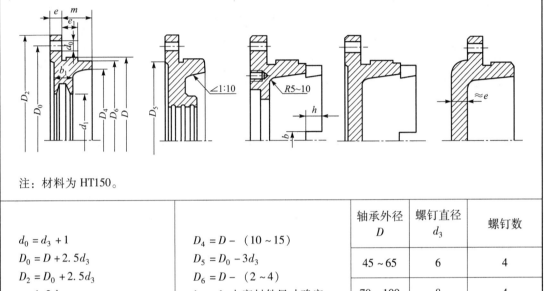

注：材料为 HT150。

$d_0 = d_3 + 1$	$D_4 = D - （10 \sim 15）$	轴承外径 D	螺钉直径 d_3	螺钉数
$D_0 = D + 2.5 d_3$	$D_5 = D_0 - 3 d_3$			
$D_2 = D_0 + 2.5 d_3$	$D_6 = D - （2 \sim 4）$	$45 \sim 65$	6	4
$e = 1.2 d_3$	b_1、d_1 由密封件尺寸确定			
$e_1 \geqslant e$	$b = 5 \sim 10$	$70 \sim 100$	8	4
m 由结构确定	$h = （0.8 \sim 1）b$	$110 \sim 140$	10	6
		$150 \sim 230$	$12 \sim 16$	6

二、嵌入式轴承盖（表17-20）

表17-20　嵌入式轴承盖　　　　　　　　　　　mm

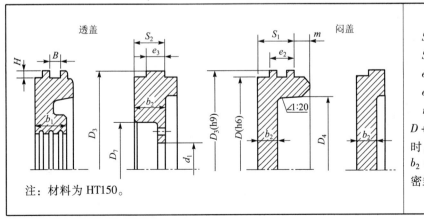

注：材料为 HT150。

$S_1 = 15 \sim 20$

$S_2 = 10 \sim 15$

$e_2 = 8 \sim 12$

$e_3 = 5 \sim 8$

　m 由结构确定，$D_3 = D + e_2$，装有 O 形密封圈时，按 O 形圈外径取整，$b_2 = 8 \sim 10$，其余尺寸由密封尺寸确定

三、套杯（表 17 –21）

表 17 –21　套杯

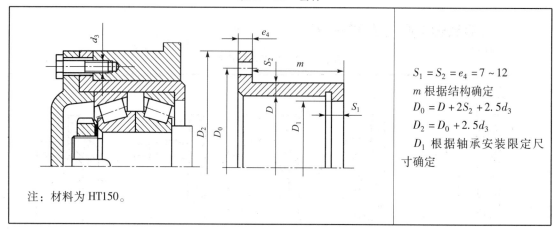

$S_1 = S_2 = e_4 = 7 \sim 12$

m 根据结构确定

$D_0 = D + 2S_2 + 2.5d_3$

$D_2 = D_0 + 2.5d_3$

D_1 根据轴承安装限定尺寸确定

注：材料为 HT150。

第十八章

电 动 机

Y 系列三相异步电动机具有效率高、节能、堵转转矩高、噪声低、振动小、运行安全可靠的特点，作为一般用途的电动机，适用于驱动无特殊性能要求的各种机械设备，如金属切削机床、鼓风机和水泵等。

电动机的额定频率为 50 Hz，额定电压为 380 V。电动机的外壳防护等级分为 IP44 和 IP23，一般按 IP44 供货。

一、Y 系列（IP44）三相异步电动机技术参数（表 18 – 1）

表 18 – 1　Y 系列（IP44）三相异步电动机的技术数据

电动机型号	额定功率/kW	满载转速/(r·min⁻¹)	堵转转矩/额定转矩	最大转矩/额定转矩	质量/kg	电动机型号	额定功率/kW	满载转速/(r·min⁻¹)	堵转转矩/额定转矩	最大转矩/额定转矩	质量/kg
同步转速 3 000 r/min，2 极						Y90S – 4	1.1	1 400	2.3	2.3	22
Y801 – 2	0.75	2 825	2.2	2.3	16	Y90L – 4	1.5	1 400	2.2	2.3	27
Y802 – 2	1.1	2 825	2.2	2.3	17	Y100L1 – 4	2.2	1 430	2.2	2.3	34
Y90S – 2	1.5	2 840	2.2	2.3	22	Y100L2 – 4	3	1 430	2.2	2.3	38
Y90L – 2	2.2	2 840	2.2	2.3	25	Y112M – 4	4	1 440	2.2	2.3	43
Y100L – 2	3	2 870	2.2	2.3	33	Y132S – 4	5.5	1 440	2.2	2.3	68
Y112M – 2	4	2 890	2.2	2.3	45	Y132M – 4	7.5	1 440	2.2	2.3	81
Y132S1 – 2	5.5	2 900	2.0	2.3	64	Y160M – 4	11	1 460	2.2	2.3	123
Y132S2 – 2	7.5	2 900	2.0	2.3	70	Y160L – 4	15	1 460	2.2	2.3	144
Y160M1 – 2	11	2 930	2.0	2.3	117	Y180M – 4	18.5	1 470	2.0	2.2	182
Y160M2 – 2	15	2 930	2.0	2.2	125	Y180L – 4	22	1 470	2.0	2.2	190
Y160L – 2	18.5	2 930	2.0	2.2	147	Y200L – 4	30	1 470	2.0	2.2	270
Y180M – 2	22	2 940	2.0	2.2	180	Y225S – 4	37	1 480	1.9	2.2	284
Y200L1 – 2	30	2 950	2.0	2.2	240	Y225M – 4	45	1 480	1.9	2.2	320
Y200L2 – 2	37	2 950	2.0	2.2	255	Y250M – 4	55	1 480	2.0	2.2	427
Y225M – 2	45	2 970	2.0	2.2	309	Y280S – 4	75	1 480	1.9	2.2	562
Y250M – 2	55	2 970	2.0	2.2	403	Y280M – 4	90	1 480	1.9	2.2	667
同步转速 1 500 r/min，4 极						同步转速 1 000 r/min，6 极					
Y801 – 4	0.55	1 390	2.4	2.3	17	Y90S – 6	0.75	910	2.0	2.0	23

续表

电动机型号	额定功率/kW	满载转速/(r·min⁻¹)	堵转转矩/额定转矩	最大转矩/额定转矩	质量/kg	电动机型号	额定功率/kW	满载转速/(r·min⁻¹)	堵转转矩/额定转矩	最大转矩/额定转矩	质量/kg
Y802-4	0.75	1 390	2.3	2.3	18	Y90L-6	1.1	910	2.0	2.0	25
Y100L-6	1.5	940	2.0	2.0	33	同步转速 750 r/min，8 极					
Y112M-6	2.2	940	2.0	2.0	45	Y132S-8	2.2	710	2.0	2.0	63
Y132S-6	3	960	2.0	2.0	63	Y132M-8	3	710	2.0	2.9	79
Y132M1-6	4	960	2.0	2.0	73	Y160M1-8	4	720	2.0	2.0	118
Y132M2-6	5.5	960	2.0	2.0	84	Y160M2-8	5.5	720	2.0	2.0	119
Y160M-6	7.5	970	2.0	2.0	119	Y160L-8	7.5	720	2.0	2.0	145
Y160L-6	11	970	2.0	2.0	147	Y180L-8	11	730	1.7	2.0	184
Y180L-6	15	970	1.8	2.0	195	Y200L-8	15	730	1.8	2.0	250
Y200L1-6	18.5	970	1.8	2.0	220	Y225S-8	18.5	730	1.7	2.0	266
Y200L2-6	22	970	1.8	2.0	250	Y225M-8	22	740	1.8	2.0	292
Y225M-6	30	980	1.7	2.0	292	Y250M-8	30	740	1.8	2.0	405
Y250M-6	37	980	1.8	2.0	408	Y280S-8	37	740	1.8	2.0	520
Y280S-6	45	980	1.8	2.0	536	Y280M-8	45	740	1.8	2.0	592
Y280M-6	55	980	1.8	2.0	596	Y315S-8	55	740	1.6	2.0	1 000

注：电动机型号意义：以 Y132S2-2-B3 为例，Y 表示系列代号，132 表示机座中心高，S 表示短机座（M—中机座，L—长机座），第 2 种铁芯长度，2 为电动机的极数，B3 表示安装形式。

二、Y 系列电动机的安装及外形尺寸

电动机的安装代号见表 18-2，安装及外形尺寸见表 18-3～表 18-5。

表 18-2　电动机安装代号

安装形式	B3	V5	V6	B6	B7	B8
示意图						

安装形式	B5	V1	V3	B35	V15	V36
示意图						

安装形式	V18	V19	B14	B34		
示意图						

表 18－3　机座带底脚、端盖无凸缘（B3、B6、B7、B8、V5、V6 型）
电动机的安装及外形尺寸　　　　　　　　　　　　　mm

Y80~Y132　　　　Y160~Y280

机座号	极数	A	B	C	D	E	F	G	H	K	AB	AC	AD	HD	BB	L
80	2，4	125	100	50	19	40	6	15.5	80	10	165	165	150	170	130	285
90S	2，4，6	140	100	56	24	50	8	20	90	10	180	175	155	190	130	310
90L		140	125	56	24	50	8	20	90	10	180	175	155	190	155	335
100L		160	140	63	28	60	8	24	100	12	205	205	180	245	170	380
112M		190	140	70	28	60	8	24	112	12	245	230	190	265	180	400
132S	2，4，6，8	216	178	89	38	80	10	33	132	12	280	270	210	315	200	475
132M		216	178	89	38	80	10	33	132	12	280	270	210	315	238	515
160M	2，4，6，8	254	210	108	42	110	12	37	160	15	330	325	255	385	270	600
160L		254	254	108	42	110	12	37	160	15	330	325	255	385	314	645
180M		279	241	121	48	110	14	42.5	180	15	355	360	285	430	311	670
180L		279	279	121	48	110	14	42.5	180	15	355	360	285	430	349	710
200L		318	305	133	55	110	16	46	200	15	395	400	310	475	379	775
225S	4，8	356	286	149	60	140	18	53	225	19	435	450	345	530	368	820
225M	2	356	311	149	55	110	16	49	225	19	435	450	345	530	393	815
225M	4，6，8	356	311	149	60	140	18	53	225	19	435	450	345	530	393	845
250M	2	406	349	168	60	140	18	53	250	19	490	495	385	575	455	930
250M	4，6，8	406	349	168	65	140	18	58	250	19	490	495	385	575	455	930
280S	2	457	368	190	65	140	18	58	280	24	550	555	410	640	530	1 000
280S	4，6，8	457	368	190	75	140	20	67.5	280	24	550	555	410	640	530	1 000
280M	2	457	419	190	65	140	18	58	280	24	550	555	410	640	581	1 050
280M	4，6，8	457	419	190	75	140	20	67.5	280	24	550	555	410	640	581	1 050

D 公差：19~28 为 +0.009 −0.004；38~48 为 +0.018 +0.002；55~65 为 +0.030 +0.011

表18-4　机座带底脚、端盖有凸缘（B35、V15、V36型）电动机的安装及外形尺寸

mm

机座号	极数	A	B	C₁	D	E	F	G	H	K	M	N	P	R	S	T	凸缘孔数	AB	AC	AD	HD	BB	L
80	2、4	125	100	50	19	40	6	15.5	80	10	165	130	200	0	12	3.5	4	165	165	150	170	130	285
90S	2、4、6	140	125	56	24	50	8	20	90	10	165	130	200	0	12	3.5	4	180	175	155	190	155	310
90L	2、4、6	140	125	63	24	50	8	20	90	10	165	130	200	0	12	3.5	4	180	175	155	190	155	335
100L	2、4、6	160	140	70	28	60	8	24	100	12	165	130	200	0	12	3.5	4	205	205	180	245	176	380
112M	2、4、6	190	140	70	28	60	8	24	112	12	165	130	200	0	12	3.5	4	245	230	190	265	180	400
132S	2、4、6、8	216	178	89	38	80	10	33	132	12	215	180	250	0	15	4	4	280	270	210	315	200	475
132M	2、4、6、8	216	210	89	38	80	10	33	132	12	215	180	250	0	15	4	4	280	270	210	315	238	515
160M	2、4、6、8	254	210	108	42	110	12	37	160	15	265	230	300	0	15	4	4	330	325	255	385	270	600
160L	2、4、6、8	254	254	108	42	110	12	37	160	15	265	230	300	0	15	4	4	330	325	255	385	314	645
180M	2、4、6、8	279	241	121	48	110	14	42.5	180	15	300	250	350	0	19	5	4	355	360	285	430	311	670
180L	2、4、6、8	279	279	121	48	110	14	42.5	180	15	300	250	350	0	19	5	4	355	360	285	430	349	710
200L	2、4、6、8	318	305	133	55	110	16	49	200	15	300	250	350	0	19	5	4	395	400	310	475	379	775
225S	4、8	356	286	149	60	140	18	53	225	19	350	300	400	0	19	5	8	435	450	345	530	368	820
225M	2	356	311	149	55	110	16	49	225	19	350	300	400	0	19	5	8	435	450	345	530	393	815
250M	4、6、8 / 2	406	349	168	60	140	18	53	250	19	400	350	450	0	19	5	8	490	495	385	575	455	930 / 845
280S	4、6、8 / 2	457	368	190	75 / 65	140	20 / 18	67.5 / 58	280	24	500	450	550	0	19	5	8	550	555	410	640	530	1 000
280M	4、6、8	457	419	190	65	140	20	67.5	280	24	500	450	550	0	19	5	8	550	555	410	640	581	1 050

D 的极限偏差：19~28 为 $^{+0.009}_{-0.004}$；38~48 为 $^{+0.018}_{+0.002}$；55~75 为 $^{+0.030}_{+0.011}$。

注：(1) Y80~Y200 时，$\gamma=45°$；Y225~Y280 时，$\gamma=22.5°$。

(2) N 的极限偏差：130 和 180 为 $^{+0.014}_{-0.011}$，230 和 250 为 $^{+0.016}_{-0.013}$，300 为 ±0.016，350 为 ±0.018，450 为 ±0.020。

表 18－5 机座不带底脚、端盖有凸缘（**B5**、**V3** 型）和立式安装、机座不带底脚、
端盖有凸缘、轴伸向下（**V1** 型）电动机的安装及外形尺寸　　　　　　mm

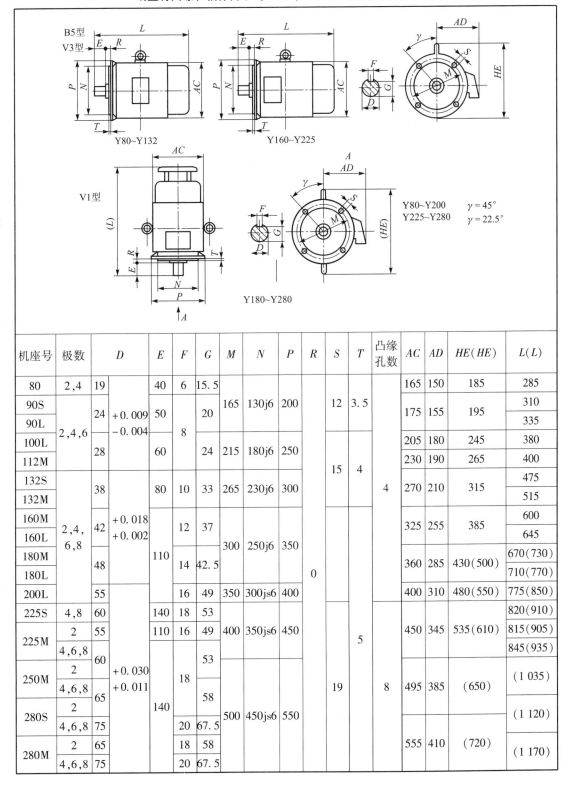

机座号	极数	D	E	F	G	M	N	P	R	S	T	凸缘孔数	AC	AD	HE(HE)	L(L)
80	2,4	19		40	6	15.5							165	150	185	285
90S		24	+0.009 −0.004	50		20	165	130j6	200		12	3.5		175	155	195	310
90L	2,4,6				8												335
100L		28		60		24	215	180j6	250					205	180	245	380
112M											15	4		230	190	265	400
132S		38		80	10	33	265	230j6	300				4	270	210	315	475
132M																	515
160M	2,4, 6,8	42	+0.018 +0.002		12	37								325	255	385	600
160L							300	250j6	350								645
180M		48		110	14	42.5				0				360	285	430(500)	670(730)
180L																	710(770)
200L		55			16	49	350	300js6	400					400	310	480(550)	775(850)
225S	4,8	60		140	18	53								450	345	535(610)	820(910)
225M	2	55		110	16	49	400	350js6	450			5					815(905)
	4,6,8	60				53											845(935)
250M	2		+0.030 +0.011		18									495	385	(650)	(1 035)
	4,6,8	65		140		58					19	8	8				
280S	2	65			18	58	500	450js6	550							(720)	(1 120)
	4,6,8	75			20	67.5								555	410		
280M	2	65			18	58											(1 170)
	4,6,8	75			20	67.5											

第三篇
参考图例

第十九章
参考图例

第一节　机械系统图例

一、带式输送机（图 19 – 1）

二、工件运输机（图 19 – 2）

三、铸造筛沙机（图 19 – 3）

第二节　减速器结构图例

一、一级圆柱齿轮减速器（图 19 – 4）

二、展开式二级圆柱齿轮减速器（图 19 – 5）

三、分流式二级圆柱齿轮减速器（图 19 – 6）

四、同轴式二级圆柱齿轮减速器（图 19 – 7）

五、一级锥齿轮减速器（图 19 – 8）

六、锥 – 圆柱齿轮减速器（图 19 – 9）

七、蜗杆减速器（蜗杆下置）（图 19 – 10）

八、蜗杆减速器（蜗杆上置）（图 19 – 11）

九、立式蜗杆减速器（蜗杆侧置）（图 19 – 12）

十、齿轮－蜗杆减速器（图 19－13）

十一、蜗杆－齿轮减速器（图 19－14）

十二、一级行星齿轮减速器（图 19－15）

十三、二级行星齿轮减速器（图 19－16）

第三节　零件工作图图例

一、轴（图 19－17）

二、圆柱齿轮轴（图 19－18）

三、圆柱齿轮（图 19－19）

四、锥齿轮轴（图 19－20）

五、锥齿轮（图 19－21）

六、蜗杆（图 19－22）

七、蜗轮（图 19－23）

八、蜗轮轮缘（图 19－24）

九、蜗轮轮芯（图 19－25）

十、箱盖（图 19－26）

十一、箱座（图 19－27）

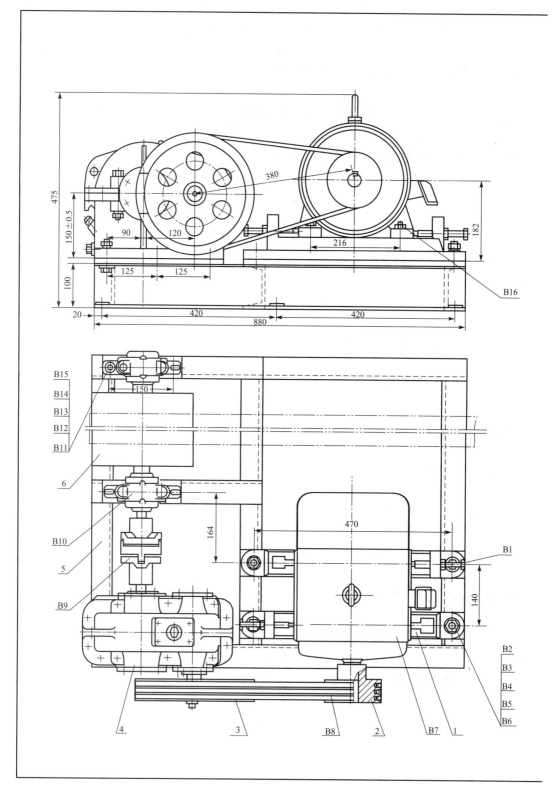

图 19 - 1　带式

332

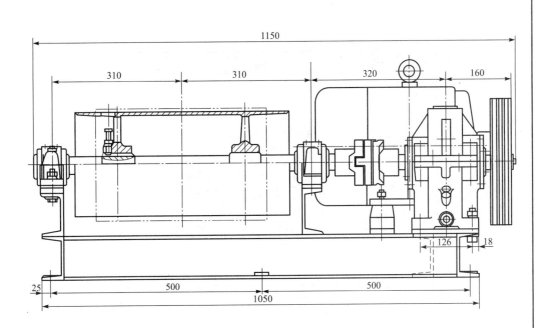

技术特性

电动机		牵引力 /N	带速 /(m·s⁻¹)	滚筒直径 /mm
功率/kW	转速/(r·min⁻¹)			
3	960	2 200	1.1	240

说明：电动机通过V带传动带驱动减速器输入轴，减速器输出轴
　　　通过十字滑块联轴器带动滚筒，滚筒轴的两端为独立支承。

序号	名称	数量	材料	标准	备注
B4	垫圈16	4	Q235A	GB/T 97.1–2002	
B3	螺母M16	10	5	GB/T 6170–2015	
B2	螺栓M16×75	10	5.8	GB/T 5782–2016	
B1	螺栓M12×20	2	5.8	GB/T 5783–2016	
6	滚筒	1			焊接件
5	机架	1			焊接件
4	减速器	1			组合件
3	大带轮	1	HT200		$d_{d2}=280$
2	小带轮	1	HT200		$d_{d1}=125$
1	滑轨	2	Q235A		
序号	名称	数量	材料	标准	备注

（标题栏）

序号	名称	数量	材料	标准	备注
B16	螺栓M12×50	4	8.8	GB/T 5782–2016	
B15	垫圈12	8	65Mn	GB/T 93–1987	
B14	垫圈12	4	Q235A	GB/T 853–1988	
B13	垫圈12	4	Q235A	GB/T 97.1–2002	
B12	螺母M12	8	5	GB/T 6170–2015	
B11	螺栓M12×65	4	5.8	GB/T 5782–2016	
B10	滑动轴承座	2		JB/T 2561–2007	组合件
B9	十字滑块联轴器	1		JB/T 5901–1991	组合件
B8	V带	3		GB/T 11544–1997	A1400
B7	电动机	1			Y132S-6
B6	垫圈16	10	65Mn	GB/T 93–1987	
B5	垫圈16	10	Q235A	GB/T 853–1988	
序号	名称	数量	材料	标准	备注

输送机

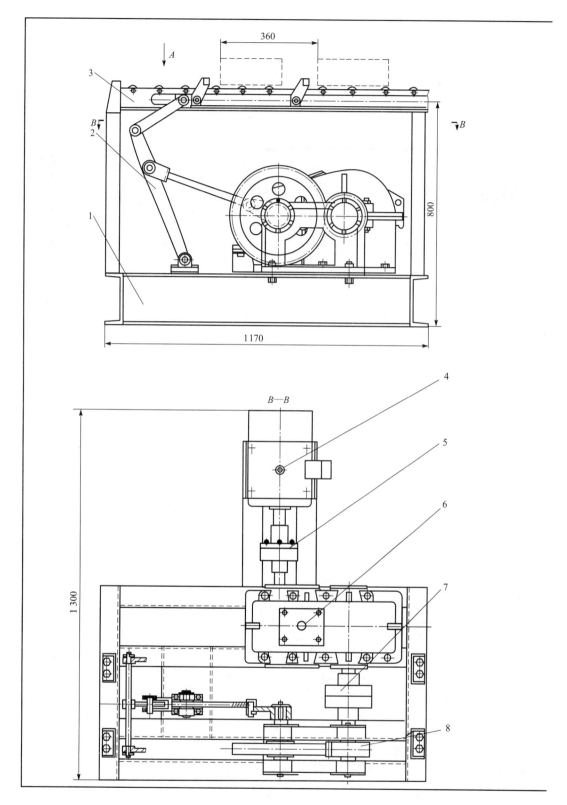

图 19 – 2　工件

滑架部分*A*

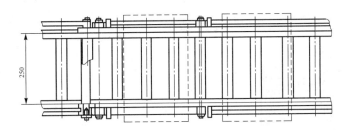

技术特性

电动机		推力 /N	步长 /mm	往返次数 /(r·min⁻¹)
功率/kW	转速 /(r·min⁻¹)			
4	1 440	3 000	360	65

说明：本机间歇输送工件。电动机通过传动装置、六杆机构，驱动滑架往复运动，工作行程时滑架上的推爪推动工件前移一个步长，当滑架返回时，推爪从工件下滑过，工件不动。当滑架再次向前移动时，推爪已复位并推动新工件前移，前方推爪也推动前一工件前移。周而复始，工件不断前移。

六杆机构简图

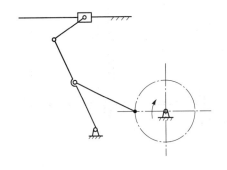

8	开式齿轮	1			
7	联轴器	1		GB/T 5014–2003	LX3
6	减速器	1			
5	联轴器	1		GB/T 4323–2002	LT5
4	电动机	1			Y112M-4
3	滑架	1			
2	六杆机构	1			
1	机架	1			
序号	名称	数量	材料	标准	备注
（标题栏）					

运输机

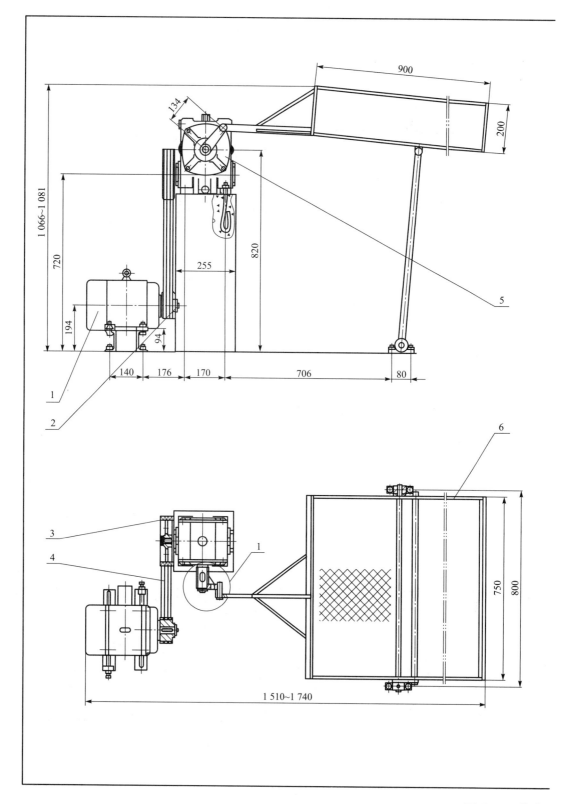

图 19 - 3   铸造

运动简图

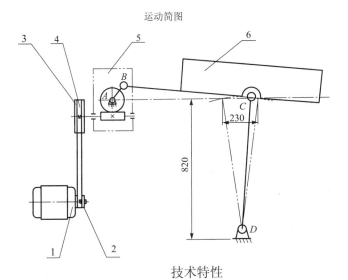

技术特性

电动机		筛砂重量/N	砂箱往复次数/(次·min^{-1})
额定功率/kW	转速/(r·min^{-1})	1 300	60
3	1 420		

$$\dfrac{1}{a:b}$$

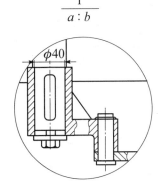

6	筛砂机构	1			
5	蜗杆减速器	1		GB/T 4323–2002	i=12.5
4	V带	3		GB/T 11544–1997	A1600
3	大带轮	1	HT200		d_{d2}=100
2	小带轮	1	HT200		d_{d1}=100
1	电动机	1			Y100L2-4
序号	名称	数量	材料	标准	备注

(标题栏)

筛沙机

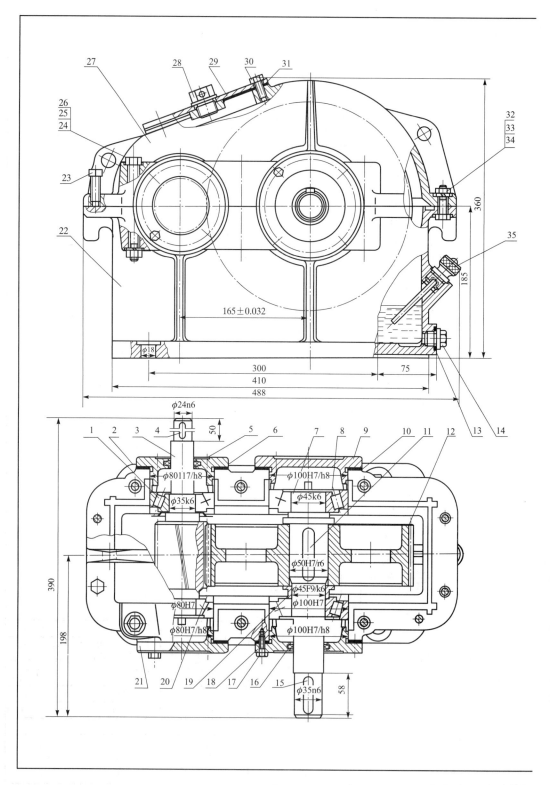

图 19 - 4　一级圆柱

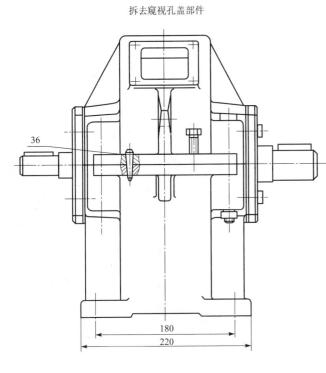

拆去窥视孔盖部件

技术要求

1. 装配前，所有零件需用煤油清洗，滚动轴承用汽油清洗，箱内不许有任何杂物，内壁用耐油油漆涂刷两次。

2. 齿轮啮合侧隙用铅丝检验，其侧隙值不小于0.16 mm。

3. 检验齿面接触斑点，按齿高不小于45%，按齿长不小于60%。

4. 滚动轴承30207、30209的轴向调整游隙均为0.05~0.1 mm。

5. 箱内加注L-AN150全损耗系统用油（GB/T 443-1999）至规定油面高度。

6. 剖分面允许涂密封胶或水玻璃，但不允许使用任何填料。剖分面、各接触面及密封处均不得漏油。

7. 减速器外表面涂灰色油漆。

8. 按试验规范进行试验，并符合规范要求。

技术特性

输入功率/kW	高速轴转速/(r·min⁻¹)	传动比
3.42	720	4.15

序号	名称	数量	材料	标准	备注
36	销8×30	2	35	GB/T 117–2000	
35	游标尺	1	Q235A		
34	垫圈10	2	65Mn	GB/T 93–1987	
33	螺母M10	2	5	GB/T 6170–2015	
32	螺栓M10×35	2	5.8	GB/T 5782–2016	
31	垫片	1	石棉橡胶		
30	螺栓M6×16	4	5.8	GB/T 5782–2016	
29	窥视孔盖	1	Q235A		
28	通气器	1	Q235A		
27	箱盖	1	HT200		
26	垫圈12	6	65Mn	GB/T 93–1987	
25	螺母M12	6	5	GB/T 6170–2015	
24	螺栓M12×120	6	5.8	GB/T 5782–2016	
23	螺栓M10×35	1	5.8	GB/T 5783–2016	
22	箱座	1	HT200		
21	轴承端盖	1	HT200		
20	挡油盘	2	Q235A		
19	套筒	1	45		
18	轴承端盖	1	HT200		
序号	名称	数量	材料	标准	备注

序号	名称	数量	材料	标准	备注
17	螺栓M10×25	16	5.8	GB/T 5782–2016	
16	毡圈	1	半粗羊毛毡		
15	键10×50	1	45	GB/T 1096–2003	
14	油塞M16×1.5	1	Q235A		
13	封油垫	1	石棉橡胶纸		
12	齿轮	1	45		
11	键14×63	1	45	GB/T 1096–2003	
10	调整垫片	2	08F		成组
9	轴承端盖	1	HT200		
8	轴承30209	2		GB/T 297–2015	
7	轴	1	45		
6	轴承端盖	1	HT200		
5	毡圈	1	半粗羊毛毡		
4	键8×45	1	45	GB/T 1096–2003	
3	齿轮轴	1	45		
2	调整垫片	2	08F		成组
1	轴承30207	2		GB/T 297–2015	
序号	名称	数量	材料	标准	备注

（标题栏）

齿轮减速器

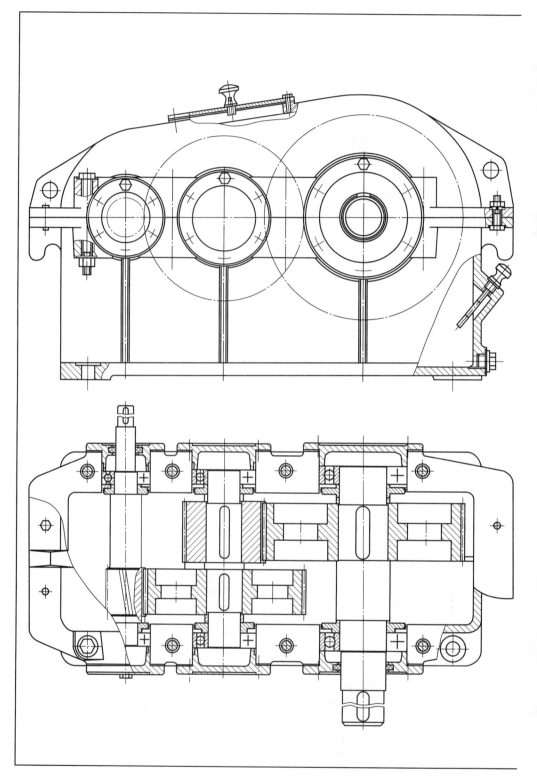

图19－5 展开式二级

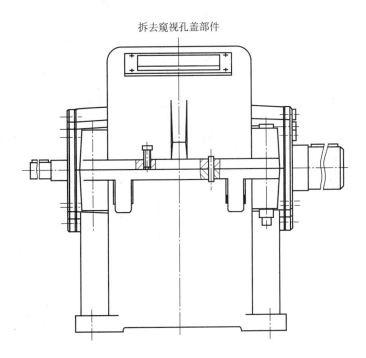

拆去窥视孔盖部件

结构特点

　　展开式二级圆柱齿轮减速器是最常见的、应用最为广泛的
一种减速器，其结构简单、容易制造、成本低。

圆柱齿轮减速器

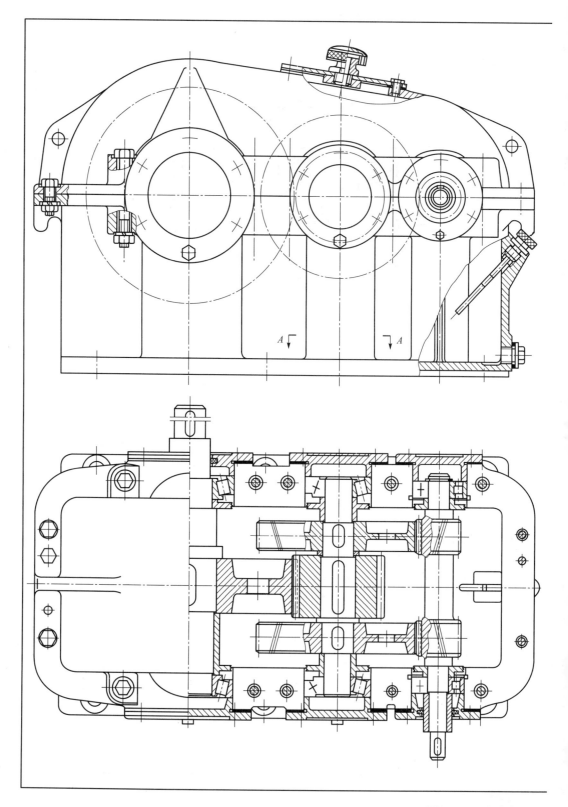

A

A

图 19 - 6 分流式二级

拆去窥视孔盖部件

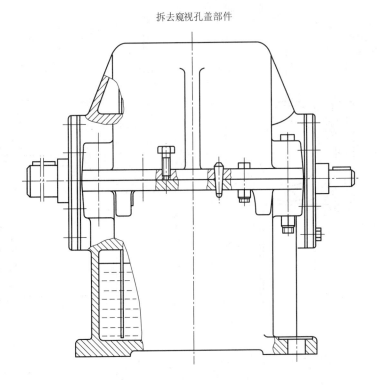

A—A

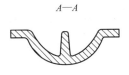

结 构 特 点

　　本图为分流式二级圆柱齿轮减速器。这种传动轴向受力是对称的，可以改善齿的接触状况。在双斜齿圆柱齿轮传动中，只能将一根轴上的轴承作轴向固定，其他轴上的轴承做成游动支点，以保证轮齿的正确位置。本图中将中间轴固定，高速轴游动。轴承采用脂润滑，为了防止油池中稀油的溅入，各轴承处都加上封油盘。

圆柱齿轮减速器

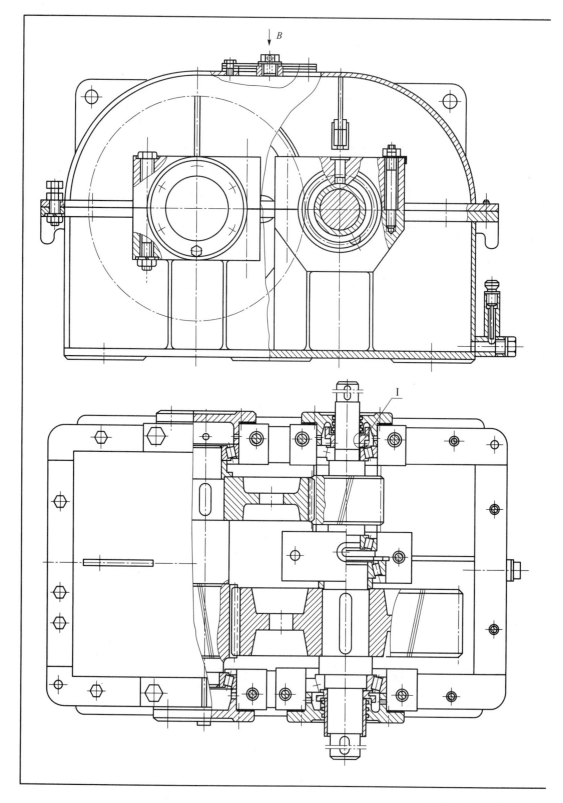

图 19 - 7 同轴式二级

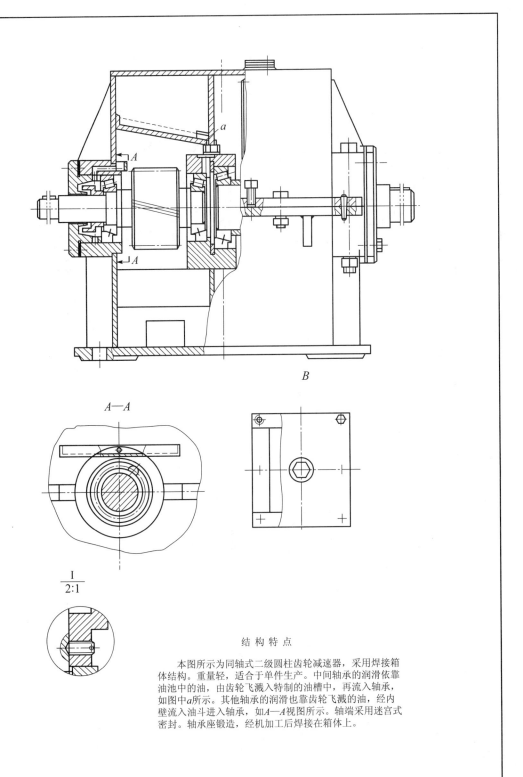

A—A

$\dfrac{I}{2:1}$

结 构 特 点

　　本图所示为同轴式二级圆柱齿轮减速器，采用焊接箱体结构。重量轻，适合于单件生产。中间轴承的润滑依靠油池中的油，由齿轮飞溅入特制的油槽中，再流入轴承，如图中a所示。其他轴承的润滑也靠齿轮飞溅的油，经内壁流入油斗进入轴承，如A—A视图所示。轴端采用迷宫式密封。轴承座锻造，经机加工后焊接在箱体上。

圆柱齿轮减速器

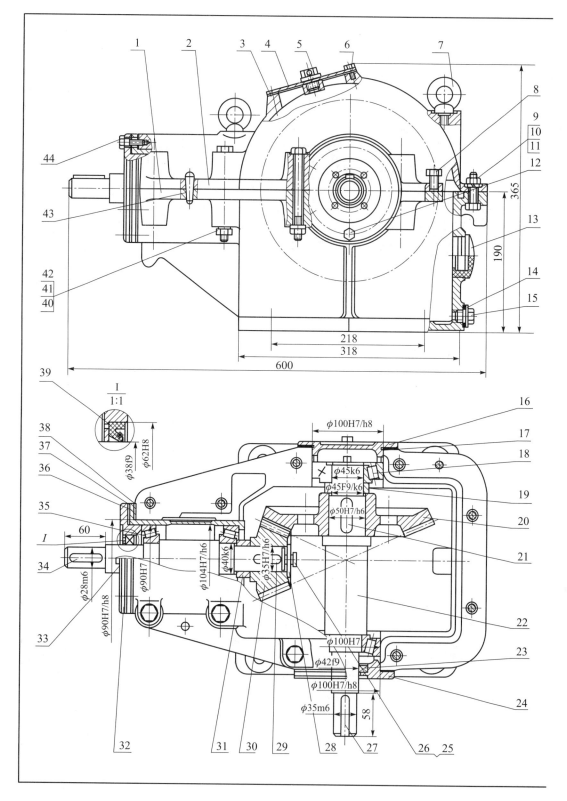

图 19-8　一级锥

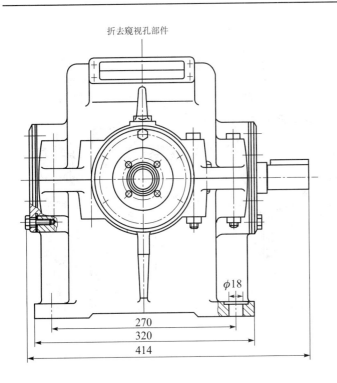

折去窥视孔部件

$\phi 18$

270
320
414

技术要求

1. 装配前，所有零件需进行清洗，箱体内壁涂耐油油漆，减速器外表面涂灰色油漆。
2. 齿轮啮合侧隙不得小于0.1 mm，用铅丝检查时其直径不得大于最小侧隙的两倍。
3. 齿面接触斑点沿齿面高度不得小于50%，沿齿长不得小于50%。
4. 滚动轴承30308、30309的轴向调整游隙均为0.05~0.1 mm。
5. 箱盖与箱座接触面之间禁止使用任何垫片，允许涂密封胶或水玻璃，各密封处不允许漏油。
6. 减速器内装CKC150工业齿轮油至规定的油面高度。
7. 按减速器试验规程进行试验。

技术特性

输入功率/kW	高速轴转速/(r·min^{-1})	传动比
4.0	480	2.38

44	螺栓M8×30	6	5.8	GB/T 5783-2016		21	键14×50	1	45	GB/T 1096-2003	
43	销8×30	2	35	GB/T 117-2000		20	大锥齿轮	1	45		
42	螺栓M12×120	8	5.8	GB/T 5782-2016		19	套筒	1	45		
41	垫圈12	8	65Mn	GB/T 93-1987		18	轴承30309	2		GB/T 297-2015	
40	螺母M12	8	5	GB/T 6170-2015		17	调整垫片	2	08F		成组
39	密封圈B038062	1		GB/T 13871.1-2007		16	轴承端盖	1	HT200		
38	调整垫片	1	08F		成组	15	油塞M16×1 5	1	Q235A		
37	调整垫片	1	08F		成组	14	封油圈	1	工业用革		
36	套杯	1	HT200			13	油标A32	1		JB/T 7941.1-1995	组件
35	轴承30308	2		GB/T 297-2015		12	螺栓M8×20	12	5.8	GB/T 5782-2016	
34	键8×50	1	45	GB/T 1096-2003		11	螺母M10	2	5	GB/T 6170-2015	
33	轴	1	45			10	垫圈10	2	65Mn	GB/T 93-1987	
32	轴承端盖	1	HT200			9	螺栓M10×40	2	5.8	GB/T 5782-2016	
31	套筒	1	45			8	螺栓M10×35	1	5.8	GB/T 5783-2016	
30	小锥齿轮	1	45			7	吊环螺钉M10	1	5 8	GB/T 825-1988	
29	键10×40	1	45	GB/T 1096-2003		6	螺栓M6×16	4	5.8	GB/T 5782-2016	
28	挡圈B45	1	Q235A	GB/T 892-1986		5	通气器	1	Q235A		
27	键C10×56	1	45	GB/T 1096-2003		4	窥视孔盖	1	Q235A		
26	螺栓M6×20	1	5.8	GB/T 5783-2016		3	垫片	1	石棉橡胶纸		
25	垫圈6	1	65Mn	GB/T 93-1987		2	箱盖	1	HT200		
24	轴承端盖	1	HT200			1	箱座	1	HT200		
23	密封圈B042062	1		GB/T 13871.1-2007		序号	名称	数量	材料	标准	备注
22	轴	1	45				(标题栏)				
序号	名称	数量	材料	标准	备注						

齿轮减速器

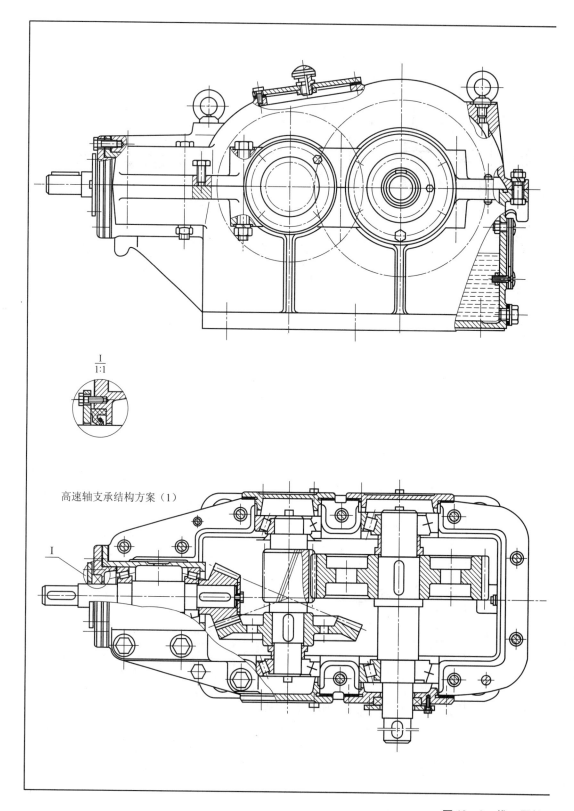

$$\dfrac{\mathrm{I}}{1:1}$$

高速轴支承结构方案（1）

I

图 19-9　锥-圆柱

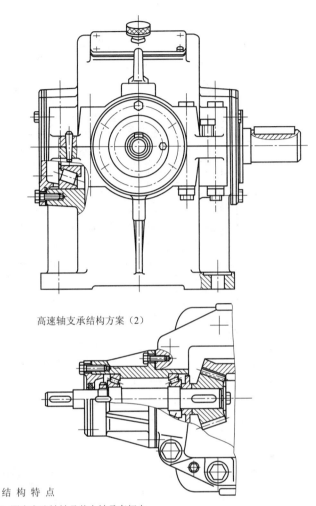

高速轴支承结构方案（2）

结 构 特 点

1. 结构方案（1）图中高速轴轴承装在轴承套杯内，支承部分与箱体连为整体，支承刚性好。
2. 轴承利用齿轮转动时飞溅起的油进行润滑，在箱盖内壁上制有斜口，箱体剖分面上开有导油沟，用来收集并输送沿箱盖斜口流入的润滑油，轴承盖上开有十字形缺口，油经此缺口流入轴承。为防止斜齿圆柱齿轮啮合时挤出的润滑油冲向轴承，带入杂质，故在小斜齿圆柱齿轮处的轴承前面安装了封油盘。
3. 箱体内的最低、最高油面，通过安装在箱体上的长方形油标观察，既直观又方便。
4. 高速轴的支承也可采用结构方案（2）所示结构，高速轴承部分做成独立部件，用螺钉与减速器的机体连接，此种结构既减小了机体尺寸，又可简化机体结构，但刚性较差。

齿轮减速器

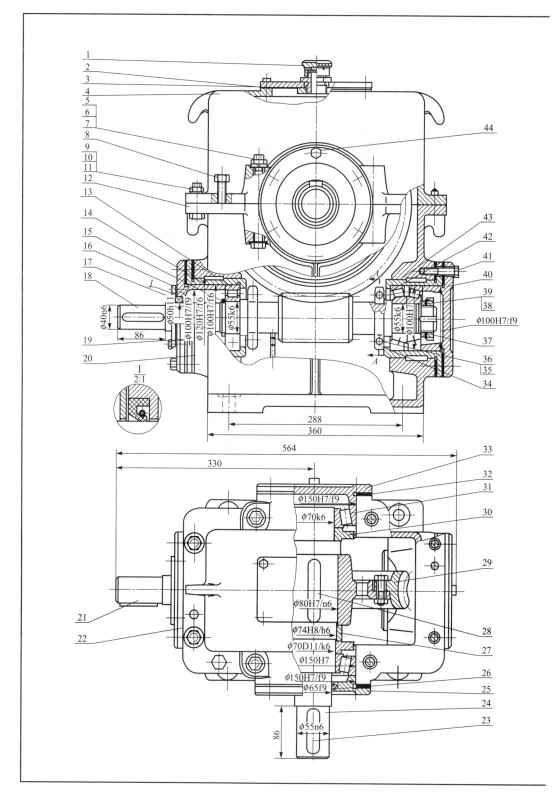

图 19-10　蜗杆减速器

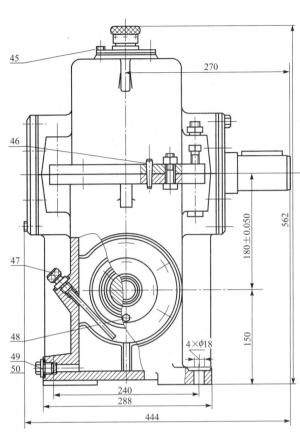

A—A

技术特性

输入功率 /kW	高速轴转速 /(r·min⁻¹)	传动比
6.5	970	19.5

技术要求

1. 装配之前，所有零件均用煤油清洗，滚动轴承用汽油清洗，未加工表面涂灰色油漆，内表面涂红色耐油油漆。
2. 啮合侧隙用铅丝检查，侧隙值不得小于0.1 mm。
3. 用涂色法检查齿面接触斑点，按齿高不得小于55%，按齿长不得小于50%。
4. 轴承30211的轴向游隙为0.05～0.1 mm，30314的轴向游隙为0.08～0.15 mm。
5. 箱盖与箱座接触面涂密封胶或水玻璃，不允许使用任何填料。
6. 减速器内装CKE320蜗轮蜗杆油至规定高度。
7. 装配后进行空载试验时，高速轴转速为1 000 r/min，正、反各运转一小时，运转平稳，无撞击声，不漏油，负载试验时，油池温升不超过60 ℃。

50	封油垫	1	工业用革		
49	油塞M20×1.5	1	Q235A		
48	螺栓M6×16	4	5.8	GB/T 5782—2016	
47	游标尺	1	Q235A		
46	销8×40	2	35	GB/T 117—2000	
45	螺栓M6×20	6	5.8	GB/T 5782—2016	
44	螺栓M8×25	12	5.8	GB/T 5782—2016	
43	套杯	1	HT200		
42	轴承30211	2		GB/T 297—2015	
41	螺栓8×35	12	5.8	GB/T 5782—2016	
40	轴承端盖	1	HT200		
39	止动垫50	1	Q235A	GB/T 858—2000	
38	圆螺母50×1.5	1	5	GB/T 812—1988	
37	挡圈	1	Q235A		
36	螺栓M6	4	5	GB/T 6170—2015	
35	螺栓6×20	4	5.8	GB/T 5782—2016	
34	甩油板	4	Q235A		
33	轴承端盖	1	HT200		
32	调整垫片	2	08F		成组
31	轴承30314	2		GB/T 297—2015	
30	封油盘	2	HT200		
29	蜗轮	1			组件
28	键22×100	1	45	GB/T 1096—2003	
27	套筒	1	45		
26	毡圈	1	半粗羊毛毡		
25	轴承端盖	1	HT200		
24	轴	1	45		
23	键16×80	1	45	GB/T 1096—2003	
22	轴承端盖	1	HT200		
21	键12×70	1	45	GB/T 1096—2003	
20	调整垫片	2	08F		成组
19	调整垫片	2	08F		成组
18	蜗杆轴	1	45		
17	密封圈B050072	1		GB/T 13871.1—2007	
16	密封盖	1	Q235A		
15	弹性挡圈55	1	65Mn	GB/T 894.1—1986	
14	套筒	1	45		
13	轴承N211E	1		GB/T 283—2007	
12	箱座	1	HT200		
11	垫圈12	4	65Mn	GB/T 93—1987	
10	螺母M12	4	5	GB/T 6170—2015	
9	螺栓M12×45	4	5.8	GB/T 5782—2016	
8	螺栓M12×30	1	5.8	GB/T 5783—2016	
7	垫圈16	4	65Mn	GB/T 93—1987	
6	螺母M16	4	5	GB/T 6170—2015	
5	螺栓M16×120	4	5.8	GB/T 5782—2016	
4	箱盖	1	HT200		
3	垫片	1	软钢纸板		
2	窥视孔盖	1	Q235A		
1	通气器	1			组件
序号	名称	数量	材料	标准	备注

(标题栏)

(蜗杆下置)

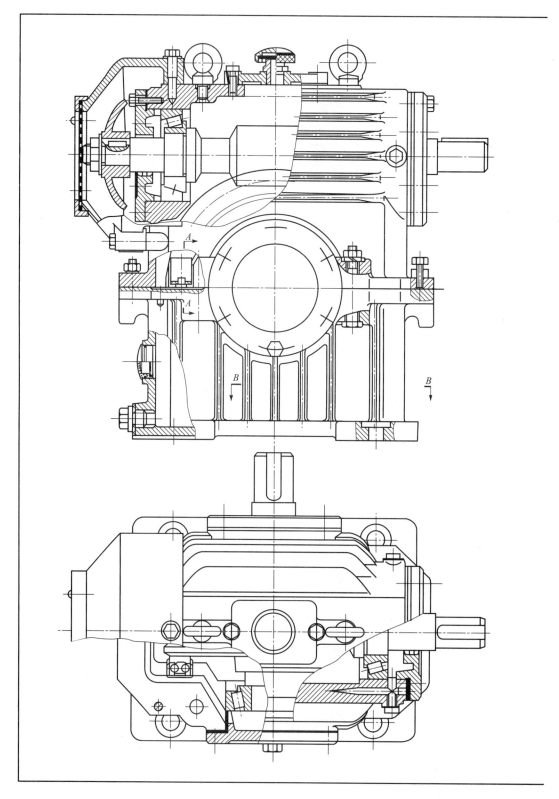

图 19 – 11　蜗杆减速器

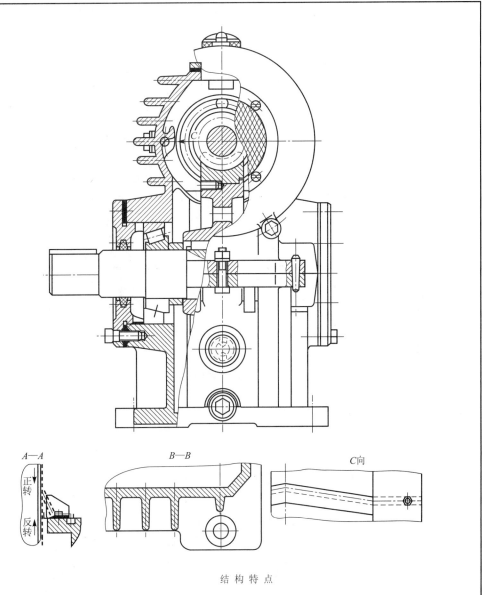

A—A　　　　　B—B　　　　　C向

结 构 特 点

　　本图所示为蜗杆上置式减速器结构。当蜗杆圆周速度较高时，蜗杆上置可减少搅油损失。图中蜗杆轴端装有风扇，以加速空气流通，提高散热能力，箱体外壁铸有散热片，箱盖上的散热片水平布置，与气流方向一致，而箱座上的散热片垂直布置，以利于热传导。由于蜗杆轴跨距较小，所以采用两端固定式支承结构，但安装时轴承应留有适当的热补偿间隙。上置式蜗杆减速器的缺点是蜗杆轴承润滑困难，需设计特殊的导油结构，如左视图及C向视图所示，蜗杆将油甩到箱盖内壁上的铸造油沟内流入轴承。蜗轮轴轴承的润滑油是靠刮油板将油引入箱座上的油沟而进入轴承的，无论蜗轮轴轴向如何，刮油板都能起作用（见A—A剖视图）。为使油量充足，应在箱体对角方向设置两块刮油板。

（蜗杆上置）

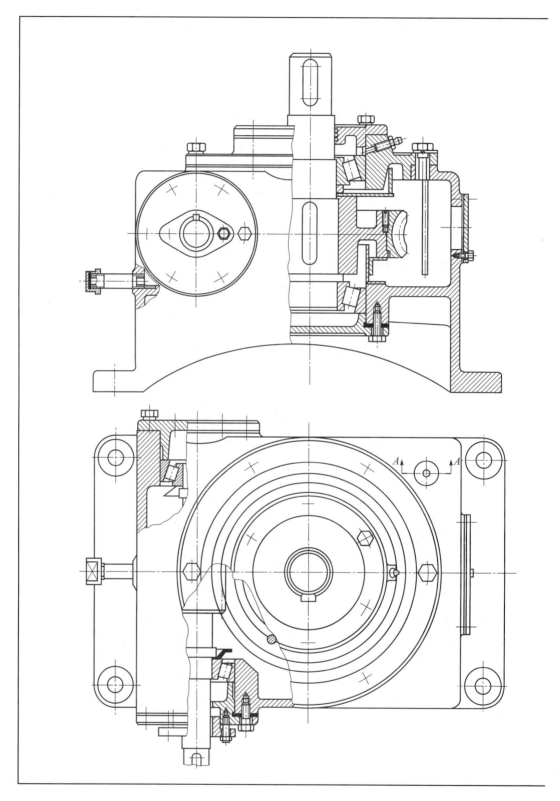

图 19 – 12　立式蜗杆

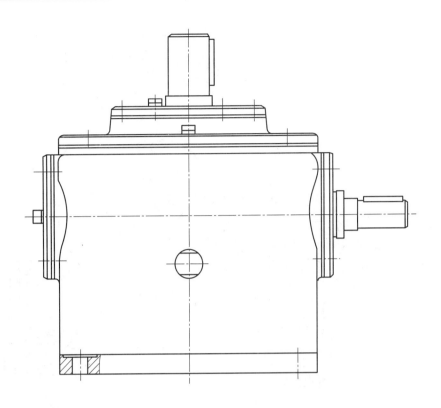

$A—A$

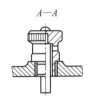

结 构 特 点

　　本图所示为一级立式蜗杆减速器的结构图,蜗杆侧置,蜗轮轴是垂直的。机体做成整体,上面有一个大盖,结构简单,但装卸稍为麻烦。蜗轮轴上的轴承润滑较困难,上端只能采用脂润滑并需装有挡油板以防润滑油脂漏出;而下端只有在速度极低时才可采用油润滑。当速度较高时,搅油阻力太大,不宜采用油润滑,此时可用脂润滑。

减速器（蜗杆侧置）

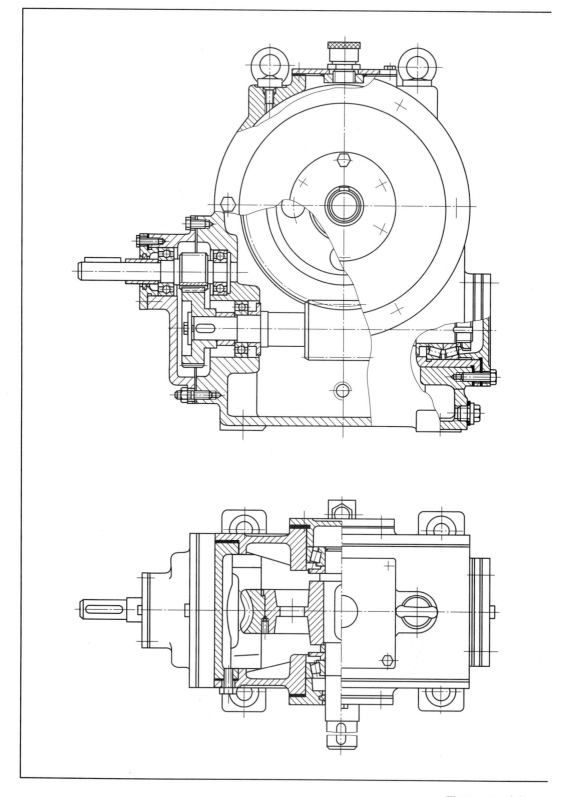

图 19 – 13　齿轮 –

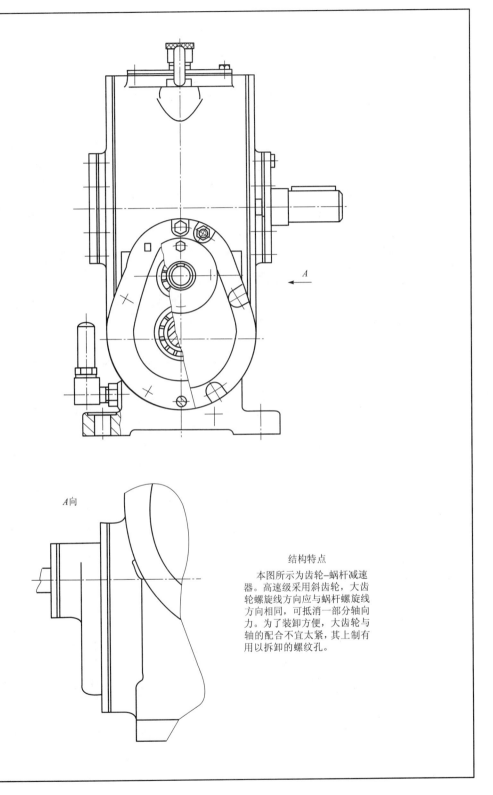

A向

结构特点

　　本图所示为齿轮-蜗杆减速器。高速级采用斜齿轮，大齿轮螺旋线方向应与蜗杆螺旋线方向相同，可抵消一部分轴向力。为了装卸方便，大齿轮与轴的配合不宜太紧，其上制有用以拆卸的螺纹孔。

蜗杆减速器

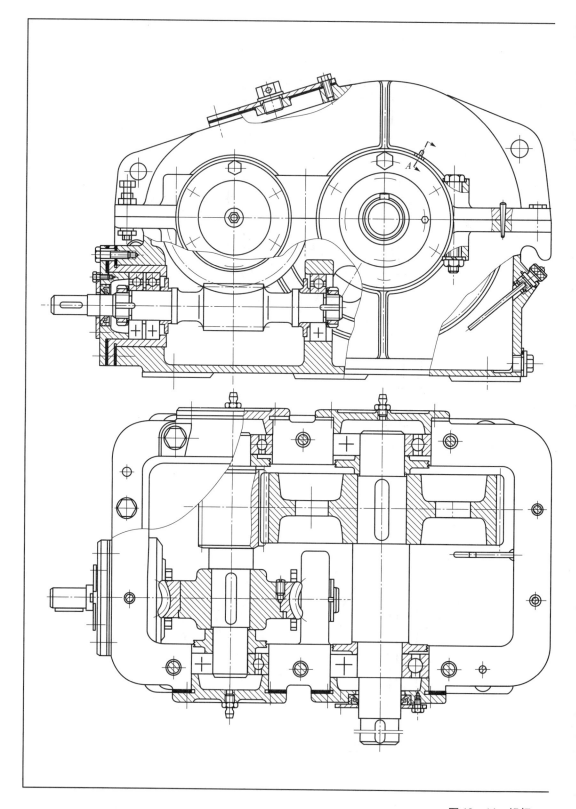

图 19 – 14 蜗杆 –

358

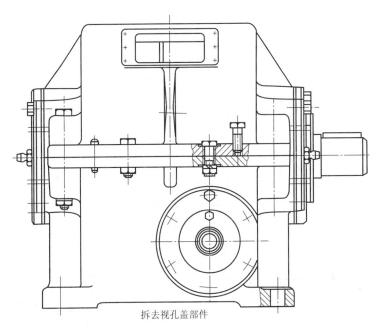

拆去视孔盖部件

蜗杆轴支撑结构参考方案

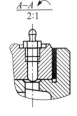

$\dfrac{A-A}{2:1}$

结构特点

　　本图所示为蜗杆–圆柱齿轮减速器结构。蜗杆传动放在高速级，啮合齿面间易于形成油膜，可提高传动效率，但与圆柱齿轮–蜗杆减速器相比，本图所示结构尺寸较大。蜗杆轴采用一端固定一端游动的支承形式，工作温升较高时，游动端可保证轴受热伸长时能自由游动，避免轴承受到附加载荷的作用。为了防止轴承松脱，内圈应作轴向固定。当温升不高时，也可采用两端固定的支承结构，如参考方案图所示。

　　蜗杆轴承采用稀油润滑，而蜗轮轴、齿轮轴的轴承均采用脂润滑。为便于添加润滑脂，轴承盖、轴承座上开有注油孔，见俯视图 $A—A$ 剖视图。

齿轮减速器

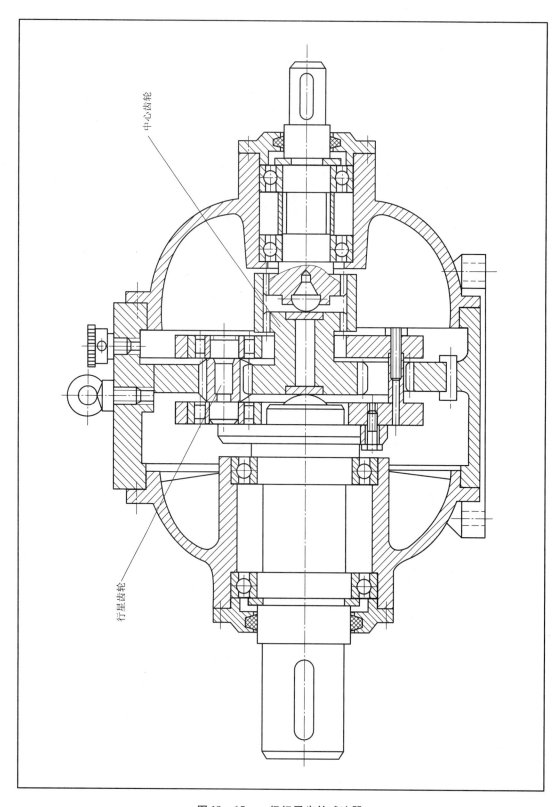

中心齿轮

行星齿轮

图 19 - 15　一级行星齿轮减速器

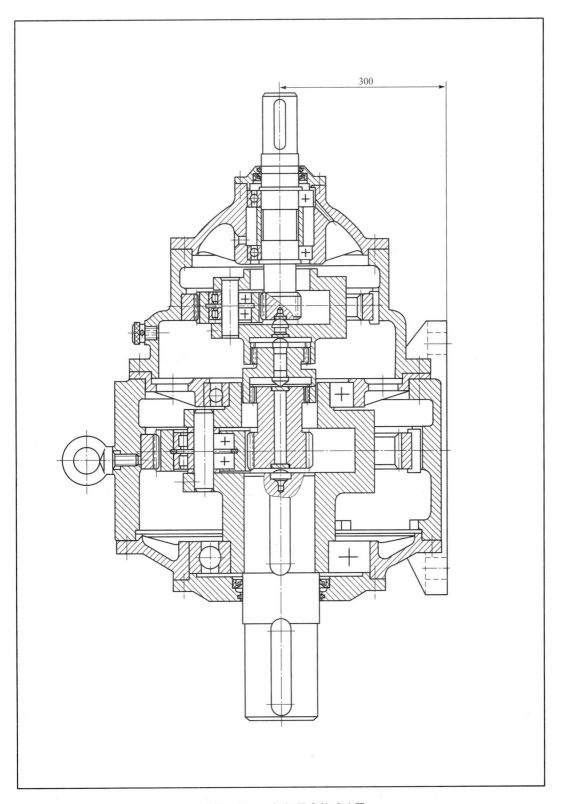

300

图 19 − 16　二级行星齿轮减速器

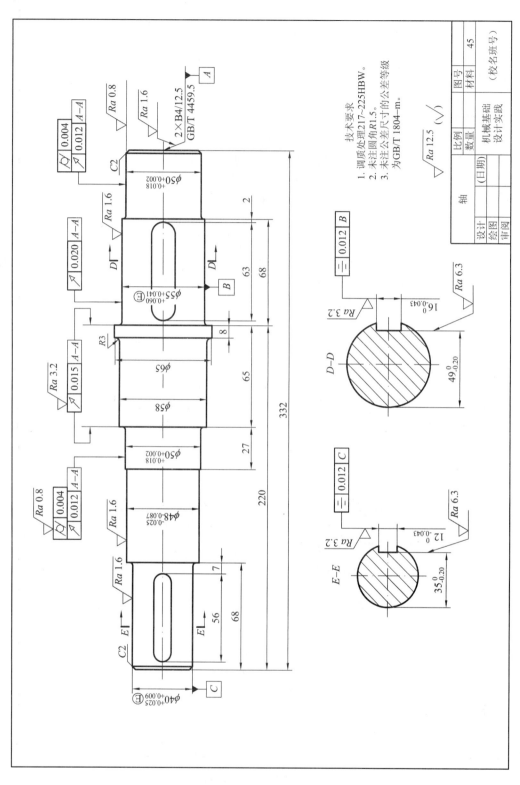

图 19 - 17 轴

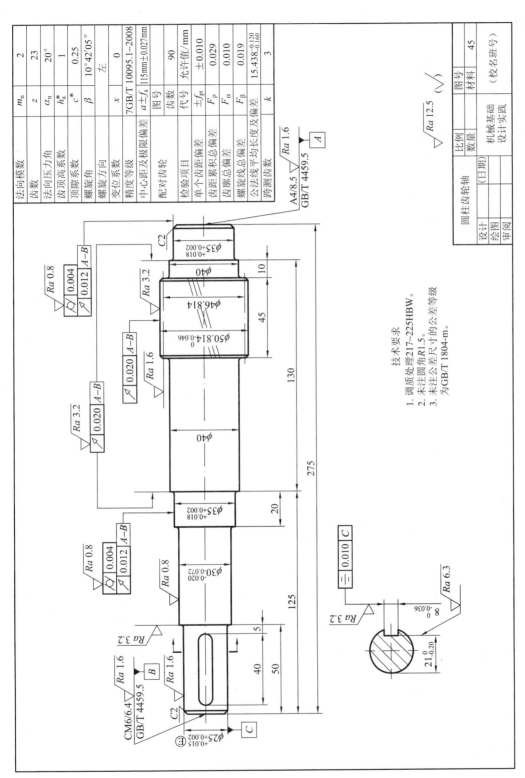

法向模数	m_n	2
齿数	z	23
法向压力角	α_n	20°
齿顶高系数	h_a^*	1
顶隙系数	c^*	0.25
螺旋角	β	10°42′05″
螺旋方向		左
变位系数	x	0
精度等级	7GB/T 10095.1—2008	
中心距及极限偏差	$a\pm f_a$	115mm±0.027/mm
配对齿轮	图号	
	齿数	90
检验项目	代号	允许值/mm
单个齿距偏差	$\pm f_{pt}$	±0.010
齿距累积总偏差	F_p	0.029
齿廓总偏差	F_α	0.010
螺旋线总偏差	F_β	0.019
公法线平均长度及偏差		$15.438^{-0.120}_{-0.160}$
跨测齿数	k	3

圆柱齿轮轴		图号	45
		材料	
设计	（日期）	比例	（校名班号）
绘图		数量	机械基础
审阅			设计实践

技术要求
1. 调质处理217~225HBW。
2. 未注圆角R1.5。
3. 未注公差尺寸的公差等级为GB/T 1804-m。

图 19–18　圆柱齿轮轴

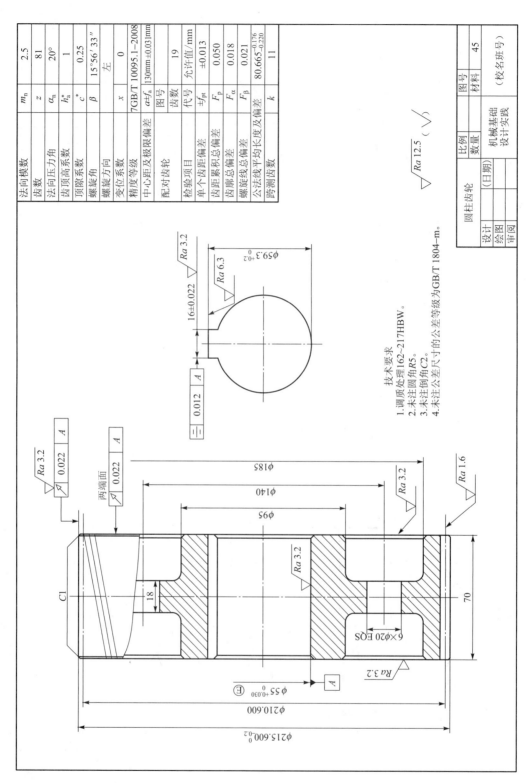

法向模数	m_n	2.5
齿数	z	81
法向压力角	α_n	20°
齿顶高系数	h_a^*	1
顶隙系数	c^*	0.25
螺旋角	β	15°56′33″
螺旋方向		左
变位系数	x	0
精度等级	7GB/T 10095.1—2008	
中心距及极限偏差	$a\pm f_a$	130mm±0.03[mm
配对齿轮	图号	19
	齿数	19
检验项目	代号	允许值/mm
单个齿距偏差	$\pm f_{pt}$	±0.013
齿距累积总偏差	F_p	0.050
齿廓总偏差	F_α	0.018
螺旋线总偏差	F_β	0.021
公法线平均长度及偏差		$80.665_{-0.220}^{-0.176}$
跨测齿数	k	11

$\sqrt{Ra\,12.5}$ （ $\sqrt{}$ ）

圆柱齿轮		（日期）	机械基础设计实践	数量	材料	45
设计				比例	图号	
绘图						
审阅					（校名班号）	

技术要求
1. 调质处理162~217HBW。
2. 未注圆角R5。
3. 未注倒角C2。
4. 未注公差尺寸的公差等级为GB/T 1804-m。

图 19－19　圆柱齿轮

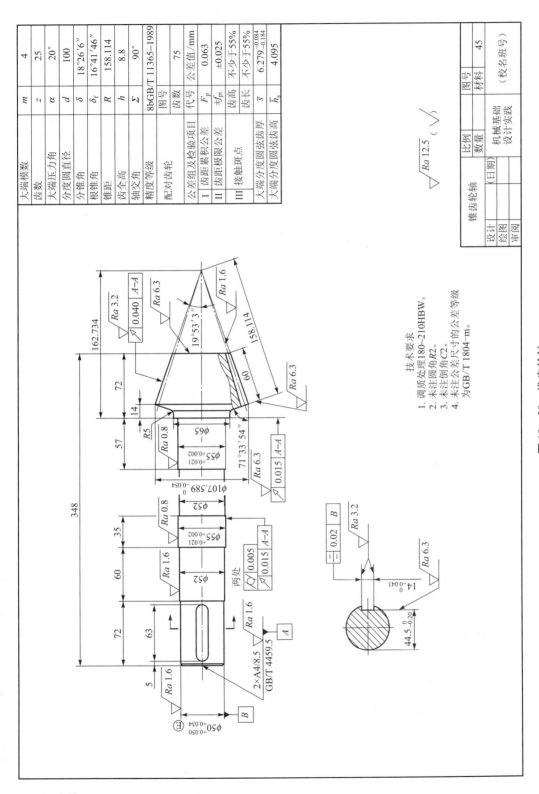

大端模数	m	4
齿数	z	25
大端压力角	α	20°
分度圆直径	d	100
分锥角	δ	18°26′6″
根锥角	δ_f	16°41′46″
锥距	R	158.114
齿全高	h	8.8
轴交角	Σ	90°
精度等级		8bGB/T 11365—1989
配对齿轮	图号	
	齿数	75
公差组及检验项目	代号	公差值/mm
I 齿距累积公差	F_p	0.063
II 齿距极限公差	$\pm f_{pt}$	±0.025
III 接触斑点	齿高	不少于55%
	齿长	不少于55%
大端分度圆弦齿厚	$\overline{s}$	$6.279^{-0.084}_{-0.184}$
大端分度圆弦齿高	$\overline{h}_s$	4.095

锥齿轮轴		比例		图号	
		数量		材料	45
设计	（日期）	机械基础		（校名班号）	
绘图		设计实践			
审阅					

$\sqrt{Ra\ 12.5}$ （ $\sqrt{}$ ）

技术要求
1. 调质处理180~210HBW。
2. 未注圆角R2。
3. 未注倒角C2。
4. 未注公差尺寸的公差等级
   为GB/T 1804-m。

图 19－20　锥齿轮轴

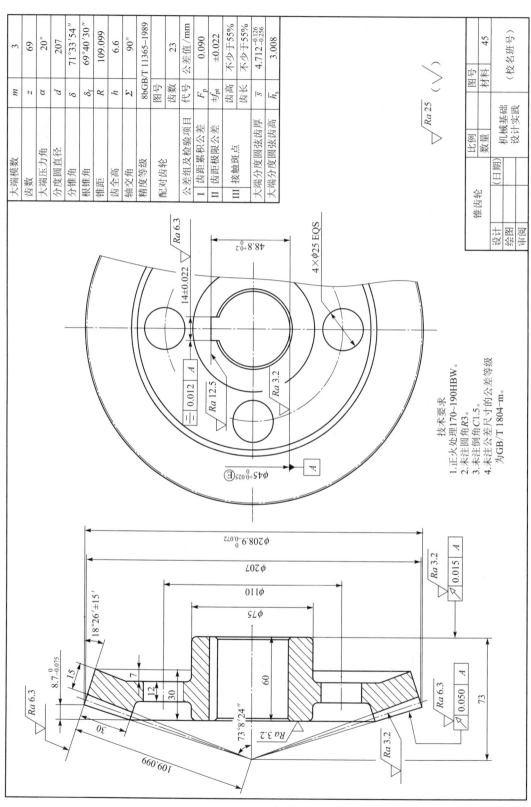

大端模数	m	3
齿数	z	69
大端压力角	α	20°
分度圆直径	d	207
分锥角	δ	71°33′54″
根锥角	δ_f	69°40′30″
锥距	R	109.099
齿全高	h	6.6
轴交角	Σ	90°
精度等级		8bGB/T 11365—1989
配对齿轮	图号	
	齿数	23

公差组及检验项目		代号	公差值/mm
Ⅰ	齿距累积公差	F_p	0.090
Ⅱ	齿距极限公差	$\pm f_{pt}$	±0.022
Ⅲ	接触斑点	齿高	不少于55%
		齿长	不少于55%
大端分度圆弧齿厚		$\bar{s}$	$4.712^{-0.126}_{-0.256}$
大端分度圆弧齿高		$\bar{h}_s$	3.008

$\sqrt{Ra\,25}$ （$\sqrt{}$）

锥齿轮		机械基础设计实践	图号	
			材料	45
设计	[日期]	比例		（校名班号）
绘图		数量		
审阅				

技术要求
1. 正火处理170~190HBW。
2. 未注圆角R3。
3. 未注倒角C1.5。
4. 未注公差尺寸的公差等级
为GB/T 1804—m。

图 19－21　锥齿轮

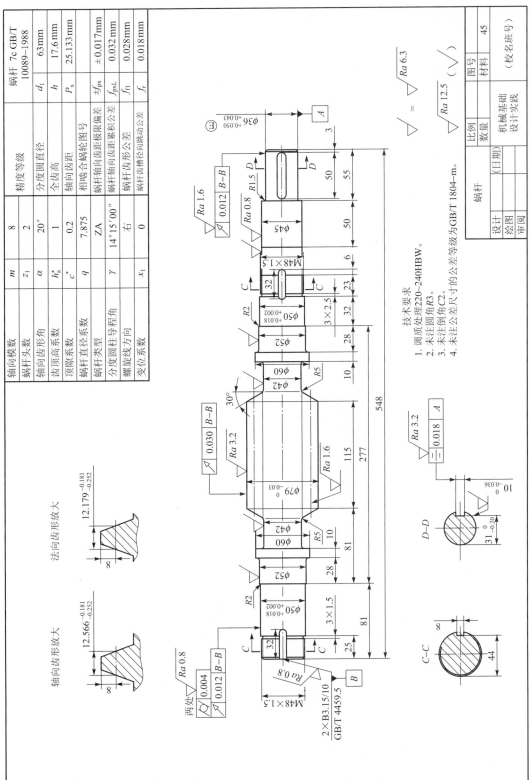

轴向模数	m	8		精度等级	蜗杆 7c GB/T 10089—1988
蜗杆头数	z_1	2		分度圆直径	d_1 63mm
轴向齿形角	α	20°		全齿高	h 17.6mm
齿顶高系数	h_a^*	1		轴向齿距	P_x 25.133mm
顶隙系数	c^*	0.2		相啮合蜗轮图号	
蜗杆直径系数	q	7.875		蜗杆轴向齿距极限偏差	$\pm f_{px}$ ±0.017mm
蜗杆类型		ZA		蜗杆轴向齿距累积公差	f_{pxL} 0.032mm
分度圆柱导程角	γ	14°15′00″		蜗杆齿形公差	f_{f1} 0.028mm
螺旋线方向		右		蜗杆齿槽径向跳动公差	f_r 0.018mm
变位系数	x_1	0			

法向齿形放大

12.179 $^{-0.181}_{-0.252}$

8

轴向齿形放大

12.566 $^{-0.181}_{-0.252}$

8

技术要求

1. 调质处理220~240HBW。
2. 未注圆角R3。
3. 未注倒角C2。
4. 未注公差尺寸的公差等级为GB/T 1804—m。

$\sqrt{} = \sqrt{Ra\,12.5}$ ($\sqrt{}$)

$\sqrt{Ra\,6.3}$

	比例	数量	图号
蜗杆			
	机械基础	材料	45
	设计实践		
设计			(校名班号)
绘图	(日期)		
审阅			

图19-22 蜗杆

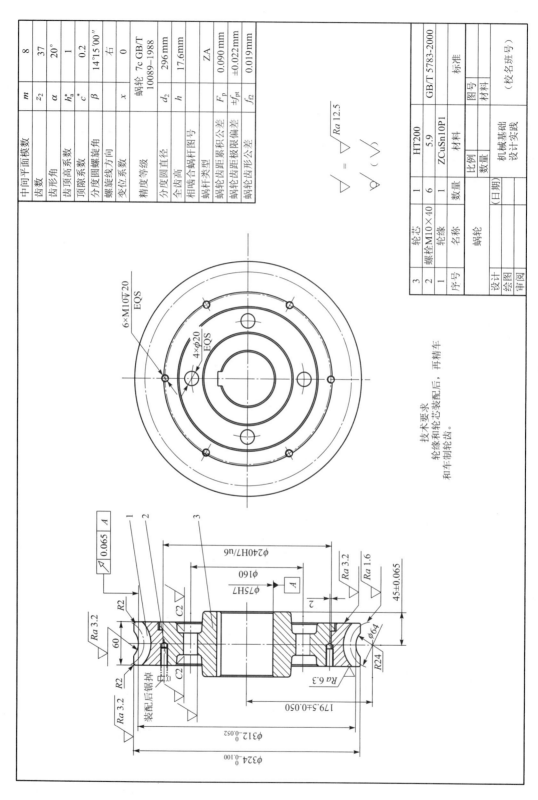

中间平面模数	m	8
齿数	z_2	37
齿形角	α	20°
齿顶高系数	h_a^*	1
顶隙系数	c^*	0.2
分度圆螺旋角	β	14°15′00″
螺旋线方向		右
变位系数	x	0
精度等级		蜗轮 7c GB/T 10089—1988
分度圆直径	d_2	296 mm
全齿高	h	17.6 mm
相啮合蜗杆图号		
蜗杆类型		ZA
蜗轮齿距累积公差	F_p	0.090 mm
蜗轮齿距极限偏差	$\pm f_{pt}$	±0.022 mm
蜗轮齿形公差	f_{f2}	0.019 mm

$$\nabla = \sqrt{Ra\ 12.5}$$

$$\sqrt{} \quad (\sqrt{})$$

技术要求
轮缘和轮芯装配后，再精车
和车制轮齿。

3	轮芯	1	HT200	
2	螺栓M10×40	6	5.9	GB/T 5783—2000
1	轮缘	1	ZCuSn10P1	
序号	名称	数量	材料	标准

	数量		比例	图号
蜗轮			机械基础设计实践	材料
		（日期）		（校名班号）

设计	
绘图	
审阅	

图 19-23 蜗轮

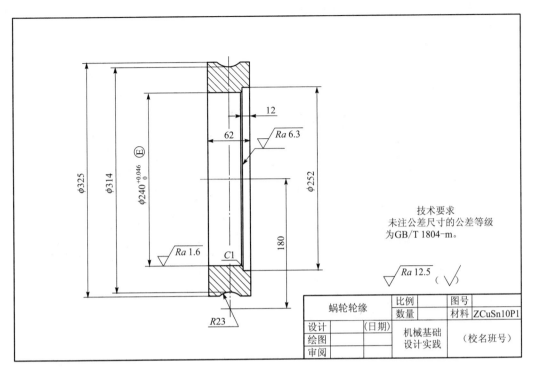

图 19 - 24 蜗轮轮缘

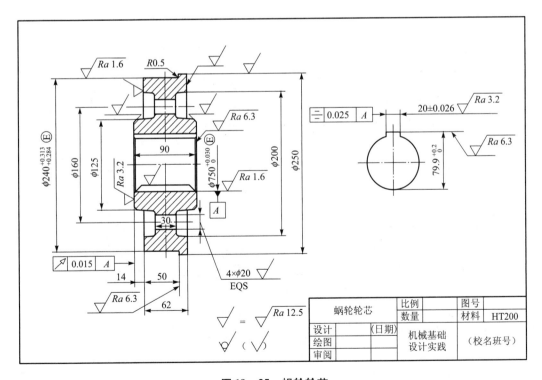

图 19 - 25 蜗轮轮芯

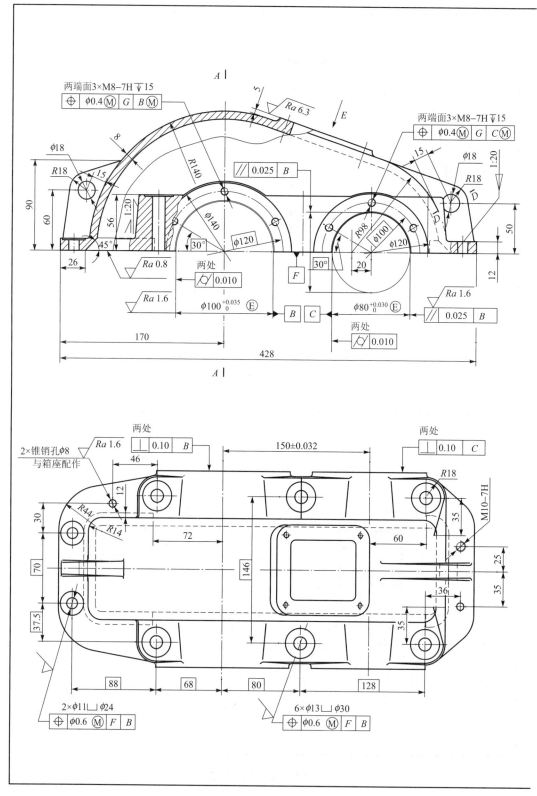

图 19－26

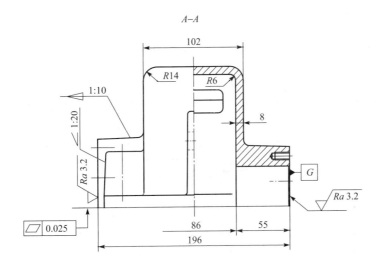

$A-A$

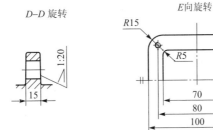

$D-D$ 旋转

E向旋转

4×M6–7H

技术要求

1. 箱盖铸成后，应清理并进行时效处理。
2. 箱盖和箱座合箱后，边缘应平齐，相互错位每边不大于2 mm。
3. 应仔细检查箱盖与箱座剖分面接触的密合性，用0.05 mm塞尺塞入，
   深度不得大于剖分面宽度的三分之一，用涂色检查接触面积达到每
   平方厘米面积内不少于一个斑点。
4. 与箱座连接后，打上定位销进行镗孔，接合面处禁放任何衬垫。
5. 宽度196组合后加工。
6. 未注明的铸造圆角为R3~R5。
7. 全部倒角为C2，其表面粗糙度为Ra=12.5 μm。
8. 未注公差尺寸的公差等级为GB/T 1804-m。

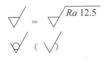

	箱盖	比例		图号	
		数量		材料	HT200
设计		(日期)	机械基础设计实践	(校名班号)	
绘图					
审阅					

箱盖

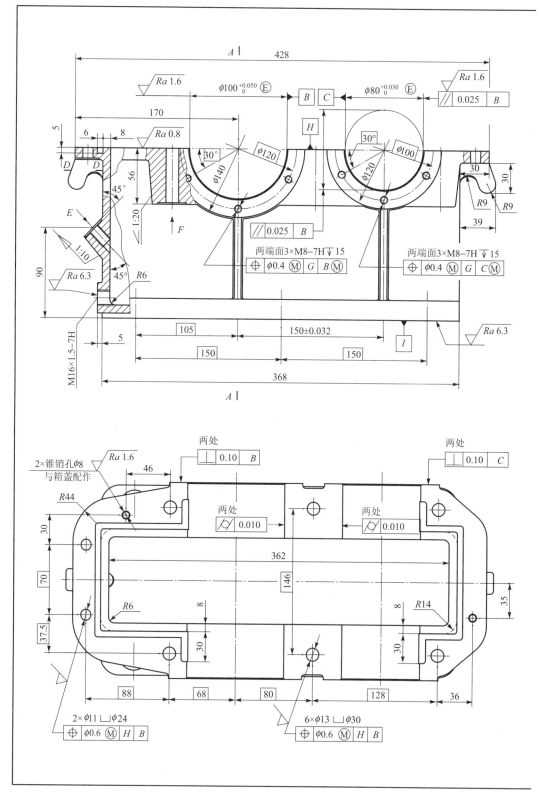

图 19-27

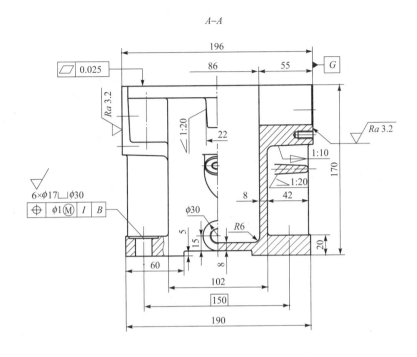

$A–A$

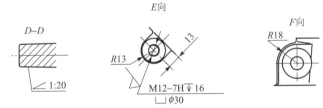

E向

$D–D$

F向

技术要求

1. 箱座铸成后，应清理并进行时效处理。
2. 箱盖和箱座合箱后，边缘应平齐，相互错位每边不大于2 mm。
3. 应仔细检查箱盖与箱座剖分面接触的密合性，用0.05mm塞尺塞入，深度不得大于剖分面宽度的三分之一，用涂色检查接触面积达到每平方厘米面积内不少于一个斑点。
4. 与箱盖连接后，打上定位销进行镗孔，接合面处禁放任何衬垫。
5. 宽度196组合后加工。
6. 未注明的铸造圆角为$R3 \sim R5$。
7. 全部倒角为$C2$，其表面粗糙度为$Ra=12.5 \ \mu m$。
8. 未注公差尺寸的公差等级为GB/T 1804-m。
9. 箱座不得漏油。

箱座		比例		图号	
		数量		材料	HT200
设计		(日期)	机械基础设计实践	(校名班号)	
绘图					
审阅					

箱座

参 考 文 献

[1] 孔凌嘉，张春林，荣辉. 机械基础设计实践 [M]. 北京：北京理工大学出版社，2010.

[2] 张春林. 机械创新设计 [M]. 第 2 版. 北京：机械工业出版社，2007.

[3] 张春林. 机械原理 [M]. 北京：高等教育出版社，2013.

[4] 孔凌嘉，王晓力，王文中. 机械设计 [M]. 第 2 版. 北京：北京理工大学出版社，2013.

[5] 陈国华. 机械机构及应用 [M]. 北京：机械工业出版社，2008.

[6] 杨黎明，杨志勤. 机构选型及运动设计 [M]. 北京：国防工业出版社，2007.

[7] 吴宗泽，罗圣国. 机械设计课程设计手册 [M]. 第 3 版. 北京：高等教育出版社，2006.

[8] 王之栎，王大康. 机械设计综合课程设计 [M]. 第 2 版. 北京：机械工业出版社，2009.

[9] 李育锡. 机械设计课程设计 [M]. 北京：高等教育出版社，2008.

[10] 唐增宝，常建娥. 机械设计课程设计 [M]. 第 3 版. 武汉：华中科技大学出版社，2006.

[11] 米洁，刘相权. 计算机辅助设计及分析（机械类）[M]. 北京：北京邮电大学出版社，2013.

[12] Autodesk Inc.. Autodesk Inventor 2011 进阶培训教程 [M]. 北京：电子工业出版社，2011.

[13] 张志涌. 精通 MATLAB R2011a [M]. 北京：北京航空航天大学出版社，2011.

[14] 陈铁鸣. 新编机械设计课程设计图册 [M]. 北京：高等教育出版社，2003.

[15] 成大先. 机械设计手册. 机构（单行本）[M]. 北京：化学工业出版社，2006.

[16] 毛谦德，李振清. 袖珍机械设计师手册 [M]. 第 3 版. 北京：机械工业出版社，2007.